全国爆破作业人员统一培训教材

爆破作业技能与安全

公安部治安管理局　编

北　京

冶金工业出版社

2025

内 容 提 要

本书是由公安部治安管理局编写的全国爆破作业人员统一培训教材,内容涉及民用爆炸物品安全管理、炸药的爆炸性能、民用爆炸物品与起爆方法、爆破基础知识与常用钻孔设备、爆破方法与操作技术、爆破安全技术、爆破作业单位爆破器材安全管理等,并附有复习思考题。本书内容丰富、全面系统,贴近实战、通俗易懂,是一部权威性、针对性、实用性都很强的全国统一培训教材,非常适合爆破作业一线的爆破员、安全员和保管员学习,也可供相关管理人员阅读。

图书在版编目(CIP)数据

爆破作业技能与安全/公安部治安管理局编 . —北京:冶金工业出版社,
2014.2 (2025.6 重印)
全国爆破作业人员统一培训教材
ISBN 978-7-5024-5909-3

Ⅰ.①爆… Ⅱ.①公… Ⅲ.①爆破—技术培训—教材 Ⅳ.①TB41

中国版本图书馆 CIP 数据核字(2014)第 011294 号

爆破作业技能与安全

出版发行	冶金工业出版社	**电　话**	(010)64027926
地　址	北京市东城区嵩祝院北巷 39 号	**邮　编**	100009
网　址	www.mip1953.com	**电子信箱**	service@mip1953.com

责任编辑　王梦梦　美术编辑　吕欣童　版式设计　孙跃红
责任校对　李　娜　责任印制　范天娇
三河市双峰印刷装订有限公司印刷
2014 年 2 月第 1 版,2025 年 6 月第 9 次印刷
787mm×1092mm 1/16;18.5 印张;444 千字;279 页
定价 70.00 元

投稿电话　(010)64027932　投稿信箱　tougao@cnmip.com.cn
营销中心电话　(010)64044283
冶金工业出版社天猫旗舰店　yjgycbs.tmall.com
(本书如有印装质量问题,本社营销中心负责退换)

全国爆破作业人员统一培训教材

《爆破作业技能与安全》
编 委 会

序

我国工程爆破事业取得了举世瞩目的成就，为推动国家经济建设和社会发展做出了重大贡献，并将在 21 世纪我国持续快速发展的国民经济建设中，继续发挥着不可替代的作用。长期工程爆破实践证明，民用爆炸物品安全是工程爆破行业的生命线，也是工程爆破行业的核心和基础。多年来，各地公安机关按照公安部的统一部署，依法严格履行职责，全面推进民用爆炸物品安全管理法制化、信息化建设，持续不断开展打击整治，公安机关民用爆炸物品安全监管能力和水平得到全面提升。特别是各地公安机关认真贯彻落实《民用爆炸物品安全管理条例》要求，普遍加大了对爆破员、安全员、保管员的培训考核力度，涉爆从业人员的法律意识和安全技术水平得到了进一步提升，为全国涉爆形势的总体稳定，爆破安全事故和民用爆炸物品丢失、被盗案件的持续大幅下降做出了突出贡献。

近年来，辽宁、湖南、云南等省先后编写了一批培训教材，为爆破作业人员培训考核工作提供了一定支持。但是，各地编写的培训教材标准不一，水平高低不齐，侧重点也各有不同，很难适应全国爆破作业人员培训考核工作实际。编写出版一本全国统一的爆破作业人员培训教材，一直以来都是爆破行业的期望，也是公安机关民用爆炸物品安全管理工作的迫切需要。

此次，公安部治安管理局在认真深入调研的基础上，积极回应爆破行业和基层公安机关的新期待，组织河北、辽宁、江苏、浙江、湖南、广东等地的 20 余名公安机关、高等院校、爆破作业单位的民用爆炸物品管理专家通力合作，撰写了全国爆破作业人员统一培训教材《爆破作业技能与安全》。经认真翻阅，我认为这本教材内容丰富、全面系统，贴近实战、通俗易懂，是一套权威性、针对性、实用性都很强的培训教材，非常适合爆破作业一线的爆破员、安全员和保管员学习，也可供相关管理人员阅读。

　　我期待并相信，全国爆破作业人员统一培训教材——《爆破作业技能与安全》的出版发行，对于进一步规范全国爆破作业人员培训考核工作，全面提高爆破作业人员法律意识和安全技术水平，将发挥至关重要的作用。同时，希望广大爆破作业人员不断加强理论学习，勤于实践，勇于探索，善于把新知识、新技术应用于爆破实践，在实践中不断提升爆破安全技术水平，为推动我国爆破行业健康、协调、可持续发展做出新的更大贡献。

　　是为序。

中国工程爆破协会理事长

中 国 工 程 院 院 士

2013 年 10 月

前　言

近年来，我国的爆破理论和工程爆破技术研究都有了长足的发展，许多新型爆破器材和爆破技术、炸药混装车、民用爆炸物品管理信息系统等得到了推广应用，并完成了《爆破安全规程》（GB 6722）的修订。为了深入贯彻《民用爆炸物品安全管理条例》，规范全国爆破员、安全员和保管员培训考核工作，我们组织编写了这本教材——《爆破作业技能与安全》，作为各地爆破员、安全员和保管员培训考核的统一教材。本教材也可供全国各级公安机关负责爆破作业安全监管的民警、工程爆破行业相关管理部门、爆破作业单位管理人员阅读。

本教材在总结多年来各地爆破作业人员培训、爆破工程实践和民用爆炸物品安全管理经验的基础上编写而成。在内容编排上，始终贯彻理论联系实际、由浅入深、循序渐进的原则，力求知识的完整性和系统性，使教材具有较强的知识性、实用性、针对性和可操作性。学习本教材应注意理解基本原理、基本概念，掌握基本方法和基本技能，侧重工程实践和安全，解决爆破作业中的实际问题。

编写本教材和开展爆破作业人员统一培训考核，是培养一支爆破专业基本知识扎实，施工操作技能娴熟，施工工艺、程序与方法规范，施工安全和公共安全意识牢固的爆破作业队伍的需要。针对爆破作业第一线操作人员文化程度相对较低的实际，在编写过程中力求做到浅显易懂、图文并茂、贴近实际，便于操作人员学习和掌握。

本教材由公安部治安管理局刘绍武局长担任编委会主任，闫正斌副局长担任编委会副主任和主编。中国工程爆破协会理事长、中国工程院院士汪旭光教授拨冗为本教材作序。

参加本教材编写的人员有（按姓氏笔画为序）：亓希国、龙源、曲广建、齐世福、朱振海、纪凤义、宋光明、张国亮、周卫华、屈建文、耿尧瑜、章文义、黄鲁湘、阎石、舒谆谆、雷振。

　　本教材由亓希国统稿。

　　中国工程爆破协会、广东省公安厅治安管理局、广州中爆安全网科技有限公司对教材的编写做了大量工作，陈志明、夏裕帅帮助清绘插图，林宗江、徐继革帮助校对文稿，在此一并表示感谢。

　　由于编者水平有限，教材中难免有疏漏之处，欢迎广大读者批评指正。

编　者

2013 年 10 月

目　　录

第一章 绪 论

　　随着国民经济建设蓬勃发展和爆破技术日新月异，工程爆破越来越广泛地应用于国民经济建设的各个领域。从各类矿山开采，铁路、公路、水利设施的修建、地下硐室掘进、水下炸礁及软基处理、高层建筑物拆除到大型土石方移山填海工程，工程爆破技术在国民经济建设中发挥出越来越重要的作用。

　　利用炸药爆炸释放出的巨大能量，既可以安全有效地实现预期的各项工程目的，为人类造福，也可能损毁各类建（构）筑物和仪器设备，给公私财产造成巨大损失，甚至导致人员伤亡事故，危害公共安全。因此，最大限度地发挥工程爆破的优势，尽量降低它的有害效应是所有从事工程爆破设计、施工和管理人员的工作目标和努力方向。

　　工程爆破经过多年的发展，已经形成了一门独立的应用学科。可以相信，随着爆破理论与技术的进一步发展和应用，工程爆破必将在我国国民经济建设中发挥出越来越重要的作用。

第一节　工程爆破应用与发展概况

一、炸药起源与发展

　　人类对爆破的应用起源于我国黑火药（古代四大发明之一）的发明。据史料记载，早在公元 803 年的唐朝就出现了比较完整的黑火药配方（当时用硫磺、硝石和木炭 3 种组分配制）。大约在 11～12 世纪，黑火药传入阿拉伯国家，后经阿拉伯传入欧洲。1613 年，匈牙利人将黑火药用于开采矿石。其后，黑火药作为独一无二的炸药，延续了两百多年。直到 1865 年瑞典化学家阿尔弗雷德·诺贝尔（Alfred Nobel）发明了以硝化甘油为主要组分的代拿买特（Dynamite）炸药以及 1867 年奥尔森（Olsson）和诺宾（Norrbein）发明了硝酸铵和各种燃料制成的混合炸药之后，工业炸药才步入了多品种、多组分的时代。

　　新中国成立后，随着国民经济的迅速发展，我国的炸药工业也有了很大的发展，先后建立了一批专门生产工业炸药的工厂。1963 年后，铵油炸药得到了全面推广，20 世纪 70 年代中期，冶金系统矿山铵油炸药使用量已占全国炸药总消耗量的 70% 左右。我国从 1959 年开始研制浆状炸药，20 世纪 60 年代中期在矿山爆破作业中获得应用。从 20 世纪 70 年代后期开始研制乳化炸药，而且独创了粉状乳化炸药，不仅满足了国内的需要，乳化炸药生产技术还出口到瑞典、蒙古、俄罗斯、越南和赞比亚等国。

二、起爆器材应用与发展

　　1799 年，英国人高瓦尔德（Gaovalled）制成了雷汞；1831 年出现毕氏导火索；1867

年瑞典人诺贝尔发明了火雷管。

新中国成立初期我国只能生产导火索、火雷管和瞬发电雷管。经过广大科技人员的努力，很快就能生产和应用毫秒延期电雷管和秒延期电雷管。20 世纪 70 年代末，我国自行研制、生产了塑料导爆管及其配套的非电毫秒延期雷管，并在工程爆破作业中应用。20 世纪 80 年代中期，我国研制、生产了磁电雷管，在油、气井爆破作业中应用。21 世纪初，30 段等间隔（25ms）毫秒延期电雷管研制成功并投入使用，还出口国外。目前，我国的一些民用爆炸物品生产企业相继推出了数码电子雷管，并已在部分爆破工程中获得了应用。

三、爆破技术应用与发展

（一）土岩爆破

1. 硐室爆破

自 1955 年起，我国从苏联引进了硐室爆破技术，并于 1956 年在甘肃省白银铜矿采用大抵抗线集中药包技术实施了万吨级的矿山剥离爆破，其炸药用量达 15640t，爆破量 908 万立方米，这次爆破是我国首次万吨级硐室爆破。从此，硐室爆破在我国矿山、铁道、水利水电、公路等建设工程中获得了广泛应用。1971 年，四川攀枝花市朱家包铁矿露天硐室爆破是继白银铜矿大爆破后又一次达到世界水平的万吨级大爆破，总装药量 10162.22t，爆破量 1140 万立方米。1992 年 12 月，中国人民解放军工程兵某部实施的广东珠海机场炮台山移山填海大爆破工程，使用炸药 12000t，爆破量 1085 万立方米，受控方向的飞石不超过 300m，与爆区相距仅 600m 的 50 多户人家的村庄中的民房无一倒塌。另外，在高速公路、铁路建设中，采用条形药包硐室爆破加边坡预裂爆破一次爆破成型技术，也有许多成功的案例。

2. 深孔爆破

随着凿岩机具的改进和优质安全的爆破器材产品日益完善，给深孔爆破技术的推广应用带来了蓬勃生机，使得深孔爆破技术成为现代工程爆破技术发展的主要方向。矿山深孔爆破已发展了毫秒延期爆破、挤压爆破、预裂爆破、光面爆破，显著提高了爆破质量和经济效益。例如，三峡工程永久船闸约 100 万立方米深闸室开挖百米高稳定边坡的控制爆破技术；青岛环胶州湾高速公路山角村段一次实施路堑长 470m、钻孔 203 排、3080 孔的深孔拉槽导爆管雷管起爆的控制爆破技术；南芬等大型露天矿山在大区实施多排深孔毫秒延期爆破技术等。

（二）拆除爆破

自 1958 年东北工学院在国内首次采用定向控制爆破技术拆除钢筋混凝土烟囱之后，拆除爆破技术引起了普遍重视和全面推广。我国已成功地在复杂环境中采用定向倒塌、双向折叠、三向折叠等控制爆破技术拆除了近百座高 100m 以上的钢筋混凝土烟囱，还成功完成了数十座高 60m 以上的大型冷却塔的拆除爆破工程。近年来，许多重要的、地处复杂环境条件的高大建筑结构的爆破拆除都获得了成功。重庆港客运大楼（高 107.2m）、广东中山市山顶花园 34 层楼房（高 104m）爆破拆除、浙江温州中银大厦（高 93m）爆破拆除、上海长征医院综合楼爆破拆除、辽宁沈阳五里河体育馆爆破拆除等工程，都显示了可靠、先进的控制爆破技术。

（三）其他爆破

工程爆破还在水下爆破、地震勘探、测井、射孔、完井、压裂增产改造、油气井整形修复等工程中具有不可替代的作用，特别是油气井射孔技术是关系到油气井产油、产气多少的关键技术。科技人员根据油田开发的需要，独立设计、自主实施聚能射孔技术、高能气体压裂技术、爆炸切割技术、套管爆炸整形、焊接技术、井壁取芯技术和桥塞药包施放技术等，较好地满足了陆地和海洋油田开发的需要。

利用炸药爆炸的能量可以将金属冲压成型；将两种金属压合、焊接在一起；将金属表面硬化；切割金属；人工合成金刚石、高温超导材料、非晶和微晶材料等。我国在爆炸焊接复合板消裂技术和复合板界面微缺陷控制技术方面也取得了突破。此外，利用高温爆破技术还可以消除高炉、平炉和炼焦炉中的炉瘤或爆破金属炽热物等。

工程爆破还在平整土地、造田、伐木、驱雹、深耕及森林灭火等方面得到应用。在军事工程方面，爆破技术的应用也非常广泛。

第二节　爆破作业人员分类及其职责

一、爆破作业人员分类

根据爆破作业人员在爆破工作中的作用和职责范围，爆破作业人员主要分为爆破工程技术人员和爆破员、安全员、保管员。

二、爆破员、安全员、保管员的任职条件和岗位职责

（一）爆破员、安全员、保管员的任职条件

爆破员、安全员、保管员应具备以下基本条件：

（1）18周岁以上，60周岁以下；

（2）初中以上文化程度；

（3）无妨碍爆破作业的疾病和生理缺陷；

（4）具有完全民事行为能力；

（5）无犯罪记录；

（6）具有履行符合《爆破作业单位资质条件和管理要求》（GA990—2012）规定岗位职责的能力。

（二）爆破员、安全员、保管员的岗位职责

1. 爆破员的岗位职责

（1）保管所领取的民用爆炸物品；

（2）按照爆破作业设计施工方案进行装药、连线、起爆等爆破作业；

（3）爆破后检查工作面，发现盲炮或其他安全隐患及时报告；

（4）在项目技术负责人的指导下，配合爆破工程技术人员处理盲炮或其他安全隐患；

（5）爆破作业结束后，将剩余的民用爆炸物品清退回库。

2. 安全员的岗位职责

（1）监督爆破员按照操作规程作业，纠正违章作业；

（2）检查爆破作业现场安全管理情况，及时发现、处理、报告安全隐患；

（3）监督民用爆炸物品领取、发放、清退作业；

（4）制止无爆破作业资格的人员从事爆破作业。

3．保管员的岗位职责

（1）验收、保管、发放、回收民用爆炸物品；

（2）如实记载收存、发放民用爆炸物品的品种、数量、编号及领取人员的姓名等；

（3）发现、报告变质或过期的民用爆炸物品。

第三节　爆破员、安全员、保管员考核内容

一、爆破员考核内容

（1）炸药与爆炸基本理论；

（2）常用民用爆炸物品的品种、性能、使用条件及安全管理要求；

（3）装药、填塞、网路敷设、起爆等爆破工艺及安全技术要求；

（4）爆破安全技术和环境保护要求；

（5）处理盲炮或其他安全隐患的操作程序与技能。

二、安全员考核内容

（1）爆破安全技术的现状及发展方向；

（2）炸药与爆炸基本理论；

（3）爆破作业人员资格规定；

（4）爆破作业现场安全管理规定；

（5）民用爆炸物品领取、发放、清退安全管理规定。

三、保管员考核内容

（1）炸药与爆炸基本理论；

（2）验收、保管、发放、回收民用爆炸物品安全管理规定；

（3）民用爆炸物品流向登记规定与储存安全规定；

（4）民用爆炸物品信息管理系统手持机实际操作技能。

第二章 民用爆炸物品安全管理

第一节 民用爆炸物品管理范围

一、物品范围

根据《民用爆炸物品安全管理条例》，民用爆炸物品是指用于非军事目的、列入民用爆炸物品品名表的各类火药、炸药及其制品和雷管、导火索等点火、起爆器材。2006年11月，国防科工委、公安部公布《民用爆炸物品品名表》（表2-1），列入品名表的物品共有工业炸药、工业雷管、工业索类火工品、其他民用爆炸物品和原材料5大类59个品种。

表2-1 民用爆炸物品品名表

序号	名 称	英文名称	备 注
一、	**工业炸药**		
1	硝化甘油炸药	Nitroglycerine，NG	甘油三硝酸酯类混合炸药
2	铵梯类炸药	Ammonite	含铵梯油炸药
3	多孔粒状铵油炸药		
4	改性铵油炸药		
5	膨化硝铵炸药	Expanded AN explosive	
6	其他铵油类炸药		含粉状铵油、铵松蜡、铵沥蜡炸药等
7	水胶炸药	Water gel explosive	
8	乳化炸药（胶状）	Emulsion	
9	粉状乳化炸药	Powdery emulsive	
10	乳化粒状铵油炸药		重铵油炸药
11	黏性炸药		
12	含退役火药炸药		含退役火药的乳化、浆状、粉状炸药
13	其他工业炸药		
14	震源药柱	Seismic charge	
15	震源弹		
16	人工影响天气用燃爆器材		含炮弹、火箭弹等、限生产、购买、销售、运输管理
17	矿岩破碎器材		
18	中继起爆具	Primer	

序号	名　称	英文名称	备　注
19	爆炸加工器材		
20	油气井用起爆器		
21	聚能射孔弹	Perforating charge	
22	复合射孔器	Perforator	
23	聚能切割弹		
24	高能气体压裂弹		
25	点火药盒		
26	其他油气井用爆破器材		
27	其他炸药制品		
二、	**工业雷管**		
28	工业火雷管	Flash detonator	
29	工业电雷管	Electric detonator	含普通电雷管和煤矿许用电雷管
30	导爆管雷管	Detonator with shock-conducting tube	
31	半导体桥电雷管		
32	电子雷管	Electron-delay detonator	
33	磁电雷管	Magnetoelectric detonator	
34	油气井用电雷管		
35	地震勘探电雷管		
36	继爆管		
37	其他工业雷管		
三、	**工业索类火工品**		
38	工业导火索	Industrial blasting fuse	
39	工业导爆索	Industrial Detonating fuse	
40	切割索	Linear shaped charge	
41	塑料导爆管	Shock-conducting tube	
42	引火线		
四、	**其他民用爆炸物品**		
43	安全气囊用点火具		
44	其他特殊用途点火具		
45	特殊用途烟火制品		
46	其他点火器材		
47	海上救生烟火信号		
五、	**原材料**		
48	梯恩梯（TNT）/ 2,4,6-三硝基甲苯	Trinitrotoluene, TNT	限于购买、销售、运输管理
49	工业黑索今（RDX）/ 环三亚甲基三硝胺	Hexogen, RDX	限于购买、销售、运输管理

续表2-1

序号	名　称	英文名称	备　注
50	苦味酸/2,4,6-三硝基苯酚	Picric acib	限于购买、销售、运输管理
51	民用推进剂		限于购买、销售、运输管理
52	太安(PETN)/季戊四醇四硝酸酯	Pentaerythritol tetranitrate, PETN	限于购买、销售、运输管理
53	奥克托今（HMX）	Octogen, HMX	限于购买、销售、运输管理
54	其他单质猛炸药	Explosive compound	限于购买、销售、运输管理
55	黑火药	Black power	用于生产烟花爆竹的黑火药除外，限于购买、销售、运输管理
56	起爆药	Initiating explosive	
57	延期器材		
58	硝酸铵	Ammonium nitrate, AN	限于购买、销售审批管理
59	国防科工委、公安部认为需要管理的其他民用爆炸物品		

二、单位范围

民用爆炸物品从业单位主要包括民用爆炸物品生产、销售、购买、运输和爆破作业单位，民用爆炸物品从业单位必须按照《民用爆炸物品安全管理条例》的规定取得相应资质后才能从事相关作业。此外，从事民用爆炸物品教学、科研、质量监督检测等需要使用民用爆炸物品的单位，也同样适用《民用爆炸物品安全管理条例》。

三、行为范围

民用爆炸物品的生产、销售、购买、进出口、运输、爆破作业和储存以及硝酸铵的销售、购买及废旧民用爆炸物品销毁等行为，适用《民用爆炸物品安全管理条例》。

第二节　民用爆炸物品安全管理许可证制度

国家对民用爆炸物品的生产、销售、购买、运输和爆破作业实行许可证制度。未经许可，任何单位或者个人不得生产、销售、购买、运输民用爆炸物品，不得从事爆破作业。严禁转让、出借、转借、抵押、赠送、私藏或者非法持有民用爆炸物品。

一、民用爆炸物品生产许可证

申请从事民用爆炸物品生产的企业，以及民用爆炸物品生产企业为调整生产能力及品种进行改建、扩建，应当向国务院国防科技工业主管部门（现工业和信息化部）提出申请并提交符合下列条件的证明材料：

（1）符合国家产业结构规划和产业技术标准；

（2）厂房和专用仓库的设计、结构、建筑材料、安全距离以及防火、防爆、防雷、防静电等安全设备、设施符合国家有关标准和规范；

（3）生产设备、工艺符合有关安全生产的技术标准和规程；

（4）有具备相应资格的专业技术人员、安全生产管理人员和生产岗位人员；

（5）有健全的安全管理制度、岗位安全责任制度；

（6）法律、行政法规规定的其他条件。

民用爆炸物品生产企业取得《民用爆炸物品生产许可证》后，应当在办理工商登记后3日内向所在地县级人民政府公安机关备案。

二、民用爆炸物品销售许可证

申请从事民用爆炸物品销售的企业，应当向所在地省、自治区、直辖市人民政府国防科技工业主管部门提出申请并提交符合下列条件的证明材料：

（1）符合对民用爆炸物品销售企业规划的要求；

（2）销售场所和专用仓库符合国家有关标准和规范；

（3）有具备相应资格的安全管理人员、仓库管理人员；

（4）有健全的安全管理制度、岗位安全责任制度；

（5）法律、行政法规规定的其他条件。

民用爆炸物品销售企业取得《民用爆炸物品销售许可证》后，应当在办理工商登记后3日内向所在地县级人民政府公安机关备案。

销售、购买民用爆炸物品，应当通过银行账户进行交易，不得使用现金或者实物进行交易。销售民用爆炸物品的企业，应当自民用爆炸物品买卖成交之日起3日内，将销售的品种、数量和购买单位向所在地省、自治区、直辖市人民政府国防科技工业主管部门和所在地县级人民政府公安机关备案。

销售民用爆炸物品的企业，应当将购买单位的许可证、银行账户转账凭证、经办人的身份证明复印件保存2年备查。

三、民用爆炸物品购买许可证

民用爆炸物品使用单位申请购买民用爆炸物品的，应当向所在地县级人民政府公安机关提出购买申请，并提交下列有关材料：

（1）工商营业执照或者事业单位法人证书；

（2）《爆破作业单位许可证》或者其他合法使用的证明；

（3）购买单位的名称、地址、银行账户；

（4）购买的品种、数量和用途说明。

对符合条件的，受理申请的公安机关应当自受理申请之日起5日内核发《民用爆炸物品购买许可证》。

购买民用爆炸物品的单位，应当自民用爆炸物品买卖成交之日起3日内，将购买的品种、数量向所在地县级人民政府公安机关备案。

民用爆炸物品生产企业凭《民用爆炸物品生产许可证》购买属于民用爆炸物品的原料,民用爆炸物品销售企业凭《民用爆炸物品销售许可证》向民用爆炸物品生产企业购买民用爆炸物品,不需申办《民用爆炸物品购买许可证》。

四、民用爆炸物品运输许可证

运输民用爆炸物品,收货单位应当向运达地县级人民政府公安机关提出申请,并提交下列材料:

(1)民用爆炸物品生产企业、销售企业、使用单位以及进出口单位分别提供《民用爆炸物品生产许可证》、《民用爆炸物品销售许可证》、《民用爆炸物品购买许可证》或者进出口批准证明;

(2)运输民用爆炸物品的品种、数量、包装材料和包装方式;

(3)运输民用爆炸物品的特性、出现险情的应急处置方法;

(4)运输时间、起始地点、运输路线、经停地点。

对符合条件的,受理申请的公安机关应当自受理申请之日起3日内核发《民用爆炸物品运输许可证》。

经由道路运输民用爆炸物品的,应当遵守下列规定:

(1)携带《民用爆炸物品运输许可证》;

(2)民用爆炸物品的装载符合国家有关标准和规范,车厢内不得载人;

(3)运输车辆安全技术状况应当符合国家有关安全技术标准的要求,并按照规定悬挂或者安装符合国家标准的易燃易爆危险物品警示标志;

(4)运输民用爆炸物品的车辆应当保持安全车速;

(5)按照规定的路线行驶,途中经停应当有专人看守,并远离建筑设施和人口稠密的地方,不得在许可以外的地点经停;

(6)按照安全操作规程装卸民用爆炸物品,并在装卸现场设置警戒,禁止无关人员进入;

(7)出现危险情况立即采取必要的应急处置措施,并报告当地公安机关。

民用爆炸物品运达目的地,收货单位应当进行验收后在《民用爆炸物品运输许可证》上签注,并在3日内将《民用爆炸物品运输许可证》交回发证机关核销。

五、爆破作业单位许可证

(一)爆破作业单位分级和从业范围

《爆破作业单位资质条件和管理要求》(GA991—2012)规定,营业性爆破作业单位按照其拥有的注册资本、专业技术人员、技术装备和业绩等条件,由高到低分为一级、二级、三级和四级,从业范围包括设计施工、安全评估、安全监理;非营业性爆破作业单位不分级。爆破作业单位的资质等级与从业范围的对应关系见表2-2。

(二)爆破作业单位许可程序

1. 非营业性爆破作业单位

申请从事非营业性爆破作业的单位,向所在地设区的市级公安局提交下列材料:

（1）《爆破作业单位许可证》（非营业性）申请表；

（2）从事的爆破作业属于合法生产活动的证明和爆破作业区域证明（采矿许可证与安全生产许可证）；

（3）自有民用爆炸物品专用仓库证明和安全评价报告；

（4）爆破作业专用设备清单；

（5）涉爆从业人员资格证明；

（6）安全管理制度和岗位安全责任制度。

设区的市级公安局受理申请后，应当对申请材料的真实性组织现场核查，并组织专家进行评审。对符合条件的，核发《爆破作业单位许可证》（非营业性）。

表2-2　爆破作业单位基本条件及从业范围表

等级\\条件\\项目		营业性爆破作业单位				非营业性爆破作业单位
		一级	二级	三级	四级	
注册资金		≥2000 万元	≥1000 万元	≥300 万元	≥100 万元	—
净资产		≥2000 万元	≥1000 万元	≥300 万元	≥100 万元	—
设备净值		≥1000 万元	≥500 万元	≥150 万元	≥50 万元	有爆破作业专用设备
近3年单位业绩		A 级≥10 项或 B 级及以上≥20 项	B 级及以上≥10 项或 C 级及以上≥20 项	C 级及以上≥10 项或 D 级及以上≥20 项	—	—
		工程质量达到设计要求，未发生重大及以上爆破作业责任事故				
技术负责人	职称	高级	高级	高级	中级及以上	中级及以上
	项目管理经历	≥10 年	≥7 年	≥5 年	≥3 年	≥2 年
	主持过的项目	A 级≥5 项或 B 级及以上≥10 项	B 级≥5 项或 C 级及以上≥10 项	C 级≥5 项或 D 级及以上≥10 项	—	
工程技术人员	合计	≥30 人	≥20 人	≥10 人	≥5 人	≥1 人
	爆破工程技术人员	中级以上≥15 人，其中高级≥9 人	中级以上≥10 人，其中高级≥6 人	中级以上≥5 人，其中高级≥3 人	初级以上≥3 人，其中中级以上≥2 人	≥1 人
爆破作业人员	爆破员	≥10 人	≥10 人	≥10 人	≥10 人	≥5 人
	安全员	≥2 人	≥2 人	≥2 人	≥2 人	≥2 人
	保管员	≥2 人	≥2 人	≥2 人	≥2 人	≥2 人
从业范围		A 级及以下项目的设计施工、安全评估、安全监理	B 级及以下项目的设计施工、安全评估、安全监理	C 级及以下项目的设计施工、安全监理	D 级及以下项目的设计施工	仅为本单位合法的生产活动需要，在限定区域内自行实施爆破作业

2. 营业性爆破作业单位

申请从事营业性爆破作业的单位，应当向所在地省级公安机关提交下列证明材料：

（1）《爆破作业单位许可证》（营业性）申请表；

（2）独立法人资格证明；

（3）自有或租用民用爆炸物品专用仓库证明和安全评价报告；

（4）爆破施工机械及检测、测量设备清单；

（5）涉爆从业人员资格证明；

（6）安全管理制度和岗位安全责任制度；

（7）注册资金、净资产、专用设备净值的有效证明；

（8）近3年承接的爆破作业项目设计施工方案；

（9）技术负责人主持的爆破作业项目设计施工方案。

省级公安机关受理申请后，应当对申请材料的真实性组织现场核查，并组织专家进行评审。对符合条件的，核发《爆破作业单位许可证》（营业性），并标明资质等级和从业范围。

六、爆破作业人员许可证

（一）爆破作业人员分类

从事爆破作业的人员包括爆破作业人员和爆破工程技术人员两大类。爆破作业人员是指经考核认定具备从事现场具体作业资格的人员，分为爆破员、安全员、保管员三类；爆破工程技术人员是指经考核认定具备爆破作业设计施工资格的人员，分为高、中、初三个级别，从业范围包括岩土爆破、拆除爆破和特种爆破。

（二）爆破作业人员许可程序

爆破作业人员（爆破员、安全员、保管员）应当经过专业培训后，参加所在地设区的市级公安机关组织的考核，经考核合格的，核发《爆破作业人员许可证》。

爆破工程技术人员应当经过专业培训后，参加所在地省级公安机关组织的考核，经考核合格的，核发《爆破工程技术人员安全作业证》。

第三节　爆破作业安全管理

一、爆破作业项目分级

爆破作业项目按工程类别、一次爆破总药量、爆破环境复杂程度和爆破物特征，分为A、B、C、D四个级别，实行分级管理。工程分级标准见表2-3。

（1）按照《爆破安全规程》（GB 6722）的规定，表2-3中B、C、D级一般岩土爆破工程，遇下列情况应相应提高一个工程级别。

1）距爆区1000m范围内有国家一、二级文物或特别重要的建（构）筑物、设施；

2）距爆区500m范围内有国家三级文物、风景名胜区、重要的建（构）筑物、设施；

3）距爆区300m范围内有省级文物、医院、学校、居民楼、办公楼等重要保护对象。

（2）按照《爆破安全规程》（GB 6722）的规定，表2-3中B、C、D级拆除爆破及城镇浅孔爆破工程，遇下列情况应相应提高一个工程级别。

1）距爆破拆除物或爆区 5m 范围内有相邻建（构）筑物或需重点保护的地表、地下管线；

2）爆破拆除物倒塌方向安全长度不够，需用折叠爆破时；

3）爆破拆除物或爆区处于闹市区、风景名胜区时。

（3）矿山内部且对外部环境无安全危害的爆破工程不实行分级管理。

表 2-3　爆破工程分级标准

作业范围	分级计量标准	单位	级　别			
			A	B	C	D
岩土爆破①	一次爆破药量 Q	t	$100 \leqslant Q$	$10 \leqslant Q < 100$	$0.5 \leqslant Q < 10$	$Q < 0.5$
拆除爆破	高度 H②	m	$50 \leqslant H$	$30 \leqslant H < 50$	$20 \leqslant H < 30$	$H < 20$
	一次爆破药量 Q③	t	$0.5 \leqslant Q$	$0.2 \leqslant Q < 0.5$	$0.05 \leqslant Q < 0.2$	$Q < 0.05$
特种爆破④	单张复合板使用药量 Q	t	$0.4 \leqslant Q$	$0.2 \leqslant Q < 0.4$	$Q < 0.2$	

① 指露天深孔爆破对应的级别药量。其他岩土爆破相应级别对应的药量系数：地下爆破为 0.5；复杂环境深孔爆破 0.25；露天硐室爆破 5.0；地下硐室爆破 2.0；水下钻孔爆破 0.1，水下炸礁及清淤、挤淤爆破 0.2。

② 指楼房、厂房及水塔拆除爆破对应的级别高度；烟囱和冷却塔拆除爆破相应级别对应的高度系数为 2 和 1.5。

③ 拆除爆破按一次爆破药量进行分级的工程类别包括：桥梁、支撑、基础、地坪、单体结构等；城镇浅孔爆破也按此标准分级；围堰拆除爆破相应级别对应的药量系数为 20。

④《爆破安全规程》（GB 6722）第 12 章所列其他特种爆破都按 D 级进行分级管理。

二、爆破作业行政管理

根据《民用爆炸物品安全管理条例》、《爆破作业项目管理要求》等规定，在城市、风景名胜区和重要工程设施附近实施爆破作业的，应经爆破作业所在地设区的市级公安机关批准后方可实施，进行安全评估、安全监理并按规定发布施工公告、爆破公告。

（一）爆破作业项目许可审批

在城市、风景名胜区和重要工程设施附近实施爆破作业的，爆破作业单位应向爆破作业所在地设区的市级公安机关提出申请，提交《爆破作业项目许可审批表》及下列材料：

（1）设计施工、安全评估、安全监理单位持有的《爆破作业单位许可证》、工商营业执照及其复印件；

（2）设计施工单位与委托单位签订的爆破作业合同；

（3）安全评估单位与委托单位签订的安全评估合同；

（4）安全监理单位与委托单位签订的安全监理合同；

（5）设计施工单位出具的爆破设计、施工方案；

（6）安全评估单位出具的爆破设计、施工方案的安全评估报告。

（二）安全评估

需经公安机关审批的爆破作业项目，提交申请前，应由具有相应资质的爆破作业单位进行安全评估。安全评估应包括下列主要内容：

（1）爆破作业单位的资质是否符合规定；

（2）爆破作业项目的等级是否符合规定；

（3）设计所依据的资料是否完整；

（4）设计方法、设计参数是否合理；

（5）起爆网路是否可靠；

（6）设计选择方案是否可行；

（7）存在的有害效应及可能影响的范围是否全面；

（8）保证工程环境安全的措施是否可行；

（9）制定的应急预案是否适当。

（三）安全监理

经公安机关审批的爆破作业项目，实施爆破作业时，应由具有相应资质的爆破作业单位进行安全监理。安全监理应包括下列主要内容：

（1）爆破作业单位是否按照设计方案施工；

（2）爆破有害效应是否控制在设计范围内；

（3）审验爆破作业人员的资格，制止无资格人员从事爆破作业；

（4）监督民用爆炸物品领取、清退制度的落实情况；

（5）监督爆破作业单位遵守国家有关标准和规范的落实情况，发现违章指挥和违章作业，有权停止其爆破作业，并向委托单位和公安机关报告。

（四）爆破作业活动中禁止的行为

爆破作业单位及爆破从业人员从事爆破作业活动中，不得有下列行为：

（1）伪造、变造、买卖或者出借、租借爆破作业单位、人员许可证；

（2）从事超出资质等级、从业范围的爆破作业；

（3）违反国家有关标准和规范实施爆破作业；

（4）聘用无爆破作业资格的人员从事爆破作业；

（5）将承接的爆破作业项目转包；

（6）为非法的生产活动实施爆破作业；

（7）为本单位或者与本单位有利害关系的单位承接的爆破作业项目进行安全评估、安全监理；

（8）承接同一爆破作业项目的安全评估、安全监理；

（9）爆破从业人员同时受聘于两个及以上爆破作业单位；

（10）其他违反法律、行政法规的行为。

三、爆破作业现场管理

（一）爆破作业环境

爆破前应对爆区周围的自然条件和环境状况进行调查，了解危及安全的不利环境因素，并采取必要的安全防范措施。爆破作业场所有下列情形之一时，不应进行爆破作业：

（1）距工作面20m以内的风流中瓦斯含量达到1%或有瓦斯突出征兆的；

（2）爆破会造成巷道涌水、堤坝漏水、河床严重阻塞、泉水变迁的；

（3）岩体有冒顶或边坡滑落危险的；

（4）硐室、炮孔温度异常的；

（5）地下爆破作业区的有害气体浓度超过规定的；

（6）爆破可能危及建（构）筑物、公共设施或人员的安全而无有效防护措施的；

（7）作业通道不安全或堵塞的；

（8）支护规格与支护说明书的规定不符或工作面支护损坏的；

（9）危险区边界未设警戒的；

（10）光线不足且无照明或照明不符合规定的；

（11）未按本标准的要求做好准备工作的。

露天和水下爆破装药前，应与当地气象、水文部门联系，及时掌握气象、水文资料，遇以下恶劣气候和水文情况时，应停止爆破作业，所有人员应立即撤到安全地点：

（1）热带风暴或台风即将来临时；

（2）雷电、暴雨雪来临时；

（3）大雾天或沙尘暴，能见度不超过 100m 时；

（4）现场风力超过 8 级、浪高大于 1.0m 时或水位暴涨暴落时。

采用电爆网路时，应对高压电、射频电等进行调查，对杂散电流进行测试；发现存在危险，应立即采取预防或排除措施。浅孔爆破应采用湿式凿岩，深孔爆破凿岩机应配收尘设备；在残孔附近钻孔时应避免凿穿残留炮孔，在任何情况下均不许钻残孔。

（二）施工公告

爆破作业单位应在施工前 3 天发布施工公告。施工公告应包括下列主要内容：

（1）爆破作业项目名称；

（2）委托单位；

（3）设计施工单位；

（4）安全评估单位；

（5）安全监理单位；

（6）爆破作业时限。

（三）爆破公告

爆破作业单位应在爆破前 1 天发布爆破公告。爆破公告应包括下列主要内容：

（1）爆破地点；

（2）每次爆破时间；

（3）安全警戒范围；

（4）警戒标志；

（5）起爆信号。

（四）安全警戒

实施爆破作业，应当遵守国家有关标准和规范，在安全距离以外设置警示标志并安排警戒人员，防止无关人员进入；爆破作业结束后应当及时检查、排除未引爆的民用爆炸物品。

（五）项目备案制度

爆破作业单位跨省、自治区、直辖市行政区域从事爆破作业的，应当事先将爆破作业项目的有关情况向爆破作业所在地县级人民政府公安机关报告。

营业性爆破作业单位接受委托实施爆破作业，应事先与委托单位签订爆破作业合同，并在签订爆破作业合同后 3 日内，将爆破作业合同向爆破作业所在地县级公安机关备案。

对由公安机关审批的爆破作业项目，爆破作业单位应当在实施爆破作业活动结束后 15 日内，将经爆破作业项目所在地公安机关批准确认的爆破作业设计施工、安全评估、安全监理的情况，如实向核发《爆破作业单位许可证》的公安机关书面报告，并提交《爆破作业项目备案表》。

第四节　民用爆炸物品安全管理的法律责任

对涉及民用爆炸物品的违法犯罪行为，《刑法》、《治安管理处罚法》和《民用爆炸物品安全管理条例》都有明确的规定。

一、违反《刑法》的法律责任

根据《刑法》第一百二十五条、第一百二十七条、第一百三十条、第一百三十六条规定，有下列涉及民用爆炸物品犯罪行为之一的，根据其不同的危害结果和情节，分别处以拘役、有期徒刑、无期徒刑和死刑：

（1）非法制造、买卖、运输、邮寄、储存爆炸物的，处三年以上十年以下有期徒刑；情节严重的，处十年以上有期徒刑、无期徒刑或者死刑；

（2）盗窃、抢夺爆炸物的，处三年以上十年以下有期徒刑；情节严重的，处十年以上有期徒刑、无期徒刑或者死刑；

（3）非法携带爆炸性物品，进入公共场所或者公共交通工具，危及公共安全，情节严重的，处三年以下有期徒刑、拘役或者管制；

（4）违反爆炸性物品的管理规定，在生产、储存、运输、使用中发生重大事故，造成严重后果的，处三年以下有期徒刑或者拘役；后果特别严重的，处三年以上七年以下有期徒刑。

二、违反《治安管理处罚法》的法律责任

根据《治安管理处罚法》第三十条、第三十一条规定，有下列行为之一的，根据其不同的危害结果和情节，由公安机关处以拘留的行政处罚：

（1）违反国家规定，制造、买卖、储存、运输、邮寄、携带、使用、提供、处置爆炸性危险物质的，处十日以上十五日以下拘留；情节较轻的，处五日以上十日以下拘留；

（2）爆炸性危险物质被盗、被抢或者丢失，未按规定报告的，处五日以下拘留；故意隐瞒不报的，处五日以上十日以下拘留。

三、违反《民用爆炸物品安全管理条例》的法律责任

《民用爆炸物品安全管理条例》对各类违反民用爆炸物品安全管理的行为分别作了规定。

（一）未经许可制造、买卖、运输民用爆炸物品和爆破作业的行为

根据《民用爆炸物品安全管理条例》第四十四条规定，未经许可生产、销售民用爆炸物品的，由国防科技工业主管部门责令停止非法生产、销售活动，处 10 万元以上 50 万元以下的罚款，并没收非法生产、销售的民用爆炸物品及其违法所得；未经许可购买、运输

民用爆炸物品或者从事爆破作业的，由公安机关责令停止非法购买、运输、爆破作业活动，处 5 万元以上 20 万元以下的罚款，并没收非法购买、运输以及从事爆破作业使用的民用爆炸物品及其违法所得。

（二）违反流向登记管理规定的行为

根据《民用爆炸物品安全管理条例》第四十六条规定，有下列情形之一的，由公安机关责令限期改正，处 5 万元以上 20 万元以下的罚款；逾期不改正的，责令停产停业整顿：

（1）未按照规定对民用爆炸物品做出警示标识、登记标识或者未对雷管编码打号的；

（2）超出购买许可的品种、数量购买民用爆炸物品的；

（3）使用现金或者实物进行民用爆炸物品交易的；

（4）未按照规定保存购买单位的许可证、银行账户转账凭证、经办人的身份证明复印件的；

（5）销售、购买、进出口民用爆炸物品，未按照规定向公安机关备案的；

（6）未按照规定建立民用爆炸物品登记制度，如实将本单位生产、销售、购买、运输、储存、使用民用爆炸物品的品种、数量和流向信息输入计算机系统的；

（7）未按照规定将《民用爆炸物品运输许可证》交回发证机关核销的。

（三）违反运输管理规定的行为

根据《民用爆炸物品安全管理条例》第四十七条规定，有下列情形之一的，由公安机关责令改正，处 5 万元以上 20 万元以下的罚款：

（1）违反运输许可事项的；

（2）未携带《民用爆炸物品运输许可证》的；

（3）违反有关标准和规范混装民用爆炸物品的；

（4）运输车辆未按照规定悬挂或者安装符合国家标准的易燃易爆危险物品警示标志的；

（5）未按照规定的路线行驶，途中经停没有专人看守或者在许可以外的地点经停的；

（6）装载民用爆炸物品的车厢载人的；

（7）出现危险情况未立即采取必要的应急处置措施、报告当地公安机关的。

（四）违反爆破作业管理规定的行为

根据《民用爆炸物品安全管理条例》第四十八条规定，从事爆破作业的单位有下列情形之一的，由公安机关责令停止违法行为或者限期改正，处 10 万元以上 50 万元以下的罚款；逾期不改正的，责令停产停业整顿；情节严重的，吊销《爆破作业单位许可证》：

（1）爆破作业单位未按照其资质等级从事爆破作业的；

（2）营业性爆破作业单位跨省、自治区、直辖市行政区域实施爆破作业，未按照规定事先向爆破作业所在地的县级人民政府公安机关报告的；

（3）爆破作业单位未按照规定建立民用爆炸物品领取登记制度、保存领取登记记录的；

（4）违反国家有关标准和规范实施爆破作业的。

爆破作业人员违反国家有关标准和规范的规定实施爆破作业的，由公安机关责令限期改正，情节严重的，吊销《爆破作业人员许可证》。

（五）违反储存管理规定的行为

根据《民用爆炸物品安全管理条例》第四十九条规定，有下列情形之一的，由国防科技工业主管部门、公安机关按照职责责令限期改正，可以并处5万元以上20万元以下的罚款；逾期不改正的，责令停产停业整顿；情节严重的，吊销许可证：

（1）未按照规定在专用仓库设置技术防范设施的；

（2）未按照规定建立出入库检查、登记制度或者收存和发放民用爆炸物品，致使账物不符的；

（3）超量储存、在非专用仓库储存或者违反储存标准和规范储存民用爆炸物品的；

（4）有《民用爆炸物品安全管理条例》规定的其他违反民用爆炸物品储存管理规定行为的。

（六）违反其他安全管理规定的行为

根据《民用爆炸物品安全管理条例》第五十条规定，民用爆炸物品从业单位有下列情形之一的，由公安机关处2万元以上10万元以下的罚款；情节严重的，吊销其许可证；有违反治安管理行为的，依法给予治安管理处罚：

（1）违反安全管理制度，致使民用爆炸物品丢失、被盗、被抢的；

（2）民用爆炸物品丢失、被盗、被抢，未按照规定向当地公安机关报告或者故意隐瞒不报的；

（3）转让、出借、转借、抵押、赠送民用爆炸物品的。

根据《民用爆炸物品安全管理条例》第五十一条规定，携带民用爆炸物品搭乘公共交通工具或者进入公共场所，邮寄或者在托运的货物、行李、包裹、邮件中夹带民用爆炸物品，构成犯罪的，依法追究刑事责任；尚不构成犯罪的，由公安机关依法给予治安管理处罚，没收非法的民用爆炸物品，处1000元以上1万元以下的罚款。

根据《民用爆炸物品安全管理条例》第五十二条规定，民用爆炸物品从业单位的主要负责人未履行本条例规定的安全管理责任，导致发生重大伤亡事故或者造成其他严重后果，构成犯罪的，依法追究刑事责任；尚不构成犯罪的，对主要负责人给予撤职处分，对个人经营的投资人处2万元以上20万元以下的罚款。

四、爆破作业中常见的违法违规行为及查处依据

（一）未经许可实施爆破作业

根据《民用爆炸物品安全管理条例》第四十四条第四款的规定，责令其停止非法购买、运输、爆破作业活动，处5万元以上20万元以下的罚款，并没收非法购买、运输以及从事爆破作业使用的民用爆炸物品及其违法所得。对行为人可根据《治安管理处罚法》第三十条的规定予以行政拘留。行为人涉嫌非法制造、购买、运输、储存爆炸物品，依据《最高人民法院关于审理非法制造、买卖、运输枪支、弹药、爆炸物等刑事案件具体应用法律若干问题的解释》第一条第（六）项的规定，对于非法制造、买卖、运输、邮寄、储存炸药、发射药、黑火药一千克以上或者烟火药三千克以上，雷管三十枚以上或者导火索、导爆索三十米以上的，对行为人按《刑法》第一百二十五条第一款的规定进行处罚。对于非法制造、买卖、运输、邮寄、储存爆炸物品数量达到以上最低数量标准5倍以上的，对行为人按《刑法》第一百二十五条的"情节严重"处罚。

（二）丢失、被盗民用爆炸物品

丢失、被盗民用爆炸物品指责任人或单位违反《民用爆炸物品安全管理条例》规定，在生产、储存、销售、运输和使用民用爆炸物品过程中，发生民用爆炸物品丢失、被盗案（事）件。

对责任单位，依据《民用爆炸物品安全管理条例》第五十条的规定，对其处以 2 万元以上 10 万元以下的罚款；情节严重的，吊销其许可证；造成民用爆炸物品大量丢失、被盗案件或因民用爆炸物品流散后造成严重社会危害后果的，除追究责任人的直接责任外，还要追究单位领导人的行政责任直至刑事责任；对行为人可依据《治安管理处罚法》第三十一条的规定予以行政拘留（行为人可能是项目负责人、项目技术负责人、负责民用爆炸物品现场保管的人员，视具体责任情况确定）。

（三）使用无证人员从事爆破作业或爆破器材管理

爆破作业指接触民用爆炸物品的所有作业（包括装药、填塞、连线、检查线路、起爆、处理盲炮等）。爆破器材管理指接收、保管、发放爆破器材的有关工作。

对责任单位，依据《民用爆炸物品安全管理条例》第四十八条第一款第（四）项，责令其停止违法行为或者限期改正，处 10 万元以上 50 万元以下的罚款；逾期不改正的，责令停产停业整顿；情节严重的，吊销《爆破作业单位许可证》；对行为人（无证作业人员和同意该无证人员进行爆破作业的人员），依据《治安管理处罚法》第三十条，予以行政拘留。

（四）爆破作业期间项目技术负责人不在现场管理

爆破作业期间指从民用爆炸物品送到工地时起到爆破作业结束，包括处理盲炮完毕、清点好应退库民用爆炸物品数量、督促现场保管人员将应退库民用爆炸物品锁入临时保管箱为止。

爆破作业期间项目技术负责人不在现场管理，违反《安全生产法》第三十五条和《民用爆炸物品安全管理条例》第三十八条，对责任单位，依据《民用爆炸物品安全管理条例》第四十八条第一款第（四）项，责令其停止违法行为或者限期改正，处 10 万元以上 50 万元以下的罚款；逾期不改正的，责令停产停业整顿；情节严重的，吊销《爆破作业单位许可证》；对行为人，情节严重的，吊销《爆破作业人员许可证》。

（五）不按规定将剩余的民用爆炸物品退回仓库存放

对责任单位，依据《民用爆炸物品安全管理条例》第四十八条第一款第（四）项，责令其停止违法行为或者限期改正，处 10 万元以上 50 万元以下的罚款；逾期不改正的，责令停产停业整顿；情节严重的，吊销《爆破作业单位许可证》；对行为人，依据《治安管理处罚法》第三十条，予以行政拘留。

（六）临时存放民用爆炸物品不安排专人管理、看护

对责任单位，依据《民用爆炸物品安全管理条例》第四十八条第一款第（四）项，责令其停止违法行为或者限期改正，处 10 万元以上 50 万元以下的罚款；逾期不改正的，责令停产停业整顿；情节严重的，吊销《爆破作业单位许可证》。对行为人，依据《治安管理处罚法》第三十条，予以行政拘留。

（七）不按规定组织实施安全警戒

安全警戒包括装药警戒和爆破警戒，指在装药、爆破过程中设置警戒区边界（一般按

最小安全允许距离确定）、设立危险区标志、分派警戒岗哨、阻止无关人员进入警戒区等。

不按规定组织实施爆破安全警戒，违反《民用爆炸物品安全管理条例》第三十八条，对责任单位，依据《民用爆炸物品安全管理条例》第四十八条第一款第（四）项，责令其停止违法行为或者限期改正，处 10 万元以上 50 万元以下的罚款；逾期不改正的，责令停产停业整顿；情节严重的，吊销《爆破作业单位许可证》；对行为人，情节严重的，吊销《爆破作业人员许可证》。

（八）不按设计方案进行安全防护

安全防护是指为了防止爆破有害效应而采取的炮孔覆盖、在爆区周边搭建立面防护排架、对保护对象进行包裹防护、斜坡滚石防护、钻减振孔、监测振动、抑制炮烟粉尘等采取的各种防护措施。

对责任单位，依据《民用爆炸物品安全管理条例》第四十八条第一款第（四）项，责令其停止违法行为或者限期改正，处 10 万元以上 50 万元以下的罚款；逾期不改正的，责令停产停业整顿；情节严重的，吊销《爆破作业单位许可证》；对行为人，情节严重的，吊销《爆破作业人员许可证》。

第五节　民用爆炸物品信息管理系统

一、民用爆炸物品信息管理系统概况

（一）民用爆炸物品信息管理系统

民用爆炸物品信息管理系统是以民用爆炸物品信息为基本管理对象，以编号雷管全程跟踪管理为重点，准确登记涉爆单位、涉爆人员与爆炸物品信息及其关联关系的信息系统。其特点是：

（1）绑定责任：进入系统的爆炸物品均具有全国唯一标识，系统全面准确地掌握每一枚雷管、一箱炸药的流转过程及与责任人员的关联关系，即物品与责任人对应。

（2）动态跟踪：涉爆数据及时上报公安机关，随时掌握各类民用爆炸物品的流量、流向以及责任的变更与传递。

（3）全程监控：一发雷管从生产下线直至被爆破员使用，其间经过的各个环节、各种操作、各相关单位、相关人员均在系统的监控范围内，系统可以描述完整的涉爆轨迹。

（4）闭环平衡：每一件物品的每一种行为均涉及至少两个主体：有买必有卖、有发放必有领取、有出库必有入库。系统从一次行为的两个主体采集数据，使其相互印证，如果其中数据有误，立即显示预警信息。

（5）提高效率：采用计算机技术管理民爆业务，使获取信息、查询统计等各类业务工作的效率显著提高。

（6）实战应用：系统将多类涉爆要素互相关联，为涉爆案件侦查提供信息查询服务。

（7）流程控制：系统在民用爆炸品生产、销售、购买、运输、储存、领用、发放等环节均设有控制，一旦出现违规行为，系统将终止交易的进行，减少和杜绝各类违法、违规行为的发生。

（8）查询比对：及时、准确地查询、查证涉爆单位、涉爆人员的各类信息。

（二）民爆信息系统网络服务平台

为进一步推动民用爆炸物品安全监管信息化、网络化工作，搭建企业和公安机关信息交流的网上平台，民爆信息系统于2012年开始升级，部署建设网络服务平台。网络服务平台建立后，企业可以通过互联网申办爆破作业单位许可证、爆破作业人员许可证、民用爆炸物品购买许可证、民用爆炸物品运输许可证、爆破作业项目许可，对爆破作业合同、爆破作业项目进行备案登记，通过互联网报送数据，减少了办事环节，进一步方便了爆破作业单位。公安机关通过公安网审查企业申报的许可申请信息，在网上进行审批和回复，减轻了信息录入工作量，提高了行政管理效率。升级后的民爆信息系统，建立了更加全面的数据库，爆破作业单位与其爆破作业人员、爆破作业项目、爆破作业业绩和民用爆炸物品使用等日常业务信息关联更加紧密。

二、爆破员、安全员、保管员系统操作

公安机关通过系统给爆破员、安全员、保管员核发《爆破作业人员许可证》，同时给爆破员、保管员发放人员卡。爆破员、保管员使用手持机和人员卡进行日常操作，采集单位储存、使用民用爆炸物品的品种、数量和流向信息，并上报公安机关。

（一）爆破员系统操作

爆破员使用系统的人员卡进行领用和退库操作。

（1）领用操作：爆破作业前，需领用民用爆炸物品。领用时，将爆破员的人员卡交给保管员，由保管员进行发放操作。

（2）退库操作：爆破员有未使用完的物品必须当日退回库房。退库时，将物品与爆破员的人员卡交给保管员，由保管员进行退库操作。

（二）安全员系统操作

安全员在系统中没有操作。

（三）保管员系统操作

保管员使用系统的手持机、人员卡进行操作。手持机分为出入库手持机和领用发放手持机。有总库和分库、并建立了《民用爆炸物品信息管理系统出入库信息采集子系统》的爆破作业单位，总库保管员使用出入库手持机，分库保管员使用领用发放手持机。其他爆破作业单位的保管员使用领用发放手持机。

1. 有总库和分库、并建立了《民用爆炸物品信息管理系统出入库信息采集子系统》的爆破作业单位保管员日常操作

（1）购买入库：购买民用爆炸物品后，需存放至总库。入库过程需要总库保管员使用出入库手持机和保管员的人员卡进行"入库"操作，采集入库物品信息。

（2）出库操作：总库的民用爆炸物品分发给各个分库时，由分库持公安机关开具的运输许可证和单位卡到本单位的《民用爆炸物品信息管理系统出入库信息采集子系统》开具出库传票。持单位卡和纸质传票到库房进行出库。出库过程需要总库保管员使用出入库手持机、单位卡和总库保管员的人员卡进行"出库"操作，采集出库物品信息。

（3）分库入库：总库分发的民用爆炸物品运到分库后，分库进行入库操作。入库过程需要分库保管员使用领用发放手持机、单位卡和分库保管员的人员卡进行"入库"操作，采集入库物品信息。

（4）拆箱操作：购买入库的民用爆炸物品往往是整箱的，无法直接发放给爆破员，因此在领用发放前需要进行拆箱。拆箱过程需要保管员使用领用发放手持机和保管员的人员卡进行"拆箱"操作，采集拆箱物品信息。

（5）发放操作：爆破作业前，保管员将民用爆炸物品发放给爆破员。发放过程需要保管员使用领用发放手持机、保管员的人员卡和爆破员的人员卡进行"发放"操作，采集领用物品、爆破员、保管员等信息。

（6）退库操作：爆破员有未使用完的物品必须当日退回到库房。退库过程需要保管员使用领用发放手持机、保管员的人员卡和爆破员的人员卡进行"退库"操作，采集退库物品信息。

（7）退货操作：爆破作业单位有需要退货的物品时，需要进行出库操作。出库过程需要保管员使用领用发放手持机和保管员的人员卡进行"出库-退货"操作，采集出库物品信息。

（8）上报数据：本单位所有业务操作数据都需要上报到公安机关。上报数据过程需要保管员使用手持机（总库保管员使用出入库手持机、分库保管员使用领用发放手持机）、单位卡和保管员的人员卡进行"上报-上报数据"操作。然后，将数据上报到《民用爆炸物品信息管理系统出入库信息采集子系统》。然后，可通过网络服务平台、直接拿着单位卡到公安机关等多种途径，将数据上报到公安机关。

（9）上报确认：保管员将单位卡上的数据上报至《民用爆炸物品信息管理系统出入库信息采集子系统》后，需要将单位卡重新拿回手持机（总库保管员使用出入库手持机、分库保管员使用领用发放手持机）进行上报确认。上报确认过程需要保管员使用手持机、单位卡和保管员的人员卡进行"上报-上报确认"操作，完成数据上报确认。

2. 其他爆破作业单位保管员日常操作

（1）入库操作：购买民用爆炸物品后，需存放至库房。入库过程需要保管员使用领用发放手持机和保管员的人员卡进行"入库"操作，采集入库物品信息。

（2）拆箱操作：购买入库的民用爆炸物品往往是整箱的，无法直接发放给爆破员，因此在领用发放前需要进行拆箱。拆箱过程需要保管员使用领用发放手持机和保管员的人员卡进行"拆箱"操作，采集拆箱物品信息。

（3）发放操作：爆破作业前，保管员将民用爆炸物品发放给爆破员。发放过程需要保管员使用领用发放手持机、保管员的人员卡和爆破员的人员卡进行"发放"操作，采集领用物品、爆破员、保管员等信息。

（4）退库操作：爆破员有未使用完的物品必须当日退回到库房。退库过程需要保管员使用领用发放手持机、保管员的人员卡和爆破员的人员卡进行"退库"操作，采集退库物品信息。

（5）退货操作：爆破作业单位有需要退货的物品时，需要进行出库操作。出库过程需要保管员使用领用发放手持机和保管员的人员卡进行"出库-退货"操作，采集出库物品信息。

（6）上报数据：本单位所有业务操作数据都需要上报到公安机关。上报数据过程需要保管员使用领用发放手持机、单位卡和保管员的人员卡进行"上报-上报数据"操作。然后，可通过网络服务平台、直接拿着单位卡到公安机关等多种途径，将数据上报到公安机关。

（7）上报确认：保管员将单位卡上的数据上报到公安机关后，需要将单位卡重新拿回领用发放手持机进行上报确认。上报确认过程需要保管员使用领用发放手持机、单位卡和保管员的人员卡进行"上报-上报确认"操作，完成数据上报确认。

第六节　民用爆炸物品标识与工业雷管编码

一、民用爆炸物品警示标识和登记标识

《民用爆炸物品警示标识、登记标识通则》（GA921—2010）规定了民用爆炸物品警示标识、登记标识的基本规则和技术要求。

（一）基本规则

民用爆炸物品最小计数单位和基本包装单元上应同时有警示标识和登记标识，但以下情况除外：

（1）工业雷管最小计数单位不做警示标识；

（2）当塑料导爆管仅用于雷管装配用的材料时，可不做警示标识和登记标识。

警示标识和登记标识采用印刷、喷印、刻（压）痕、粘贴标签的方法进行标注。

（二）警示标识

1. 标识内容：警示色、警示语和品名

（1）警示色：各类产品的外表面采用橙红色标识。以下情况除外：

1）国家或行业标准有明确规定的；

2）产品外壳为金属材料的；

3）已经标注了符合 GB 190 要求的爆炸品标志的。

（2）警示语：各类产品的外表面应标有"爆炸品"字样，已经标注了符合 GB 190 要求的爆炸品标志的除外。

（3）品名：各类产品的外表面应标注产品品名。

2. 不同产品的最小计数单位警示标识信息字号和布置要求

（1）工业炸药及炸药制品：

1）字号根据最小计数单位的外形尺寸确定，但要求目视清晰可辨；

2）标识信息布置：每一最小计数单位表面应有品名、警示标识。

（2）索类火工品：

1）字号根据最小计数单位的外形尺寸确定，但要求目视清晰可辨；

2）标识信息布置：每 1.0m 长度内至少应有一组完整的警示标识；

3）其他民用爆炸物品的警示标识信息字号和布置，参照上述相近外形的产品进行标识。

3. 基本包装单元警示标识的要求及警示语

（1）包装物表面应标有符合 GB 190 要求的爆炸品标志。

（2）包装物表面应标有符合表 2-1 规定要求的品名。

（3）包装物表面应标有符合以下要求的警示语：

1）工业炸药及炸药制品的警示语："防火、防潮、轻拿、轻放，不得与雷管共存放"；

2）其他民用爆炸物品的警示语："防火、防潮、轻拿、轻放"。

（三）登记标识

1. 标识内容

标识内容包括：生产单位或生产地名称、生产日期。

2. 对最小计数单位登记标识的要求

（1）各类产品的外表面上应有登记标识；各类雷管外壳上的登记标识应符合 GA441—2003 规定的要求；

（2）生产单位或生产地应标注生产许可证上核定的名称，可使用中文简称或代号。

生产日期以公元年月日表示。用"00～99"两位阿拉伯数字表示公元世纪末两位年号，用"01～12"两位阿拉伯数字表示 1～12 月，用"01～31"两位阿拉伯数字表示 1～31 日。如 2009 年 4 月 28 日，用"090428"表示。

生产单位或生产地名称、生产日期的字高、字间距，可根据产品的外形尺寸确定。

3. 基本包装单元登记标识的要求及信息

（1）生产单位或生产地名称应标注生产许可证上核定的信息。

（2）电子标识的要求：

1）电子标识至少应包含以下信息：生产单位、生产日期、生产批号、品名、规格、包装规格、包装方式和净质量；

2）采用条形码标签时，条形码标签应符合 GA921—2010 规定的技术条件，工业雷管基本包装单元上的条形码标签应符合 GA441—2003 规定的要求；

3）采用电子标签时，每个基本包装单元或一个管理批次中至少应有一个标签；

4）每个基本包装单元上至少应有一种电子标识；

5）电子标识的技术性能应满足气候及使用环境的要求，射频对爆炸物品及作业场所的危险性应通过防爆安全认证。

二、工业雷管编码

《工业雷管编码通则》（GA441—2003）规定了工业雷管编码的基本规则、编码方法和标注要求。

（一）基本规则

工业雷管编码基本规则包括：

（1）每发工业雷管出厂时必须有编码；

（2）工业雷管编码在 10 年内具有唯一性；

（3）在工业雷管基本包装单元（以下简称盒）的外表面应粘贴一张包含盒内雷管编码关联信息的一维条形码，条形码上应标有生产企业名称、产品品种、装盒数量等汉字信息；

（4）工业雷管出厂时应随箱提供《工业雷管编码信息使用说明书》；

（5）工业雷管包装箱内应装有《工业雷管编码信息随箱登记表》，在箱的外表面应粘贴两张包含箱内雷管编码关联信息的条形码，条形码上应标有生产企业名称、产品品种、装箱数量、生产日期等汉字信息；

（6）工业雷管批量销售时，必须填写《工业雷管批量销售编码信息登记表》。

（二）编码方法

1. 编码组成

编码采用 13 位字码，如图 2-1 所示，由生产企业代号、生产年份代号、生产月份代号、生产日代号、特征号及流水号组成。

（1）生产企业代号：用"01～99"两位阿拉伯数字表示。

（2）生产年份代号：用"0～9"一位阿拉伯数字表示公元世纪末位年份。

（3）生产月份代号：用"01～12"两位阿拉伯数字表示 1～12 月份。

（4）生产日代号：用"01～31"两位阿拉伯数字表示 1～31 日。

（5）特征号：用一位英文字母（大写英文字母 B、小写英文字母 c、o、s、u、v、w、x、z 除外）表示，也可以用一位阿拉伯数字表示。

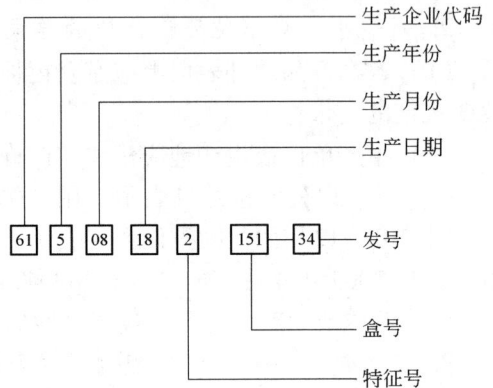

图 2-1　雷管编码示意图

具体可以是编码机机台代号，雷管品种代号、雷管编码的分段号或并入盒号使用。

（6）流水号：用五位阿拉伯数字表示，前三位表示盒号，后两位表示盒内雷管顺序号。

2. 补码

（1）生产过程中需要进行补码时，宜补原雷管编码或用专用补号编码代替。

（2）专用补号编码方法为：13 位编码前 8 位含义不变，后 5 位流水号第 1 位用英文字母 B 表示，后 4 位为补码顺序号。

（3）专用补号编码 10 年内具有唯一性，并与原雷管编号——对应，记入《工业雷管专用补号编码对应登记表》。

第三章　炸药的爆炸性能

第一节　炸药的爆炸现象与条件

一、爆炸现象及其分类

（一）爆炸现象

爆炸是在自然界中经常发生的一种非常迅速的物理或化学的变化过程。爆炸是物质状态（密度、温度、体积、压力等）发生突变，在极短时间内释放出大量能量，内能转化为机械压缩能，使原来的物质或生成的产物驱动周围介质产生运动，并通常伴随有声光效应。我们在日常生活中经常遇到爆炸现象，如热水瓶爆炸、锅炉爆炸、轮胎爆炸、烟花爆竹和炸药爆炸等。一般来说，爆炸具有以下特征：（1）爆炸过程进行得很快；（2）爆炸点附近压力急剧升高；（3）发出或大或小的响声；（4）周围介质发生震动或邻近物质遭到破坏。

（二）爆炸分类

爆炸可由多种原因引起。根据爆炸过程的性质，从广义上讲，爆炸可分为物理爆炸、化学爆炸和核爆炸三种。

1. 物理爆炸

物理爆炸是由于物质的物理状态发生突变（如压力剧增）而引发的爆炸现象。物质在爆炸时，仅仅是物质形态上发生了变化，而组成成分、化学性质、内部结构没有发生改变。汽车轮胎爆炸、蒸汽锅炉爆炸、气球爆炸等均为物理爆炸。

2. 化学爆炸

化学爆炸是物质在一定条件下发生极迅速的放热化学反应，并生成高温高压反应物质的爆炸现象。发生化学爆炸时物质不仅在形态上发生了变化，而且在组成成分和化学性质上也发生了变化。炸药爆炸、雷管爆炸、烟花爆竹爆炸、瓦斯爆炸、煤尘爆炸、氢氧混合物爆炸均属于化学爆炸。

3. 核爆炸

核爆炸是某些物质的原子核发生裂变或聚变的连锁反应而引发的爆炸现象，物质爆炸时不仅在物质形态、组成成分和化学性质上发生了变化，而且在物质内部结构上也发生了根本改变。原子弹、氢弹的爆炸属于核爆炸，是由原子核裂变（^{235}U 的裂变）或者核聚变（如氘、氚、锂的聚变）引起的。

（三）炸药的爆炸现象

炸药是一种相对不稳定的物质，在常温、常压下以极其缓慢的速度进行着化学反应，一般不为人们所察觉。但在外界作用下，如高温、高压的作用，可使化学反应加速，发生燃烧，以致引起爆炸。例如，一个炸药包用雷管引爆时，炸药包瞬间化为一团火光，形成烟雾并产生轰隆巨响，在附近形成强烈的空气冲击波，使建筑物等或被破坏或受到强烈振动。在爆炸过程中，炸药完成了极高速度且自动传播的化学反应，改变了物质状态和参数，瞬间释放出大量的高温、高压气体，对周围介质形成压力。

二、炸药爆炸的基本条件

实践表明：炸药爆炸时在瞬间产生火光、出现烟云、发出巨响并产生空气冲击波。火光表明爆炸反应放出大量的热而发光；爆炸瞬间完成表明爆炸反应速度和爆炸变化传播速度都很高；冲击波是爆炸产物中的大量气（汽）态物质急剧膨胀而形成的。

（一）变化过程释放大量的热

变化过程释放大量的热是炸药爆炸得以自动高速进行的首要条件，也是炸药爆炸对外做功的动力。有了这个条件，化学反应才能自行传播而不需要外界的能量来维持反应的继续进行。反应放出的热量是炸药爆炸做功的能源。反应放出的热量愈多，炸药爆炸的能量愈高，对外做功的能力就愈大。

（二）变化过程必须是高速的

爆炸过程的高速度，特别是化学反应的高速度是炸药爆炸的主要条件。高速度使爆炸在瞬间完成；能量集中使爆炸产生巨大的功率。通常炸药爆炸反应是在微秒级的时间内完成的，爆轰传播的速度一般为 $3000 \sim 8000 \text{m/s}$。

炸药爆炸约在 10^{-6} s 内完成，在此时间内爆炸产物还来不及膨胀，仍占据原炸药的体积，此时瞬间形成的高温、高压气体产物的急剧膨胀，使炸药的爆炸产生巨大的能量。

例如 1kg 梯恩梯完全反应（爆炸）只需要十万分之一秒的时间；而 1kg 煤完全反应（燃烧）却需要几十分钟时间，故煤不具备爆炸条件。

（三）变化过程生成大量的气体产物

生成的气态产物是炸药爆炸做功的介质，是爆炸过程中把炸药的热能转变为对外做机械功的重要工具，是爆炸做功的必要条件。在 0℃ 和 0.101MPa 条件下，炸药爆炸产生的气体体积为 $600 \sim 1000 \text{dm}^3 / \text{kg}$。

例如，铝热剂的反应放出的热量也很多，产物温度可达 3000℃，反应的速度也很快，但不会发生爆炸，原因就是因为不能生成气态产物。

综上所述，炸药爆炸过程通常具有以下三个基本特征：

（1）爆炸反应是放热的；

（2）爆炸变化是高速的；

（3）生成大量气体产物。

这三个特征称为炸药爆炸的三要素，它是衡量一个化学反应能否形成爆炸性反应的标准。产生化学爆炸必须同时具备这三个条件。

三、炸药化学变化的基本形式

炸药化学变化的基本形式包括炸药的热分解、燃烧和爆轰三种。当然，也有的教材上讲炸药化学变化的基本形式包括炸药的热分解、燃烧、爆炸和爆轰四种。

（一）热分解

炸药的理化性能相对稳定，但在储存过程中，受热、湿、光、电以及外界杂质等影响，会产生缓慢的物理化学变化。炸药在热作用下发生的分解称为热分解，在特定条件下，热分解反应产生的热积累可能导致炸药的燃烧或爆炸，因此研究炸药的热分解对其储存和使用的安全非常重要。

当温度升高时，分解速度加快，温度继续升高到某一定值（炸药的燃点）时，热分解就能转化为燃烧。当温度继续升高到一定程度（炸药的爆发点）时，炸药缓慢的化学变化会自动转变为快速的化学变化，进而发生爆炸。炸药的热分解性能会影响炸药的储存。例如，库房的温度和药箱堆放数量与方式都会对炸药热分解产生影响。一般来说，在炸药库房内，药箱不应过多，堆放不应过紧，要保持良好的通风，防止温度升高促使热分解加剧，进而引起燃烧、爆炸事故。

（二）燃烧

炸药在火焰或热作用下会引起燃烧，燃烧速度一般比较慢。但是随着温度和压力的增加，燃速也显著增加，并且当外界压力、温度超过某一极限值时，炸药可以很快地由燃烧变成爆炸。

在一定条件下，大多数炸药都能平静地燃烧而不爆炸。炸药的燃烧在外表上与一般物质在空气中的燃烧很类似，但是它们之间存在着本质的区别。一般物质的燃烧需要外界供氧或其他助燃气体，而助燃气体的供给过程对燃烧的进行有着决定性的影响；炸药的燃烧是依靠自身所含的氧进行反应的。炸药的燃烧，一般可分为两个阶段，首先是使炸药局部表面着火，然后是火焰向炸药内部传播。炸药局部表面着火是在外界高温热源强制作用下实现的，称为强制着火或点火。燃烧的进行也可以看做是上一层反应的炸药对下一层炸药依次连续点火的过程。因此，当遇到炸药燃烧时，用沙土覆盖法去灭火是无用的。

炸药的燃烧可分为稳定燃烧和不稳定燃烧，这主要取决于燃烧过程中燃烧速度的变化。在燃烧过程中，燃烧速度保持不变的称为稳定燃烧；反之，则称为不稳定燃烧。不稳定燃烧会出现两种结果：一是燃速不断加速而导致爆炸，这是安全生产中不希望产生和需要极力防止的变化形式；二是燃速不断降低，直至熄灭。

（三）爆炸与爆轰

当炸药受到足够大的外能作用时，会发生猛烈的化学反应，该反应以一种冲击波的形式高速传播，这就是炸药的爆炸。一般来说，爆炸过程开始是不稳定的，可能发展到更大爆速的爆轰，也可能衰减到较小爆速的爆燃直至熄灭。因此，爆炸只是炸药变化过程中的一种过渡状态。

爆炸反应传播速度保持在稳定值时的化学反应称为爆轰。图 3-1 给出了炸药爆轰的动态照片。爆炸和爆轰并无本质上的区别，只不过传播速度不同而已。爆轰的传播速度是恒定的，爆炸的传播速度是变化的。爆轰是炸药化学变化的最高形式，这时炸药能量释放得最充分、

图 3-1　炸药的爆轰过程

最集中。

不稳定爆轰通常主要发生在炸药的起爆阶段。而稳定爆轰则主要发生在爆轰传播中后期的爆炸作用阶段，它是爆炸应用中对爆炸做功起关键作用的阶段。

（四）三种变化形式的转化

热分解是炸药性质本身决定的，燃烧是依靠热辐射和热传导进行传播的，爆轰是依靠冲击波进行传播的。炸药的这三种反应形式不是相互独立的，三者之间有着紧密联系，在一定条件下可以互相转化。炸药的热分解在一定的条件下可以转变为炸药的燃烧；而炸药的燃烧在一定条件下又能转变为炸药的爆轰。如当炸药失火时，应设法控制升温和热能积聚，要采用水来灭火，不宜采用泡沫灭火器，采用覆盖沙土的办法灭火是无效的。起爆炸药时，要给其提供足够的外能，确保炸药稳定爆轰，以免造成半爆或拒爆事故。2011 年11 月 1 日发生在贵州省黔南州福泉市的 72t 炸药爆炸事故就是一个炸药由燃烧转为爆轰的实际案例。

第二节　炸药的爆炸参数与性能

一、炸药的爆炸参数

（一）爆速

爆速是炸药爆炸时爆轰波沿炸药内部传播的速度。炸药爆速的高低与许多因素有关，首先取决于炸药自身的性质，其次还与装药直径、装药密度以及颗粒度、外壳、附加物等因素有关。

爆速是炸药的重要参数之一。爆速愈高，炸药的爆炸能力愈大。常用工业炸药的爆速通常为 3000 ~4000m/s，低爆速炸药的爆速通常为 2000m/s 左右。

（二）爆热

爆热是在一定条件下单位质量炸药爆炸时放出的热量，通常用符号 Q_V 表示。爆热是炸药爆炸做功的能量指标。常用工业炸药的爆热为 3000 ~4000kJ/kg。

（三）爆温

爆温是炸药爆炸时放出的热量使爆炸产物定容（指爆炸产物的容积与炸药爆炸前的体积相同的情况）加热所达到的最高温度（℃）。一般来讲，炸药的爆温愈高，气体产物的压力就愈大，对外界做功的能力也就愈大。

在实际应用中，不是爆温愈高愈好。通常水下爆破炸药要求有较高的爆温，以提高水中爆破效果；对于煤矿安全炸药则要求有较低的爆温，以降低点燃瓦斯的可能性。

常用工业炸药的爆温为 2300 ~3000℃，单质炸药的爆温为 3000 ~5000℃。

（四）爆容

爆容又称炸药的比容，是单位质量炸药爆炸时生成的气体产物在标准状态下（0℃和0.101MPa）所占的体积（V_0）。通常炸药的爆容愈大，做功能力也愈大。爆容只是一定条件下的相对值。常用工业炸药的爆容为 900L/kg 左右。

（五）爆压

爆压是炸药爆炸时生成的高温高压气体产生的压力。通常有两个含义：

（1）指爆轰压力，又称 C-J 压力，它是炸药爆炸时爆轰波阵面上的压力 p_1。常用工业炸药的爆轰压为 3000~3500MPa。爆轰压可由试验测定，也可由理论计算得出。

（2）指爆炸产物压力，它是炸药爆炸做功时爆炸产物的压力 p_2，通常爆炸产物压力是爆轰压力的一半左右。

二、炸药的爆炸性能

（一）做功能力

炸药爆炸对周围介质所做的总功称为炸药的做功能力。炸药的做功能力又称爆力或威力，它是炸药的爆炸产物对周围介质做功的能力。炸药的做功能力愈大，被爆出的土石方量就愈多。

（二）猛度

猛度是炸药爆炸时破碎与其接触的介质的能力。它表示炸药对介质局部破坏的猛烈程度，是衡量炸药局部破坏能力的指标。炸药的猛度愈大，介质被破碎得愈细。炸药的爆速和爆压愈大，其猛度也愈大。

炸药的猛度和做功能力笼统来讲都是表示炸药的威力大小的爆炸性能参数。在工程上，猛度表示的是炸药破碎岩石的能力。做功能力表现的是炸药对介质的破碎与抛掷的能力。炸药的做功能力包含了猛度因素，即猛度大的炸药，其做功能力也大，但是，做功能力大的炸药，其猛度不一定大。

正确选择炸药的威力与猛度具有重要的实际意义，威力表示炸药总的破坏能力，而猛度表示对局部的破坏能力。如需要对介质的抛掷能力大时，则应选用威力大的炸药；当需要对介质的破碎能力大时，则选用猛度大的炸药。如同时需要考虑对介质的抛掷和破碎作用时，则应选择具有一定威力和猛度的炸药。

（三）殉爆

殉爆是炸药（主爆药）发生爆炸时，由于冲击波的作用引起相隔一定距离的另一炸药（受爆药）爆炸的现象。主爆药与受爆药之间能发生殉爆的最大距离称为殉爆距离。主爆药与受爆药之间不发生殉爆的最小距离称为殉爆安全距离。

殉爆距离与主爆药、受爆药及它们之间的介质都有关系。通常主爆药的药量、密度、爆热、爆速等愈大，殉爆能力也愈大；受爆药的起爆感度愈高、接收能量的条件（面积等）愈好，愈容易被殉爆。

研究殉爆现象具有重要的实际意义。实际应用中要利用炸药的殉爆现象，例如，工程爆破中当药卷与药卷之间接触不好时不至于使爆轰传播中断；另外，对于生产、储存爆炸物品的车间、仓库设计及生产、储存、运输、使用过程中，必须考虑炸药的殉爆安全距离，即危险建筑物之间的最小内部距离。在生产线各工序之间，各工作岗位之间，仓库与仓库之间的距离都应当符合殉爆安全距离的要求，以免因一处爆炸而引起邻近各处爆炸物品爆炸的事故。

（四）聚能效应

装药是指将炸药装在某种材料（如金属、塑料等）中形成的爆炸物品。

当底部带有锥形孔（空穴）的装药发生爆炸时，爆轰产物沿装药表面的法线方向朝装药轴心飞散，在焦点处，爆轰产物的密度与速度达最大值，能量最集中，局部破坏作用最大。这种因装药一端带有空穴而使能量集中的效应称为聚能效应。

聚能效应并没有提高装药的总能量，而是调整能量使之集中于某一方向，这是提高能量利用率的一种有效手段。

当聚能穴带有金属罩时，由于金属射流的密度要比爆轰产物聚能流的密度更大，因而能量更集中、更大，所以破坏装甲的效果也更好。

（五）沟槽效应

沟槽效应也称间隙效应或管道效应。在炮孔或管壳中，当炸药与炮孔间存在一定间隙时，将导致炸药的爆轰传播速度发生变化，这一现象称为沟槽效应。对于绝大多数工业炸药，沟槽效应可导致传爆中断，应当防止其发生。

试验表明，炸药爆轰的同时在间隙中传播着一个比炸药爆速更高的空气冲击波，由于它的超前压缩作用，该冲击波前面的炸药被压实，当炸药被压实到一定程度时，可导致爆轰传播中断。影响沟槽效应的因素有炸药本身的爆轰传播特性以及间隙的大小、粗糙度、障碍物状况等。

第三节　炸药的感度与储存性能

一、炸药的感度

炸药的感度表示炸药在外界作用下发生爆炸的难易程度。感度高或敏感表示容易引发爆炸，感度低或钝感表示不易引发爆炸。它是安全、准爆设计的重要依据。由于外界作用的形式很多，因此，相应产生很多种感度。常用的感度有以下四类。

（一）热感度

热感度指在热的作用下炸药发生爆炸的难易程度。它有对均匀加热和火焰作用两种形式。

火焰感度指在火焰（火花、火星）作用下炸药发生爆炸的难易程度。它是炸药热感度的另一种表达形式。在实际应用中，炸药受热作用的形式不仅有均匀的加热作用，还可能有火焰、火花或火星的直接作用。

（二）机械感度

机械感度主要有撞击感度、摩擦感度和针刺感度。撞击感度指在机械撞击作用下炸药发生爆炸的难易程度，也称冲击感度；摩擦感度是在机械摩擦作用下炸药发生爆炸的难易程度；针刺感度是在针刺作用下炸药发生爆炸的难易程度。

（三）起爆感度

起爆感度又称爆轰感度，指在其他炸药（起爆药、起爆具等）的作用下，炸药发生爆轰的难易程度。

工业炸药通常以能否被 6 号或 8 号工业雷管起爆来评定炸药起爆感度的高低。

（四）静电火花感度

静电火花感度是指在静电放电作用下炸药发生爆炸的难易程度。静电火花感度一般用最大不发火能量或 50% 发火能量表示。

总之，炸药的感度有多种形式，分类的方法也多种多样，不同的外界作用形式会表现出不同的感度。例如，冲击波感度、枪击感度、射频感度、微波感度、激光感度、化学能感度等；各种感度之间没有当量换算关系，不能推理比较；感度的实验测试条件不同于炸药的实际应用条件，感度实验值只有参考价值。

二、与炸药储存有关的性能

（一）安定性

安定性是在一定条件下炸药保持其物理和化学性质不发生显著变化的能力。它是评定炸药能否投入生产使用的重要性能之一。一般有三种安定性，即：化学、物理、热安定性。

化学安定性：在一定条件下，炸药保持其化学性能变化不超过允许范围的能力称为化学安定性，一般用炸药分解变质的情况衡量其优劣。

物理安定性：在一定条件下，炸药保持其物理性能变化不超过允许范围的能力称为物理安定性，如炸药的吸湿性、渗油性、挥发性、可塑性、晶析、破乳、老化和收缩变形等。

热安定性：在热的作用下，炸药保持其物理和化学性质不发生显著变化的能力称为热安定性。

安定性能数据对炸药的加工、储存、运输和使用安全十分重要。

炸药的热分解是导致炸药热安定性变差的主要原因。

炸药热分解的继续发展可能导致热（或热点）爆炸。热爆炸是在单纯的热作用下，炸药在数量与温度适宜的时候发生的自动且不可控制的爆炸现象。它是由炸药热分解反应放出的热量不断积聚，导致系统的温度逐渐上升、反应速度不断增加而造成的。

热爆炸是炸药储存中必须十分注意的一个问题。

（二）相容性

相容性表示炸药与其他材料（包括炸药、高聚物、金属或非金属）混合或接触时，各组分保持其物理和化学性能不发生超过允许范围变化的能力，是衡量炸药能否安全使用的重要标志之一。相容性分为组分相容性、接触相容性、物理相容性和化学相容性四种。

1. 物理相容性

它是炸药和其他材料混合或接触后，体系的物理性质如相态、晶态、力学性能（包括抗拉、抗压、抗剪强度等）的变化不超过允许范围的能力，与化学相容性密切相关。

2. 化学相容性

它是炸药与其他材料混合或接触后，体系的化学性质变化不超过允许范围的能力，与物理相容性密切相关。通常化学性质的变化往往可促进体系物理性质的变化。炸药的相容性，一般指化学相容性，即当某种物质存在时，在一定的温度和湿度条件下，对指定物质不起变化的能力。如果满足这些条件，则称这两种物质为相容；不相容会造成物质性能变化或引起较大的危险。

3. 组分相容性

组分相容性又称内相容性，它是炸药中各组分（包括所含微量杂质等）共存时其物理化学性质发生的变化保持在允许范围内的能力，是炸药在储存时能否长期处于相对稳定状态的决定因素。

4. 接触相容性

接触相容性又称外相容性，它是炸药与其他金属（弹壁、壳体等）和非金属材料（高分子包覆层、各种油漆等）相接触时物理、化学性质发生的变化保持不超过允许范围的能力，是爆破器材（指用于爆破的器材，其特征是器材中含有炸药）能否长期安全储存的关键因素之一。

（三）吸湿性

吸湿性表示在一定条件下炸药从大气中吸收水分的能力。它是一个增重伴随吸热的物理过程。炸药的吸湿性会影响炸药的安定性和相容性。

第四章 民用爆炸物品与起爆方法

常规民用爆炸物品一般可分为四大类，主要包括：工业炸药、炸药制品、工业雷管、索类火工品，表4-1给出了常规民用爆炸物品的品名。除了常规民用爆炸物品外，民用爆炸物品还有爆炸性原材料（如TNT等）、火药、烟火剂以及工信部和公安部认为需要管理的其他民用爆炸物品（参见表2-1）。

表4-1 常规民用爆炸物品的品名

类 别		品 名	类 别	品 名
工业炸药	铵油类炸药	多孔粒状铵油炸药	炸药制品	震源药柱
		膨化硝铵炸药		起爆具
		粉状乳化炸药		爆裂管
		改性铵油炸药		射孔弹
		粉状铵油炸药		压裂弹
	含水炸药	乳化炸药	工业雷管	工业电雷管（电子雷管）
		乳化铵油炸药		地震勘探雷管
		水胶炸药		油气井用雷管
	硝化甘油炸药	胶质硝化甘油炸药		导爆管雷管
		粉状硝化甘油炸药		继爆管
	其 他	铵梯炸药	索类火工品	工业导爆索
		黏性粒状炸药		塑料导爆管
		液体炸药		

第一节 工 业 炸 药

对于炸药的认识，仅限于了解它们的共同性是不够的，因为一种炸药与另外一种炸药相比，还各自有其特殊性。这种特殊性，是一种炸药区别于另一种炸药的依据，也是我们正确识别、选择、使用、保管、运输、销毁炸药的依据。

一、工业炸药的分类

炸药的品种很多，分类方法主要有按组成分类和按用途分类这两种。

（一）按组成分类

按炸药的组成，可将炸药分成单质炸药和混合炸药两大类。

1. 单质炸药

单质炸药是爆炸化合物。属于这类炸药的主要有 TNT、黑索今、太安、奥克托今以及氮化铅等。

2. 混合炸药

混合炸药是爆炸混合物。常用的乳化炸药即为混合炸药。混合炸药的组分一般有以下三种：

（1）氧化剂：它是一种含氧丰富的成分，其本身可以是非爆炸性的氧化剂，也可以是含氧丰富的爆炸化合物。

（2）可燃剂：它是一种不含氧或含氧较少的可燃物质。可以是非爆炸性的可燃物，也可以是缺氧的爆炸化合物。

（3）添加剂：它是为了改善炸药的性能而加入的物质。可以是非爆炸性物质，也可以是爆炸性物质。

（二）按用途分类

按照炸药在实际应用中的用途可将炸药分为：起爆药、猛炸药、火药及烟火剂四大类。

1. 起爆药

起爆药是作起爆其他炸药用的一种药剂，是一种能在较弱的初始冲能作用下即能发生爆炸的炸药，是炸药中对外界作用最敏感的一类药剂。其特点是：感度大、爆轰增长快。其主要用途是装填各种起爆器材和点火器材。

起爆药分单质和混合等几种。历史上曾大量使用雷汞作起爆药，因毒性大，目前只在少数击发药中使用。目前工业雷管常用的起爆药主要是混合起爆药，如二硝基重氮酚。

2. 猛炸药

猛炸药是利用爆炸释放出的能量对外界做功的炸药。其特点是威力较大，感度较迟钝，需用起爆药起爆，主要用于工程爆破、爆炸加工和装填各种弹药。常用的猛炸药有乳化炸药、梯恩梯、黑索今、太安和奥克托今等。

3. 火药

火药是在无外界供氧条件下由火花或火焰等外界点火源点燃并进行有规律的燃烧、同时生成大量的热和气体的物质。

常用火药有无烟火药和有烟火药两大类。无烟火药有以硝化棉为主的单基火药，以硝化棉和硝化甘油为主的双基火药和以硝化棉、硝化甘油和硝基胍等为主的三基火药；有烟火药的典型代表是黑火药。如，发射卫星的火箭中装的就是火药。

火药是发射、抛射、驱动装置的能源，以燃烧的形式应用。主要用于点火、延期、抛射和推进等。

4. 烟火剂

烟火剂是在燃烧时能产生特定烟火效应（如光、色、烟、气体、热、声等）的药剂，通常由氧化剂、金属粉或有机可燃物为主体制成。典型的烟火药有照明剂、燃烧剂、发烟剂、信号剂、声光剂和气体发生剂等。

此外，有时也按照炸药的物理状态进行分类，通常分为固体炸药、塑性炸药、液体炸药、燃料空气炸药等。目前固体炸药应用最广泛。

（三）其他分类方法

随着科学技术的发展，现在对国内常用的工业炸药也有按组成和物理特征分类的，一般分为四类：

（1）铵油类炸药，如粉状铵油炸药、多孔粒状铵油炸药、改性铵油炸药等；

（2）含水炸药，如乳化炸药、水胶炸药、浆状炸药等；

（3）硝化甘油炸药，如粉状硝化甘油炸药；

（4）其他炸药，如液体炸药、黑火药等。

也有按工业炸药用途分类的，一般可分为岩石型、露天型、煤矿许用型和地震勘探爆破用炸药等。

二、常用工业炸药简介

（一）铵油炸药

由硝酸铵和燃料油为主要成分的爆炸性混合物称为铵油炸药。铵油炸药有粉状铵油炸药和多孔粒状铵油炸药两大类。粉状铵油炸药由粉状硝酸铵、轻柴油和木粉按一定比例混合而成。多孔粒状铵油炸药，它由多孔粒状硝酸铵和柴油组成，其中硝酸铵一般占94.0%~95.0%，柴油占5.0%~6.0%。

1. 硝酸铵

粉状硝酸铵为白色粉末，具有良好的吸油性，易吸湿结块。多孔粒状硝酸铵为白色颗粒，具有良好的吸油性和流散性，不易结块，有利于起爆。

2. 柴油

常用0号、-10号、-20号等牌号轻柴油，北方寒冷地区或低温季节宜用低牌号轻柴油。

铵油炸药的爆炸威力不大，比较钝感，但爆炸时生成的气体较多。多孔粒状铵油炸药的装药密度为0.90~0.93g/cm³，爆速一般为2800m/s，做功能力不小于278mL，猛度不小于15mm。

铵油炸药具有加工简单、成本低廉的优点，但不抗水，易吸湿结块，一般不具有雷管感度。铵油炸药通常用于深孔和硐室爆破。自制造之日起，一般粉状铵油炸药有效储存期为15天，多孔粒状铵油炸药的有效储存期为30天。铵油炸药组成与性能指标见附表1。

（二）改性铵油炸药

改性铵油炸药是由改性硝酸铵和复合燃料油制成的新型铵油炸药。它具有吸湿性低、吸油性好、不渗油、爆轰感度高、爆炸性能优良的特点。

该炸药适用于露天及无瓦斯、煤尘等爆炸危险的岩土爆破工程，禁止直接用于有水的工作面爆破作业。

目前产品主要有箱装和袋装两种。箱装产品规格：φ32mm/150g±3g，产品包装：每箱净重24kg，内有8个小包，每个小包中有20根药卷。散装大包产品规格有每袋净重24kg、25kg、30kg三种。

（三）膨化铵油炸药

利用膨化硝酸铵替代普通结晶硝酸铵或多孔粒状硝酸铵制备的铵油炸药称为膨化铵油

炸药,它通常有两个品种,一是以膨化硝酸铵、木粉和柴油混制而成的膨化铵木油炸药,二是以膨化硝酸铵和复合油相物品混制的膨化硝铵炸药。表4-2给出了膨化铵木油炸药和普通铵油炸药的爆炸性能。

表4-2　膨化铵木油炸药和普通铵油炸药的爆炸性能

组　分 ＼ 爆炸性能	爆速/m·s^{-1}	殉爆距离/cm	猛度/mm	做功能力/mL
膨化硝铵∶木粉∶柴油＝91.2∶5.8∶3.0	3200～4000	5～7	12.5～14.0	320～340
膨化硝铵∶木粉∶柴油＝90.5∶7.0∶2.5	3100～3300	4～7	12.0～14.0	310～330
普通硝铵∶木粉∶柴油＝91∶6.0∶3.0	2800～3100	3～5	10.0～12.0	280～300

(四) 膨化硝铵炸药

膨化硝铵炸药是指用膨化硝酸铵作为氧化剂的一系列粉状硝铵炸药,其关键技术是硝酸铵的膨化敏化改性。膨化硝酸铵颗粒中含有大量的"微气泡",颗粒表面被"歧性化"、"粗糙化",当其受到外界强力激发作用时,这些不均匀的局部就可形成高温高压的"热点"进而发展直至爆炸,实现硝酸铵的"自敏化"功能。图4-1给出了膨化硝铵炸药的药卷和小包装实物照片。膨化硝铵炸药组成与性能见附表2。

(五) 乳化炸药

乳化炸药分岩石乳化炸药、煤矿乳化炸药和露天乳化炸药三种类型,它是目前使用最广泛的含水炸药,主要用于有水的深孔爆破和浅孔爆破,在拆除爆破中也得到广泛应用,属第三代含水炸药。

国产乳化炸药具有良好的抗水性能和传爆性能,可用8号雷管直接起爆。可用于水中爆破,其爆炸性能略小于以前使用的2号岩石硝铵炸药,经曝晒的乳化炸药其威力有所降低。岩石乳化炸药分为药卷和散装两种包装规格。药卷由不少于两层的防潮纸筒或塑料薄膜密封制成,药卷的直径和重量见表4-3(多数厂家可根据用户需要加工成任意直径的药卷)。图4-2给出了用防潮纸筒包装的乳化炸药的照片。

图4-1　膨化硝铵炸药

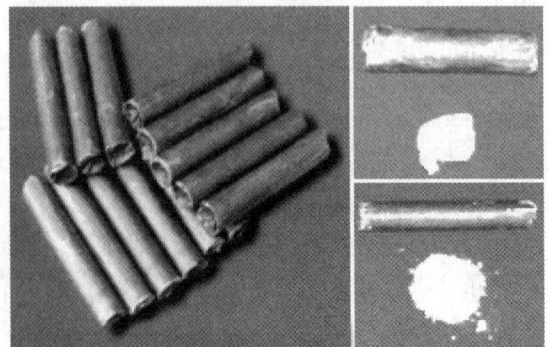

图4-2　乳化炸药

表 4-3 乳化炸药药卷的直径和重量关系

直径/mm	25 ± 1	28 ± 1	32 ± 1	35 ± 1	45 ± 1	60 ± 1	130 ± 1
重量/g	135 ± 3	150 ± 3	200 ± 5	210 ± 5	500 ± 20	1000 ± 20	5000 ± 30

附表 3 给出了岩石乳化炸药的技术指标。其中 2 号岩石乳化炸药爆速一般为 3200m/s；做功能力 260mL；猛度 12mm；殉爆距离 3cm；药卷密度为 0.95 ~ 1.30g/cm³；自制造之日起，2 号岩石乳化炸药的有效储存期为 6 个月，煤矿许用乳化炸药的有效储存期为 4 个月。表 4-4 给出了几种常用的岩石型粉状乳化炸药与 2 号岩石铵梯炸药的爆炸性能的比较。

表 4-4 几种常用岩石型粉状乳化炸药与 2 号岩石铵梯炸药的性能比较

品　种	爆　炸　性　能			
	殉爆距离/cm	爆速/km·s⁻¹	猛度/mm	做功能力/mL
岩石粉状乳化炸药	5 ~ 8	3700 ~ 4300	15 ~ 18	340 ~ 380
1 号岩石乳化炸药	≥4	≥4500	≥16	≥320
2 号岩石乳化炸药	≥3	≥3200	≥12	≥260
2 号岩石铵梯炸药	≥5	≥3200	≥12	≥298

根据包装形式和产品形态可将乳化炸药分为 5 种：药卷品、袋装品、散装品、乳胶溶液产品、乳胶铵油炸药掺和品。目前我国主要生产药卷品、袋装品、散装品及掺和品。

（六）重铵油炸药

重铵油炸药（Heavy ANFO）是将 W/O 型乳胶基质按一定的比例掺混到粒状铵油炸药中，形成乳胶与铵油炸药掺和物，在我国也称为乳胶粒状炸药。在这种物理掺和物中，乳胶基质的质量分数可由 0% 变到 100%，铵油炸药的质量分数则相应的由 100% 变化到 0%。掺和物的性能随着两种组分的比例（质量分数）和乳胶基质本身特性的不同而变化，表 4-5 给出了这种变化关系。重铵油炸药的抗水性能取决于乳胶基质的质量分数和掺和程度。一般地说，乳胶基质的掺入改善了铵油炸药的抗水性能，而且随着掺和物中乳胶基质的质量分数的增加，其抗水性能也随之增强。乳胶基质所占比例越大，重铵油炸药的密度就越大，抗水性能就越好。

表 4-5 重铵油炸药中两种组分（质量分数）的比例不同时的爆炸性能

项　目	组　分　与　性　能										
乳胶基质/%	0	10	20	30	40	50	60	70	80	90	100
铵油/%	100	90	80	70	60	50	40	30	20	10	0
密度/g·m⁻³	0.85	1.0	1.10	1.22	1.31	1.42	1.37	1.35	1.32	1.31	1.30
爆速（药包直径 127mm）/m·s⁻¹	3800①	3800	3800	3900	4200	4500	4700	5000	5200	5500	5600
膨胀功/J·g⁻¹	3800	3755	3709	3667	3608	3541	3449	3366	3282	3215	3148
冲击功（药包直径 127mm）/J·g⁻¹						3462					3140
摩尔体积（100g）/m³	4.38	4.33	4.28	4.23	4.14	4.14	4.09	4.04	3.99	3.94	3.90

续表 4-5

项　目	组　分　与　性　能										
相对重量威力/%	100	99	98	96	95	93	91	89	86	85	86
相对体积威力/%	100	116	127	138	146	155	147	171	133	131	127
抗水性	无	同一天内可起爆			无包装可保持 3 天起爆						
最小直径/mm	100	100	100	100	100	100	100	100	100	100	100

① 系实测值，其余为估算值。

（七）浆状炸药

浆状炸药是以氧化剂水溶液、敏化剂和胶凝剂为基本成分的抗水硝铵类炸药，具有抗水性强、密度高、爆炸威力较大、原料来源广、生产成本低和使用安全等优点，因此曾在露天有水深孔爆破中广泛应用。目前我国浆状炸药的产量已大大减少，基本被乳化炸药所代替。

（八）水胶炸药

一般地说，水胶炸药与浆状炸药没有严格的界限，二者的主要区别在于使用不同的敏化剂。浆状炸药的敏化剂主要是非水溶性的炸药成分、金属粉和固体可燃物，而水胶炸药则是采用水溶性的甲胺硝酸盐为敏化剂，而且水胶炸药的爆轰敏感度比普通浆状炸药高。附表 3 中也给出了水胶炸药的爆炸性能参数。

（九）黑火药

民用黑火药由硝酸钾（75%）、硫磺（10%）、木炭（15%）组成。目前，它主要用于开采石材和石膏等。黑火药的摩擦、撞击感度相当高，粉状黑火药很容易因摩擦冲击而引起爆炸，对火花（包括静电产生的火星）也很敏感。黑火药的爆发点为 290 ~ 310℃，在密闭条件下，一定强度的火焰也能起爆黑火药，但其爆炸威力较低。黑火药的吸湿性强，易溶于水，但在干燥环境中可以长期储存不变质。

（十）静态破碎剂

静态破碎剂（亦称为胀裂剂、膨胀剂、静态爆破剂、静力破碎剂）是 20 世纪 80 年代初研制成功的一种新型破碎岩石、混凝土等介质的破碎剂，它可用于城市控制爆破和名贵石材的开采以及其他一些要求定型成缝破裂和高度安全的拆除工程中。

采用破碎剂切割大理石、花岗岩或破碎各种岩石、混凝土和钢筋混凝土构筑物时，完全可做到无飞石、无噪声、无振动和无毒气等，破碎的块度能满足设计的要求而不损坏被破碎对象周围的任何物体。因此，静态破碎作业又称为静态爆破、无声爆破、切割爆破。

静态爆破时可根据爆破对象、爆破目的和条件的不同，采用不同型号的静态碎破剂，以获得所需的爆破胀力。在孔径 30 ~ 60mm 范围内，依据作用时间的不同，静态破碎剂对孔壁胀力最大可达到 30 ~ 50MPa，破碎剂使被爆破物体出现裂缝的时间只要 2 ~ 8h，历时 20 ~ 24h 可达最大胀力。可产生宽度达到 2 ~ 5cm 的裂缝，最大的可达 10cm。

静态破碎剂为粉状物质，各组分均不属于易燃易爆物品。在应用前，按一定比例称量，加入适量的水调匀，充填到炮孔中，不必堵塞。因而操作过程很简便。由于不使用雷管、炸药，故破碎剂在制造、运输、储存及使用过程中均比炸药安全。而且，破碎剂的原料来源广、价格低。

静态破碎剂是以特殊硅酸盐和氧化钙为主要原料（有的还加铝、硅、铁的氧化物），并添加某些有机和无机添加剂而制成的粉状物质。其中氧化钙和水是产生膨胀的主要物质。有机添加剂的作用是控制氧化钙和水反应的速度，使破碎剂以适当缓慢的方式进行反应，使其在自身充分硬化后才发生膨胀作用。无机添加剂的作用使破碎剂加水后的糊状流态混合物在规定的时间内硬化，并达到一定强度，以保证发生膨胀作用。水是使用时外加的，用量约为干破碎剂的 25% ~ 35%。

破碎剂的性能与其成分配比及使用温度有关。代表性破碎剂的种类及其适用温度如表4-6 所示。

表 4-6　静态破碎剂种类及其适用温度

种　类	JC - I 系列				SCA 系列			
	I	II	III	IV	I	II	III	IV
使用温度/℃	>25	10 ~ 25	0 ~ 10	<0	20 ~ 35	10 ~ 25	5 ~ 15	-5 ~ 8
适用孔径/mm	15 ~ 50，常为 38 ~ 42				30 ~ 50			

破碎剂的膨胀力随外界温度和装药孔径的增加而增加，随加入水量的增加而减小。

破碎剂的膨胀力在一定时间内随时间的增加而增加。破碎剂与水混合后达到最大膨胀力的作用时间，因加入的添加剂的种类不同等原因，可在几小时至几十小时范围内变化（多数为 20 ~ 30h）。同时，还与反应时外界的温度有关。温度高，反应速度快，作用时间可缩短。实际测定表明，破碎剂反应后的容积可增加 60% ~ 120%，膨胀力达 2000 ~ 5000Pa。此外，装药孔径的增加使破碎剂装填量随之增加，膨胀力也随之增大。

使用时，在容器中加入所需量的水，然后逐渐加入干破碎剂，迅速充分搅拌使之成浆状，并立即倒入装药孔使用。每次搅拌量不宜过多，搅拌操作和装填过程中要注意劳动保护，防止喷孔（浆）而烧伤眼睛等。

静态破碎剂的不足之处是只能应用于具有两个自由面以上的小体积物体的"爆破"。药孔数量多，药剂使用量大，破坏时间长且不易控制，成本高，受外界因素的影响较大，使用范围受限制。几种静态破碎剂的基本配方列于表4-7 中。

表 4-7　几种静态破碎剂的基本配方　　　　　　　　　　（%）

配方	水泥	赤泥	石膏	生石灰	氢氧化钙	硫铝酸钙	水	氧化钙
1	26		18	24			32	
2		20	25		24		31	
3	29	14				5	29	23

（十一）高能燃烧剂

高能燃烧剂是由氧化剂、可燃剂和适量添加剂组成的细匀混合物。它在封闭的钻孔内点燃（通常用电阻丝通电加热）后，生成高温高压气体，对物体产生破碎或切割，其破碎作用介于炸药和静态破碎剂之间。表4-8 列出了几种高能燃烧剂的配方。

表 4-8　几种高能燃烧剂的配方

配　方	RDX/%	TNT/%	铝粉/%	KClO₄/%	KNO₃/%	沥青/%
1	10		34	52		4
2	15		34	47		4
3	18		34	10	34	4
4		20	34	42		4
5		30	28	38		4

第二节　起爆（传爆）器材

一、工业雷管

目前，工程爆破中常用的工业雷管主要有电雷管、导爆管雷管和电子雷管三大类。雷管属于起爆器材，是起爆炸药用的。雷管是高度危险的爆炸物品，其感度较高，生产、运输、储存和使用时必须确保安全。工业雷管按管内装药量多少，可分为 8 号和 6 号两种，号数愈大，其主装药量愈多，雷管的起爆能力愈强。图 4-3 给出了电雷管的外观照片。

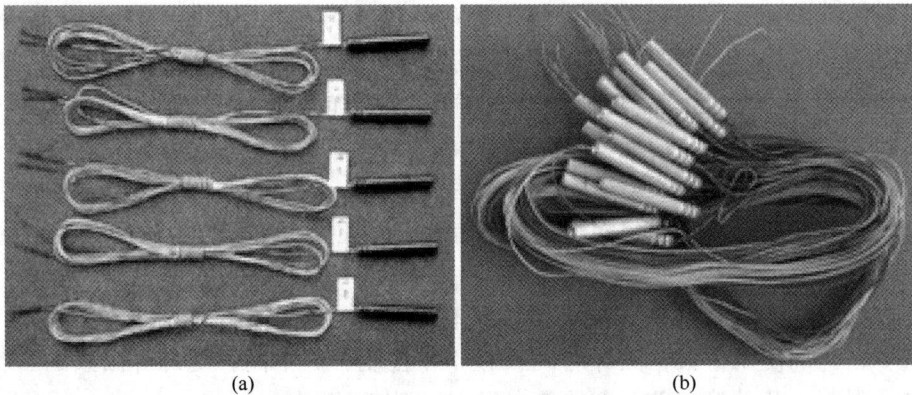

(a)　　　　　　　　　　　　　　(b)

图 4-3　电雷管外观
（a）铁壳；（b）铝镁合金壳

（一）基础雷管

基础雷管是其他各种雷管的基本部分。基础雷管由三部分组成：管壳、加强帽、装药。其结构如图 4-4 所示。

1. 管壳

管壳常用的材料有钢、铝、铜、覆铜钢、塑料等，外观呈圆管状，内径名义尺寸为 $6.15 \sim 6.40\,mm$，外径约 $8\,mm$，8 号雷管总长 $40\,mm$，6 号雷管总长 $35\,mm$，基础雷管一端为开口端，供安装点火装置用；另一端封闭，做成圆锥形或半球面形的底，起聚能作用。

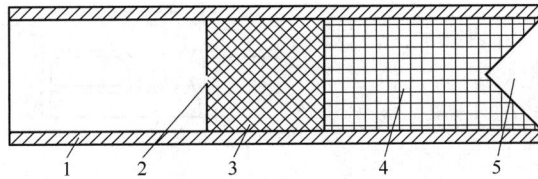

图 4-4　基础雷管结构图
1—管壳；2—加强帽；3—副装药；4—主装药；5—聚能穴

2. 加强帽

加强帽一般由铜皮冲压而成圆管状，一端开口，另一端留传火孔，孔径不小于 1.9mm。

3. 装药

装药部分包括副装药（起爆药）和主装药，副装药全部压在加强帽内。副装药一般分两层，底层为压装、上层为散装。点火装置发出的火焰首先引爆的是加强帽内的副装药，再由副装药引爆主装药。副装药是感度较高的药剂。副装药装药量必须能使雷管中主装药完全爆轰。主装药感度比副装药低，但爆炸威力大，常用黑索今或太安做主装药，其净装药量：8 号雷管不少于 0.6g，6 号雷管不少于 0.4g。

（二）工业电雷管

1. 电雷管分类

根据电雷管的用途和延期时间，工业电雷管分类如图 4-5 所示。

（1）按用途不同，分为普通电雷管和专用电雷管。

（2）按通电后爆炸延期时间不同，分为瞬发电雷管和延期电雷管两种。延期电雷管根据延期时间长短又分为

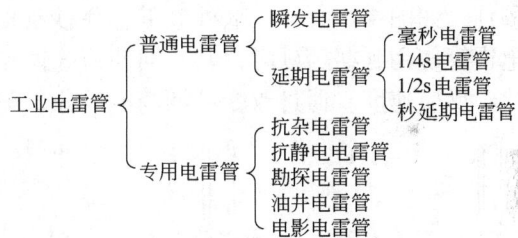

图 4-5　工业电雷管分类

秒延期电雷管、半秒延期电雷管、1/4s 延期电雷管和毫秒延期电雷管。

（3）按主装药药量的多少，分为 8 号和 6 号电雷管，工程爆破中常用 8 号电雷管。

2. 电雷管结构

电雷管由基础雷管与电点火装置组成。

电点火装置由脚线、桥丝和引火头组成。目前常用的电雷管管壳为铜、覆铜钢、铝、铁等材料，但煤矿许用型电雷管（允许在煤矿井下使用的）的管壳只允许用铜、覆铜钢等材料。管壳内径名义尺寸为 6.2mm，加强帽的传火孔直径不小于 1.9mm，脚线为聚氯乙烯绝缘爆破线，长度为 2m。

（1）瞬发电雷管。瞬发电雷管是一种通电后立即爆炸的电雷管，所以又称它为即发电雷管。瞬发电雷管根据电点火装置的不同，分为直插式和引火头式两种，图 4-6（a）为直插式电雷管，其桥丝直接插进副装药，靠通电灼热的桥丝直接引燃副装药并使之爆轰，副

装药是松散的，取消了加强帽；图 4-6
（b）为引火头式电雷管。引火头式发火原
理是这样的：当桥丝通电灼热后，桥丝熔
断，引燃涂在桥丝周围的引火药（该引火
药呈圆珠状），进而引起引火头燃烧喷火，
火焰穿过加强帽的中心孔引爆副装药。无
论是直插式还是引火头式电雷管，加工雷
管、起爆药包或处理盲炮时，均不能用力
拉动电雷管脚线，否则可能造成雷管
爆炸。

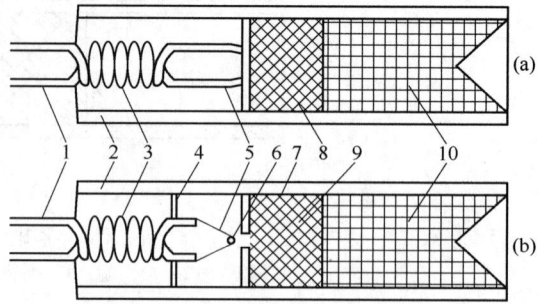

图 4-6　电雷管两种发火方式的结构
(a) 直插式；(b) 引火头式
1—脚线；2—管壳；3—密封塞；4—纸垫；5—线芯；
6—桥丝（引火头）；7—加强帽；8—散装副装药；
9—副装药；10—主装药

（2）秒延期电雷管。秒延期电雷管是
通电后延迟爆炸时间以 1/4s、半秒、秒为
计量单位的迟发电雷管。

秒延期电雷管与瞬发电雷管比较，仅
仅是前者在引火头和加强帽之间多了一段起延时作用的延时剂，并在雷管壳上加设了排气
孔，如图 4-7（a）所示。起爆时，引火头点燃延期药，延时剂燃烧完毕喷出火焰，传递给副
装药引爆雷管。

（3）毫秒延期电雷管。毫秒延期电雷管（又称微差电雷管），通电后爆炸的延期时间
以毫秒计，如图 4-8 所示。毫秒电雷管和秒延期电雷管的区别在于使用了不同的延时剂，
毫秒电雷管使用延期药延时，其延期药为硅铁和铅丹混合物，并掺入适量硫化锑以调节药
剂的化学反应速度。通过改变延期药的成分、配比、压药密度、药量来控制延期时间。

3. 电雷管发火原理及其特点

按照能量转换方式不同，工业电雷管可分三类：

（1）灼热式（桥式）电雷管。它是由灼热式电
发火装置与基础雷管组成。灼热式电发火装置是由

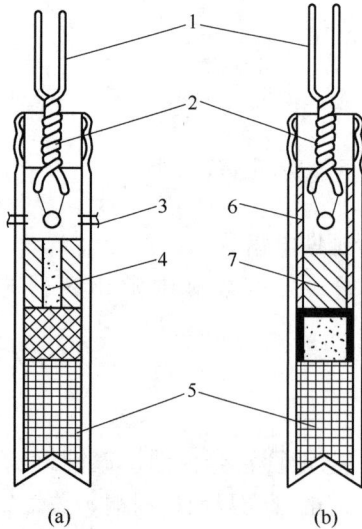

图 4-7　秒延期与半秒延期电雷管结构图
(a) 索式结构；(b) 装配式结构
1—脚线；2—电引火头；3—排气孔；
4—精制导火索；5—基础雷管；
6—延期体壳；7—延期药

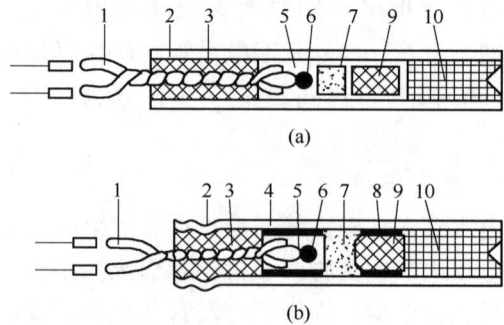

图 4-8　毫秒延期电雷管
(a) 装填式；(b) 直填式
1—脚线；2—管体；3—塑料塞；4—长内管；
5—气室；6—引火头；7—压装延期药；
8—加强帽；9—起爆药；10—主装药

焊在两脚线上的金属桥丝和引燃药组成。当通过电流时，桥丝灼热，加热引燃药，使引燃药燃烧，从而引爆雷管。这类电雷管电阻比较低，其工作电压低，性能参数比较稳定，是现在电雷管中比较安全、使用最广的一种。

（2）火花式电雷管。它是由火花式电发火装置与基础雷管组成。火花式电发火装置由两个电极和不导电的引燃药组成。这两个电极是由磨尖并略加弯曲的脚线做成，引燃药放在两极之间，电极间距 0.5mm，当在两极加上高压时，便产生电火花使引燃药燃烧，引起雷管爆炸。这种形式的电雷管电阻大（从几万欧姆到几百万欧姆以上），工作电压高（数千伏以上），瞬发性好（$10^{-7} \sim 10^{-8}$s 即发火），抗外界感应电流作用的能力较大，而抗静电的能力较小。

（3）中间式电雷管。它是由中间式电发火装置与基础雷管组成。中间式电发火装置是由两个电极和导电的引燃药组成。引燃药可做成块状压在两极之间，也可做成硬引火头粘在电极上。引燃药的导电性是由药粉中加入金属粉或研细的石墨来达到的。含有金属粉的引燃药电感度大。含有石墨的引燃药电感度小，抗杂散电流的能力较大。其发火过程大致是：加上足够电压时，电阻瞬间迅速下降，接着电阻缓降（缓降速度取决于电压，电压愈高，下降时间愈短），使引火药燃烧，引爆雷管。这类电雷管的电阻和起爆电压处于灼热式与火花式之间，其电阻为几百欧姆到几千欧姆，起爆电压为几十伏到几百伏。

4. 工业电雷管的主要性能参数

（1）电阻。电阻指电雷管的全电阻，它包括桥丝电阻和脚线电阻。采用镍铬合金做桥丝材料，镀锌钢芯脚线全电阻是 $(6.3 \pm 2)\Omega$；铜脚线全电阻是 $(4.0 \pm 1)\Omega$。电雷管电阻在出厂时都附有说明，但在爆破网路设计和施工中必须实测每一个电雷管的电阻。测量电阻的目的在于检查电雷管的质量，如桥丝断裂、叉头之间短路、桥丝与脚线接触不良等。同时，雷管电阻值也是网路计算不可缺少的参数。

由于串联起爆的需要，各雷管间电阻值不能相差太大。不同桥丝的雷管在使用中不可混在一起。不同厂家及不同批号用的桥丝材质和桥丝直径可能不一样，如果在同一爆破网路中通以相同的电流，可能出现一种桥丝已经熔断而另一种桥丝尚未达到点火温度的现象，结果会造成药包拒爆。

（2）最大安全电流。电雷管通以恒定的直流电流，在较长时间（5min）作用下，不使电雷管爆炸的最大电流，称为安全电流。当通电时间为无限长时，这个电流即为最大安全电流。安全电流是最大安全电流的标准值，现行国家标准规定电雷管的安全电流要大于等于 0.20A。《爆破安全规程》规定，用来导通电雷管的仪表的工作电流（或最大误操作电流）不应超过 30mA。

安全电流的意义代表电雷管安全的极限电流值，它不仅是电雷管的电阻测量、导通时通过电流大小的依据，而且是判断电雷管抗杂散电流影响的依据。

（3）最小发火电流。通以恒定的直流电流能保证电雷管发火的最小电流，称为最小发火电流，也称单发发火电流。工业电雷管的最小发火电流不大于 0.45A。

（4）串联准爆电流。能使 20 发串联的工业电雷管全部起爆的额定恒定直流电流称为串联准爆电流。工业电雷管的串联准爆电流为 1.2A。

（5）发火时间和传导时间。发火时间（点燃时间）是指从通电到输入的能量足以使药剂发火的时间。传导时间是指从药剂发火到雷管爆炸的时间，一般不超过 10ms。发火时间与传导时间之和称为作用时间（反应时间）。传导时间对成组电雷管的齐发爆破有重大意义，较长的传导时间使敏感度稍有差别的电雷管成组爆炸成为可能。引火头的作用时间随电流强度的增加而减少。

（6）延期时间。根据通电后延期时间的长短，将延期雷管划分为不同的段号，延期时间长，段号就高。段号高，延期时间精确度就降低。表4-9列出了延期电雷管的段号和延期时间。普通电雷管结构特征和技术指标见附表4。

表4-9　延期电雷管段号与延期时间（GB 8031—2005）

段号	毫秒雷管/ms			1/4s系列/s	半秒系列/s	秒系列/s
	第1系列	第2系列	第3系列			
1	0	0	0	0	0	0
2	25	25	25	0.25	0.5	1
3	50	50	50	0.5	1.00	2
4	75	75	75	0.75	1.50	3
5	110	100	100	1.00	2.00	4
6	150		128	1.25	2.50	5
7	200		157	1.50	3.00	
8	250		190			
9	310		230			
10	380		280			
11	460		340			
12	550		410			
13	650		480			
14	760		550			
15	880		625			
16	1020		700			
17	1200		780			
18	1400		860			
19	1700		945			
20	2000		1035			
21			1125			
22			1225			
23			1350			
24			1500			
25			1675			
26			1875			
27			2075			
28			2300			
29			2550			
30			2800			
31			3050			

注：毫秒雷管第2系列为煤矿许用毫秒延期电雷管系列。工厂可根据用户要求，对产品规格加以变动。

（三）专用电雷管

专用电雷管是在特定条件下使用的电起爆器材。当前生产的主要品种有 8 种：煤矿许用电雷管、抗静电电雷管、抗杂电雷管、勘探电雷管、油井电雷管、磁电雷管、抗射频电雷管和电影电雷管。下面对部分专用电雷管的特性作一些介绍。

1. 煤矿许用电雷管

煤矿许用电雷管是允许在有瓦斯和煤尘爆炸危险的矿井中使用的特种电雷管。煤矿井下普遍存在瓦斯和煤尘爆炸的危险，因此在井下使用的爆破器材必须经过瓦斯安全检验合格。

（1）品种。当前我国允许使用的有：煤矿许用瞬发电雷管、煤矿许用毫秒延期电雷管。

（2）结构和性能要求。雷管壳不准使用铝金属。因铝壳在起爆炸药过程中，形成炽热颗粒能引爆瓦斯和煤尘。雷管壳可使用钢壳和覆铜壳。雷管表面不允许有浮药、锈蚀。脚线不允许用铝芯线，不允许绝缘皮破损和有影响性能的芯线锈蚀。脚线必须是两种颜色，封口塞不允许松动或脱出。

为了保证瓦斯安全性，可在被发装药中加入适量的消焰剂，但大多数消焰剂对铜、覆铜、钢质管壳起腐蚀作用，应选择相容性好的消焰剂，目前出现了无机复合消焰剂和有机复合消焰剂，效果良好。煤矿许用电雷管的检验，主要是瓦斯安全性检验。

（3）技术指标。煤矿许用毫秒延期电雷管的电发火性能、结构与普通毫秒延期电雷管相同，但可用段数只有 5 段。煤矿许用毫秒延期电雷管的延期时间见表 4-10。

表 4-10　煤矿许用毫秒延期电雷管延期时间

段　号	延期时间/ms	验收边界值	段　号	延期时间/ms	验收边界值
1	0	约 14	4	75	62.5 ~ 87.5
2	25	14 ~ 37.5	5	100	87.5 ~ 112.5
3	50	37.5 ~ 62.5			

2. 抗静电电雷管

抗静电电雷管具有一定的抗静电性能，用于有静电感应的场所。抗静电电雷管是指抗静电性能达到 500pF、5000Ω、25kV 的电雷管。其主要结构是将脚线线尾套绝缘塑料套或线尾连接一个回路，在引火元件外留有一个放电空隙或在引火药头外套硅胶套，以便泄放积累的静电。其外观与普通电雷管相同。

（1）用途：抗静电电雷管具有一定的抗静电能力，在生产、运输、储存和使用中可以避免由静电产生的爆炸事故。用于无瓦斯和矿尘爆炸危险，但对抗静电性能有一定要求的爆破工程。

（2）品种。抗静电电雷管按延期时间分为：抗静电瞬发电雷管、抗静电 6 号毫秒延期电雷管、抗静电 8 号毫秒延期电雷管。

（3）技术指标：见附表 5 和附表 6。

3. 抗杂散电流电雷管

抗杂散电流电雷管是一种具有抗杂散电流或感应电流能力的特种电雷管，用于有高杂散电流的工作场所，当杂散电流达到 3A 时，抗杂散电流电雷管也不致爆炸。其电桥丝直径较大电阻较小，脚壳间设有泄放通道。最小发火电流不大于 3.3A，20 发串联发火电流约 10A。

（1）用途：适用于露天及井下有杂散电流或感应电流场所的爆破工程，用于起爆炸药及导爆索等。

（2）技术指标：见附表 5 和附表 6。

4. 磁电雷管

为防止外界电能对起爆网路的影响，1979 年英国化学工业公司（NEC）利用电磁感应原理发明了磁电起爆系统，继而该公司和诺贝尔公司生产销售了磁电雷管。20 世纪 80 年代中期开始，我国煤炭科学研究院、北京矿冶研究总院和西安 213 研究所相继成功研制了不同型号的磁电雷管和专用起爆器，并已应用于我国各油田和某些有特殊要求的爆破工程中。

磁电雷管是由电磁感应产生电能而激发的电雷管，它是将一个普通电雷管的两根脚线分别绕在环状磁芯（磁环）上的一个线圈而构成（图 4-9）。适用于油气井射孔用的耐温耐压磁电雷管（CL-CW-180-1 型）的结构见图 4-10。

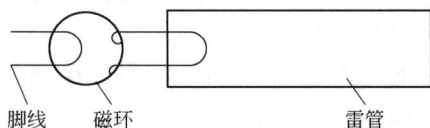

图 4-9　磁电雷管基本结构示意图

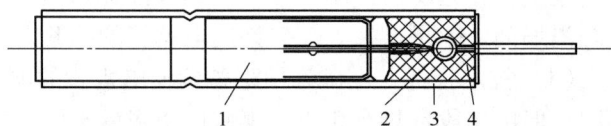

图 4-10　CL-CW-180-1 型磁电雷管结构图
1—电雷管；2—安全元件；3—连接管；4—密封胶

由图 4-9 可以看出，该雷管由一个普通雷管、磁环、连接件和密封胶共四部分组成。它是利用法拉第电磁感应原理设计而成的，即将电磁感应变压器安放在电雷管的电极塞内部，该线圈是一个小型环状锰锌软磁铁氧体，电雷管的脚线构成变压器的次级线圈，初级线圈则由起爆回路中任一段起爆线在铁氧体环上绕数圈而成。因变压器次级引出线和电雷管脚线相接，使电雷管发火桥丝与脚线形成闭合回路，确保工频电、杂散电流等不能进入发火桥丝而提高了雷管对电的安全性；该成品在变压器初级采用了静电泄放通道，提高了防静电能力。此外，因该雷管采用耐温起爆药和耐温炸药及满足 180℃ 高温的环状锰锌软磁铁氧体材料，因而具有耐温特点。

磁电雷管与普通电雷管的不同之处在于每个雷管都带有一个环状磁芯，雷管的脚线在磁芯上绕适当匝数，构成了传递起爆能量的耦合变压器的副绕组。磁芯采用软磁材料，脚线最好采用铜线，雷管可以是任何普通电雷管。使用这种雷管时，将一根作为耦合变压器原绕组的单芯导线与待起爆的雷管穿在一起，经爆破母线接到一台频率约数千兆的交流起爆器后就可以起爆。

（四）导爆管雷管

导爆管雷管是专门与导爆管配套使用的雷管，它是导爆管起爆系统的起爆元件，由基础雷管与导爆管组合而成，是用导爆管内传播的爆轰波引爆基础雷管的起爆器材。导爆管雷管禁止在有瓦斯、煤尘或有其他粉尘爆炸危险的场所使用。

1. 导爆管雷管种类

根据延期体延期时间不同，现在生产的导爆管雷管主要有以下四种：

（1）瞬发导爆管雷管；

（2）毫秒（MS）延期导爆管雷管，也称为毫秒导爆管雷管；

（3）半秒（HS）延期导爆管雷管，也称半秒导爆管雷管；

（4）秒（S）延期导爆管雷管，也称秒导爆管雷管。

还有一种属于秒延期导爆管雷管范围的延期导爆管雷管，各段之间的时差以250ms计量，又叫1/4s延期导爆管雷管。该序列雷管目前没有产品。

导爆管雷管是由导爆管中传播的爆轰波引爆的，而导爆管可用电火花、火帽等引爆。

导爆管雷管具有抗静电、抗杂散电流的能力。使用安全可靠，简单易行。目前主要用于无沼气、粉尘爆炸危险的爆破工程。各种导爆管雷管品种、号数、类型和特征等见表4-11和附表7。

表4-11　导爆管雷管品种、号数、类型和特征对应表

品　种		号　数	类　型	特　征
瞬发导爆管雷管		6号和8号	耐水型和普通型	无延期装置
延期导爆管雷管	毫秒导爆管雷管			有毫秒延期装置，段别符号为MS
	半秒导爆管雷管			有半秒延期装置，段别符号为HS
	秒导爆管雷管			有秒延期装置，段别符号为S

2. 导爆管雷管外观与结构

导爆管雷管管壳用的材料为铜、覆铜钢、铝合金、铁等，导爆管长度有3m、5m、15m等。基础雷管与导爆管用塑料连接套连接，结合应牢固，不允许脱出或松动。图4-11给出了导爆管雷管的示样，其中黑色的是铁壳，白色的是铝镁合金外壳。其结构特征与参数如表4-12所示。

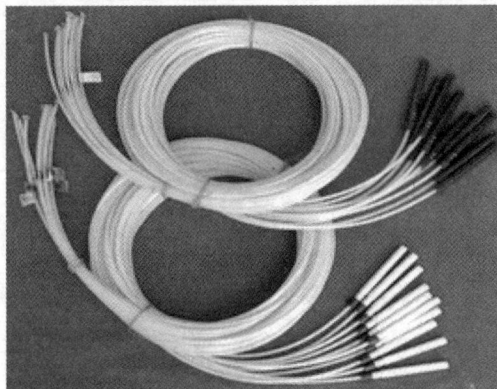

图4-11　导爆管雷管

表 4-12　导爆管雷管的结构特征与参数

项　目	瞬　发		毫秒/半秒（MS/HS）		秒（S）	
雷管号数	8	8	8	8	8	8
结构形式	平底	凹底	平底	凹底	平	凹（延期体）
外径/mm	7.1	7.1	7.1	6.9~7.1	7.1	6.9
长度/mm	40	40	58~60	58~60	40	59
外壳材料	钢	其他金属	钢	其他金属	钢	其他金属

注：其他金属指铝、钢、铜、覆铜钢。

3. 延期时间

表 4-13 列出了导爆管雷管的段号和延期时间。

表 4-13　导爆管雷管的段号和延期时间

段　号	毫秒导爆管雷管/ms			1/4 秒导爆管雷管/s	半秒导爆管雷管/s		秒导爆管雷管/s	
	第1系列	第2系列	第3系列		第一系列	第二系列	第一系列	第二系列
1	0	0	0	0	0	0	0	0
2	25	25	25	0.25	0.5	0.50	2.5	1.0
3	50	50	50	0.50	1.00	1.00	4.0	2.0
4	75	75	75	0.75	1.50	1.50	6.0	3.0
5	110	100	100	1.00	2.00	2.00	8.0	4.0
6	150	125	125	1.25	2.50	2.50	10.0	5.0
7	200	150	150	1.50	3.00	3.00		6.0
8	250	175	175	1.75	3.50	3.50		7.0
9	310	200	200	2.00	4.50	4.00		8.0
10	380	225	225	2.25	5.50	4.50		9.0
11	460	250	250					
12	550	275	275					
13	650	300	300					
14	760	325	325					
15	880	350	350					
16	1020	375	400					
17	1200	400	450					
18	1400	425	500					
19	1700	450	550					
20	2000	475	600					
21		500	650					
30			1350					

注：可根据用户要求，采用其他延期系列。

4. 导爆管雷管的主要技术要求

（1）外观：应有明显易辨认的段别标志；雷管表面应符合工业雷管规定要求；导爆管不应有破损、断药、拉细、进水、管内杂质、塑化不良、封口不严、与基础雷管结合不牢等现象。

（2）尺寸：导爆管长度规定为 3m，也可根据用户要求确定长度。

（3）试验：震动试验和威力试验等技术指标满足工业雷管的技术要求。

（4）抗水：普通型浸入水深 1m、8h，抗水型浸入水深 20m、24h，不应瞎火或半爆。

（5）抗拉：普通型抗静拉力 19.6N，高强度型抗静拉力 78.4N，即在该拉力作用 1min 时导爆管不应从卡口塞内脱出。

（6）抗油：高强度型导爆管雷管浸入 75℃、0.3MPa 的 0 号柴油内，并自然降温经 24h 后取出试验，不应瞎火或半爆。

（7）延期：不同延期类别和延期段别的导爆管雷管的延期时间见附表 7。

（8）重量：先将导爆管雷管装入塑料袋内，再装入符合要求的木箱或纸箱（或带木框的纤维板箱），每箱净重不超过 20kg。

（9）有效期：2 年。

（五）电子雷管

电子雷管又称数码电子雷管，是一种可以任意设定并准确实现延期发火时间的新型电雷管，其外形与普通电雷管一样。图 4-12 给出了电子雷管的示样。

电子雷管是起爆器材领域最为引人瞩目的新进展。其本质是采用一个微型电子芯片取代普通电雷管中的化学延期药及电点火元件，这不仅极大地提高了雷管的延时精度，而且控制了通往引火头的电源，从而最大限度地减少了因引火头能量需求所引起的延时误差，而且采用专门的起爆器充电后才能使智能芯片开始工作，并进行密码识别，如密码正确则启动内置的延期程序，达到规定的延期时间后，才输出强的电流信号引爆雷管；若密码不对则立即进入自动放弃程序，释放储能电容中的电能，使雷管处于安全状态。图 4-13 给出了电子雷管的内部结构示意图。

该种雷管的研制始于 20 世纪 80 年代，国外最为成熟的是澳大利亚 Orica 公司的 i-kon™ 电子雷管，2006 年三峡大坝围堰拆除爆破所用雷管即为该种雷管；日本 Xhc 公司和南非

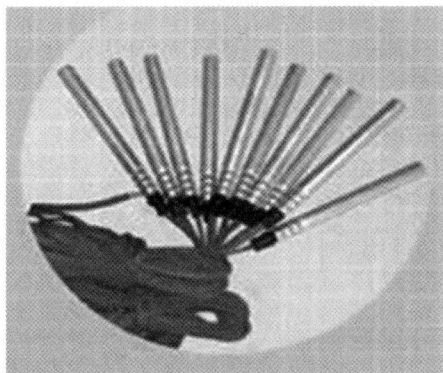

图 4-12　数码电子雷管外观

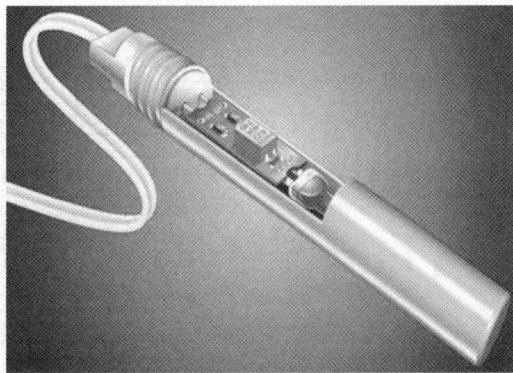

图 4-13　电子雷管内部结构示意图

AEL 公司生产的电子雷管均已在工程爆破作业中得到广泛应用。

国内亦同步开发了此类电子雷管，中国兵器工业系统（北京北方邦杰科技发展公司）、云南燃料一厂、贵州久联民爆器材发展股份有限公司、西安庆华民爆器材股份有限公司等多家企业也生产了同类起爆系统。

因雷管中安装了电子芯片，采用了三重密码保护，即爆破员、起爆器、雷管各自独立设置密码，每个雷管都有一个密码，没有密码无法起爆，三重密码对应起爆。同时，按照"一管一码、事前控制、事后追溯"的总体控制原则，即使发生丢失、被盗，不法分子没有密码，也"用不了、炸不响"，最大限度地减少了爆炸物品被不法分子利用危害社会的可能性。该起爆系统在安全性、可靠性、实用性等方面具有普通电雷管起爆系统无法比拟的技术优势和实用前景。

二、索类起爆（传爆）器材

（一）导爆管

导爆管是塑料导爆管的简称，亦称 NONEL 管。它是导爆管起爆系统的主体元件，用来传递稳定的爆轰波。导爆管分为普通导爆管和高强度导爆管。图 4-14 给出了导爆管实样。

1. 结构

导爆管是一根内壁涂有薄层炸药粉末的空心塑料软管，其结构如图 4-15 所示。普通导爆管的管壁呈乳白色或橘黄色，管芯呈灰或深灰色。颜色应均匀，不应有明暗之分。管心是空的，不能有异物、水、断药和堵死孔道的药节等。

（1）管材：导爆管的管壁材料为高压聚乙烯塑料或能满足要求的其他热塑性塑料。

图 4-14　塑料导爆管

（2）尺寸：导爆管尺寸与其品种有关，普通型号导爆管的外径约 3mm，内径约 1.4mm。

（3）装药：涂在导爆管内壁的炸药粉末的组分为奥克托今或黑索今与铝粉的混合物，理论重量比为 91∶9，可适当加入少量的工艺附加物（如石墨等）。

（4）药量：13 ~ 18mg/m（通常取 16mg/m）。

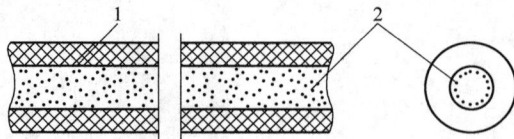

图 4-15　导爆管结构示意图

1—塑料管壁；2—炸药药粉

2. 性能

爆轰性能

导爆管中传播的是爆轰波。该爆轰波的速度即导爆管爆速。普通导爆管的爆速在

20℃±10℃范围内不小于1850m/s。在-40~+50℃条件下，一发8号雷管可以可靠地激发20根导爆管。

当导爆管受到一定强度冲击形式的激发冲量作用时，管壁强烈受压（侧向起爆时）或管内腔受到激发冲量直接作用（轴向起爆时），使管内壁的混合物粉涂层表面产生迅速的化学反应，反应放出的热量一部分用来维持管内温度和压力，另一部分用来使余下的药粉继续反应。反应生成的产物迅速向管内扩散，与空气混合后再次产生剧烈反应。爆炸时放出的热量和迅速膨胀的气体支持前沿冲击波向前稳定传播而不致衰减，同时前移的冲击波又激起管壁上未反应的药粉产生爆炸变化，这个过程的循环就是导爆管中爆轰波稳定传播的过程。

在采用雷管侧向起爆导爆管时，雷管爆炸产生的外壳破片及底部射流的速度高于导爆管的爆速，对导爆管的起爆有一定的影响。金属壳雷管破片会切断未爆的导爆管或嵌入未爆导爆管堵住空腔阻止爆轰波的传播。雷管底部的轴向射流会击穿或击断正对雷管底部的导爆管，影响爆轰波的传播。在雷管上包上胶布，可起到防止破片伤害及射流的作用，确保雷管侧向起爆的可靠性。

在侧向起爆时，加强连接件的强度或捆扎的强度，有利于提高雷管爆炸产生的高速冲击载荷对导爆管的作用，有利于提高起爆概率。

导爆管的传爆距离不受限制，6000m长的导爆管起爆后可一直传爆到底，实验表明导爆管的爆速没有因传播距离的增长而变化。

环境的湿度和真空度对导爆管的传爆影响不大，导爆管的打结对导爆管的传爆影响较大。实验表明，同一支路上的导爆管只打一个结时，打结后的导爆管的爆速将降低，而且在打结处管壁容易产生破裂。若打上两个或两个以上的死结，打结后的导爆管将会产生拒爆。导爆管的中心孔被堵塞时也会产生拒爆。若导爆管内的药粉分布不匀而堆集成药节时，则可能把导爆管炸裂或炸断。导爆管180°对折时，可使爆速降低，同时还会导致起爆雷管延期量的波动，致使微差爆破时产生不应有的跳段现象。导爆管对折严重时也会产生拒爆。导爆管管壁的破损，如破洞、裂口等，会影响导爆管的传爆，致使爆速降低，当破洞直径或裂口长度大于导爆管内径时，就会产生拒爆现象。有破洞或裂口的导爆管在水中应用时也会产生拒爆现象。导爆管中渗入异物时，也会影响传爆。少量的水、泥沙会导致爆速产生波动，当导爆管中含有3~5mm长的水柱时，就会产生拒爆。为防止异物的侵入，可用火焰烧熔导爆管端口，然后用手捏合封闭。

起爆性能

只有一定强度和适当形式的外界激发冲量才能激起导爆管产生爆轰。一般情况下，热冲量对导爆管的作用不能在管中实现稳定传播的爆轰波。

其他一切能使导爆管内产生冲击波的激发冲量均有可能起爆导爆管。雷管、火帽、导爆索、炸药包、电火花等都能起爆导爆管。一般的冲击不会起爆导爆管，但是步、机枪的射击曾引起导爆管的爆轰。

导爆管能否被起爆取决于本身性能、激发冲量的强度及其他约束条件等。与炸药爆轰的激发一样，导爆管起爆后也有一段爆轰增长期。这个距离通常为30~40cm。

导爆管的起爆分轴向起爆和侧向起爆两种，轴向起爆通常用电火花或火帽冲能在导爆管端部内腔中直接起爆混合药粉。这种起爆比较直接，其起爆概率主要与激发强度和药粉感度有关。侧向起爆时外界激发冲量先作用在导爆管外侧，再激发管内壁的炸药。这种起爆比较间接，其起爆概率除与激发强度和药粉感度有关外，还与管壁条件和连接条件有关。

侧向起爆具有正向与反向起爆特性。通常反向起爆（激发能量传播的方向与导爆管内爆轰波的传播方向相反）的可靠性比正向起爆的可靠性差，其拒爆率可达5%。

耐火性能

导爆管受火焰作用不起爆。明火点燃导爆管一端后能平稳地燃烧，没有炸药粒子的爆炸声，但能在火焰中见到许多亮点。

耐静电性能

导爆管在电压30kV、电容330pF的条件下作用1min不起爆。这说明导爆管具有耐静电的性能。在制造过程中，导爆管管壁的静电电压也可达到30kV以上，但其静电荷多集中在管外壁。实验证明，导爆管外壁受到高压放电火花的作用时不会被起爆，当内腔受到高压放电火花作用时就会被起爆。但是，由于导爆管管壁为绝缘塑料，在运输和使用过程中仍会产生静电，这毕竟是不安全因素，特别是在导爆管与雷管组合时，万一静电火花从导爆管的管口起爆雷管，那是相当危险的。因此，导爆管在保管和运输过程中端部一定要封口，以防止静电对管腔的作用。

高低温性能

导爆管在+50～-40℃时起爆、传爆可靠。温度升高时导爆管的管壁变软，爆速下降。在80℃条件下传爆时管壁容易出现破洞。

抗撞击性能

在立式落锤仪中锤的质量为10kg，落高150cm，侧向撞击导爆管时，导爆管不起爆。汽车碾压只能使导爆管破损而不起爆，但步、机枪射击时，导爆管有时会起爆，即低速撞击一般不会使导爆管起爆，而高速撞击就有可能使导爆管起爆。

传爆安全性能

导爆管的侧向或管尾泄出的能量不能起爆散装的太安炸药，但是这种泄出的能量如经适当集中，有可能直接起爆低密度高敏感的炸药。

变色性能

为了方便人们确认导爆管是否已经传爆，现在生产的导爆管都有变色的性能。比如，有的导爆管在没有使用之前，外观看过去是淡红色的，使用过以后，就会变成暗灰色或者黑色。

抗拉强度

导爆管的抗拉强度在+25℃时不低于70N，+50℃时不低于50N，-40℃时不低于100N。尽管导爆管具有一定的抗拉强度，在敷设导爆管网路时，还是应尽量避免使导爆管受力。导爆管受力被拉细时，管内的药层将断开，药层断开的距离愈大对导爆管的传爆愈不利。实验表明，在常温下，拉力小于40N时，导爆管变细，但爆速变化不大。当拉力大于50N时，爆速降为1000m/s左右。当拉力大于60N时，爆速降为900m/s以下。

（二）导爆索

1. 导爆索结构性能

导爆索是传递爆轰波的索状传爆器材，用以传爆或引爆炸药，或者利用其爆炸力和爆炸产物直接做功。导爆索表面呈红色或黄蓝相间色。药芯装药有太安、黑索今、奥克托今

等。包缠物主要有棉线、纸条、沥青、塑料或铅皮
等。图 4-16 给出了普通棉线导爆索。导爆索广泛用
于工程爆破、石油射孔、爆炸加工等方面，还可用
作地质勘探的震源。

根据实用需要和品种不同，导爆索性能要求不
同。主要性能指标有：

（1）爆速：不小于 6000m/s。

（2）起爆能力：起爆能力随装药量和爆速的增
加而增大。一般规定装药量 11g/m 以上、1.5m 长的
普通导爆索应能完全起爆 200g 压装 TNT 药块。

图 4-16 普通棉线导爆索

（3）传爆性能：指按一定规格组成的爆破网路
主索引爆后支索能全部爆轰的能力。此外，导爆索应具有一定的抗水性能；在高温
（50℃）、低温（−40℃）环境条件保温一定时间后，仍保持原有的起爆和传爆能力；在
受弯曲、打结和一定拉力作用后仍能完全爆轰。

（4）导爆索通常用雷管起爆，其传爆不受射频、静电及杂散电流的影响。

2. 导爆索分类

按包覆材料分为棉线导爆索、塑料导爆索、橡胶管导爆索和金属管导爆索四类。为了
提高传爆能力，有的导爆索装有两个药芯，称为双芯导爆索。

（1）棉线导爆索是以太安或黑索今为药芯、棉线和纸条为包缠物、沥青为防潮层的导
爆索。品种有棉线普通导爆索、棉线震源导爆索、棉线胀管导爆索、切割索等。

（2）塑料导爆索是以太安或黑索今为药芯，化学纤维或棉线、麻线等为内包缠物，外
层涂覆热塑性塑料的导爆索。用塑料包缠可提高抗水性能，以满足水下或油井的特殊要
求。品种有普通塑料导爆索、煤矿许用导爆索、油井导爆索和震源导爆索等。

油井导爆索用来在石油油井中引爆射孔弹。也可在深水和温度较高的环境中使用。这
种导爆索除必须有良好的防水性能外，还应具有规定的耐温耐压性能。其被覆层也常用橡
胶管，一般油田要求耐温 130~250℃，耐压 30~80MPa。

震源导爆索用于地质、煤田、石油勘探中的传爆，也可单股或合股成束用作震
源。药芯有单芯的也有双芯的，线装药量较大，可达 36~80g/m，其包缠层也有用棉
线和纸条。

（3）橡胶管导爆索是一种包覆材料为合成橡胶的导爆索。它具有良好的密封性和柔
性。药芯用耐高温炸药，目前多用于石油深井中起爆射孔弹。

（4）金属管导爆索（铅皮导爆索）又称柔性导爆索，其被覆层为金属并具有良好的
柔性，使用时可弯曲成各种形状而不影响其传爆功能，外径约 1~8mm，装药量约 0.2~
50.0g/m，爆速 5000~8000m/s。能在高温、低温及高压、低压条件下可靠传爆，多用于
爆炸成型及起爆石油射孔装置等。按外壳材料可分为铅皮导爆索和银皮导爆索等。铅皮导
爆索的外壳为铅或铅锑合金，主要用于超深油井井下起爆射孔弹。药芯常用耐高温炸药。
装药量约为 26~30g/m。耐温性能不低于 170℃，耐压能力不小于 66.7MPa。银皮导爆索
的外壳为银合金，主要用于特种爆破器材。外径可小至炸药的临界直径，爆速约 5000~
8000m/s。使用温度范围很宽，可靠性很高。

3. 棉线导爆索性能

棉线导爆索是目前使用较多的传爆器材，按装药不同分为太安导爆索和黑索今导爆索两种。

（1）用途：适用于无瓦斯、矿尘爆炸危险的爆破作业，一般在大规模深孔爆破工程中起传爆和引爆炸药的作用，也用于金属切割、爆炸成型、爆炸压接等。

（2）结构：如图4-17所示。

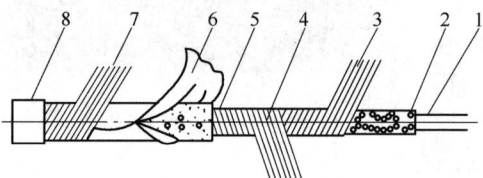

图4-17　导爆索结构图

1—药线；2—药芯；3—内层线；4—中层线；
5—防潮层；6—线条；7—外层线；8—涂料层

（3）技术指标：见附表8。

（4）储存及使用要求：

1）导爆索应储存在通风、干燥、温度不超过40℃的库房内，不得与易燃物、易爆物、雷管及油脂共存；

2）有效期为2年；

3）使用时应用锋利的刀子按需要裁切导爆索，并切去索端的防潮帽及中间的连接管；

4）起爆导爆索所用的雷管应用线绳或胶布牢固地与导爆索捆扎在一起；

5）在起爆药量较大的药包时，应将导爆索头插入药包内，在药包的周围缠绕数圈，然后用线绳扎紧，以保证完全起爆；

6）同时起爆分布在不同位置上的药包时，可将各个药包的导爆索互相连接起来，形成"索网"；

7）导爆索的互相连接可用下述方法：一是用细绳将两段导爆索紧紧地捆扎起来，搭接长度应不少于150mm；二是用"水手结"或束结将两段导爆索连接起来，接头应拉紧，同时应注意不要拉断药芯；

8）在潮湿的条件下使用导爆索时，索头应涂防潮剂。

其他导爆索的性能参数可以参见附表8的有关内容。

第三节　起　爆　方　法

引起炸药爆炸的方法称为起爆方法，亦称点火方法。在工程爆破中，引爆工业炸药有两种方法：一种是通过雷管的爆炸起爆炸药，另一种是用导爆索的爆炸起爆炸药，而导爆索本身需要先用雷管将其引爆。

根据起爆能源的性质不同，常用的起爆方法主要分为电起爆法和非电起爆法两类，如图4-18所示。本节主要介绍电力起爆法、导爆管起爆法、导爆索起爆法和电子雷管起爆法。

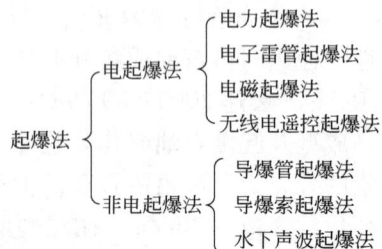

图4-18　起爆法分类

一、电力起爆法

电力起爆法亦称电点火法，是利用电能起爆电雷管使炸药爆炸的一种方法。该起爆方法可以预先隐蔽于安全地点用有线起爆远距离上的装药，比较安全；并且一次可以在确定的时刻准确地同时或逐次（采用延期电雷管）起爆多个装药，但所需要的器材较多，爆破作业比较复杂。

（一）电爆网路的特点及要求

1．电爆网路的特点

（1）起爆前可以准确检测电雷管和起爆网路的电阻值及完好性，从而保证起爆网路的正确性和可靠性。

（2）起爆人员可以在危险区之外的安全地方起爆，一次可以同时起爆大量雷管。

（3）能较准确地控制起爆时间、延期时间和起爆顺序。

（4）电爆网路敷设施工较复杂，工序繁多，需要有足够的起爆电能。

（5）受外界电能（雷电、静电、射频电、杂散电流等）的影响，有可能发生早爆事故，特别是在杂散电流高的地区和雷雨季节施工时，危险性较大。

电力起爆法的适用范围较广泛，网路设计计算和施工正确无误时能保证安全准爆，故以往在大型爆破作业中经常采用。目前逐渐被导爆管起爆法所取代，今后还将被电子雷管起爆法所取代。

2．电爆网路的要求

（1）同一起爆网路，应使用同厂、同批、同型号的电雷管；电雷管的电阻值差不得大于产品说明书的规定。

（2）电爆网路不应使用裸露导线，不得利用铁轨、钢管、钢丝作爆破线路，电爆网路应与大地绝缘，电爆网路与电源之间应设置中间开关。

（3）电爆网路的所有导线接头，均应按电工接线法连接，并确保其对外绝缘。在潮湿有水的地区，应避免导线接头接触地面或浸泡在水中。

（4）起爆电能应能保证全部电雷管准爆。

（5）电爆网路的导通和电阻值检查，应使用专用导通器或爆破电桥，专用爆破电桥的工作电流应小于30mA。爆破电桥等电气仪表应每月检查一次。

（6）用起爆器起爆电爆网路时，应按起爆器说明书的要求连接网路。

（二）电力起爆法所用器材

电力起爆法使用器材包括：

（1）电雷管（瞬发或毫秒延期电雷管等）。

（2）检测仪表（数字化爆破电表、欧姆表等爆破网路检测仪表）。

（3）导电线，电爆网路中的导线一般采用绝缘良好的铜芯线或铝芯线。

（4）电源，常用电源有起爆器、照明或动力交直流电源、蓄电池、干电池等。

（三）电源

1．对起爆电源的要求

作为电爆网路的起爆电源，应满足以下要求：

（1）对电压要求。起爆电源要求有一定的电压，能输出足够的电流，必须保证起爆网路中每个电雷管能够获得足够的电流。《爆破安全规程》规定：一般爆破，交流电不小于2.5A，直流电不小于2A；硐室爆破，交流电不小于4A，直流电不小于2.5A。

（2）对电流要求。有一定的容量，能满足各支路电流总和的要求。

（3）对发火冲能要求。有足够大的发火冲量。对电容式起爆器等起爆电源，尽管其起爆电压很高,但其作用时间很短,要保证电爆网路安全准爆,还必须有足够的发火冲量。

2. 起爆电源的种类

电爆网路常用的起爆电源有三种:

(1) 电池。电池包括干电池和蓄电池。电池属于直流电,电源比较稳定,而且《爆破安全规程》规定的最小准爆电流值比交流电小,但干电池电压低、内阻很高、容量有限,只能起爆少量雷管;蓄电池内阻很小,串联后也能达到较高的电压和足够的容量,但由于电爆网路起爆后很容易出现个别导线或雷管脚线短路的情况,极易对蓄电池产生损害。在实际工程中很少使用电池作为起爆电源。有些单位曾用三相桥式硅整流装置作起爆电源,最高一次可起爆 10000 发电雷管。

(2) 交流电。交流电有 220V 的照明电和 380V 的动力电。交流电的电压虽然不高,但输出容量大,适用于并联、串并联和并串联等混合电爆网路。交流电是电爆网路中最可靠的起爆电源之一。使用交流电作为起爆电源,要进行电爆网路的计算和设计,起爆大量雷管时,要对变压器的电容量进行校核;另外,电源与起爆网路连接处要设两道专用开关,防止爆破后因线路短接而引起不良后果。

(3) 起爆器。起爆器属于直流式起爆电源,有手摇发电起爆器和电容式起爆器两种。目前主要使用的是电容式起爆器,电容式起爆器也叫高能脉冲起爆器,电容器积蓄的高压脉冲电能能在极短时间内向电爆网路放电,使电雷管起爆。电容式起爆器的脉冲电流持续时间大都在 10ms 以内,峰值电压达几百伏至几千伏,大容量起爆器的起爆电压均在 1500V 以上,起爆雷管数从几十发到几千发不等。由于电容式起爆器所能提供的输出电能不太大,不足以起爆并联支路比较多的电爆网路,一般只用来起爆串联网路和并联数较少的并串联网路。因此,仅用起爆器的标称电压值与电爆网路的电阻值来判断电爆网路的准爆性是不合适的,应根据起爆器说明书的规定使用。

(四) 电起爆网路连接形式

由电雷管和导电线按一定的形式构成的网路叫做电起爆网路。

1. 网路导线分类

在大型电爆网路中,常将导线按其位置与功能分为:

(1) 端线:延长雷管脚线至炮孔口或药室外的导线。

(2) 连接线 (支线):用来连接相邻炮孔或药室的导线。

(3) 区域线:连接支线与主线的导线。

(4) 主线 (干线):连接区域线与电源的导线。当网路范围较小时,通常没有区域线。

2. 常用电起爆网路形式

电爆网路有多种网路连接形式,常用的有四种:

(1) 串联。这是最简单的网路连接形式 (图4-19),其特点是操作简单,容易检查,要求电源功率小,特别适合于电容式起爆器。若采用工频交流电 (220V 或 380V) 起爆,由于必须保证流经每个电雷管的电流不小于 2.5A,其一次起爆电雷管数量有限。在串联网路中,只要有一发电雷管桥丝断路就会造成整个网路断路。

(2) 并联。并联网路如图 4-20 所示。这种网路增加了每个激发点的准爆率和起爆能。这种网路适合于电容式起爆器或工频交流电。

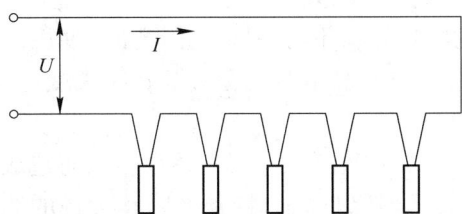

图 4-19 串联电路

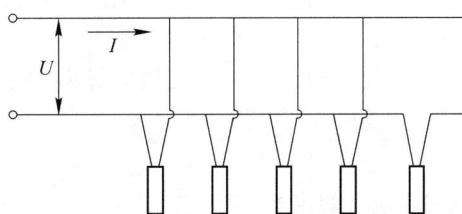

图 4-20 并联电路

（3）串并联。将电雷管分成若干组，每组电雷管先串联成一条支路，然后将各条支路并联起来组成网路（图 4-21）。这种网路适用于电压低、功率大的工频交流电。网路设计时要求各条支路的电阻值平衡，并保证每个支路通过的电流大于 2.5A。

（4）并串联。将上述两种电爆网路结合在一起，即先将雷管分组并联后再串联的连接方式（图 4-22）。这种网路适用于电压低、功率大的工频交流电。网路设计时要求各条支路的电阻值保持平衡，并保证每个雷管通过的电流大于 2.5A。

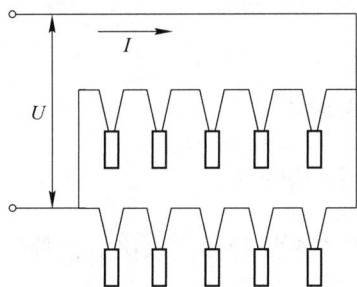

图 4-21 串并联电路

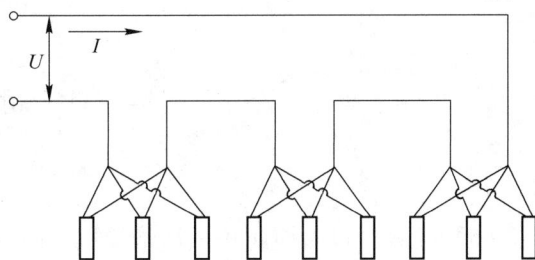

图 4-22 并串联电路

（五）电力起爆法施工

网路施工时，应严密组织、严格要求，确保网路畅通、适时起爆并保证安全。

1. 施工前的准备工作

（1）当爆破点附近存在各类电源及电力设施有可能产生杂散电流时，或爆破点附近有电台、雷达、电视发射台等高频设备时，应对爆区内的杂散电流和射频电的强度进行检测。若电流强度超过安全允许值时，不得采用普通型电雷管，应采用抗杂电雷管。

（2）对电雷管逐个进行外观检查和电阻检查，并抽样进行秒量检查，挑出合格的电雷管用于电爆网路中；对网路中使用的导线进行外观检查、电阻检查。

（3）安排网路的原型试验，将准备用于起爆网路的主线、连接电线、起爆电源按设计网路的连接方式、连接电阻、连接电雷管数进行电爆网路原型试验。原型试验中一般使用挑出后剩余的电雷管。

2. 连接电爆网路的安全注意事项

电爆网路的连接必须在爆破区域装药填塞全部完成和无关人员全部撤至安全地点之后，由爆破工程技术人员或爆破员从工作面向起爆站依次进行连接。连接中应注意以下事项：

（1）电爆网路的连接要严格按照设计进行，不得任意更改。

（2）不同工厂、不同批次生产的和不同桥丝的电雷管，不得在同一条网路中使用。

（3）敷设网路时，严禁将电爆网路与照明线路、动力线路混设在一起；距离变电站、高压线、发电站及无线电发射台等目标不得小于200m。

（4）接头要牢靠、平顺，不得虚接；接头处的线头要新鲜，不得有锈蚀，以防造成接头电阻过大；两根线的接点应错开10cm以上；接头要绝缘良好，特别要防止尖锐的线端刺透绝缘层；图4-23给出了几种常用的接头形式。

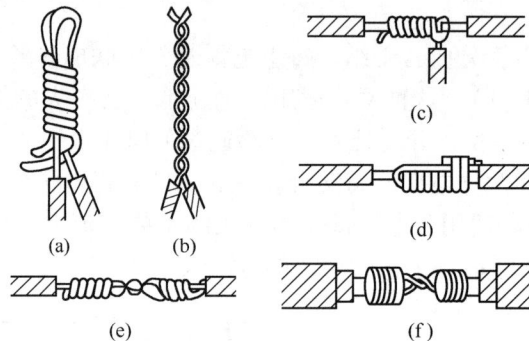

图 4-23　电爆网路中常用接头形式
（a）、（b）脚线接头；（c）端线与连接线接头；（d）细导线与粗导线接头；
（e）连接线与区域线接头；（f）区域线与主线接头

（5）导线敷设时应防止损坏绝缘层，防止接头位置与金属导体或水接触；敷设应留有10%～15%的富余长度，防止连线时导线拉得过紧，甚至拉断导线。

（6）连线作业先从爆破工作面的最远端开始，逐段向起爆站后退进行。

（7）接线之前要把手洗干净，如果手上有残留的炸药会使脚线生锈，导致电阻增加或者不稳定。

（8）在连线过程中应根据设计计算的电阻值逐段进行网路导通检测，以检查网路各段的质量，及时发现问题并排除故障；在爆破主线与起爆电源或起爆器连接之前，必须测量全网路的总电阻值，实测总电阻值与实际计算值的误差不得大于±5%，否则禁止联结。

（9）必须采用爆破专用仪表进行检测；对电源和检测仪表要轻拿轻放，保持清洁，放于通风、干燥和温度适宜的地方；有故障时应由专人检修；当温度低于−10℃时，应采取保温措施。

（10）电源应指定专人看守，起爆器的转柄（或钥匙）应由现场负责人掌握，不到起爆时不准交给起爆人员。

（11）起爆后应立即切断电源，使用延期电雷管时，如未爆炸或不能判断是否全部爆炸，应按照《爆破安全规程》规定的等待时间后，才能进入现场进行检查。

3. 电爆网路的防雷电措施

有雷电时，电爆网路可能产生感应电流，使电雷管爆炸而引起装药意外爆炸。在野外条件下，当雷电直接击中导线或炸药时，则很难避免装药意外爆炸。为了预防电爆网路附近发生雷电及预防静电感应或电磁感应电流影响，可采取下列措施：

（1）将全部电爆网路埋入土中，深度不小于 25cm；

（2）应尽可能使用双芯导电线作电爆网路；如用单芯导电线时，则在敷设前应将两根线扭在一起，或用细绳、胶布每隔 1~1.5m 捆扎一道；

（3）用一根裸线（可用有刺铁丝）与电爆网路的导电线并排敷设；

（4）起爆站干线的末端分开放置，并进行绝缘；

（5）尽可能避免支线并联，因为支线并联会形成闭合回路，从而引起感应电流。

4. 电起爆法的故障排除

常见故障及排除方法见表4-14。

表4-14　电起爆法的故障排除

故障现象	故障原因	查明故障的方法	故障的排除
网路敷设后，用欧姆表检查时，线路不通	欧姆表失灵	按欧姆表的检查方法进行检查	
	干线或支线断路	顺线查找有无断路处，如找不到断路处，可将干线与支线分开，分别导通，判明断路线段，如干线断路，可用欧姆表逐段测量，找出断线位置。其方法是：将干线一端两线头连接在一起，用两个大头针或别针逐段分别插入两根导线内，将欧姆表与大头针相接进行导通，以确定断路处。如支线断路，可逐段或逐个测量支线（电雷管）找出断路处	将断路处接续好
网路导通良好而发生拒爆	电源与干线接触不良	检查电源与干线接触是否良好	重新接续、起爆
	电源失去点火能力	按电源的检查方法进行检查	更换电源
	网路有短路处	用欧姆表精确测量网路电阻值，计算出短路的大约位置	将短路处的导线分开用胶布绝缘
	绝缘不良，芯线接地	检查网路绝缘是否良好，芯线是否接地	将外露芯线悬空或用胶布绝缘

（六）电子雷管起爆法

电子雷管起爆法就是采用电子雷管并通过与之相配套的起爆器起爆药包的一种起爆方法。电子雷管较之普通电雷管或导爆管雷管延时精度高，可以实现控制地震波传播、降低爆破振动危害效应，并适用于光面爆破、预裂爆破等对起爆同步性要求高的爆破工程。由于电子雷管起爆系统几乎不受外界电能的影响，因而具有良好的安全性；此外，与导爆管起爆系统不同，该起爆法可以在起爆前检测网路的完好性，并且能够自动检测和控制，做到心中有数，因而具有良好的应用前景。目前，国外电子雷管起爆系统种类较多，国内也有多家企业生产电子雷管。限于篇幅，在此仅以北京某科技发展公司研发的铱钵起爆系统为例简要介绍电子雷管起爆网路的一些特点。

1. 一般规定

（1）电子雷管起爆网路应遵守电力起爆网路的有关规定；

（2）起爆器使用前应进行全面检查；

（3）电子雷管装药前应采用专用仪器检测，并进行注册和编号；

（4）根据说明书要求连接子网路，雷管数量应小于铱钵表规定数量；

（5）子网路连接后应采用专用设备进行检测；

（6）根据说明书要求，将全部子网路连接起来，形成主网路，并通过专用设备检测主网路；

（7）不同厂家的电子雷管严禁混用；

（8）不同厂家的电子雷管与起爆器严禁混用。

2. 电子雷管起爆网路系统组成与操作程序

以铱钵起爆系统为例，说明电子雷管起爆网路系统组成。该系统由起爆器、铱钵表、数字密钥、隆芯1号数码电子雷管组成。其中数字密钥可对起爆系统进行授权，防止对起爆系统的非法操作。其核心元件是隆芯1号数码电子雷管，它是系统的电子控制器，由它对起爆的各项工作进行协调管理。隆芯1号数码电子雷管必须用与其配套的铱钵起爆系统进行起爆。该起爆系统由主、副两级控制起爆器构成。主设备为铱钵起爆器，用于电子雷管起爆流程的全流程控制，是系统唯一可以起爆雷管网路的设备；副设备为铱钵表，它是用于实现电子雷管联网注册、在线编程、网路测试和网络通信的专用设备。图4-24给出了典型的铱钵起爆系统的示意图。

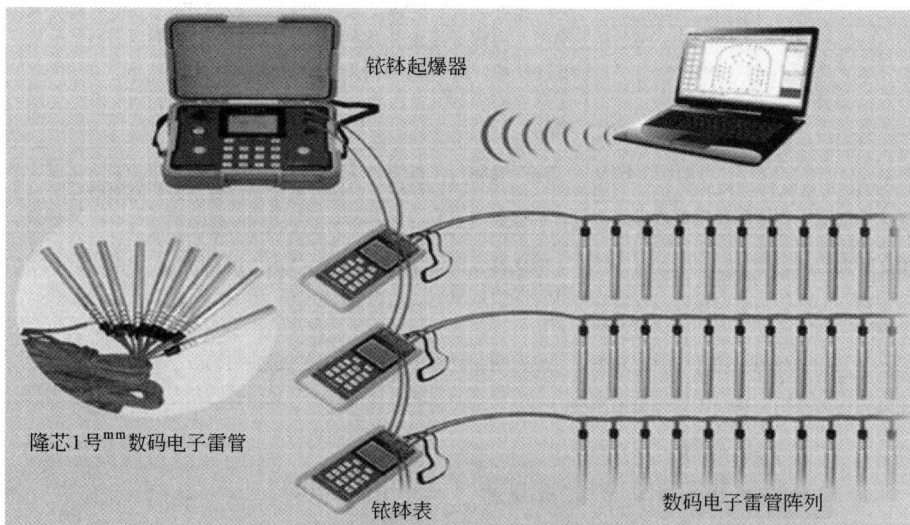

图 4-24　典型的铱钵起爆系统示意图

3. 起爆器材的检查

（1）外观检查，使用前应先检查所使用的电子雷管是否存在破损或裂痕等现象，不能使用有破损或裂痕等缺陷的电子雷管；

（2）检查电子雷管的参数是否与包装盒上的参数相符，其参数差值不得超出产品说明书的规定；同一起爆网路应使用同厂、同批、同型号的电子雷管；

（3）对铱钵表充电能力的检查，应保证铱钵表能够给所使用的全部电子雷管电容充电并符合有关要求；

（4）铱钵表对电子雷管在线注册，应保证全部电子雷管注册入起爆网路，并核实注册的电子雷管数量与实际使用的数量是否一致。

4. 起爆网路的检测

(1) 检测起爆网路中的电子雷管数量，应保证所有电子雷管都连接到起爆网路中；

(2) 起爆网路设计时应保证炮孔与所要设置延期时间的电子雷管名称一致；

(3) 设置整个起爆网路的参数，延期时间的设定应按爆破设计要求进行。

5. 起爆系统的检测

(1) 对起爆器起爆能力的检测，应保证起爆器具有能够起爆所有雷管的能力；

(2) 铱钵表与起爆器连接的极性应确保正确无误；

(3) 输入密码应保证能够进入起爆器的起爆系统，并检查整个起爆网路中的铱钵表数量和在线注册的电子雷管数量；

(4) 系统充电检测应显示正确，能够进入高压充电流程；

(5) 应在高压充电完毕后显示，在可以起爆时再进行起爆。

目前，我国电子雷管技术已基本成熟，电子雷管起爆系统在安全性、可靠性、实用性等方面具有普通电雷管起爆系统无法比拟的技术优势和实用前景。

随着电子科学技术的发展以及电子雷管用量的增加，其生产成本将会降至人们能够普遍接受的程度。未来在工程爆破作业中，电子雷管必将取代传统的电雷管而得到广泛应用。电子雷管起爆系统操作的简单化也应进一步改进，以方便广大爆破作业人员学习和掌握。

目前，电子雷管起爆法正在普及中，大部分工程爆破作业人员尚缺乏实际操作经验，如果采用此类起爆系统进行工程爆破，须由生产厂家事先进行培训，使操作人员掌握该起爆系统的操作要领和技术，确保爆破成功。

二、导爆管起爆法

导爆管起爆法是利用导爆管起爆系统起爆装药的一种方法，在工程爆破中已得到广泛应用。

（一）导爆管起爆网路的特点

导爆管起爆网路的突出优点是操作简单、容易掌握，不会受外界电能的影响，起爆网路起爆的药包数量不受限制，网路也不必要进行复杂的计算，非常适合有成千上万个药包的拆除爆破工程。

其致命缺点是迄今尚没有检测网路完好性的有效手段，且导爆管本身的缺陷、操作中的失误和周围杂物对其的轻微损伤都有可能引起网路的拒爆。因此在爆破中采用导爆管起爆网路时，除必须采用合格的组件和复式起爆网路外，还应注重网路连接的质量，提高网路的可靠性以及重视网路的操作和加强检查。

（二）导爆管起爆网路的组成

导爆管起爆网路由激发元件、传爆元件、起爆元件和联结元件组成。装置中不带雷管或炸药，导爆管通过插接方式实现网路联结的元件称为联结元件；联结元件中带有雷管或炸药，通过雷管或炸药的爆炸将网路接续下去的元件称为传爆元件。

1. 激发元件

激发元件的作用是起爆导爆管。主要有三种类型：

（1）雷管。可采用各种雷管来起爆导爆管（通常把这种起传爆作用的雷管称为传爆雷管，而把炮孔中起爆装药的雷管称为起爆雷管）。一个 8 号工程雷管可侧向起爆 20 根均匀固定在雷管周壁上的导爆管。

（2）火帽和击发枪。击发枪可用体育发令枪改装，如图 4-25 所示。枪身装有一个直径约为 3.2mm 的 L 形金属传火管，管的上部带有火帽台，管口可插入一根导爆管。当击发枪的击锤打击火帽时，火帽产生火焰可轴向起爆插入传火管中的导爆管。

（3）电火花击发装置。该装置亦称击发笔，它是与起爆器配套使用的一种电火花激发装置，如图 4-26 所示。击发笔笔尖是放电元件，由直径 1.17mm 的管状外层电极和直径 0.63mm 的针状内层电极组成，两极中间用绝缘介质封固。使用时将击发笔的笔尖插入导爆管内，将击发笔的导线接在起爆器接线柱上，充电后按下起爆按钮，在笔尖处产生强力火花起爆导爆管。

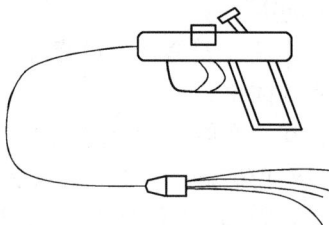

图 4-25　击发枪起爆导爆管　　　　　　图 4-26　击发笔结构示意图

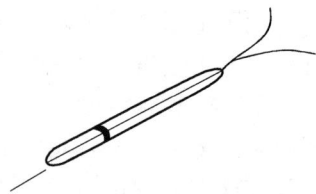

此外，导爆管还可用导爆索、炸药装药、电引火头等激发。

2. 传爆元件

传爆元件的作用是将冲击波信号由激发元件传给各个起爆元件。传爆元件由导爆管或导爆管与雷管组成。传爆雷管可用各种瞬发或延期雷管，后者对线路起延时作用。

3. 起爆元件

起爆元件的作用是起爆炸药。按爆破网路的不同要求，起爆元件可用 8 号瞬发雷管或延期雷管。目前常用的有瞬发、毫秒（MS）、半秒（HS）和秒（S）延期导爆管雷管作起爆元件使用。

4. 连接元件

连接元件起联结作用，用来联结激发元件、传爆元件和起爆元件。目前常用的是导爆管联结器，也称"四通"等。这种连接元件连接的传爆网路中没有雷管，安全性好。它将爆轰波直接传递给后续导爆管。图 4-27 给出了当前使用较多的导爆管联结器的实物图。

它将由一根导爆管传入的激波在其闭端反射传入其他三根导爆管内，使激波在导爆管内继续传播。连接时，首先将铁箍套到四通上，然后将四根导爆管插入四通内，最后用专用钳将铁箍夹紧即可。注意：插入四通的四根导爆管管头要用剪刀剪平，并且要确保插到四通的闭端为止。

在没有制式联结元件时，可采用雷管进行简易联结，即把一根或多根甚至十多根导爆管均匀地捆在雷管周围，利用雷管对导爆管的侧向起爆作用传递爆轰波。捆扎物可用聚丙烯包扎带、细绳、雷管脚线和胶布等。捆扎的强度愈大，起爆的可靠性愈

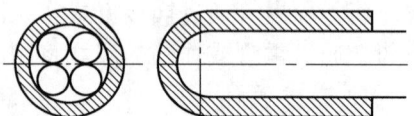

图 4-27　四通结构示意图

高。聚丙烯带的捆扎效果较好，能将均匀排列在雷管外侧的三层导爆管起爆（30～40根）。用雷管起爆导爆管时，为避免雷管聚能穴爆炸后的高速破片提前切断尚未传爆的导爆管，可在雷管底部包缠1～2层胶布后再捆上导爆管，或采用反向起爆方法（即导爆管端头指向雷管底部）。最基本的导爆管雷管传爆系统如图4-28所示。

（三）导爆管起爆网路形式

网路的基本形式如下：

（1）按网路联结形式分类。根据联结形式的不同，导爆管网路主要有串联、并联（簇联）和复式连接三种基本形式：

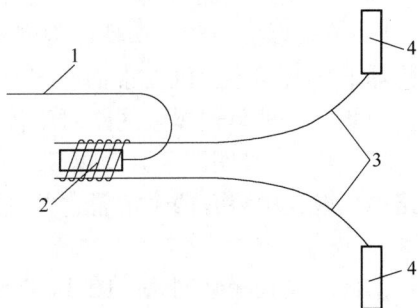

图 4-28　导爆管雷管传爆系统
1—主传爆导爆管；2—传爆雷管；
3—支导爆管；4—导爆管雷管

1）串联：把起爆组合雷管上的导爆管联结在传爆连接件上，然后再把传爆联结件串联起来，如图4-29所示。串联网路适用于装药成一线配置的情况。

2）并联：把起爆组合雷管并联在传爆连接件上，如图4-30所示。起爆组合雷管数目较多（成簇）的并联通常称为簇联，如图4-31所示。加强簇连比普通簇联多设一个组合传爆雷管。

3）复式连接：复式连接网路中同时具有串联和并（簇）联的联结形式。它包括起爆雷管和传爆连接元件的串联与并联。复式连接网路适用于装药个数多且成多列布置的情况，如图4-32所示。为了保证导爆管网路起爆的可靠性，施工中常常使用导爆管复式交叉起爆网路，如图4-33所示。

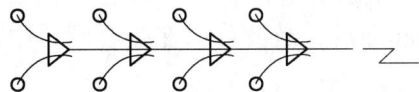

图 4-29　导爆管串联网路

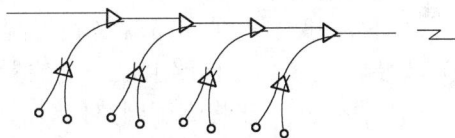

图 4-30　导爆管并联网路

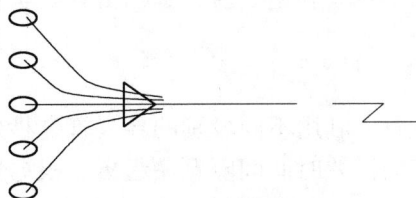

图 4-31　导爆管簇联网

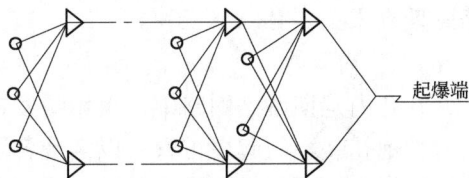

图 4-32　导爆管复式网路

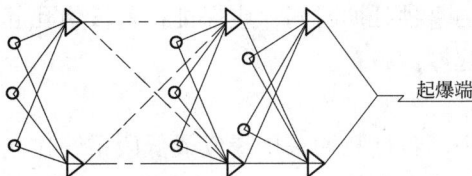

图 4-33　导爆管复式交叉起爆网路

（2）按爆破网路传爆可靠程度分类。

1）单式爆破网路。这种爆破网路的特点是传爆干线及支线均为单路。在这类网路中，当传爆干线因某些随机因素而在某处断爆时，该处以后的传爆干线所连接的炮孔全部拒爆。因此，这种单式爆破网路对于传爆可靠性要求较高的爆破作业是不适宜的。

2）复式爆破网路。为使爆破网路传爆更为可靠，可采用复式爆破网路。在复式起爆网路中，炮孔中装有两个雷管，并分别并联连接在两条传爆干线上。复式爆破网路又分为两种：

①普通复式爆破网路。图4-34所示复式爆破网路的特点是两条传爆干线之间没有相互作用。这种网路的传爆可靠性比单式网路大得多。网路中两条传爆干线间有一定的距离，以防止网路同时遭受某一因素的破坏。

②加强复式爆破网路。加强复式爆破网路虽然也为两套单式爆破网路的组合，但网路中两条传爆干线相互作用，每一条传爆支线均受到传爆干线中两个传爆雷管的作用。这种加强复式爆破网路如图4-35所示。

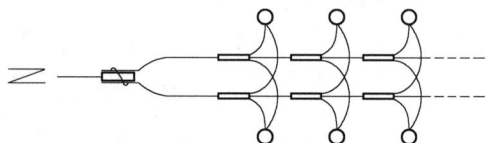

图4-34 普通复式爆破网路　　　　图4-35 加强复式爆破网路

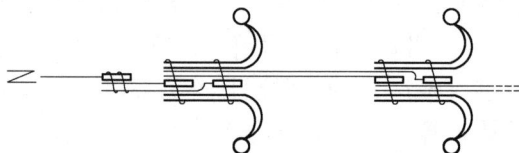

这种类型的爆破网路使传爆干线之间可以互相作用，而且网路中的支线使起爆次数增加，从而使整个爆破网路的传爆可靠性大大提高。

③闭合网路。这种网路就是先将网路头尾相连，最后将起爆雷管（或者火花激发装置）安装（连接）在网路上任一个位置，起爆雷管起爆后，激波可以在闭合网路中向各个方向传播，进一步提高了网路传爆的可靠性。

（四）网路延期方式

导爆管爆破网路的延期时间一般通过延期雷管来实现。利用导爆管延期雷管来实现网路延期方式主要有以下三种。

1. 孔内延期

在孔内延期爆破网路中，采用瞬发雷管作传爆雷管，利用不同段别的导爆管毫秒延期雷管作炮孔装药的起爆雷管，以实现各段炮孔按规定的微差时间间隔顺序起爆。根据炮孔起爆顺序及炮孔间延期间隔的设计，可以确定出各段炮孔中起爆雷管的段别。按炮孔的起爆顺序，首段炮孔所选用的起爆雷管的段别是决定以后各段炮孔中起爆雷管段别的基础。首段炮孔所选用起爆雷管的毫秒延期时间，应保证在首段炮孔起爆前其余各段炮孔中起爆雷管均获得激发能量而被起爆。

2. 孔外延期

在孔外延期爆破网路中，各炮孔均采用瞬发或低段雷管作起爆雷管，传爆干线中的传爆雷管选用高段导爆管毫秒延期雷管（同段或不同段），使各段炮孔间按一定的微差时间间隔顺序起爆。孔外延期网路的特点是：不管传爆雷管的延期精度如何，各段炮孔之间不会产生窜段现象；既可实现多段炮孔间的不等时间间隔起爆，也可实现多段炮孔间的等时间间隔起爆；与孔内延期相比，使用的延期雷管数量较少。但是存在前段炮孔爆炸影响后续爆破网路传爆的可靠性问题，因此，地面网路需要用草袋等进行覆盖防护。

3. 孔内外分别延期

在孔内孔外都延期的爆破网路中，各段炮孔中的起爆雷管及传爆干线中的传爆雷管，可分别采用不同段别的导爆管毫秒雷管，且起爆雷管的段别高于传爆雷管的段别，使各炮孔按一定的延期时间间隔顺序起爆。孔内外延期的特点是可以通过对传爆雷管和起爆雷管段别的选择，合理调节延期时间间隔。接力网路孔内外导爆管雷管段别组合可参照表4-15选取。采用地表延迟网路时，地表雷管与相邻导爆管之间应留有足够的安全距离，孔内应采用高段别雷管，确保地表未起爆雷管与已起爆药包之间的间距大于20m。

表4-15 接力网路孔内外导爆管雷管段别组合

孔外导爆管雷管段别	2	3	4	5
孔内导爆管雷管段别	5~6	7~8	9~11	10~13

（五）网路施工注意事项

实践证明，下述原因会造成导爆管起爆网路发生拒爆：产品质量不好；起爆网路联结不正确或联结质量差；导爆管网路在施工过程中被损坏；导爆管网路中的导爆管进水失效等。因此，敷设导爆管起爆网路时应注意以下问题：

（1）施工前应对导爆管进行外观检查。管口端应是热封好的（剩余导爆管两端亦需要用打火机热封），如有破损、压扁、拉细、进水、管内有杂质、断药、塑化不良、封口不严等不正常现象，均应剪断去掉。在插接导爆管前应用剪刀将导爆管的端头剪去30~40cm，并将插头剪平整。

（2）导爆管内径仅1.35mm，任何细小的杂质、毛刺都可能将导爆管管口堵塞而引起拒爆。因此，应检查使用的每一个接头，对有杂质、毛刺的接头不能使用。

（3）联结用的导爆管要有一定的富余量，不要拉得太紧以免导爆管从四通中拉出，要注意勿使导爆管扭曲、对折、打死结和拉细变形，以免影响传爆的可靠性。

（4）导爆管插入四通时，要严防雨水、污泥及砂粒等其他杂物进入导爆管管口和接头内，接续好以后，接线部位应用胶布包缠严密。在雨天和水量较大的地方最好不采用网格式网路，如在连接过程中遇到下雨或有水，应将接头口朝下，离地支起，并做好防水包扎。

（5）导爆管用于药孔爆破时，在填塞过程中，导爆管要紧贴孔壁，并注意不要捣伤管体。

（6）为保证起爆的可靠性，大中型爆破应敷设复式网路。

（7）用雷管起爆导爆管时，应先在雷管外侧及端部聚能穴处缠2~3层胶布，然后再用塑料胶带等把导爆管均匀而牢固地捆扎在雷管的周围。并对传爆雷管加以适当防护。

（8）捆扎材料。通常采用塑料电工胶布捆绑导爆管和雷管。塑料电工胶布有一定的弹性和黏性，能将导爆管紧紧地密贴在雷管四周。电工黑胶布弹性差，且易老化。

（9）捆扎导爆管根数。按导爆管质量要求，一只8号工业雷管可激发50根以上的导爆管，但从目前导爆管的质量和捆绑时的操作特点来看，一发雷管外侧最多捆扎20根导爆管，复式接力式混联网路中，每个接力点上两发导爆管雷管外部捆绑的导爆管应控制在 40 根以内。导爆管末端应露出捆扎部位 100mm 以上。

（10）雷管方向。雷管激发导爆管是靠其主装药完成的。为防止金属壳雷管爆炸时聚能穴部位的金属碎片在高速射流的作用下损伤捆绑在雷管四周的导爆管，金属壳导爆管雷管最好反向起爆导爆管，应使导爆管雷管聚能穴指向导爆管传爆的反方向，当采用正向起爆时，应在金属壳导爆管雷管的底部用胶布包裹 2~3 层，再在其四周捆绑导爆管。对非金属壳导爆管雷管，正向和反向捆绑均可。

（11）捆扎方法。导爆管应均匀分布在接力雷管主装药部位的四周，用胶布在外面缠绕五层以上，并应捆扎密贴。为防止接力雷管对附近导爆管的伤害，在捆绑点外面应用旧胶管或其他管片进行包裹。

（12）网路要敷设在无水、无高温、无酸性物质的安全地带，并防止在日光下曝晒。

（13）用导爆索起爆导爆管时，绑扎角度应呈"十"字交叉。

三、导爆索起爆法

用导爆索爆炸产生的能量引爆药包的方法叫做导爆索起爆法。这种起爆方法所需要的起爆器材有雷管、导爆索等。

导爆索起爆法除用于石油勘探、金属切割、爆炸成型、爆炸压接等特种爆破外，一般多用于预裂爆破、光面爆破、硐室爆破和起爆隧道掘进周边孔中的药包及起爆大截面立柱、大块体钢筋混凝土等拆除爆破工程炮孔中分层装药的串联药包。

（一）导爆索起爆法特点

导爆索起爆法的主要优点是：安全性好，传爆可靠，操作简单，使用方便，可以使成组装药的深孔或药室同时起爆。由于其爆速高，因而可保证预裂爆破、光面爆破、隧道掘进周边孔起爆的同步性，确保爆破效果，也可以提高炸药的爆速和传爆可靠性。将炮孔中多个药包用导爆索串联起爆可减少雷管数量，能抗杂散电流危害。其主要缺点是：成本高，不能用仪表检查网路质量，实现多段毫秒起爆比较困难。由于导爆索爆炸时，产生的声响和空气冲击波较大，一般不宜在城市拆除爆破和城市土石方控制爆破中裸露使用。

（二）导爆索起爆网路

1. 网路种类

用导爆索同时起爆数个装药时，常用串联、并（簇）联等形式的导爆索网路。

（1）串联。用于起爆预裂爆破、光面爆破、硐室爆破、隧道掘进周边孔中的各药包时，用导爆索将从炮孔口出来的导爆索联结起来构成串联网路，如图 4-36 所示。用于起爆大截面立柱、大块体钢筋混凝土等拆除爆破工程炮孔中分层装药的串联药包时，用导爆索将孔内各药包串联，就像"糖葫芦串"一样。

（2）并（簇）联。簇联是将所有炮孔中引出的导爆索的末端捆扎成一束或几束，然后再与一根主导爆索相连接。这种起爆网路可使各炮孔几乎同时起爆，但是导爆索的消耗量较大，一般只用于炮孔数量不多而又较集中的爆破中。如图 4-37 所示。

2. 导爆索的接续

（1）导爆索的接长。可将两根导爆索的一端并在一起，用细绳或胶布捆扎起来，接续部的两根导爆索长度应不小于 15cm，此种接法称为搭接，如图 4-38（a）所示，中间不得夹

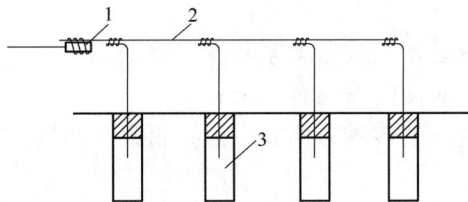

图 4-36　导爆索串联网路
1—雷管；2—导爆索；3—药包

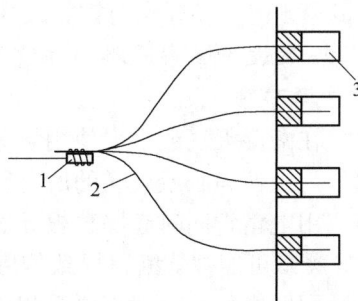

图 4-37　导爆索并（簇）联网路
1—雷管；2—导爆索；3—药包

有异物或炸药，捆扎应牢固，也可用对钩结（亦称为水手结）接续，如图 4-38(b) 所示。

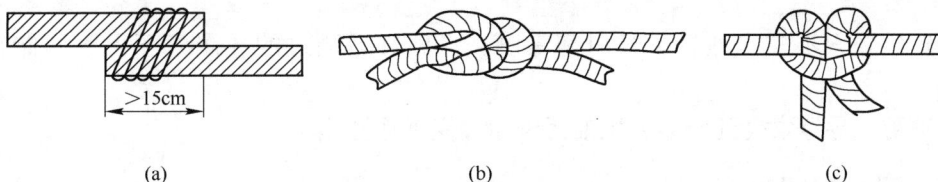

(a)　　　　　　　　　　　(b)　　　　　　　　　　　(c)

图 4-38　导爆索之间的连接方式
（a）搭接；（b）水手结；（c）云雀结

（2）将支路上的导爆索接到干线上。如果将支路上的导爆索接到干线上，可用图 4-38 (c) 所示的云雀结接续，云雀结的结扣要抽紧，以防松脱而影响可靠传爆。支线与主线的连接应采用三角形连接，如图 4-39 所示，传爆方向的夹角应小于 90°。

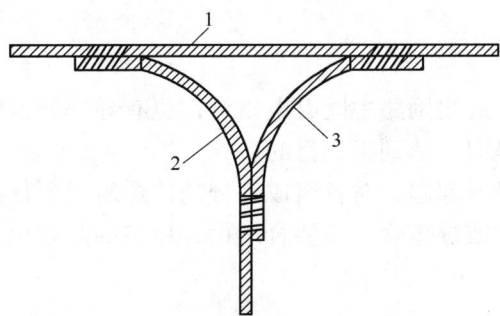

（3）导爆索起爆粉状药包。导爆索起爆粉状药包时，可将导爆索折叠 3～5 股扎紧或打数个结扣，做成导爆索结，如图 4-40 所示，放入药包内。

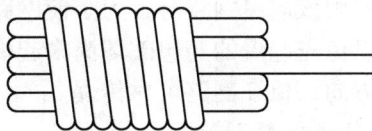

图 4-39　导爆索的三角形连接方式
1—主导爆索；2—支导爆索；3—附加支导爆索

图 4-40　导爆索结

3. 导爆索的起爆

导爆索主要用雷管起爆。一般情况下，一个雷管能起爆 6 根导爆索；当导爆索超过 6 根时，可将导爆索捆在药块上，然后用雷管起爆药块，再由药包起爆导爆索。

起爆导爆索的雷管距导爆索捆扎端部的距离应不小于 15cm，雷管的聚能穴应朝向导爆索的传爆方向。导爆索与雷管或药块的连接部位，应用胶布或细绳扎紧。

（三）敷设导爆索网路的注意事项和安全措施

1. 注意事项

（1）在潮湿天气或水中使用导爆索时，其末端必须用胶布裹紧并浸以防潮剂；

（2）为了使串联或簇联的所有装药可靠传爆，应使网路闭合起来；

（3）用电雷管同时起爆数根导爆索时，各导爆索的传爆方向要一致，否则与传爆方向相反的导爆索可能被炸断，导致传爆中断；

（4）网路中的导爆索不要互相接触，也不要与相邻的装药接触；不要拉得太紧，也不应出现打结或打圈；交叉敷设时，应在两根交叉导爆索之间用厚度不小于 10cm 的木块或土袋隔开。

2. 安全措施

（1）切取导爆索时应先将整卷导爆索展开一部分，使截取处到未展开处的长度不小于 5m；

（2）导爆索不应在烈日下长时间曝晒，经烈日曝晒过的导爆索不得收回储存库存放。

（3）防止导爆索受到柴油、机油污染而改变爆炸性能。

四、混合起爆法

由电起爆网路和非电起爆网路共同组成的起爆网路称为混合起爆网路。常用的有三种形式：导爆管-导爆索混合网路、电-导爆管混合网路、电-导爆索混合网路。个别工程也有同时采用电雷管、导爆管雷管和导爆索三种器材组成的混合网路。它充分利用了各种网路的特性，可提高起爆网路的安全性和可靠性。

（一）混合起爆网路的组成

混合起爆网路至少由电雷管、导爆管雷管、导爆索这三种器材中的两种组成。

（二）混合起爆网路的形式和特点

1. 电与非电混合起爆网路

电与非电混合起爆网路的特点是：在同一个起爆网路中既有电雷管，也有导爆管雷管或者导爆索，它们共同组成起爆系统实现爆破延时并达到工程目的。

在使用该起爆网路时，为了使网路准确的延时起爆，对各组成部分的传爆时间要仔细核算，以免先起爆的药包破坏尚未起爆的导爆索或导爆管，并要合理设计爆破的起始位置和传爆方向，保证网路可靠传爆。

2. 复式起爆网路

这里的复式起爆网路与导爆管起爆法中的复式起爆网路不同，这里复式起爆网路是指由电、非电两种网路独立组成。每个炮孔或药包中都有两个起爆源，能够更可靠地保证准爆，但网路相对比较复杂。导爆管起爆法中的复式起爆网路是指每个炮孔或药包都可以接受两个方向传来的爆轰波。

（三）混合起爆网路连接时需要注意的问题

混合起爆网路是由不同起爆器材组成的，连接时要注意以下事项：

（1）严格按照设计要求准备起爆网路各部分的器材并进行核查，同时对网路敷设现场进行勘查。

（2）网路各个部分的连接必须遵守各种起爆器材的连接规范和《爆破安全规程》的规定，同时还应符合不同器材之间的连接要求。上一连接工序完成后，要立即进行检查，确认无误后，方可进行下一工序的连接工作。

（3）完成全部炮孔装药的装填作业、清除爆破区域内剩余的爆破器材之后，方可进行爆破网路的连接。

（4）网路的连接要按照设计的连接顺序进行，防止连接过程出现交叉或漏连等问题。连接过程中要特别注意传爆方向、传爆元件、搭接位置等部位的连接。

（5）必须在爆破工程技术人员指导下进行，通常由两人一组进行连接作业，其中一人连接，另一人进行检查，发现问题及时纠正和处理。

（6）连接作业完成后，必须从起爆位置向药包位置再进行一次全面检查，发现问题及时处理，否则不允许起爆。

（7）完成连接作业的区域应设为禁区，除检查人员外，其他人员不得进入，以防止网路被损坏。

（8）完成网路连接后，在没有得到起爆指令期间必须派专人值守，不准任何人进入爆区。

第四节　爆破检测仪表与起爆器

爆破仪器是指工程爆破中使用的专用仪器，常用的有爆破网路检测仪表、安全检测仪表和起爆器等。

一、爆破导通仪表

（一）用于测量电雷管电阻和电爆网路的专用仪表应满足的条件

用于测量电雷管电阻和电爆网路的专用仪表应满足下列条件：

（1）输出电流必须小于30mA；

（2）外壳对地绝缘良好，不会将外来电引入爆破网路；

（3）防潮性能好，不会因内部受潮漏电而引爆电雷管。

（二）2H-1型多功能电雷管测试仪

1. 测试仪简介

2H-1型多功能电雷管测试仪（图4-41）测试端最大输出电流仅1mA，远低于国家标准（小于30mA），采用1999计数$3\frac{1}{2}$数位手动量程，数字显示。具有特大屏幕、全功能符号显示及输入连接提示，全量程过载保护，使之成为性能优越的爆破专用仪表。该系列仪表可用于测量：

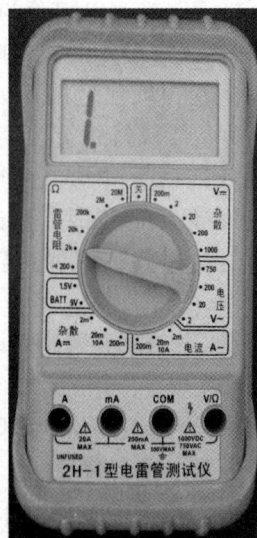

图4-41　2H-1型电雷管测试仪

单发电雷管电阻、爆破网络总电阻、杂散交直流电压、杂散交直流电流等。广泛适用于露天矿场、井下金属矿山、煤矿山、隧道掘进、城市控爆等爆破工程中。

2. 测试功能与量程

（1）单发雷管电阻及爆破网络电阻测量，量程：$200\Omega \sim 200M\Omega$；

（2）直流电压：$200mV \sim 1000V$；

（3）交流电压：$2 \sim 750V$；

（4）直流电流：$20\mu A \sim 20A$；

（5）交流电流：$20mA \sim 20A$。

3. 综合指标

（1）信号输入端和 COM 端之间最大电压：详见各量程输入保护电压说明；

（2）μA、mA 输入端子设有保险丝：（CE）$0.5A$、$250V$ 快熔式保险丝 $\phi 5 \times 20mm$；

（3）显示：LCD 全功能符号及输入连接提示显示，最大读数为 1999，每秒约更新 2 ~ 3 次；

（4）量程：手动；极性显示：自动；过量程提示："1"；

（5）工作温度：$0 \sim 40℃$（$32 \sim 104℉$）；储存温度：$-10 \sim 50℃$（$14 \sim 122℉$）；

（6）相对湿度：$0 \sim 30℃$ 以下 $\leq 75\%$，$30 \sim 40℃$ $\leq 50\%$；

（7）电磁兼容性：在 $1V/m$ 的射频场下：总精度 = 指定精度 + 量程的 5%，超过 $1V/m$ 以上的射频场没有指定指标；

（8）供电电源：6F22，9V；

（9）尺寸重量：$179mm \times 88mm \times 39mm$ 约 380g（含电池）。

4. 使用方法

（1）单发雷管电阻及爆破网络电阻的测量。

1）将红色测试夹插入"Ω"插孔，黑色测试夹插入"COM"插孔，然后将功能量程旋转至 200Ω 挡位，并将测试夹并联到被测单发电雷管的两条脚线上，从而可从 LCD 显示窗中直接读取被测电雷管的电阻值；

2）测量爆破网络总电阻值时，应先按照理论估算出整个爆破网络的总电阻值，然后再选择合适的量程范围，如 $2M\Omega$、$20M\Omega$、$200M\Omega$，再将测试夹并联到被测爆破网络的正、负两条爆破母线上，读取读数即可；

3）如果被测电阻开路或电阻值超过仪表最大量程时，显示器将显示"1"；

4）在低阻测量时，测试夹会带来约 $0.1 \sim 0.2\Omega$ 的测量误差。为获得精确读数，应首先将测试夹短路，记住短路显示值，在测量结果中减去表笔短路读数，才能确保测量精度；

5）如果测试夹短路时电阻值读数不小于 0.5Ω 时，应检查测试夹是否有松脱现象或其他原因；

6）如果爆破网络中电阻值在 $1M\Omega$ 以上时，可能需要几秒钟后读数才会稳定。这对于高阻测量属于正常现象。

（2）测量杂散电流：采用 2H-1 型多功能电雷管测试仪在检测杂散电流时。应首先在两个测试表笔（夹）之间并联一个取样电阻（$1\Omega 2W$ 的线绕电阻），然后将测试仪转动至交流挡 20A 位置，从高挡位向低挡位转换，观察测试仪显示数据的变化即可得出结论是否存在杂散电流，当测出的结果超过 35mA 时，则不能在爆破作业现场进行电雷管爆破作业，以确保人员安全。

除上述介绍的 2H-1 型电雷管测试仪外，尚有多种型号的爆破仪表，使用方法可查阅各自产品说明书。

二、安全检测仪表

采用电力起爆系统时，需要事先对爆破环境和条件中存在的外界电能进行检测，以免外界电能进入起爆网路而导致意外事故（早爆、拒爆）的发生。检测外界电能的仪表叫做安全检测仪表。安全检测仪表包括杂散电流测定仪、静电仪以及检测电雷管性能的最大安全电流与最小准爆电流检测仪。杂散电流测定仪使用较多，在此作一些介绍。

杂散电流是起爆网路以外存在的电流，它与工地的电气设备多少和技术保养状态有关，一般是地下多于地面，特别是随着电气化、自动化施工水平的提高，这种现象越来越突出，直接威胁到电力起爆法的安全性。大多数情况下，杂散电流的来源主要有以下方面：

（1）直流架线电机车引起的直流杂散电流；

（2）电缆外表损坏后出现的漏电产生的杂散电流；

（3）电气牵引网路为交流电和电源变压器零线接地时，产生交流杂散电流，该杂散电流一般比较小，但也足以引爆电雷管；

（4）另外，在导体之间，其中风管对铁轨最大，其次是风管对岩体与铁轨对岩体。

前述介绍的 2H-1 型电雷管测试仪就可以测量杂散电流。

三、起爆器及配套器材

起爆器（又叫起爆器）是引爆电雷管的专用电源。目前国产的起爆器均是借助电容器储存电能来完成起爆的。一般地说，电容器的电容量有限，通常只能用于串联电路和并联支路较少的网路起爆，遇到复杂电爆网路时要认真阅读起爆器的说明书，严格按照要求选择连接网路的方式，以保证可靠起爆。

（一）起爆器的选择

（1）爆破地点的环境。在有瓦斯、煤尘、矿尘爆炸危险的地方，只准选用防爆型起爆器，其他地方可以选用一般起爆器。

（2）起爆器的起爆能力。一次起爆的电雷管数量多时采用高能脉冲起爆器，如 GM-2000 型高能脉冲起爆器可以引爆 2000 发普通电雷管；起爆电雷管数量少时可以选用小型起爆器。如 CHA-300 型起爆器等。

（3）雷管的种类。目前我国生产的电雷管种类很多，除普通电雷管外，还有抗杂电雷管、抗静电雷管、无起爆药雷管，它们的发火结构及性能与普通电雷管相比都有所不同。在选用起爆器时，应根据所用雷管的特点选用。

（4）起爆线路的阻抗。如果线路太长，线路压降则大，就要考虑由此引起的电压损失。要保证通过每个电雷管的电流满足其准爆电流的要求，就必须选用起爆能力大的起爆器。

（二）几种起爆器的主要性能指标

目前我国生产起爆器的企业较多，产品主要型号列于表 4-16。

表 4-16 起爆器的性能与规格

型　号	起爆能力 /发	最大外电阻/Ω	输出峰值 /V	充电时间 /s	冲击电流持续时间 /ms	电　源	质量 /kg	外形尺寸（长×宽×高）/mm ×mm× mm	生产厂家
NFJ-100	100	900	320	<12	3～6	1号电池 4节	3	180×105×165	营口市无线电二厂
MFB-200	200	1800	620	<6	<8	1号电池 4节	1.25	165×105×102	抚顺煤炭研究所
GM-2000	最大4000 抗杂雷管480	2000		<80	50	8V（XQ-1 蓄电池）	8	360×165×184	湘西矿山电子仪器厂
GNDF-40000	铜4000 铁2000	3600	600	10～30		蓄电池或干电池12V	11	385×195×360	营口市无线电二厂
CHA-2000E	铜2000 铁1000	8000	2100	≤45		DC6V		276.5×227.5×153	湘西雷特爆破仪表有限公司

注：表中给出的起爆能力是以铜脚线雷管为准的，如果是铁脚线，需要用电阻值进行换算。

（三）CHA-2000E 数字式高能脉冲起爆器

CHA-E 系列数字式高能脉冲起爆器是一款由单片机控制的起爆器，采用四位高亮数码管显示充电电压、网络总电阻值，内部采用大规模集成电路，同时电路采用程序芯片自动对起爆器达到峰值电压后进行稳定保护，以杜绝电压持续上升造成电路损坏，相对其他型号的起爆器更先进、更可靠、更耐用。

CHA-2000E 数字式高能脉冲起爆器（图 4-42）引爆电压高，电容量大，引爆安全可靠，对于大、中型爆破和要求电压较高在无桥丝抗杂电雷管尤为适用，且具有数字式电雷管爆破网络雷管总电电阻值检验，可检测网络是否有短路或者断路情况，表头自动校零，自动进位，精度高，读数直观，工作电流不超过 2mA，安全可靠。起爆器采用循环充电的直流 6V 电池供电，配置专用充电器，可通过 220V 照明电源对其进行充电，环保可靠，操作便捷。可配用 CCH 型导爆管非电击发针起爆导爆管雷管。

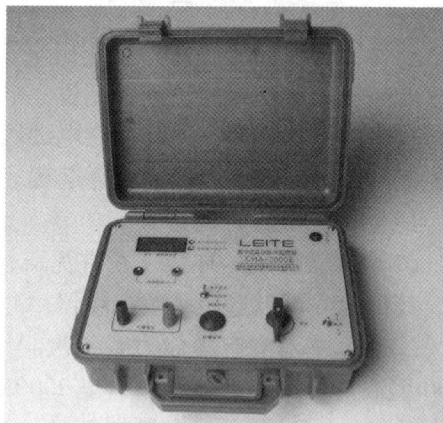

图 4-42 CHA-2000E 数字式高能脉冲起爆器

1. 使用方法

（1）检查。打开电源开关后，将"功能切换"开关至电压显示挡时显示窗口显示"0000"，电压显示红灯亮；切换到"网络电阻"挡时显示窗口显示"1"，电阻显示绿灯亮，说明起爆器电源工作正常。

（2）起爆。进行起爆作业时，打开电源开关，将"功能切换"开关至电压显示挡，然后操作旋转开关至"充电"挡，此时起爆器开始充电，当电压上升至峰值电压时，操作旋转开关至"准爆"挡，再按下"引爆按钮"即可，完成作业后将旋转开关至"放电"

挡，关闭电源开关。

（3）电雷管网络总电阻测量。打开电源开关，然后将"功能切换"开关至网络检测挡，然后将需要进行测量的爆破网络中的爆破母线连接到网络检测接头，从显示窗口读数即可。该功能只局限与测量电雷管爆破网络的总电阻值，禁止用于测量单发电雷管。

（4）电池充电。当起爆器电量不足时（显示窗口显示时灯光变弱、起爆器充电至峰值电压时间变慢），应将配置的专业充电器接入 220V 照明电源，同时接入起爆器上的"充电插孔"对其进行充电。充电时，充电器上亮红灯，充电完成后充电器上亮绿灯。充电时间为 4~5h 即可。充电时间应保证不高于 10h，起爆器内部电池需保证 10 天内完成一次完整充电。

2. 注意事项

（1）使用前对电池组进行检查，不得低于 5V。在引爆少量雷管外负载小于 50Ω 时充电电压不能高于 1500V 引爆。

（2）接线前，先作一次充放电检查，以确保仪器使用可靠。高压指示表没有电压指示时，请不要进行放炮。

（3）当起爆器长时间（7~10 天）不使用时，应对起爆器蓄电池进行一次完整充电，以防止电池失效，而影响正常使用。

（4）若在规定的充电时间内，电压指示针不能达到规定值时应当立即对其进行充电，以保证仪器的正常使用。

（5）请避免将仪器从高处坠落或受到剧烈震动或冲击，做好防尘、防潮处理，做到专人使用、保管、维护，以保证仪器的安全性、完整性及可靠性。

（6）需要起爆导爆管雷管时，须配用 CCH 导爆管非电击发针进行引爆。直接引爆电压控制在 1000~1200V，如需远距离引爆电压控制在 1500~1800V 即可。

（7）因起爆器电压高、容量大，开始工作后人手不可接触爆破母线及输出接线卡。

（8）因内部为大规模贴片式电路，非专业人员请勿拆机检修，以免造成二次损坏。

（四）导爆管激发器

目前，工程爆破中应用最广的是导爆管起爆系统，因此，起爆导爆管网路的激发器是应用最多的装置。

导爆管必须采用具有一定强度的激波形式的能量引爆，除采用雷管引爆外，对于导爆管网路，一般可采用激发器引爆。目前，应用较多的激发器有两种形式：（1）由高压发生器、储能器、远程插接件和激发笔 4 个独立单元组成的分解式导爆管激发器；（2）由激发针和高压发生器组合成一体的导爆管激发器。前者的优点是激发针可以放置在起爆点附近，用导电线与起爆站的高压发生器相连，远距离起爆时外延导线电阻值允许高达数万欧姆，延伸距离可达两公里以外，导线和激发针能多次重复使用，因而能节省塑料导爆管；一体式导爆管激发器则需要将导爆管敷设到起爆站，因而导爆管的消耗量较大，图 4-43 为一体式导爆管激发器。

无论是哪种激发器，其核心元件是激发针，激发针激发原理如图 4-44 所示。激发针实际上是一个在高压强电场作用下使空气发生电离产生火花放电的装置，其笔尖是火花放电元件，由直径 1.17mm 的管状外层电极和直径 0.63mm 的针状内层电极组成，两极中间用绝缘介质封固。使用时将击发笔的笔尖插入塑料导爆管内，将击发笔的导线接在高压发

图4-43　一体式导爆管激发器

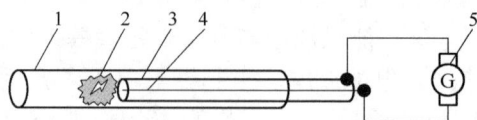

图4-44　激发针工作原理图
1—导爆管；2—电火花；3—激发针极Ⅰ；
4—激发针极Ⅱ；5—高压发生器

生器接线柱上，充电后按下起爆按钮即可产生高压放电效应，产生火花起爆导爆管。

用导爆管激发器起爆网路前，应先试起爆一段约 40～50cm 长的导爆管，检验激发器的起爆性能是否可靠。起爆网路时，先将待起爆的导爆管剪掉 20～30cm，然后将导爆管套在激发针上，再根据起爆命令开始充电，待激发器充电完毕（指示灯亮起），按下起爆按钮即可。激发针多次使用后其针尖因高压放电火花的烧蚀作用会导致两极的间隙发生变化，出现火花变弱或无火花现象，此时，可将激发针在砂纸上进行打磨，消除烧蚀部分，恢复起爆能力。

（五）远程导爆管激发针

远程导爆管击发针，如图4-45所示，它是在爆破近区与导爆管相连，再用一根长导线将其连接到安全距离以外的起爆器。这样，可以节省导爆管的消耗量。

使用方法与注意事项如下。

1. 起爆方法

直接把击发针插入非电导爆管内2cm，将击发针用爆破母线连接到起爆器，然后操作起爆器电源开关，将充电开关拨入充电挡位，当充电电压 1000～1500V 时，应操作引爆。

2. 注意事项

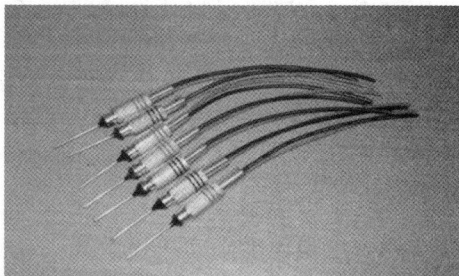

图4-45　起爆导爆管的激发针

（1）爆破母线建议采用：单股绝缘铜、铝芯平行复导线（即铜、铝芯为 1.0～1.5mm² 的平行复导线）。高能脉冲起爆器的型号越大可接入的爆破母线越长（150～800m）。

（2）非电导爆管击发针做爆破作业中的易耗配件，因每次起爆电压都非常高，从而会对针头产生损坏，当击发针无法起爆正常产生火花时可将针头损坏部分剪掉，用磨具进行砂磨接近初始状态后方可继续使用。（当击发针插入导爆管内过短时应更换新的击发针）。

第五章 爆破基础知识与常用钻孔设备

第一节 工程地质及对爆破效果的影响

爆破的主要对象是岩石，因此，只有在熟悉岩石性质的基础上，才能取得良好的爆破效果。岩石的坚硬程度和岩体的完整程度决定了岩体的基本性质。长期的爆破实践表明，岩石构造不仅对工程爆破效果有直接的影响，而且会对爆破安全和爆后工程岩体（如围岩、基岩和边坡等）的稳定性带来一定的安全隐患。因此，工程地质因素对工程爆破施工有重要影响。

一、工程地质

（一）岩石分类

地球表层是一层由固体物质组成的硬壳，这层硬壳通常称为地壳。地壳的具体物质组成就是岩石（土）。

岩石（土）种类很多，按其成因可分为以下三大类型：

1. 岩浆岩

由熔融的岩浆在地壳内部或地表面冷凝结晶而形成的岩石，如花岗岩、流纹岩、闪长岩、正长岩及正长斑岩、玄武岩等。岩浆岩亦称火成岩。

2. 沉积岩

由陆地或海洋中的沉积物（如卵石、砂、黏土等）经胶结硬化而形成的岩石，如角砾岩、石英砂岩、石英长石砂岩、铁质砂岩、钙质砂岩、粉砂岩等。

3. 变质岩

由原来岩浆岩或沉积岩，经过变质作用而形成的岩石，如片岩（云母片岩、绿泥石片岩、滑石片岩、角闪石片岩）、千枚岩、板岩、片麻岩（花岗片麻岩、角闪石片麻岩、黑云母片麻岩）、大理岩、石英岩等。

另外，由于风化、流水和风等各种地质因素作用的结果，形成各种堆积物，这些堆积物尚未硬结成岩，一般统称为松散沉积物。

岩石的结构是指岩石中矿物的结晶程度、晶粒大小和形状等岩石内部结合的特征。岩石的构造是指岩石中矿物的排列和相互配置的关系在外貌上的特征。

（二）与爆破有关的地质作用

1. 地下水

存在于岩石或土的孔隙、裂隙或空洞中的水蒸气、液态水及固态水统称为地下水。地下水根据其埋藏条件可分为三大类型：即上层滞水、潜水和自流水。上层滞水指存在于包气带中局部隔水层之上的重力水。潜水指位于地表以下第一个稳定隔水层之上具有自由表面的重力水。自流水指充满两个隔水层之间的水。

2. 岩溶

岩溶指可溶性岩层（如石灰岩、白云岩等）被水溶蚀而成的各种洞穴及各种奇观的空洞自然形态。在爆破施工中，岩溶有可能使爆破能量消失于地下而达不到预期的爆破效果，或者溶面本身就是岩体破坏最好的自由面，从而改变预期爆破漏斗的形成、影响爆破范围的大小，或者由于岩溶的发育，使整个爆破区域内的岩体处于不稳定临界状态，在爆破作用下产生地盘陷落、崩塌、地下水渗漏或涌水等现象。

3. 崩塌

崩塌是指在陡峻斜坡上巨大岩块突然发生崩落的现象，崩落时岩块倾倒翻转，互相撞击破碎堆积在坡脚下，当在构造节理发育、岩石比较破碎地带进行硐室爆破时，很容易形成崩塌。

4. 滑坡

滑坡是指斜坡上的岩土在重力作用下，失去了原有的稳定状态，沿着一定的滑动面向下作整体性缓慢滑动的现象。爆破时，若岩体存在软弱结构面，由于爆破的振动作用，岩体层间的黏结力被破坏，便可能发生滑坡。

（三）岩石的主要物理力学特性

岩石的主要物理力学特性包括岩的密度、空隙率、含水率、风化程度、波阻抗、可爆性等，具体含义如下：

（1）密度：单位体积的岩石质量；

（2）空隙率：岩石中空隙体积与岩石所占总体积之比；

（3）含水率：岩石中水的含量与岩石颗粒质量之比；

（4）风化程度：岩石在地质内应力和外应力作用下发生破坏、疏松的程度；

（5）波阻抗：岩石中纵波波速与岩石密度的乘积，它反映纵波传播的阻尼作用；

（6）硬度：岩石抵抗工具侵入的能力；

（7）坚固性系数：岩石抵抗外力挤压破坏的比例系数；以前常用普氏系数（符号 f）表示；

（8）可钻性：在岩石中钻凿炮孔的难易程度；

（9）可爆性：岩石在爆炸能量作用下发生破碎的难易程度。

（四）岩石分级标准

我国土岩类别划分执行《工程岩体分级标准》（GB 50218）和《岩土工程勘察规范》（GB 50021—2001），不再使用普氏系数。根据上述标准和规范，岩石分为极软岩、软质岩（软岩、较软岩）、硬质岩（较硬岩、坚硬岩）三类。

二、爆破地质对爆破效果的影响

（一）爆破效果描述

爆破效果就是实施爆破后，使被爆体（爆破对象）形成的破坏形态、块度、对周围环境影响的综合结果。评价一次爆破效果的好坏，主要是评价该爆破效果与实施前的预期效果是否相符。由于爆区周围环境的不同，对爆破对象处理的方法不同，对爆破效果的控制也不同。通常情况下，爆破效果的好坏可以从以下四方面进行描述。

1. 爆破块度

爆破块度是指介质在爆破后形成的一定形状和尺寸的块体。通过对爆破对象的了解，确定合理的孔网参数（或药包布置）、装药结构、起爆方式，实现预期的大块率、块度级配或块度大小与形状。

2. 爆堆形态

爆堆形态指介质在爆破后堆积的状态。根据爆破对象的形态和条件，以合理的爆破设计，实现爆堆的形态符合施工要求，如爆堆适宜装载，抛掷体堆积位置和抛掷体积大小得到控制。

3. 爆破效果

爆破效果指爆破后呈现的最终结果。根据爆破对象的情况和工程要求，以合理的爆破设计方案实现边坡稳定、开挖面平整、淤泥被挤出某区域等。

4. 爆破危害效应

爆破危害效应指爆炸产生的爆破地震波、空气冲击波、飞散物（习惯上称为飞石）、毒气等对周围人员、建筑、设施等造成的危害程度。根据爆区周围的环境条件和爆破对象的现状，以合理的爆破参数和警戒布置确保人身、财产、建筑物、构筑物的绝对安全。

每次爆破不一定全部实现以上四种爆破效果的控制，但往往一次爆破需同时实现几种控制目标。

（二）地质条件对爆破效果的影响

大家知道，岩石的基本性质决定了开挖岩石的方法，也决定了岩石的可钻性和可爆性。在进行具体的爆破设计时，爆破参数的选取也与岩性有密切的关系。大量的工程实践表明，除岩性与爆破有关外，地形、地质条件对药包布置和爆破效果的影响也不容忽视，有时甚至是爆破成败的关键。

1. 结构面对爆破的影响

岩土工程爆破时，除炸碎孤石、大块的二次改炮及规模不大的浅孔爆破等是在单一的岩层（岩石）中进行外，大多数爆破的药包是布置在地壳的岩体中。岩体是非连续介质的地质结构体，它是由岩石介质构成并受到多种地质结构面切割而成的。因此，结构面和结构体（岩石）是构成岩体结构的两个基本要素。对爆破来说，结构面的影响将更为显著。结构面对爆破的影响可归纳为五种作用：

（1）应力集中作用。由于软弱带或软弱面的存在，使岩石的连续性遭到破坏。当岩石受力时，岩石便从强度最小的软弱带或软弱面处首先裂开，在裂开的过程中，在裂缝尖端发生应力集中，特别是岩石在爆破应力作用下的破坏是瞬时的，来不及进行热交换且处于脆性状态，结果使应力集中现象更加突出。因此，在岩石中软弱面较发育的部位，其单位炸药消耗量应相应降低。

（2）应力波的反射增强作用。当应力波传至软弱带的界面处时发生反射，反射回去的波与随后继续传来的波相叠加，当相位相同时，应力波便会增强，使软弱带迎波一侧岩石的破坏加剧。对于张开的软弱面，这种作用亦较明显。

软弱带和软弱面对爆破效果的影响问题，应视爆破规模区别对待，对于小规模的药包爆破，不大的裂隙面即可影响其效果，对于大规模的群药包爆破，小的断层破碎带对其影响不显著。

（3）能量吸收作用。由于界面的反射作用和软弱带介质的压缩变形与破裂，使软弱带背波侧应力波因能量被吸收而减弱，它与反射增强作用同时产生。因此，软弱带可保护其背波侧的岩石，使其破坏减轻。同样，空气充填的张开裂隙也有吸收能量的作用。

（4）泄能作用。当软弱带或软弱面穿过爆源通向自由面（工程上也有叫临空面）由爆源到自由面之间软弱带或软弱面的长度小于爆破药包最小抵抗线的某个倍数时，炸药的能量便可以"冲炮"或以其他形式泄出，使爆破效果明显降低。在爆破作用范围以内，如果有大溶洞存在，亦会发生泄能作用。

（5）楔入作用。在高温高压爆炸气体的膨胀作用下，爆炸气体沿岩体软弱带高速侵入时，将使岩体沿软弱带发生楔形块裂破坏。

2. 地形对爆破的影响

地形条件是影响爆破效果的重要因素。所谓地形条件，就是爆破区的地面坡度起伏、自由面的形状和数目、山体高低、冲沟分布等地形特征。地形条件是爆破设计中必须充分考虑的。不同地形条件下要因地制宜地进行爆破设计，利用好地形条件可以节省爆破成本，有效地控制爆破抛掷方向，反之容易造成安全事故。

有多个自由面的情况下，会增加岩石的破坏范围和效果，自由面的数目与爆破单位体积岩石的耗药量成反比。

在松动爆破与加强松动爆破中，主要是将岩体炸成一定块度的松散体便于装运。这种爆破方法可结合不同地形条件的自然状态和特征，采用适当的爆破方案便能获得良好的爆破效果。特别是在陡坡悬崖及多面临空的地形条件下，其经济效果更为显著，炸药单耗（爆破一立方米岩石的炸药消耗量）通常为 $0.3 \sim 0.6 kg/m^3$。

在平坦地面的抛掷爆破，一般炸药单耗为 $1.5 \sim 2.0 kg/m^3$。而垭口凹地和沟谷地段，由于地形的限制，爆破夹制作用较大，采用硐室爆破是极为不利的，因此，应该尽量避免在这类地形条件下采用硐室爆破方法。

在斜坡地面上进行抛掷爆破时，往往要求将岩块抛出爆破漏斗或路堑境界以外，以降低山体高度和减少装运工程量。这类爆破的炸药单耗通常为 $0.8 \sim 1.5 kg/m^3$。其抛掷百分率与地形条件有关，即地形坡度愈陡，抛掷率愈高，最大可达 70% ～80% 左右。

在深孔爆破和条形药包硐室爆破设计中，第一排药包的布置和装药结构必须根据地形的变化加以调整，地形低凹处需减少炸药量或后移药包，而在地形凸起处要相应地增加药量才能达到理想的爆破效果。

3. 地下水对爆破的影响

在硐室爆破中地下水对爆破的影响主要是对爆破前的导硐、药室开挖、装药、填塞等施工条件有直接的影响。如果导硐、药室处在地下水位以下，对药包的有效防水措施应特别注意，否则将造成盲炮或影响爆破效果。对地下水发育地区，应该使用防水炸药，或在药室设计时采取有效的排水措施，消除地下水的危害性。

在钻孔爆破中地下水对爆破的影响主要是对钻孔和装药、填塞作业的影响。当钻孔达到地下水位以下时，孔内渗水使得凿岩岩屑不易吹出孔外，容易发生卡钻。在装药过程中，如孔内有水，即使装入防水炸药，也会因水的浮力使药卷难以沉入孔底，有时装入的药卷会因脱节不连续而发生殉爆，影响爆破效果，造成安全隐患。在填塞炮孔时若孔口满水，回填的砂土粒不能及时下沉，使得孔口填塞不严实常会发生冲炮，减弱爆破作用。在这种情况下，及时排水和采取有效的装药、填塞措施是十分必要的。

（三）构件材料的差异对爆破效果的影响

1. 材料的种类及其物理、力学性质的影响

对于砖、石、混凝土和钢筋混凝土来说，不仅它们之间的物理、力学性质各不相同，即使是同一种材料也有很大的差异。以混凝土为例，由于组分、配比、生产工艺不同，其标号也不相同，抗压强度有时相差一个数量级。因此，使用同样的药量，爆破效果也会明显不同。

控制爆破中遇到最多的材料是钢筋混凝土。钢筋混凝土是由钢筋和混凝土黏结成一体的组合材料。一般情况下，钢筋主要在构件受拉区承受拉力，而混凝土则在受压区承受压力。因此，钢筋混凝土的强度特性（包括动载特性）由钢筋和混凝土的性能决定。对钢筋主要是受拉性能，对混凝土主要是受压性能。从上述分析看出，在动载作用下，钢筋混凝土的动力性能应不低于混凝土的动力性能。实践表明，爆破钢筋混凝土梁柱时，特别是内部炮孔爆破，构件中的配筋率是一个影响爆破效果的重要因素。配筋率高不仅钻孔难，而且抗力大、炸药消耗量大、爆破效果差。配筋率有纵筋配筋率与箍筋配筋率之分，对爆破效果影响较大的是箍筋配筋率。剪力墙结构中竖筋和横筋均对爆破效果产生重要影响。

2. 材料非均质性的影响

同一种材料各处密度并不完全相同，尤其是砖砌体的砌缝、混凝土的蜂窝麻面易造成爆炸气体泄漏，使炮孔内的爆炸压力降低，甚至改变最小抵抗线方向，影响爆破效果。

第二节 爆 破 作 用

炸药在岩土等介质内爆炸时，对周围介质的作用称为爆破作用。在药包爆炸作用下，由于介质的非均质性、爆炸反应的特殊性（高温、高压、高速）和爆炸过程的瞬发性、复杂性等多因素的影响，爆破介质破碎过程是非常复杂的。爆破破坏过程是在极短时间内炸药能量的释放、传递和做功的过程，在这个过程中，荷载与介质相互作用。通过大量的爆破实践和试验研究，人们对爆破破坏过程的认识亦不断深入。但是，由于问题的复杂性，迄今为止，人们对爆破破坏机理仍然不是十分清楚，只能通过一些实（试）验结果对爆破现象进行解释。

一、爆破作用的基本原理

（一）爆破作用的破坏机理

炸药在岩土等固体介质中爆炸后，瞬间爆炸气体压力可达 $10^4 \sim 10^5$ MPa 的量级，在形成高温、高压爆轰气体的同时还产生爆炸冲击波，冲击波在固体介质内自爆源向四周传播过程中，强度逐渐衰减为应力波，进一步衰减后成为地震波直至消失，如图 5-1 所示。

（二）炸药在介质内部的爆炸作用

假设介质为均质（各向同性），当炸药置于无限均匀介质中爆炸时（炸药埋置很深或

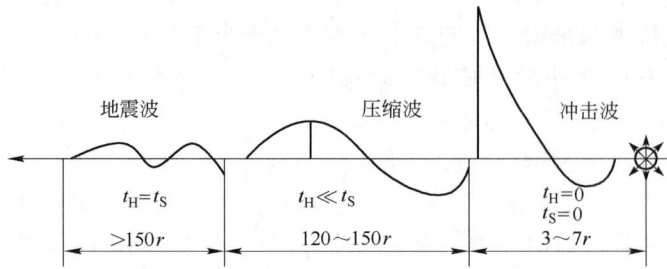

图 5-1　爆炸应力波及其作用范围

r—药包半径；t_H—介质状态变化时间；t_S—介质状态恢复到静止状态时间

药量很少，爆后地表无破坏现象），在岩石中将形成以炸药为中心的由近及远的不同破坏区域，分别称为粉碎区、裂隙区及弹性振动区（图 5-2）。

1. 粉碎区

炸药爆炸后形成的压力高达数万兆帕、温度达 3000℃以上，高温、高压爆炸气体迅速膨胀作用在孔壁上，其压力远远超过岩石的动态抗压强度，致使炮孔周围（几到几十毫米的范围）岩石呈塑性熔融状态，然后随着温度的急剧下降，将岩石粉碎成很细的颗粒，把原来的炮孔扩大成空腔。

如果岩石是可塑性的（如软岩和硬土），就会被压缩形成空腔；如果岩石是弹脆性的，就会形成粉碎区。在粉碎区范围内，由于岩石遭受到压缩或粉碎性破坏，

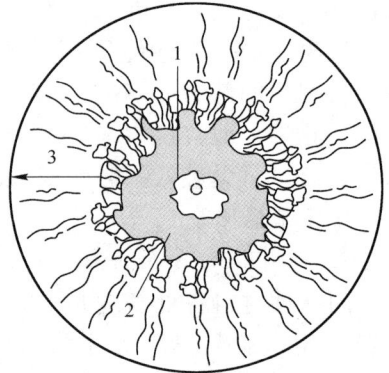

图 5-2　内部爆炸作用区的划分

1—压缩空腔；2—粉碎区；3—裂隙区

吸收了很多能量，使爆破作用力急剧减小，粉碎区半径一般不超过药包半径的 4 ~ 7 倍。

2. 裂隙区（破裂区）

当冲击波通过粉碎区以后，继续向外层岩石中传播。随着冲击波传播范围的扩大，冲击波衰减为压缩应力波，其强度已低于岩石的动抗压强度，不能直接压碎岩石。但是，它可使粉碎区外层的岩石遭到强烈的径向压缩，使岩石的质点产生径向位移，因而导致外围岩层中产生径向扩张和切向拉伸应变，当切向拉伸应变超过岩石的动抗拉强度时，在外围岩层中就会产生径向裂隙；当切向拉伸应力小到低于岩石的动抗拉强度时，裂隙便停止向前发展，此时便会产生与压缩应力波作用方向相反的向心拉伸应力，使岩石质点产生反向的径向移动，当径向拉伸应力超过岩石的动抗拉强度时，在岩石中便会出现环向的裂隙；同时，径向和切向裂隙的共同作用，还会在与径向呈 45°方向上形成剪切裂隙。这样使介质遭受结构性破坏，形成纵横交错的裂隙，岩体被割裂成若干小块，此区域称为裂隙区（亦称破裂区），其范围大约为药包半径的 120 ~ 150 倍。

一般来说，岩体内最初形成的裂隙是由应力波造成的，随后爆炸气体渗入裂隙起着气楔作用，并在准静压作用下使爆炸应力波形成的裂隙进一步扩大。

3. 振动区

在破裂区以外的区域，爆破作用力已衰减到不能使岩石的结构产生破坏，而只能引起岩石质点产生弹性振动。这一区域叫做振动区。振动区的范围很大，直到爆炸作用力完全被岩土所吸收为止。

在工程中，利用爆炸空腔（压缩区）和压碎区，可以开设小药洞构筑建筑物的爆扩桩基础以及埋设电杆的基坑等；利用裂隙区，可以松散岩石、硬土和冻土，在石井中爆破扩大涌水量等；利用振动区，可以勘查地质和地下油气、监测预报爆破震动对周围环境的影响程度等。

（三）炸药在介质外部的爆炸作用

当炸药埋置很浅或炸药量相对较大时，装药爆炸后除产生内部破坏作用外，还会在地表产生破坏作用（地表隆起或岩石被抛离地表形成爆破漏斗），这种在地表附近产生的破坏作用称为外部爆炸作用。

1. 自由面的概念

自由面亦叫临空面，通常是指被爆介质与空气的交界面，也是对爆破作用能产生影响并能使爆后介质发生移动的一个面。自由面的数目、自由面的大小、自由面与炮孔的夹角以及自由面的相对位置等，都对爆破作用产生不同程度的影响。自由面越多，爆破破碎越容易，爆破效果也越好。当介质性质、炸药品种相同时，随着自由面的增多，炸药单耗将明显降低。

自由面的个数对爆破效果有很大影响。一般来说，随着自由面面积的增加，介质爆破夹制作用将变小，这有利于介质的爆破破坏。当其他条件不变时，炮孔与自由面的夹角愈小，爆破效果愈好。炮孔方向与自由面垂直时，爆破效果最差；炮孔方向与自由面平行时，爆破效果最好，如图5-3所示。因此，在实际爆破中，应尽可能地利用自由面以达到较好的爆破效果。如果自由面较少，应尽可能地创造新的自由面。另外，能否利用岩石介质的自重下落亦对爆破效果有较大影响。

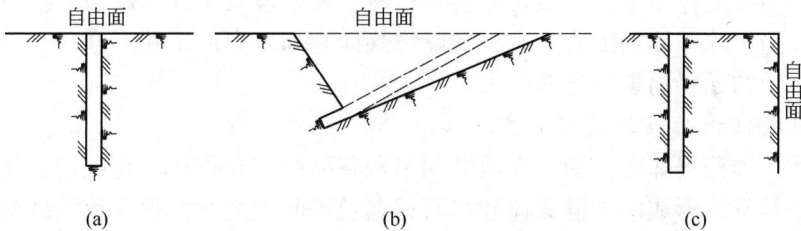

图 5-3 炮孔方向与自由面夹角的关系

（a）炮孔垂直于自由面；（b）炮孔与自由面斜交；（c）炮孔平行于自由面

2. 自由面影响下的破坏作用机理

在自由面附近，介质的表面以外无约束，其抗拉、抗压、抗剪强度都比无限介质情况小。因此，在传播过程中已经衰减的冲击波，如在无限介质中不能使介质破坏，而在有自由面的情况下，却仍有可能使介质发生破坏。这是因为在一定范围内，冲击波（压应力波）到达自由面反射形成反射拉伸波，并由自由面向介质内部传播。由于拉伸波的拉伸作用，在自由面附近的介质中便出现与自由面成近似平行的裂隙，使介质发生"片落"形成"片落漏斗"，其破坏过程如图 5-4 所示。反射拉伸波向介质内部传播的过程中还与径向裂隙相互作用，使平行反射波阵面的裂隙以较快的速度扩展，裂缝贯通后，介质内部阻力减小，在爆炸气体作用下，破碎的介质从表面隆起，最后使碎块获得一定的加速度向外飞出，形成抛掷漏斗。

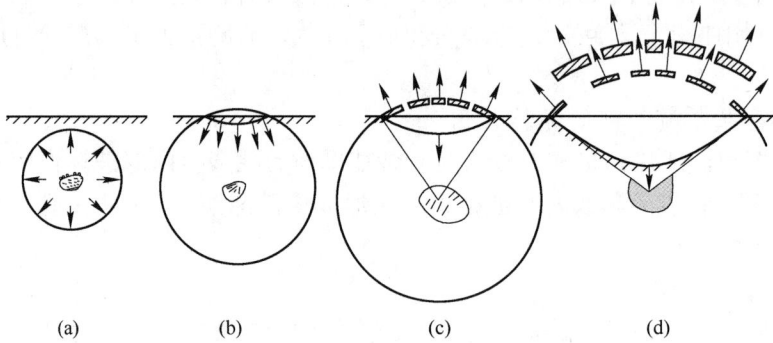

(a)　　　　　(b)　　　　　(c)　　　　　(d)

图 5-4　药包在地表附近爆炸的破坏过程

(a) 入射应力波未到地表之前；(b) 反射拉伸波形成并进入地表；
(c) 地表岩石开始片落；(d) 岩石被抛出形成爆破漏斗

从时间顺序上来说，上述岩石的爆破破坏过程可分为三个阶段：

第一阶段为炸药爆炸后冲击波径向压缩阶段。炸药起爆后产生的高压气体粉碎了炮孔周围的岩石，冲击波以 3000 ~ 5000m/s 的速度在岩石中产生切向拉应力，由此产生的径向裂隙向自由面方向发展。冲击波由炮孔向外扩展到径向裂隙的出现约需要 1 ~ 2ms。

第二阶段为冲击波反射引起自由面处的岩石片落。第一阶段冲击波压力为正值，当冲击波到达自由面发生反射时，应力波的压力变为负值，即由压缩应力波变为拉伸应力波。在反射拉伸应力波的作用下岩石被拉断发生片落。此阶段发生在起爆后 10 ~ 20ms 的时间。

第三阶段为爆炸气体的膨胀。岩石受爆炸气体超高压力的影响，在拉伸应力和气楔的双重作用下，使初始径向裂隙迅速扩大。

(四) 爆破作用的五种破坏模式

综上所述，炸药爆炸时，周围介质受到多种载荷的综合作用，包括：冲击波传播引起的动载荷；爆炸气体形成的准静载荷和岩石移动及瞬间应力场张弛导致的载荷释放。

在爆破的整个过程中，起主要作用的是下述五种破坏模式：

(1) 炮孔周围岩石的压碎作用；

(2) 径向裂隙扩展作用；

(3) 卸载导致岩石内部产生环状裂隙；

(4) 反射拉伸引起的"片落"和引起径向裂隙的延伸；

(5) 爆炸气体使径向裂隙扩展。

二、影响爆破效果的主要因素

下面介绍的影响因素并非全部，而是对爆破作用效果有影响的带有普遍性的几个主要因素。

（一）炸药性能的影响

炸药是爆炸的能源，因此它是影响爆破效果的重要因素。在炸药的各种性能中（包括物理性能、化学性能和爆炸性能），直接影响爆破效果的主要因素是炸药爆速、爆压、爆轰气体体积与炸药密度。无论是破碎还是抛掷介质，都是靠炸药爆炸释放出的能量来做功的。它们进而又影响了爆炸压力、爆炸作用时间以及炸药爆炸能量利用率。

1. 炸药性能参数的影响

（1）炸药爆速。爆速越大炸药的爆轰压力越大，作用在孔壁上的爆压也越大，对岩石的胀裂、推移、抛掷作用也越强。

（2）爆炸压力。爆炸压力又称炮孔压力，它是爆炸气体产物膨胀作用在孔壁上的压力。在爆破破碎过程中爆炸压力对岩石起胀裂、推移和抛掷作用。一般来说，爆炸压力越高，说明爆轰气体产物中含的能量越大，对岩石的胀裂、推移和抛掷的作用越强。爆炸压力的大小取决于炸药爆热、爆温和爆轰气体的体积，而爆炸压力作用时间除与炸药本身的性能有关以外，还与爆破时炮泥的填塞质量有关。因此，在工程爆破中除了针对岩石性能和爆破目的选用性能相适应的炸药品种外，还应注意填塞质量。

（3）爆轰气体产物的体积。爆轰气体产物的体积越大，对岩石的鼓胀、抛掷能力越大。

（4）装药密度。装药密度的大小影响炸药的爆速，从而影响炸药能量的发挥。

2. 提高炸药能量利用率

炸药在岩体中爆炸时释放出的能量中，用于破碎岩石的能量只占炸药释放能量的极小部分，大部分能量都消耗在做无用功上。因此，提高炸药爆炸能量利用率是有效地破碎岩石、改善爆破效果和提高经济效益的重要因素。在工程爆破中，造成岩石的过度粉碎、产生强烈的抛掷、形成爆破地震波、空气冲击波、噪声和爆破飞散物均属无用功。因此，必须根据爆破工程的要求，采取有效措施来提高炸药爆炸能量利用率。例如，根据岩石性质来合理选择炸药的品种，合理确定爆破参数、选择合理的装药结构和药包的起爆顺序以及保证填塞质量等等，都可以提高炸药在岩体中爆炸的能量利用率。

（二）装药结构的影响

装药结构是指炸药装入炮孔内的集中程度、装药与孔壁的耦合情况以及药包相对炮孔位置的几何关系，即装药在炮孔内的放置方式。装药结构是调节炸药能量分布和控制爆破效果的一个重要因素，不同的装药结构可以改变炸药的爆炸性能，从而引起爆破作用的变化，不同的爆破技术要求有不同的装药结构，一般深孔爆破采用耦合装药结构，光面爆破、预裂爆破、保护孔壁或边坡工程的爆破作业等均采用不耦合装药结构或分段间隔装药结构（图5-5）。

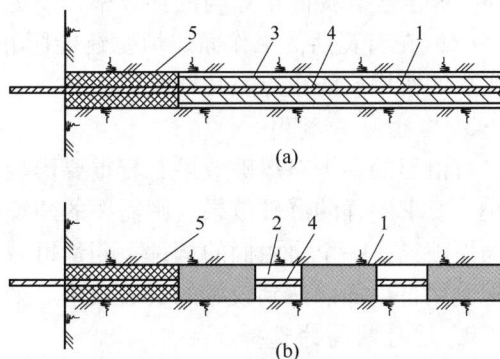

图5-5　不耦合及间隔装药结构

（a）环向间隔装药；（b）轴向间隔装药；

1—炸药；2—轴向空气间隔；3—环向空气间隔；

4—导爆索；5—炮泥

炸药与孔壁完全接触，称为耦合装药结构；如不完全接触则称为不耦合装药结构。不耦合程度用不耦合系数来表示，通常把炮孔直径与装药直径的比值称为装药的不耦合系数，该系数大于1。

不耦合装药结构或分段间隔装药结构可以起到减弱爆炸压力对孔壁的破坏、增加用于抛掷或破碎介质的爆炸能量、延长爆破作用时间、提高炸药能量利用率、降低炸药消耗量、增强或改善爆破效果的目的。

（三）爆破参数的影响

爆破参数主要是指单位炸药消耗量（简称炸药单耗）、装药量、孔网参数（孔距、排距、孔深、倾角等）、最小抵抗线等，爆破参数确定得是否合理将直接影响爆破效果，炸药单耗是最重要的一个参数。需要指出的是，当炸药单耗和装药量确定以后，药包间距与最小抵抗线之间的比值就有着非常重要的作用。比值过小，爆破时岩体容易沿炮孔连线方向产生破裂，而最小抵抗线方向的岩石却得不到充分破碎，从而产生大块，甚至造成欠挖，出现岩坎（或根底）；比值过大时，则可能使炮孔之间的岩石爆不下来，出现岩坎。

（四）爆破条件和爆破工艺的影响

爆破条件和爆破工艺是指装药、填塞的施工、自由面的利用、延时间隔的选择和起爆点位置的确定等。

1. 装药施工

装药时，起爆药包重量是否足够、炸药是否装到预定位置、是否连续，都对爆破效果产生重要影响。

2. 填塞施工

填塞时，填塞材料的质量、填塞长度和填塞质量是否满足设计要求等都对爆破效果产生重要影响。填塞作用在于：

（1）阻止爆轰气体过早逸散，使炮孔在相对较长的时间内保持高压状态，能有效地提高爆破作用效果。

（2）良好的填塞加强了对炮孔中炸药爆炸时的约束作用，降低了爆炸气体逸出自由面的压力和温度，提高了炸药的热效率，使更多的热能转变为机械能。

（3）在有瓦斯的工作面，填塞还能阻止灼热固体颗粒（例如雷管壳碎片等）从炮孔内飞出的作用，防止点燃瓦斯气体。

3. 自由面的利用

自由面的多少对爆破效果有着重要影响，自由面越多，被爆破的材料受到的约束力就越小，要求同样的爆破效果，则需要的药量也越少。实践表明，爆破具有五个自由面的构件与爆破只有一个自由面的构件，药量可减少50%～70%。因此，在实际爆破中，应尽可能地利用自由面以达到较好的爆破效果。如果自由面较少，应尽可能地创造新的自由面。

4. 延时间隔的选择

不同的起爆方式对爆破效果和爆破危害效应有较大的影响。有些爆破，如开挖沟槽、切割爆破、光面爆破和预裂爆破等，为了能充分利用多个装药的共同作用，达到抛掷或切割成缝的预期效果，一般要求装药能同时起爆。而大多数爆破工程，如拆除爆破、深孔爆破、硐室爆破等，当采用多孔（或多药室）和多排爆破时，为了控制一次起爆药量，降低爆破地震效应，减少爆破对边坡及附近建筑物的破坏；或为了提高爆炸能量利用率，改善爆破质量；或为了创造动态自由面，改善爆破条件，增强爆破效果；或为了降低炸药爆炸对岩石的损伤程度，提高边坡或巷道壁面的稳定性等，一般是采用延期爆破方式。合理选择延期爆破的间隔时间，是延期爆破的核心问题。国内外大量爆破研究与实践表明，相邻炮孔或排孔之间间隔起爆时间是一项重要爆破参数，它对爆破效果及生产成本会产生显著的影响。因此可以说，合理的微差间隔时间是提高爆破效果的重要条件。对于同一爆破，即使其他各项爆破参数都相同，其爆破效果必然随微差间隔时间的不同而出现差异。实践表明，岩土爆破为确保多排孔爆破时前段药包爆破能为后段药包爆破开创新的（动态的）自由面，宜采用毫秒雷管延时爆破；拆除爆破为满足结构解体和塌落等条件，宜采用半秒雷管延期爆破。

5. 起爆点位置的确定

采用柱状装药时，起爆药包的位置决定着炸药起爆以后爆轰波的传播方向，也决定了爆炸应力波的传播方向和爆轰气体的作用时间，所以对爆破作用产生一定的影响。根据起爆药包在炮孔中安置的位置不同，有三种起爆方式：一种是起爆药包放于孔底，雷管的聚能穴朝向孔口，叫做反向起爆；第二种是起爆药包放在靠近孔口的附近，雷管聚能穴朝向孔底，称为正向起爆；第三种是多点起爆，即在长药包中在孔口附近和孔底分别放置起爆药包。实践证明：反向起爆能提高炮孔利用率，减小岩石的块度，降低炸药消耗量。我国目前深孔爆破中大多采用多点起爆，每孔装两个起爆药包，分别放于距孔口和孔底各 1/4 处，这样做可以大幅度提高炸药的能量利用率。

第三节 钻孔机具

爆破工程施工中常用的机具主要是钻孔机具。

在凿岩钻孔中，钻孔直径与深度的变化范围较大，并且直接关系到凿岩机械与工具的选择。依据钻孔直径和深度，通常采用下述分类法：小直径：≤50mm；中直径：51～75mm；大直径：>75mm；浅孔：≤5m；深孔：>5m。

一、风动凿岩钻机

风动凿岩钻机以孔径大小分为浅孔和深孔钻机；以凿岩机的支撑方式分为手持式凿岩机、气腿式凿岩机、上向式凿岩机和导轨式凿岩机。

浅孔钻孔机械主要用于拆除爆破、石方浅孔爆破和地下爆破工程等。

（一）手持式凿岩钻机

以 Y26 手持式凿岩机为例，该机重量 26kg；外形尺寸：650mm×465mm×125mm；缸径 65mm；活塞行程 70mm；冲击能≥35J；凿岩频率≥23Hz；凿岩耗气量≤44L/s；气管内径 19mm；工作气压 0.4MPa；水管内径 13mm；凿孔直径 34～42mm；凿孔深度 5m；钎尾尺寸 22mm×108mm、25mm×108mm。

其他型号的手持凿岩机，如 Y24、YT24、7655 等型号，其技术指标可查阅有关说明书。

（二）气腿式凿岩机

以 7655 为例，该机的最大特点是凿岩过程中的定向支撑和施加推力均依靠气腿完成。

其特性参数为：工作风压 0.55～0.65MPa；当风压为 0.5MPa 时活塞的冲击能为 59J；活塞冲击频率 35Hz（2100 次/min）；转钎扭矩 15N·m；耗气量 60L/s（3.6m³/min）；钎尾尺寸（直径×长度）22.2mm×108mm；外形尺寸（长×宽×高）627mm×215mm×200mm；重量：24kg。该机型可钻凿中硬以上岩石。钎头多采用一字形，直径为 φ38～42mm。其他型号的同类产品有 YT24、YT25D、YT27、YT28 和 YTP26 等，其技术指标可查阅有关说明书。图 5-6 给出了典型的手持式凿岩钻机与气腿。

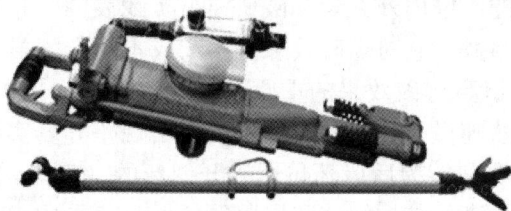

图 5-6　手持式钻机与气腿

二、潜孔钻机

潜孔钻机和凿岩机一样，都有冲击、转动、排渣和推进的凿岩成孔过程，同属于冲击转动式钻机。不同的是潜孔钻机的冲击器装于钻杆的前端，潜入孔底，随钻孔的延伸而不断推进。潜孔钻机也因冲击器潜入孔底而得名。潜孔钻机是将冲击凿岩的工作机构置于孔内，这种结构可以减少凿岩能量损失。潜孔钻机通过其风管接头将高压空气输入冲击器，依靠机械传动装置可确保空心主轴输出的扭矩传递给钎杆。

潜孔钻机通常适用于钻凿直径为 80～250mm 的炮孔，孔深一般不大于 30m，特殊需要时孔深可达 150m。潜孔钻机的主要优点是冲击输入能量不经钻杆直接传递到钻头，能量损失小；冲击器工作中以强力的高压气体方式排出孔底的碎岩渣，其效果显著，有利于提高钻孔速度。由于冲击器置于孔底，方向定位好，一般不会出现斜孔或弯孔现象；潜孔钻机可以钻凿节理裂隙发育岩层、破碎的岩层、土层和第四纪冲积层；潜孔钻机还可以钻凿倾斜炮孔。

（一）潜孔钻机分类

1. 按作业地点进行分类

用于地下岩土工程和采矿工程的潜孔钻机多数是柱架式，没有行走装置。露天潜孔钻机是一种露天使用的潜孔钻机，钻凿大中直径炮孔，多数钻机带有行走机构。

2. 按凿岩孔径进行分类

小孔径潜孔钻机钻凿孔径一般在 φ80～114mm 范围内。中孔径潜孔钻机钻凿的炮孔直径在 φ127～146mm 范围内。这类钻机基本上用于露天爆破作业。大直径潜孔钻机钻凿的炮孔直径通常大于 153mm 以上，其中最大直径可达 883mm。

3. 按工作风压进行分类

普通型潜孔钻机工作风压小于 0.7MPa。当使用的工作风压大于 1.0MPa 时，这种钻机称为高风压型钻机。图 5-7 给出了一种典型的潜孔钻机。

（二）潜孔钻具

潜孔钻具包括潜孔钻机配套用的冲击器、钻头、钻

图 5-7　潜孔钻机

杆等。

1. 潜孔冲击器

（1）潜孔冲击器分类。按配气方式，冲击器可分为有阀冲击器与无阀冲击器。其中有阀冲击器又可分为自由阀和控制阀两种。现在国内冲击器主要有三种型号：C型，其特点是自由阀配气，侧排气，单次冲击功小，冲击频率较高，工作风压为0.4~0.7MPa；J型，自由板阀配气，中心排气，单次冲击功大，冲击频率较低，使用寿命高，工作风压为0.4~0.7MPa；W型，无阀配气，中心排气，单次冲击功大，结构简单，工作可靠，整体使用寿命长。

（2）潜孔冲击器的技术规格。现在国内使用的潜孔冲击器型号与规格主要有：J-80B、J-100B、J-150B、J170B、QCZ-80、QCZ-150、QCZ-170、QCZ-250、W-150和W-200等型号，其技术数据可查阅有关资料。

2. 潜孔钻头

潜孔钻头有刃片和柱齿两类，刃片钻头由于焊接质量不易保证，硬质合金片常会破碎或脱落，使用寿命低，因此目前普遍采用柱齿型潜孔钻头，其规格可查阅有关资料。

（三）钻孔时常见故障与排除方法

凿岩基本操作方法是"软岩慢打，硬岩快打"；在操作过程中做到"一听、二看、三检查"。一听：听钻孔声音判断孔内情况；二看：看风压表、电流表是否正常；三检查：检查机械、检查风电、检查孔内故障。

1. 潜孔钻机风压高低不稳定时

（1）钻孔中风压突然降低，应提起钻具，关闭送风阀门，如风压仍然低于正常钻孔压力，说明供风系统风管路有毛病，需停止钻孔，提出钻具，检查风管路和空气压缩机站并进行检修。

（2）提起钻具，关闭送风阀门时，压力会增高到空气压缩机额定压力，这是钻具或孔内故障。应检查钻具是否断裂，接头密封处是否漏气。若钻具有问题，应重新安装或更换配件。

（3）若钻具一切完好，放下钻具继续钻孔，风压仍低于正常孔风压，应观察钻孔排碴情况，如排碴不好遇到石缝或溶洞，按打裂缝岩层方法继续钻孔。

（4）钻孔中压力表指针达到空气压缩机额定压力，其产生的原因可能是黄泥堵塞冲击器排气孔、钻杆接头处堵塞、冲击器阀柜堵塞。

2. 电流表跳动时

（1）电流表跳动而冲击正常、排碴也好，属于合金刀片破碎。处理办法为更换钻头。

（2）电流表上下摆动，进尺加快，跳动几次后电流表恢复正常，是岩石换层或钻到石缝。当电流表跳动时，必须立即判明原因，注意卡钻，必要时停止钻孔作业，提升钻具，再重新钻孔。

3. 冲击器响声忽高忽低时

（1）冲击器响声尖脆、进尺慢、排碴少，是钻头钎尾折断，需提出钻具安装新钻头，在原孔旁边重新钻孔。

（2）钻头空打、不排渣、无进尺、不旋转、电流加大：掉石块卡住冲击器，上下窜动钻具使石块掉入孔底，若卡死则按卡钻办法处理。

（3）冲击器销键或销键弹簧折断，销键退出与孔壁摩擦，注意卡钻，点动反转、正转开关，慢提钻具至孔外，更换新销键或弹簧再钻孔。

（4）钻头响声低沉或不响，进尺快，排碴多时，系进入软岩层，应减少下压力量，慢速钻孔，吹净岩碴，防止孔底岩碴卡钻。若不响、进尺慢、无岩碴时，系钻头进入夹土层，应按钻土层方法钻孔。

4. 钻孔卡钻时

孔口或孔壁掉石块，岩碴未排净抱住冲击器，合金刀片破碎，折断钎尾，销键或销键弹簧折断使销键退出，新钻头规格大，钻头钻进岩缝，溜眼偏帮等都会导致卡钻。石块卡住冲击器后，不要提钻，应向下钻，同时点动反转与正转开关，上下窜动钻具，把石块挤碎，使碎块掉入孔底。具体处理方法如下：

（1）对岩碴抱钻卡钻的处理。当湿式凿岩时，多加水，用风将水从孔底向上冲洗，形成一定空隙，旋转钻具慢慢向上提起钻具。干式凿岩时，先下压使钎尾封闭冲击器，送全风吹孔排除岩粉，点动反转与正转开关，当点动钻具有旋转余地时，立即边送风边提升钻具。

（2）对石缝卡钻的处理。不要旋转钻具，将钻具向上提紧，点动反转与正转开关来回活动即可。销键卡钻处理比较困难，要边旋转边提升，把销键挤进冲击器内提出孔外，换新键卡、换弹簧销后，再继续钻孔。处理钻头卡钻更困难，故在换钻头时必须严格检查钻头尺寸。处理方法是边转动、边磨损、慢慢上提。钎尾折断后，冲击器锥体将断头打大，钻杆转动，下部钻头不转动而卡钻，处理方法是向上紧提，点动反转与正转开关，使钻杆来回活动。

5. 冲击器不冲击时

冲击器不冲击产生的原因：钻至土层或软岩层不冲击；阀片或阀柜破碎不冲击；冬天气温低油液凝固，冲击器活塞上下不活动；活塞太大或磨损太小。钻孔时冲击器突然不冲击，又不是土层，间断有冲击响声，提钻停风时能听到活塞下落声音。提出钻具卸掉钻头，用棍将活塞推到顶部，突然下放听到破碎声音则为阀片或阀柜破碎。拆开冲击器更换阀柜。冬天油液凝固，在刚刚开钻时，活塞上下不动，可用火加温使油溶化，也可倒入清洗油洗净冲击器。在更换新活塞时，不要将活塞硬打进冲击器内；长期使用的活塞磨损超限，封闭不了气孔，应更换新活塞。

第六章 爆破方法与操作技术

工程爆破中特别强调施工作业的条理性、准确性、安全性和可靠性，每一项成功的爆破离不开作业人员的精心施工、认真操作。为保障施工的安全、取得良好的爆破效果，要求爆破作业人员应熟练掌握施工的操作要领，了解安全注意事项，严格遵守《爆破安全规程》的各项规定，做到安全可靠、万无一失。

本章将比较详细地介绍几种常用的爆破作业方法，如钻孔爆破（涉及深孔、浅孔、沟槽、光面、预裂爆破）、井巷爆破（涉及平巷、竖井、隧道、桩井爆破）、硐室爆破、高温爆破、拆除爆破、水下爆破等，并简要介绍其他几种不常用的爆破作业方法。

第一节 露天钻孔爆破

露天钻孔爆破就是在露天条件下，采用钻孔设备，对被爆体以一定方式、一定尺寸布置钻炮孔，将炸药放置在炮孔中的恰当位置，然后按照一定的起爆顺序进行爆破，实现破碎、抛掷等目标。随着钻孔设备和装载设备的不断改进以及爆破技术的不断完善和爆破器材的日益发展，露天钻孔爆破的应用越来越广泛，在国民经济建设中起到越来越重要的作用。

一、深孔爆破

（一）基本概念

通常将孔径大于50mm，孔深大于5m的炮孔称为深孔。露天深孔爆破又称露天深孔台阶爆破，是露天台阶爆破的一种。露天深孔爆破是指在露天条件下，采用钻孔设备，对被爆体布置孔径大于50mm，孔深大于5m的炮孔，选择合理的装药结构和起爆顺序，以台阶形式推进的石方爆破方法。深孔爆破一般是在台阶上或事先平整的场地上进行钻孔作业，并在炮孔中装入柱状药包进行爆破，采用深孔爆破作业时，孔深一般不宜超过20m。

深孔爆破法在石方爆破工程中占有重要地位，它在露天开采工程（如露天矿山的剥离和采矿）、场地平整、港口建设、铁路和公路路堑开挖、水电闸坝基础开挖和地下开采工程（如地下深孔采矿、大型硐室开挖、深孔成井）中得到广泛应用。

深孔爆破的炮孔形式一般分为垂直孔、倾斜孔和水平孔三种，炮孔布置形式一般有三角形（习惯上也称为梅花形）、正方形和矩形三种。

台阶深孔爆破典型的布孔形式及主要钻爆参数如图6-1所示。

1. 露天深孔爆破的特点

（1）机械化程度高，作业人员操作方便，劳动强度低。

（2）爆破规模大，作业效率高。

（3）产生的爆破有害效应可得到控制，爆破块度均匀，大块率低。

近年来，随着我国大区毫秒爆破技术、小抵抗线宽孔距爆破技术的日益成熟，给深孔爆破的应用开拓了广阔的前景。

2. 露天深孔爆破的优点

（1）破碎质量好，破碎块度符合工程要求，不合格大块较少，爆堆较为集中，且具有一定的松散性，能满足铲装设备高效率装载的要求。

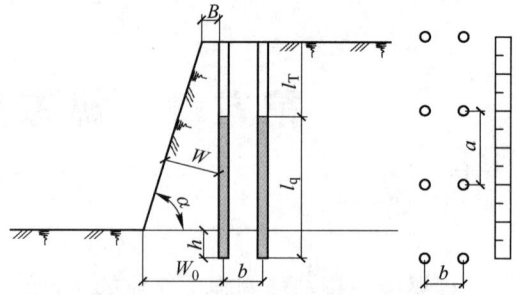

图 6-1　露天台阶深孔爆破钻孔参数

a—孔距；b—排距；W—最小抵抗线；h—超深；B—眉线距离；l_T—填塞长度；l_q—装药高度；W_0—底盘抵抗线；α—坡角

（2）爆破有害效应得到有效控制，减少后冲、后裂、侧裂，爆破地震作用较小。

（3）由于改善了岩石破碎质量，钻孔、装载、运输和机械破碎等后续工序发挥效率高，工程综合成本较低。

（4）对于最终岩石边坡、最终底板，既能保证平整又不破坏原始地质条件，既能保证稳定又不产生地质危害。

（二）钻爆参数名词解释与药量计算方法

1. 钻爆参数（见图 6-1）名词解释

孔距 a，指同一排中相邻两个炮孔中心之间的距离；

排距 b，指前后两排炮孔中心之间的距离；

最小抵抗线 W，指装药中心到自由面的距离；

超深 h，指炮孔深度与台阶高度的差值，一般为台阶高度的 5%～10%，或者为最小抵抗线的 1/3～1/2；

眉线距离 B，指第一排炮孔中心到台阶前边沿的距离；

底盘抵抗线 W_0，指装药底部中心到台阶底部坡脚的距离；

装药高度 l_q，指炮孔中装药的高度（或长度）；

填塞长度 l_T，从装药顶面到炮孔口部的距离；

坡角 α，指坡面线与水平线的夹角。

2. 单孔药量计算

装药量是工程爆破中一个最重要的因素。装药量正确与否直接关系到爆破效果、经济效益和爆破安全。一般来说，装药量的确定与岩性、爆破条件、自由面状况、崩落岩石量等因素有关。在正常的布孔装药条件下，通常采用体积公式来计算装药量，即根据爆下的岩石体积来决定所需要的炸药量 Q 大小。

$$Q = q \times V \tag{6-1}$$

式中　Q——炸药量，kg；

q——比例系数，实际意义是每爆落 1m³ 岩石所需的炸药千克数，通常称为炸药单耗，kg/m³；

V——爆破岩石体积，m^3。对于台阶爆破：

$$V = a \times b \times H \tag{6-2}$$

或 $\qquad V = a \times W_0 \times H \qquad$ （前排孔负担的岩石体积） $\tag{6-3}$

所以 $\qquad Q = q \times a \times b \times H \tag{6-4}$

或 $\qquad Q = q \times a \times W_0 \times H \qquad$ （前排孔装药量） $\tag{6-5}$

式中 a——孔距，m；

$\qquad b$——排距，m；

$\qquad H$——台阶高度，m；

$\qquad W_0$——底盘抵抗线，m。

（三）深孔爆破施工

1. 炮孔布置

根据爆破作业说明书上规定的孔网参数布置炮孔。炮孔布置应由爆破工程技术人员或者有经验的爆破员实施，并根据现场实际情况适当调整孔网参数。一般来说，参数调整幅度不超过10%。炮孔布置原则如下：

（1）炮孔位置要尽量避免布置在岩石松动、节理裂隙发育或岩性变化大的部位。

（2）对于底盘抵抗线过大的部位，应视情况不同，分别采取加密炮孔、预拉底（在根底部先进行钻孔爆破）、增加炮孔底部装药密度、使用威力较大的炸药等方式避免产生根底。

（3）要特别注意前排炮孔抵抗线变化，防止因抵抗线过小出现的爆破飞石事故和抵抗线过大留下根坎。

（4）根据地形标高的变化适当调整钻孔深度，保证下部作业平台的标高一致。

露天深孔爆破一般均为多排布孔，呈方形、矩形或三角形（梅花形）分布，各排炮孔的钻孔方向应基本保持平行。钻孔形式一般分为垂直炮孔和倾斜炮孔，个别情况下也可采用水平炮孔形式。从炮孔施工方面考虑，矩形炮孔更容易准确定位，钻机的移动次数也少；从能量均匀分布的观点看，三角形布孔更为理想，但三角形布孔常常需要进行补孔，以使爆区两端的边界获得均匀整齐的岩面。具体爆破采用何种布孔形式，需要根据露天深孔爆破作业要求、岩体（石）性质以及工作面情况等因素综合考虑。

2. 钻孔施工

严格按设计钻孔可以提高深孔爆破水平，对爆破质量和成本影响也很大，是技术管理的关键。钻机操作人员应根据炮孔设计位置进行钻孔。钻孔作业前必须认真清理炮孔周围浮石、松石等，并了解炮孔钻凿深度、倾角。装药前对炮孔逐个测量验收，是保证爆破效果、取得良好经济效益的关键，也是防止爆破事故的重要措施。

（1）钻机平台修建。无论是单层台阶爆破，还是分层多台阶爆破，都应为钻机修建钻孔平台。平台的宽度不得小于 $6 \sim 8m$，保证一次布孔不少于2排。平台要平整，便于钻机行走和作业。修建平台施工可采用浅孔爆破，推土机整平的方法。分层多台阶式平台应根据设计的爆破台阶标高，从上到下逐层修建，上层爆破后为下层平台的修建创造了条件，上层台阶的底面是下层台阶的作业面。

（2）炮孔验收与保护。验孔时，应将孔口周围 0.5m 范围内的碎石、杂物清除干净。如果孔口岩壁不稳定，容易导致塌孔、卡孔，对此应进行维护。孔口维护一般用泥浆护孔。炮孔验收的主要内容包括：

1）检查炮孔深度和孔网参数。深孔验收的标准是：孔深误差 ±0.5m，间距误差 ±0.3m。炮孔深度的检查是用软尺（或测绳）系上重锤（或球）来测量炮孔深度，测量时应做好记录。

2）复核前排各炮孔的最小抵抗线。装药前应对第一排各钻孔的最小抵抗线进行测定，由于反坡和前排大裂隙会产生大量飞石，对反坡和前排大裂隙的部位应考虑调整药量或间隔填塞；底盘抵抗线过大，容易留根底。对底盘抵抗线过大的部位，应采取措施，使其符合设计要求。

3）查看孔中含水情况。检查炮孔中是否有水，一般是用一块小石块丢入炮孔中，听是否有水声。如果有水，应该用皮尺测量水的深度，检查后仍将孔口堵塞，并在堵塞物上做好记号（如在上面放一块较大的石块），以便装药前进行排水或装药时采取防水措施。

（3）防止堵孔的措施：

1）每个炮孔钻完后立即将孔口用木塞或塑料塞堵好，防止雨水或其他杂物进入炮孔；

2）将孔口岩石碎块清理干净，防止掉落孔内；

3）一个爆区钻孔完成后应尽快实施爆破。

在炮孔验收过程中发现堵孔、深度不够，应及时进行补钻。在补钻过程中，应注意保护周边的炮孔，保证所有炮孔在装药前全部符合设计要求。

（四）装药作业

1. 装药前准备工作

（1）在爆破工程技术人员根据炮孔验收情况对设计做出修改后，按要求准备各炮孔装药的品种和数量。

（2）根据爆破设计准备所需要的雷管种类、段别和数量。

（3）若采用电起爆方法，应检测电雷管。电雷管电阻值过大或不导通时禁止使用，并做销毁处理。

（4）清理炮孔附近的浮碴、石块及孔口覆盖物。

（5）检查炮棍上的刻度标记是否准确、明显。

（6）炮孔中有水时可采取措施将孔内的水排出。常用的排水方法：一是采用高压风管将孔内的水吹出；二是当水量不大时可用海绵等物将水蘸吸出来；三是直接装入防水炸药，引爆后将炮孔内的水排挤出来；四是用潜水泵将炮孔内的水抽出。当炮孔所处的岩层比较破碎时不宜吹水，以免堵塞炮孔。

2. 起爆药包制作

目前多选用柱状乳化炸药作为起爆药包。起爆药包制作程序为：

（1）根据爆破设计在每个炮孔孔口附近放置相应段别的雷管。

（2）将雷管缓慢插入柱状乳化炸药内，并用胶布（或绷绳）将雷管脚线（或导爆管）与乳化炸药绑扎结实，防止脱落。

（3）根据炮孔深度加长雷管连接线（或导爆管），其长度应保证起爆网路的敷设。

（4）每个炮孔一般使用两个起爆药包，以提高每个炮孔装药起爆的可靠性。

3. 装药

（1）起爆药包位置：

1）正向起爆，起爆药包放在孔内药柱上部，也称上引爆法或孔口起爆法；

2）反向起爆，起爆药包放在孔底，又称下引爆法或孔底起爆法；

3）中间起爆，起爆药包放在炮孔中部；

4）两个起爆药包分别放置在总装药长度的 1/4 和 3/4 处。

（2）主装药为散状铵油炸药的装药操作程序：

1）爆破员分组，两名爆破员为一组；

2）一名爆破员手持木质炮棍放入炮孔内，另一名爆破员手提铵油炸药包装药；

3）散状铵油炸药顺着炮棍慢慢倒入炮孔内，同时上下抽动炮棍；

4）根据倒入炮孔内的炸药量估计装药位置，达到设计要求放置起爆药包的位置时停止倒入炸药；

5）取出炮棍，采用吊绳等方法将起爆药包轻轻放入炮孔内；

6）放入炮棍，继续慢慢地将铵油炸药倒入炮孔内；

7）如果炮孔内设计两个起爆药包，则重复步骤 4）~ 步骤 6）；

8）根据炮棍上刻度确定装药位置，确保填塞长度满足设计要求。

（3）主装药为柱状乳化炸药的装药操作程序：

1）直接（可用吊绳）将柱状乳化炸药逐卷缓慢放入炮孔内；

2）根据放入炮孔内炸药量估计装药位置，达到设计要求放置起爆药包的位置时停止装药；

3）采用吊绳等方法将起爆药包轻轻放入炮孔内；

4）继续慢慢将柱状乳化炸药逐卷放入炮孔内；

5）如果炮孔设计两个起爆药包，则重复步骤 2）~ 步骤 4）；

6）接近装药量时，应先用炮棍上的刻度检查一下留下的填塞长度是否符合设计要求，保证填塞长度。

（4）孔内有一些水、主装药为散状铵油炸药时的装药操作程序：

1）爆破员分组，两个爆破员为一组；

2）先将柱状乳化炸药逐卷缓慢放入孔内，保证乳化炸药沉入孔底；

3）根据放入孔内炸药量估计装药位置，达到起爆药包的设计位置时停止装药；

4）采用吊绳等方法将起爆药包轻轻放入孔内。孔内水深时，起爆药包可能会放置在乳化炸药装药段；

5）孔内有水范围内全部装乳化炸药，当装入的乳化炸药高出水面约 1m 以上时，再开始装散状铵油炸药。散状铵油炸药的装药步骤见前述程序。

（5）装药过程注意事项：

1）结块的铵油炸药必须敲碎后放入孔内，防止块状物堵塞炮孔，破碎药块时只能用木棍、不能用铁器；

2）乳化炸药在装入炮孔前一定要整理顺直，不得有压扁等现象，防止堵塞炮孔；

3）根据装入炮孔内炸药量估计装药位置，发现装药位置偏差过大时立即停止装药，并报告爆破工程技术人员处理。出现该现象的原因一是炮孔被卡炸药无法装入，二是炮孔内部孔壁出现裂缝、裂隙，造成炸药漏到其他地方；

4）装药速度不宜过快，特别是在有水炮孔装药时，速度一定要慢，要保证乳化炸药沉入孔底；

　　5）放置起爆药包时，雷管脚线要顺直，轻轻拉紧并贴在孔壁一侧，可避免脚线（或导爆管）产生弯结而造成芯线折断、导爆管折断等，同时可减少炮棍捣坏脚线（或导爆管）的概率；

　　6）要采取措施，防止起爆线（或导爆管）掉入孔内。

　　（6）装药超量时采取的处理方法：

　　1）装药为铵油炸药时，可往孔内倒入适量水溶解炸药，以降低装药高度，保证填塞长度符合设计要求；

　　2）装药为乳化炸药时，采用炮棍等工具将炸药逐卷提出炮孔外，满足炮孔填塞长度。处理过程中一定要注意不得损伤雷管脚线（或导爆管），否则应在填塞前报告爆破工程技术人员处理。

　　（7）装药过程中发生堵孔时采取的措施。首先了解发生堵孔的原因，以便在装药操作过程中予以注意，采取相应措施尽可能避免造成堵孔。根据以往工程的经验，发生堵孔原因有：

　　1）在水孔中由于炸药在水中下降慢，装药速度过快而造成堵孔；

　　2）炸药块度过大，在孔内卡住不能下去；

　　3）装药时将孔口浮石带入孔内，或将孔内松石从孔壁上碰下来卡在孔中间造成堵孔；

　　4）在水孔内水面因装药而上升，将孔壁松石冲到孔中间造成堵孔；

　　5）起爆药包卡在孔内某一位置未接触到炸药，继续装药就造成堵孔。

　　处理堵孔的方法是：在起爆药包未装入炮孔前，可采用木制炮棍（禁止用钻杆等易产生火花的工具）捅透装药，疏通炮孔；在起爆药包装入炮孔后，严禁用力直接捅压起爆药包，可由现场爆破工程技术人员提出处理办法。

　　（五）填塞作业

　　1. 填塞前准备工作

　　（1）利用炮棍上刻度校核填塞长度是否满足设计要求。填塞长度偏大时应补装炸药达到设计要求，填塞长度不足时，应采取前述方法将多余炸药取出或降低装药高度。

　　（2）填塞材料准备。填塞材料一般采用钻屑（石粉）、黏土、粗沙，并将其堆放在炮孔周围。水平孔填塞时可用报纸等将钻屑、黏土、粗沙等按炮孔直径要求制作成炮泥卷，放在炮孔周围。

　　2. 填塞作业

　　（1）将填塞材料慢慢放入炮孔内，并用炮棍轻轻压实、堵严。

　　（2）炮孔填塞段有水时，采用粗沙等填塞。每填入一定量后用炮棍检查是否沉到底部，并压实。重复上述作业完成填塞，防止炮泥卷悬空、炮孔填塞不密实。

　　（3）水平孔、缓倾斜孔填塞时，应采用炮泥卷填塞。每放入一节炮泥卷后，用炮棍将炮泥卷捣烂压实。重复上述作业完成填塞，防止炮孔填塞不密实。

　　3. 填塞作业注意事项

　　（1）填塞材料中不得含有碎石块和易燃材料。

　　（2）炮孔填塞段有水时，应用粗沙或岩屑填塞，防止在填塞过程中形成泥浆或悬空，使炮孔无法填塞密实。

（3）填塞过程要防止导线、导爆管被砸断、砸破。

（4）施工现场严禁烟火。

（5）采用电力起爆法时，在加工起爆药包、装药、填塞、敷设网路等爆破作业现场，均不得使用手机、对讲机等无线电通讯设备。

二、浅孔爆破

（一）浅孔爆破基本概念

浅孔爆破是指炮孔直径小于或等于50mm、深度小于或等于5m的爆破作业。露天浅孔爆破原理与露天深孔爆破原理基本相同，其爆破作业通常是在一个台阶上进行（亦有在边坡上钻水平孔进行爆破的），爆破时岩石朝着倾斜自由面方向崩落，然后形成新的倾斜自由面。

浅孔爆破是工程爆破中较早发展应用的爆破方法。在现代爆破技术中，它依然有着广泛的用途。无论是露天爆破还是地下开挖中，浅孔爆破仍占有较大比例。

浅孔爆破法之所以能在工程中得到长期广泛应用，是因为其具有以下特点：

（1）所使用的钻孔机械主要是手持式或气腿式凿岩机，这些机械操作简单，使用方便灵活。在没有凿岩机的条件下，还可用人工打钎凿岩，增加了施工的灵活性和适应性。

（2）对于不同的爆破目的和工程需要，易于通过调整炮孔位置及装药量的方法，控制爆破岩石块度和破坏范围。

（3）每次爆破规模较小，装药量较少，对周围环境产生的危害效应小。特定条件下还可以采用覆盖措施等控制爆破飞散物。

浅孔爆破法也有明显缺点，如机械化程度不高，作业人员劳动强度大，生产率较低，爆破作业频繁等，大大增加了爆破安全管理工作量。对于大块、孤石、根底、沟槽和城市拆除爆破中的浅孔爆破参数，都是根据爆破对象的性质、形状、大小和周围环境条件确定的。

浅孔爆破装药量计算方法同本节深孔爆破的内容。

（二）浅孔爆破施工

浅孔爆破的主要施工作业程序有钻孔、装药、填塞、连线和警戒起爆等。

1. 炮孔布置

露天浅孔爆破法可采用垂直炮孔、倾斜炮孔及垂直和倾斜混合炮孔。垂直炮孔适用于台阶坡面角大，钻孔设备难以钻凿倾斜孔的条件。倾斜炮孔则用于钻孔设备允许钻凿倾斜钻孔的条件。其优点是药柱的抵抗线沿钻孔长度几乎相等，爆破后能产生较均匀的块度。其缺点是在相同的台阶高度，倾斜孔的长度要大于垂直孔，增加了钻孔工作量。混合炮孔是在台阶坡角较小或台阶高度超过钻孔设备的有效长度时才使用，由于钻孔工作需要在两个台阶上进行，且往往需采用两种不同的钻孔设备，一般应尽量避免采用。

布孔形式可分为单排孔和多排孔两种。一次爆破量较少时用单排孔，一次爆破量较大时则要布置多排孔。多排孔的排列可以是平行布孔（一字形），也可以是交错布孔（梅花形或三角形）。

2. 钻孔施工

浅孔爆破时一般由技术人员做出爆破设计并进行技术交底后，由爆破员按照设计直接进行钻孔作业。作业时应注意以下几点：

（1）按照钻孔的深度准备钻杆，垂直（或接近垂直）的炮孔钻凿时一般采用换杆的方式，作业前要根据钻孔要求准备好各种不同长度的一组钻杆，最短者不宜超过0.5m，每相邻两根钻杆的长度差不大于0.5m，最长的钻杆应满足钻孔深度的要求。

（2）在钻水平炮孔或靠近边坡施工时，应先清理边坡上的浮石，保证作业中的安全。

（3）清理炮位。开钻前应先将炮孔附近的浮石、碎石碴等清理干净，直至方便开钻的硬岩面，避免不好开孔或卡钻、堵孔等情况的发生。

（4）爆区边缘部分的炮孔开钻前，应估测最小抵抗线的大小，当发现最小抵抗线与设计相差在10%以上时，应调整钻孔的位置、方向和深度。

（5）每个炮孔开钻前要保证开孔位置合理，与相邻炮孔的距离应保证孔距和排距的要求，避免炮孔的距离过大或过小，发现位置不合理时应及时纠正。

（6）每个炮孔钻到位后，应立即采用强力吹风的方式将炮孔中残存的碎屑吹出，以保证钻孔深度和装药作业的顺利。

（7）取出炮孔内的钻杆后，立即用纸板、草或编织物将孔口堵塞，防止碎渣等物落入孔内而堵住炮孔。

3. 装药作业

（1）准备工作。浅孔爆破装药前的准备工作大致按以下步骤进行：

1）先用炮棍插入孔内，检查孔内积水情况及炮孔深度；

2）检查孔距、排距和前排孔的抵抗线（底盘抵抗线和最小抵抗线），为最后调整确定装药量提供依据；

3）清理炮孔内钻屑和排水，可用掏勺掏出孔内的钻屑，或用风管通入孔底，利用压缩空气将孔内的钻屑和水吹出。

（2）装药。浅孔爆破装药主要采用柱状乳化炸药。炮孔验收合格后，即可进行装药。往炮孔内装药，对于干孔，尽量采用散装炸药（充分利用炮孔容积），可先向炮孔内装半筒左右的散药作为底药，后将起爆雷管放在孔内散药上，接着将需要装的药逐卷放入炮孔内，同时用炮棍轻轻压实；当炮孔内装柱状炸药时，应事先制作起爆药包。通常是用竹锥在药卷中部侧面扎一个直径略大于雷管的小洞，将雷管插进去。如果是电雷管，则利用雷管脚线将雷管和药卷绑紧固定，防止雷管从药卷中脱落（见图6-2）。起爆药包可先放入孔内（炮孔底部）；也可在装药最后阶段放入（在药柱上部）。在装药过程中可将炸药卷的外包装纸用小刀沿长度方向划开一条缝，缝的长度约为药卷长度的1/2~3/4，放入炮孔后，在放入起爆药包前用木质炮棍压紧，以提高线装药密度（指每米长度装药量）。

（3）装药时注意事项：

1）装药时要防止药包与雷管脱离而引起拒爆；

2）孔内装入起爆药包后严禁用力捣压起爆药包，防止早爆或将雷管脚线拉断造成拒爆；

3）装药时要保证炸药的连续性，以免影响爆轰波的传播；

4）装药密度要适中。一定的炸药密度可增加炸药的爆炸威力；密度过大会降低炸药的起爆感度，甚至会出现拒爆。

4. 填塞作业

炮孔填塞是很重要的工序，填塞可以改善爆破效果，防止冲炮，减

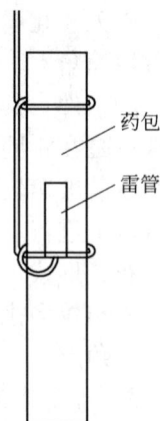

药包

雷管

图6-2　起爆药包
加工图

少飞石，降低噪声等。填塞质量好可以使炸药的爆炸能量得
到充分的利用。

　　常用的填塞材料有沙、黏土或沙与黏土的混合物、岩粉
等。为保证填塞质量，应当采用炮泥填塞。在开始填塞前，
应预先制作炮泥。炮泥是用沙、黏土、水混合配置，其配比
为 4：5：1，混合均匀后再揉成直径稍小于炮孔直径、长度
10～15cm 的炮泥卷（棒）。填塞时将炮泥卷送入炮孔，用炮
棍适当加压捣实，直至孔口，即进行全填塞。当孔内装散状
炸药时，在装完药后，宜在上部用炸药包装纸做一隔层（见
图 6-3），然后再填炮泥。这样可防止填塞物混入炸药或浸湿
炸药，确保所装炸药都能发挥作用。

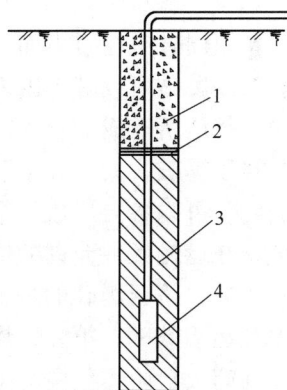

图 6-3　炮孔装药示意图
1—填塞料；2—隔离垫；
3—炸药；4—雷管

三、毫秒爆破与挤压爆破

（一）毫秒爆破

　　毫秒爆破是延时爆破的一种，是将群药包以毫秒级的时间间隔分成若干组，按一定
顺序起爆的一种爆破方法。毫秒爆破又叫延迟爆破。毫秒爆破与普通爆破比较有以下
特点：

　　（1）通过药包间不同时间起爆，使爆炸应力波相互叠加，加强破碎效果。

　　（2）创造动态自由面，减少岩石的夹制作用，提高岩石的破碎程度和均匀性，减少炮
孔的前冲和后冲作用。

　　（3）实现爆后岩块之间的相互碰撞，产生补充破碎，提高爆堆的集中程度。

　　（4）由于相邻炮孔先后以毫秒间隔起爆，爆破产生的地震波的能量在时间和空间上分
散，使地震波强度大大降低。在采矿和石方爆破中，常用的间隔时间为 25～80ms。毫秒
爆破的起爆顺序多种多样，可根据工程所需的爆破效果及工程技术条件选用。主要的起爆
顺序有孔间顺序起爆、排间顺序起爆、波浪式起爆、V 形起爆、梯形起爆和对角线（或称
斜线）起爆等（见图 6-4）。

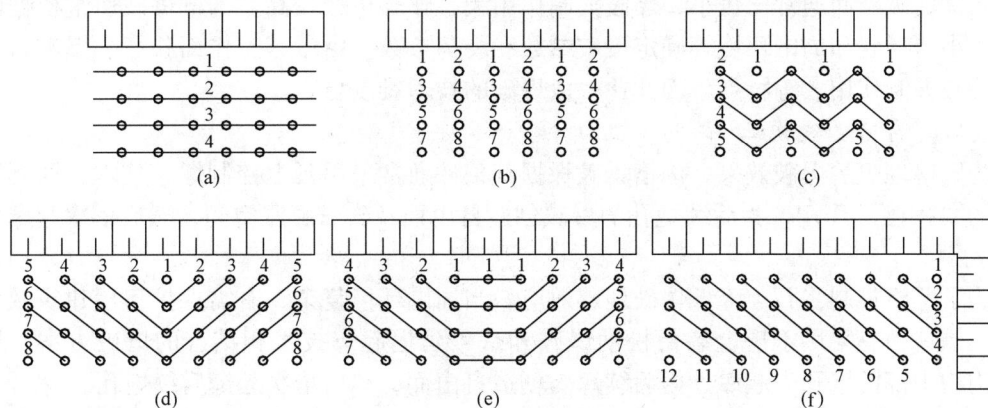

图 6-4　毫秒爆破起爆顺序
（a）排间顺序起爆；（b）孔间顺序起爆；（c）波浪式起爆；（d）V 形起爆；（e）梯形起爆；（f）对角线起爆

（二）挤压爆破

挤压爆破是在自由面上的堆渣没有清除干净的条件下进行爆破。挤压爆破又称留渣爆破。挤压爆破可以减少因岩石的抛掷和空气冲击波造成的能量损失，增加破碎岩块的相互碰撞和挤压所造成的补充破碎。

挤压爆破大大提高了开挖速度，这是因为：第一，凿岩、爆破、铲装 3 种作业不会相互制约，可以各自形成一个独立的生产作业区，这就可以相应地减少每台挖掘机的工作线长度，在运输条件允许的情况下，多布置挖掘机，或采用流水作业，提高工作面的出渣能力；第二，挤压爆破的每米炮孔崩落量增大，岩块块度均匀，大块率低，相应提高了铲装效率和运输效率；第三，爆堆规整，对运输线路的影响小，减少了运输设备的停顿时间。

在露天台阶爆破中，多采用毫秒爆破和挤压爆破相结合的爆破技术。多排孔毫秒挤压爆破有以下特点：

（1）采用大型机械装载，只要破碎均匀、块度适当，适度挤压不影响装载效率。

（2）露天台阶爆破不存在补偿空间的限制，一次爆破面积大，深孔数目多，有利于合理地排列炮孔，尽量利用不同段之间爆破碎块的相互挤压作用。

（3）为取得好的破碎效果，在露天台阶挤压爆破中必须控制预留挤压层厚度，调整爆破参数和起爆方式，并适当提高单位炸药消耗量，以增强径向裂隙和挤压作用。

露天台阶挤压爆破用作挤压的矿岩有两种：一种是前次爆破在自由面上留下的松散碎块；另一种是先炸出 1 ~ 2 排孔的破碎岩块。

四、沟槽爆破

（一）沟槽爆破的基本概念

沟槽是指从地平面往下开挖，形成具有一定深度、长度较长的凹槽。宽度较狭窄是其共同的特点，如油气管沟槽一般底宽 2m 左右，深度 2.5 ~ 4m。沟槽断面形状多为矩形、倒梯形。沟槽爆破是台阶爆破的一种形式，广泛应用于城市建设中的油气管道、供水、排水管道和电缆管沟的开挖，以及公路、铁路和矿山的路堑开挖、水利电力设施中的引水渠道和坝基齿槽开挖、高耸建筑物的基坑开挖等。沟槽爆破在露天矿山也称掘沟爆破。

沟槽爆破断面通常比较小，爆破夹制作用大，炸药单耗较高。沟槽爆破通常根据沟槽断面大小、形状和周围环境等确定爆破参数和装药参数。由于其工作面狭窄、爆破自由面少、爆破夹制作用大等特点，因此比一般爆破的技术难度更高。

（二）沟槽爆破施工

为取得理想的爆破效果，沟槽爆破根据其条件通常采用延迟控制爆破技术，即利用先爆孔的"掏槽"作用，为后续炮孔的爆破创造自由面及岩石膨胀空间，然后依次起爆后续炮孔。

为了严格控制飞石、降低爆破地震效应，当周围环境复杂、有需保护房屋建筑及设施时，沟槽爆破宜采用不耦合装药松动爆破和毫秒延迟起爆技术相结合的爆破方案。爆破时，沟槽中部的炮孔先起爆，为后续爆破创造自由面，然后依次起爆后续炮孔。

（三）钻孔要求和注意事项

沟槽爆破按沟槽的规格和爆破工程量的大小分为浅孔沟槽爆破和深孔沟槽爆破，可以分别按照相应的钻爆要求进行作业，由于其特殊性，钻孔作业前还应注意以下几点：

（1）充分熟悉沟槽的规格尺寸。因为沟槽爆破往往是为安装管道、电缆等要求而开挖。为保证沟槽爆破后能满足安装要求，例如沟槽底部宽度、中心线位置等参数，在钻孔时一定要保证这些尺寸满足设计要求，不能出现任何欠挖。

（2）钻孔时宜从沟槽开口（或已开挖）处开始，以保证钻孔的孔距、排距、倾角等参数满足爆破要求。当多台钻同时作业时，应先测量确定开孔的位置。如果发现距离超过设计要求时，应增加孔数。

（3）为便于施工并保证沟槽爆破的效果，沟槽中部宜钻垂直孔。图6-5给出了一般沟槽爆破的炮孔布置方式。如侧壁要求光面爆破，边缘炮孔应向中线倾斜。

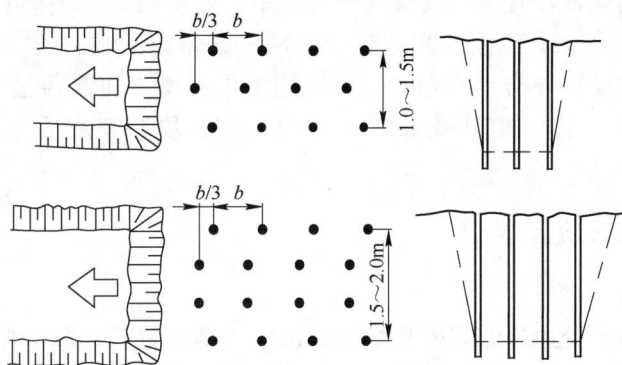

图6-5　一般沟槽爆破的炮孔布置

b—炮孔间距

（4）孔位的误差比一般爆破要求更小，尤其是边孔只能沿沟槽的纵向移动调整，不得移出设计沟槽边界。

（5）由于沟槽开挖后对沟底的承载能力、平整度均有一定的要求，因此钻孔超深应严格按照设计要求实施，不允许因任何原因增减钻孔的深度。

（四）装药与填塞

1. 炮孔检查

装药前应对炮孔进行检测，主要内容包括炮孔位置、炮孔深度、角度是否符合设计要求；孔内是否有堵塞；孔壁是否完好；孔内是否有积水等。除炮孔孔位的检测外，炮孔内的检测与评判主要是采用炮棍进行测量。检测时应准备长于炮孔长度的炮棍一根，并将其插入炮孔之中，在插入过程中可根据手上的感觉判定孔内是否有堵塞现象，若炮孔一插到底，然后再根据炮棍插入的深度和炮棍在炮孔中的角度对炮孔做出合格与否的判断。

2. 装药

装药前应清点药包数量和延时分段要求是否与设计一致。装药时应从爆区的一端向另一端顺序作业，逐炮孔装入，以防止遗漏。

应检查起爆药包内的雷管是否安置在药包的中央。为防止雷管脱落或在药包中移动，可采用胶布、橡皮筋等物进行固定。在使用乳化炸药时，应顺着药卷插入雷管，禁止将雷管的聚能穴外露。

禁止用手提雷管脚线或导爆管的方法传送药包。装药时应用炮棍将炸药轻送至炮孔底部，每装入一定量的药包后，应用炮棍插入炮孔测量装药长度。当装药长度出现差异时应立即停止装药，并采取措施处理。装入药包后严禁强力捣压药包，尤其是起爆药包。

对于有水炮孔，要做好药包的防水处理或采用抗水炸药，也可采取措施将孔内的水排出。常用方法有：采用高压风管将孔内水吹出；当水量不大时，也可直接用海绵进行蘸吸。

装药完成后应检查是否有漏装，同时将雷管脚线或导爆管理顺，置于不易被踩踏的位置。

3. 填塞

填塞炮泥时应用炮棍轻轻地将其推入炮孔之中，要慢用力、轻掏实，使炮泥与药包能充分接触即可，尤其是起爆药包在靠近整个装药的顶部时更要注意，炮棍的用力不能过大，以避免起爆药包受到冲击。填塞时要逐段用炮棍捣实。随着药包与炮泥距离的增大，可逐渐加大捣实力度，接近炮孔孔口时可用力捣实，填塞完成后，所填炮泥应与孔口平齐。

五、光面爆破与预裂爆破

(一) 光面爆破

光面爆破就是沿开挖边界布置密集炮孔，采取不耦合装药或装填低威力炸药，在主爆区之后起爆形成平整轮廓面的爆破作业。光面爆破主要应用在隧道、平硐等各种硐室开挖和竖井、桩井等各种井筒开挖中。一般情况下，爆破后壁面平整，不平整度在 $10 \sim 20 \mathrm{cm}$，壁面上留有半个光爆孔，半孔率要达到 $50\% \sim 80\%$。岩性越好，半孔率越高。

采用光面爆破技术时应该注意以下几个问题：

1. 合理选择爆破参数

根据经验，光面爆破的最小抵抗线一般为正常深孔爆破的 $0.6 \sim 0.8$ 倍，炮孔间距为最小抵抗线的 $0.7 \sim 0.8$ 倍。光面爆破的钻孔直径一般等于正常钻孔的直径。在有条件的情况下，宜取小值。对于光面爆破钻孔直径在 $90 \mathrm{mm}$ 以上时，其不耦合系数一般在 $2 \sim 5$ 范围内，线装药密度通常为 $0.4 \sim 2.0 \mathrm{kg/m}$。

2. 正确装药与确定起爆时间

药卷尽量固定在炮孔中央，使周围留有环形空隙。在起爆时间上，光爆孔的起爆时间必须迟于主爆孔的起爆时间，通常是滞后 $50 \sim 75 \mathrm{ms}$。

3. 控制好采掘爆区的最后两排炮孔的药量

临近边坡或者需要保护的围岩的最后两排炮孔中的装药量要适当减少，最后两排最好采用缓冲爆破方法处理，其装药量一般为正常装药量的 $75\% \sim 85\%$ 为宜。

4. 严格施工要求

光面爆破的钻孔要做到"平"、"正"、"齐"。特别是在边界平面的垂直方向上，对于露天采矿爆破，钻孔偏差不允许超过 $\pm 15 \sim 25 \mathrm{cm}$；对于隧道爆破，钻孔偏差不允许超过 $\pm 2 \sim 5 \mathrm{cm}$。

(二) 预裂爆破

预裂爆破就是沿开挖边界布置密集炮孔，采取不耦合装药或装填低威力炸药，在主爆区之前起爆，从而在爆区与保留区之间形成预裂缝，以减弱主爆孔爆破对保留岩体的破坏并形成平整轮廓面的爆破作业。由于该裂缝将保护边坡或围岩与主爆区分开，使得主爆区正常爆破的地震波在裂缝面上产生较强的反射，大大地减弱了透过裂缝的地震波强度，从而保护了边坡的稳定。

预裂爆破主要应用在各类边坡保护上，也用于降低爆破振动对保护目标的破坏程度。在进行预裂爆破作业中，需要注意以下几个问题。

1. 预裂缝

一般情况下，对预裂缝有以下要求：

（1）预裂缝要连续且能达到一定的宽度，宽度要求不小于 1 ～ 2cm。

（2）预裂面要平整，一般要求预裂面的不平整度不超过 ±10 ～ 20cm。

（3）在预裂面上要留有半个钻孔的孔壁，一般情况下，要求人眼睛能看到的孔痕率在 50% ～ 80% 之间。

2. 基本参数

（1）孔径。确定预裂爆破孔径的原则是：在有条件的情况下，尽量取小值，减小炮孔的直径。

（2）不耦合系数。生产实践表明，不耦合系数大于 2 才能获得较好的效果。

（3）孔距。预裂爆破的孔距一般取钻孔直径的 7 ～ 12 倍，比如：预裂爆破钻孔的孔径是 90mm，则孔距一般可以取 0.63 ～ 1.08m。具体取值需要根据爆区的岩性等参数来确定。

（4）装药量计算。炮孔的装药量以及装药在炮孔中的分布是影响预裂爆破效果的重要因素。目前计算炮孔装药量主要采用的是一些经验公式或者参考一些工程实践成功的经验数据。表 6-1 给出了工程中常用的预裂爆破参数的经验数值，可以供工程施工时参考。

表 6-1　工程中常用的预裂爆破参数的经验数值

岩石性质	岩石抗压强度/MPa	炮孔直径/mm	炮孔间距/m	线装药密度/g·m^{-1}
极软岩	≤50	80	0.6 ～ 0.8	100 ～ 180
		100	0.8 ～ 1.0	150 ～ 250
软质岩	50 ～ 80	80	0.6 ～ 0.8	180 ～ 300
		100	0.8 ～ 1.0	250 ～ 350
较硬岩	80 ～ 120	90	0.8 ～ 0.9	250 ～ 400
		100	0.8 ～ 1.0	300 ～ 450
坚硬岩	≥120	90 ～ 100	0.8 ～ 1.0	300 ～ 700

在预裂爆破装药时，特别要注意孔底夹制作用的影响。为克服夹制作用，在实践中需要在孔底适当提高线装药密度，增加药量。一般情况下，在孔底 0.5 ～ 1.5m 范围内增加药量。当孔深在 5 ～ 10m 时，增加线装药密度的 2 ～ 3 倍；当孔深超过 10m 时，增加线装药密度的 3 ～ 5 倍。坚硬的岩石取大值，松软的岩石取小值。

3. 装药与起爆

在预裂爆破孔内装填炸药时，药卷应均匀连续地布置在炮孔中心线上，使周围形成均匀的环形空隙。工程中一般做法是：（1）在一定直径的硬质塑料管中连续装药，在整个管内贯穿一根导爆索；（2）采用间隔装药法，根据线装药密度，将药卷按一定间距固定在一根导爆索上，再将药串绑扎在一根薄竹片上，形成一个等间隔的断续的炸药串。孔口不装药的部分用砂子或者岩粉填塞，填塞长度一般为 0.6~1.5m。

4. 施工技术

要保证钻孔的精度，孔底的钻孔偏差不应超过 15~20cm。特别要控制垂直预裂面方向的偏差，以保证壁面平整。

5. 起爆时间选择

一般有两种做法：一是预裂爆破与采掘爆破（或者主体爆破）分开起爆，预裂爆破先爆破；二是预裂爆破和采掘爆破（或者主体爆破）同时点火，但预裂孔至少比主爆孔提前 100ms 时间以上起爆。

第二节　地下掘进爆破

地下掘进爆破就是井巷、隧道等掘进工程中的爆破作业。往往是在只有一个自由面条件下实施爆破作业，该方法被广泛应用于巷道、隧道、竖井、斜井掘进及薄矿脉开采中。

一、掘进工作面的炮孔布置

（一）炮孔分类

掘进工作面的炮孔可分为掏槽孔、辅助孔和周边孔。掏槽孔的主要作用是爆出新自由面，为其他炮孔创造有利爆破的条件；辅助孔用来进一步扩大掏槽爆破形成的自由面，能够在掏槽孔形成的自由面方向爆落较大的岩（矿）体；周边孔又称轮廓孔，主要是使爆破后的井巷断面形状和方向符合设计要求。巷道掘进时，周边孔根据炮孔所在位置又有顶孔、帮孔和底孔之分（见图6-6）。

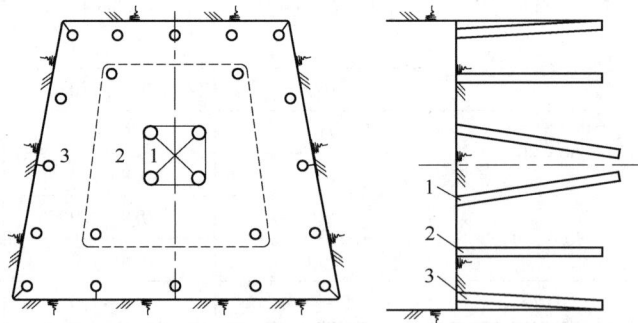

图 6-6　井巷爆破炮孔分类图
1—掏槽孔；2—辅助孔；3—周边孔

（二）掏槽孔布置方式

掏槽孔是井巷掘进爆破成功的关键，它的作用是在工作面上先掏出一个槽子，形成新自由面，为其余炮孔爆破创造有利条件。掏槽孔必须最先起爆。为了提高爆破效果，发挥掏槽孔的作用，掏槽孔应比其他炮孔加深 15~20cm，装药量要增加 15%~20%。

根据井巷断面、岩石性质和地质构造等条件，掏槽孔排列形式有多种，归纳起来可分为倾斜掏槽和垂直掏槽两大类，还有倾斜掏槽和垂直掏槽结合的混合掏槽。倾斜掏槽又可分为楔形掏槽（见图6-7）、一字形掏槽和桶形掏槽（见图6-8）、单向掏槽（见图6-9）、锥形掏槽（见图6-10）。图6-11给出了螺旋掏槽炮孔布置方式。所有这些掏槽方式都各有其优缺点，在工程实践中必须根据具体施工条件选取，确保获得最佳的爆破效果。

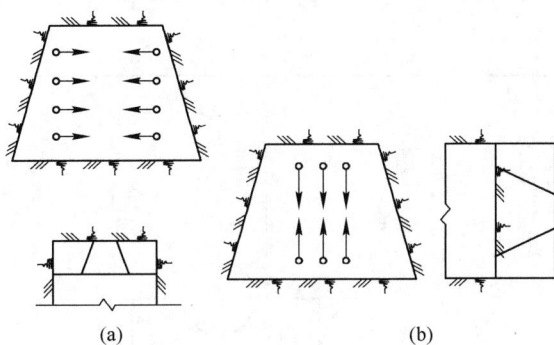

图 6-7　楔形掏槽

（a）垂直掏槽；（b）水平掏槽

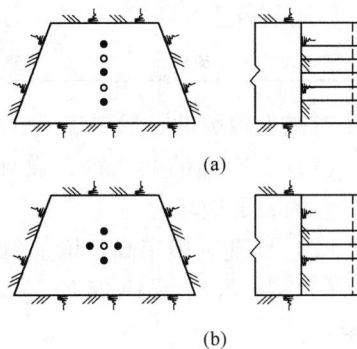

图 6-8　一字形和桶形掏槽

（a）一字形掏槽；（b）桶形掏槽

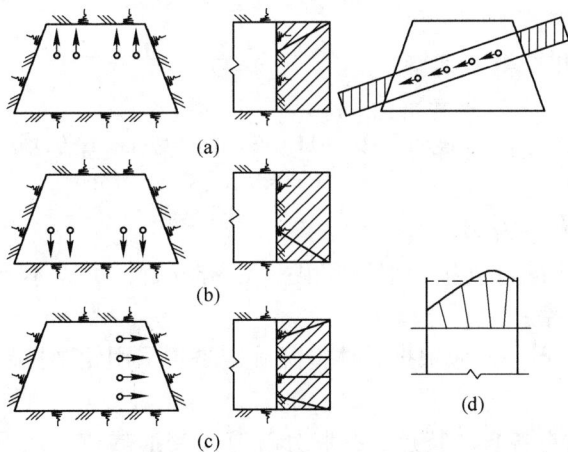

图 6-9　单向掏槽

（a）顶部掏槽；（b）底部掏槽；（c）侧向掏槽；（d）扇形掏槽

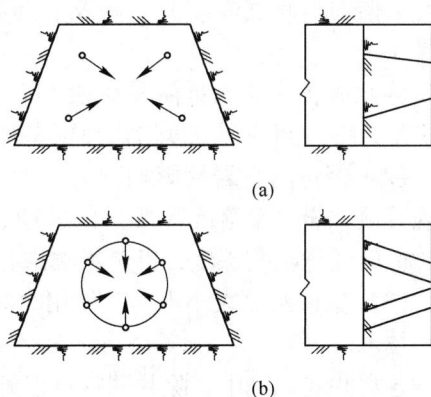

图 6-10　锥形掏槽

（a）角锥形掏槽；（b）圆锥形掏槽

在工程施工中用得较多的是锥形掏槽和楔形掏槽。表6-2和表6-3分别给出了锥形掏槽和楔形掏槽爆破钻孔的参数，供施工参考（一般应该先做一些试爆）。

表6-2　锥形掏槽钻孔要素

岩石坚硬度（f值）	炮孔倾角/(°)	相邻炮孔间距/m	
		孔口距离	孔底距离
极软岩（4~8）	68~75	0.85~1.0	0.3~0.4
软质岩（8~12）	64~68	0.7~0.85	0.2
较硬岩（12~16）	60~64	0.6~0.7	0.15
坚硬岩（16~20）	55~60	0.4~0.6	0.10

表 6-3　楔形掏槽钻孔要素

岩石坚硬度（f 值）	炮孔倾角/(°)	两排炮孔孔口距离/m	炮孔数目
极软岩（4~8）	65~75	0.4~0.6	4~6
软质岩（8~12）	60~65	0.3~0.4	6
较硬岩（12~16）	58~60	0.2~0.3	6
坚硬岩（16~20）	55~58	0.2	6~8

对掘进爆破的一般要求是：

（1）开挖出的断面符合设计要求，周壁平整，尽量减少对围岩的破坏；

（2）炮孔利用率高，增加每个掘进循环进尺；

（3）爆落岩石块度均匀，爆堆集中，提高装岩效率；

（4）原材料消耗少，施工成本低。

二、平巷爆破

平巷掘进广泛应用于地下矿山的运输巷道、行人联络巷道掘进和硐室爆破的平硐及装药巷道开挖等。其特点是：

（1）施工作业人员需要在独头工作面作业，新鲜空气不足，推进到一定深度后需要配备通风设备；

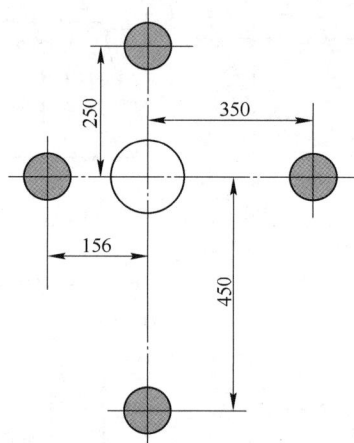

图 6-11　螺旋掏槽炮孔布置方式

●—掏槽孔，○—中心空孔

（图中数字单位：mm）

（2）掘进时受岩性影响很大。如果围岩不稳固，有出现冒顶、岩壁塌落（片帮）的危险，必须进行支护。对于坚硬、致密岩石，可以不支护，但应注意钻孔深度，以免影响炮孔利用率；

（3）掘进断面大小不一，使用时间长短不一，应根据具体情况确定是否采用轮廓控制爆破技术。

各类井巷掘进中，除共同特点以外，还有各自的特点。井巷分隧道（交通隧道、地下水平导洞、矿山巷道、泄水洞等）、竖井（矿山竖井、通风井、盲井、桩井等）和斜井（一般作为矿山和地下施工的施工通道）三大类。井巷爆破与露天爆破相比，其工作空间比较狭小，爆破比较频繁，且往往钻孔、爆破和出碴交替进行，所以，不但要考虑爆破作业本身的特点，还需要注意各工序之间的配合。

三、隧道爆破

隧道爆破常用于铁路、公路建设和地下工程中，与矿山水平巷道掘进爆破相比，通常有以下特点：

（1）隧道断面一般较大，即高度和跨度大；

（2）在隧道位置处于复杂多变的地质条件下，尤其遇到浅埋地段时，岩体风化破碎、渗水、滴水严重，给凿岩爆破作业增加了很多困难；

（3）铁路、公路隧道服务年限长，质量要求高，因此，需大量采用光面爆破技术以减少对围岩的损坏，确保围岩完整。有时要在爆破作业后及时进行锚喷、支撑、衬砌，使爆破作业面受到限制，爆破施工难度较大；

（4）为了确保隧道开挖的成功和支护方式的可靠，根据岩性及地层条件，隧道开挖可采用全断面法、台阶法、导坑法、分步法等；隧道支护方式可采用锚杆支撑、喷射混凝土支撑、钢支撑、钢筋网支撑和构件支撑等。

（一）作业的一般规定

（1）用爆破法贯通隧道，应有准确的测量图，每班都要在图上标明进度。两个工作面相距15m时，测量人员应下达通知，此后，只准从一个工作面向前掘进，并应在双方通向工作面的安全地点派出警戒，待双方作业人员都撤至安全地点后方准起爆。

（2）间距小于20m的两个平行巷道掘进中的一个工作面需要进行爆破时，应通知相邻巷道的全体人员撤至安全地点。

（3）独头巷道掘进工作面爆破时，应保持工作面与新鲜风流之间的畅通。爆破后人员进入工作面之前，应进行充分通风，并用水喷洒爆堆。

（4）在有煤尘或瓦斯的环境中掘进巷道，装药起爆前和爆破后，必须检查爆破地点20m范围内风流中的瓦斯浓度，当瓦斯浓度达到或超过1%时，禁止装药爆破。在此环境中爆破，必须使用煤矿许用安全炸药。使用毫秒雷管时，总延期时间不得超过130ms，禁止使用秒或半秒延期雷管；一律不准使用动力电源作为起爆电源。

（5）在隧道内施工时严禁吸烟。

图6-12给出了隧道爆破炮孔布置示意图。

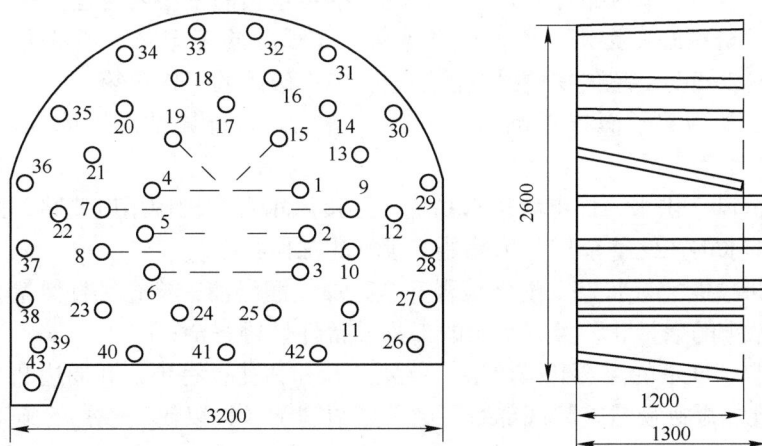

图6-12 隧道爆破炮孔布置示意图

（单位：mm）

（二）安全操作技术要求和注意事项

隧道爆破作业程序一般为：测量放线→炮孔布置→施工准备→钻孔→吹孔→装药→填塞→连接起爆网路→警戒起爆→排烟→爆后检查、找顶→进入下一工序。各个施工步骤都有不同的操作技术要求和注意事项。

1. 技术交底

通过技术人员的技术交底，使爆破作业人员掌握以下五方面的内容：

（1）隧道概况：隧道开挖尺寸、地质状况及相应的对策、允许超欠挖量、循环进尺、

周边孔的光面爆破要求等;

（2）掏槽方式：掏槽部位、掏槽形式、掏槽孔间距、掏槽孔数目及空孔的直径大小、数量和距离;

（3）爆破参数：各种炮孔的孔距和排距、各种炮孔的装药品种和装药量、填塞材料和长度、周边孔和辅助孔的技术要求;

（4）起爆设计：起爆方法、雷管位置、光爆孔的起爆方法、起爆顺序、网路连接形式和网路保护措施等;

（5）其他：特殊地段的钻爆施工、爆破块度要求、二次破碎方法和工序衔接要求等。

2. 测量放线

在每个循环开始前由专业测量人员放线，放线内容有布设隧道中心（或顶板圆弧的圆心）、顶板中心、拱脚线及周边轮廓线。要求施工作业人员根据放线点准确地勾画出整个隧道的轮廓，准确布置各个炮孔的位置。

3. 炮孔布置

炮孔布置的顺序是先掏槽、再周边、最后是辅助爆破孔。按照施工技术人员所设计的钻孔布置图布孔，特别是掏槽部分的钻孔不能随意改变炮孔位置、倾角和深度。周边孔通常按设计的孔距从顶板中心开始向两侧布置，而其他炮孔可以根据设计的孔距、排距均匀布置，必要时可以增加炮孔数量，但不得随意减少孔数量。

4. 施工准备

在施工前，作业人员应做好准备工作，施工准备包括的主要内容包括：

（1）与上一班做好交接班工作，认真查看上个循环施工记录，了解上个循环爆破效果、是否有盲炮或残药、超欠挖情况及需要进行二次破碎的工作量等;

（2）作业班长到掌子面查看围岩、渗水等情况，如有异常应及时向工程技术人员报告;

（3）检查供风、供水、供电和排水系统，连接风水管和机械用电线路，固定照明线路和灯具，挖好排水沟，使整个作业场地处于较好的工作状态;

（4）检查机械的完好状态，配件是否齐全，加注润滑油，检查钻杆数量和长度能否满足施工要求，钻头的数量和种类，常用的工具、备件是否齐全;

（5）清理掌子面上的浮石和破碎层，以便开孔和钻孔，将顶部和周边凸起的石块撬下来以保证周边孔的爆破质量，将底部留下的石碴清理干净，以便底板孔的施工。

5. 凿岩作业

在钻孔施工中应注意以下几点：

（1）严格按设计的钻孔深度、掏槽孔形式、周边孔倾角进行钻孔作业;

（2）严禁擅自超过钻孔深度。若随意超钻，轻则会影响爆破效果，重则会出现塌方等事故;

（3）周边孔的开孔位置距设计轮廓线的距离不能太远，炮孔外插角不能过大。严禁为了图方便随意钻孔，导致爆破后超欠挖过大，并在两循环结合部位留下过大的台阶，影响掘进质量;

（4）开孔时如果确实有困难（如岩石破碎、有残孔），可以适当进行调整，调整范围不得超过2倍的炮孔直径;周边孔调整时只能在隧道轮廓线上选择孔位;

（5）对底板孔，每钻完一个炮孔应立即采用木棍（塞）、纸团或编织物将孔口塞住，避免上部落石掉入孔内；

（6）在隧道施工中应采用湿式凿岩，严禁打干眼。

6. 装药前的准备

所有炮孔钻好后，进入装药阶段。装药前应先做好准备工作，主要内容包括：

（1）应首先检验所有炮孔是否符合设计要求；

（2）清理场地，将钻机等机械从施工现场撤到安全地点；将风水管、电缆线整理好搬运到飞石砸不到的地方；将钻杆、新旧钻头、工具等送出洞外或存放在洞内安全的地方；

（3）查看所领用的炸药品种和数量、雷管段别及各段的数量、导爆索数量是否符合设计和现场要求；

（4）准备装药需要的炮棍、梯子、填塞材料、连接线、胶布等物品；

（5）对不能移走的在隧道内施工的设施进行适当的覆盖保护，防止被爆破冲击波和爆破飞石损坏；

（6）对参加装药作业的人员进行分工，通常两人一组，一人负责装药，一人递送材料；

（7）钻孔作业时落下的碎石有可能将下部炮孔埋住，要把炮孔逐一找出，并将孔口的碎石碴清理干净；

（8）将炮孔清理干净，可用带有阀门的专用吹管插入孔内，利用高压风流将杂物吹出。

7. 装药时的注意事项

装药时的注意事项包括以下几点：

（1）每个作业人员在装药前应该仔细核对所装炮孔和领取的装药品种是否与设计相符；

（2）核对要用的雷管段别和所装炮孔的位置是否相适应；

（3）不能擅自在分工范围以外装药，防止雷管混段和弄错周边孔、掏槽孔装药量等现象发生；

（4）装药时应使用炮棍将炸药装到底，保持孔内药柱的连续。每装一卷（最多两卷）炸药就要用炮棍捅一次，并记好每次炮棍插入的尺寸。当连续两次的插入尺寸与装入的药量有差异时，应该采取措施或重新装入起爆药包，以保证全孔炸药的爆炸；

（5）每个炮孔都应该留有足够的填塞长度；

（6）光爆孔通常采用纵向间隔装药，应该把每米装药量折合成每隔多长距离装一卷（或半卷）炸药，预先按计算结果将药卷和导爆索绑扎在竹片上（见图6-13），要绑扎牢固，不能有任何松动；

（7）为了装药顺利和防止装药过程中药卷与孔壁摩擦移动位置，光爆孔装药时应该使竹片靠近炮孔的下壁并放到底；

（8）上下传递炸药雷管时应该手对手进行传递，严禁上下抛掷；

（9）使用电雷管起爆时应避免将炸药洒落地面，防止产生杂散电流；

（10）装药时应由作业班长或指派的专人负责指挥，监督掌子面施工情况，及时解答作业人员的问题，检查每个人的作业是否正确、安全，发现问题及时纠正。

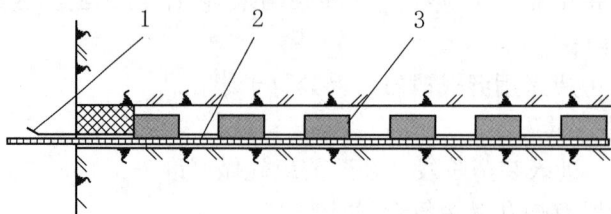

图 6-13　光面爆破装药示意图
1—导爆索；2—竹片；3—药卷

8. 填塞

填塞工作应注意以下几点：

（1）严禁装药后不填塞，那样做既浪费炸药又影响爆破质量；

（2）填塞时要保证质量和长度，每放入一节炮泥要用炮棍将炮泥捣烂压实，防止出现空洞和填塞不密实的现象；

（3）填塞过程要注意避开雷管，防止脚线、导爆管被砸破、砸断。

9. 网路连接

由于隧道工作面狭窄，装药完成后所有雷管脚线自然下垂堆积，容易产生漏接、错接等问题，因此连接时应注意以下细节：

（1）当使用导爆管起爆网路时，应先按规定数目将导爆管捆扎成束。导爆管分束完成后，将各束拉起，检查掌子面上是否还有未连接（或过于松动）的导爆管。如果发现应立即将其接进网路；

（2）当使用电力起爆网路时，应事先设计好连线的顺序，按顺序逐排连接。连接时将多余的连接线剪去，以便检查是否有漏接、错接；

（3）使用电雷管时应将所有接头用防水绝缘胶布包缠，防止漏电，造成早爆或盲炮事故；

（4）导爆管网路接入传爆雷管前，应将连接部分用干布擦拭干净，防止影响传爆，造成拒爆；

（5）周边光爆孔如使用导爆索起爆，在传爆雷管与导爆索、导爆索与导爆索连接时应注意连接方向；

（6）由于地下作业的工作面很狭窄，应该对每个传爆雷管进行防护，防止雷管爆炸时所产生的破片飞散损伤起爆网路。

10. 起爆

在隧道爆破中，起爆人员安全避炮是一个非常重要的问题。不仅要防飞石，更重要的是防爆炸冲击波、洞顶石块掉落和炮烟中毒。尤其是在又长又大的隧道中施工，如果人员在起爆后跑几千米避炮是不现实的，也极容易使起爆人员受到爆炸冲击波伤害或吸入炮烟。避炮时要注意：

（1）不能在无永久支护的部位避炮；

（2）不能在无新鲜风流的位置避炮；

（3）不能在无可靠防护设施的部位避炮。

在长隧道施工中采用的安全避炮方法有：

（1）敷设专用起爆电缆，在洞外起爆电爆网路；

（2）用汽车或电瓶车将起爆人员送出洞外；

（3）在洞外使用遥控起爆方法；

（4）在洞内建立能防飞石、爆炸冲击波、炮烟并具有可靠支护的避炮洞（如利用双线隧道中已完成永久支护的联络道加以必要防护即可）。

11. 防止炮烟中毒

隧道爆破中另一个重要的安全问题是防止炮烟中毒。为此必须做到：

（1）爆破时所有洞内人员一律撤出洞外；

（2）严格执行通风管理制度，遵守排烟时间规定，等洞内炮烟排净以后方可进洞，绝不允许任何人冒着炮烟进洞；

（3）当发现炮烟从爆堆或岩缝中逸出时应尽快用湿布捂住口鼻，并通知洞内所有人员全部撤离；

（4）如果条件允许，可以用洒水的方法消除炮烟；

（5）一般防尘口罩只能防尘、不能挡烟。如因工作需要，作业人员必须佩戴防毒面具才可以进入炮烟中；

（6）按设计要求安装通风机和风筒，定期对通风设施进行检查，做到随坏随修；

（7）做好炮烟检测工作，有条件的应该安装炮烟报警设备。

12. 爆后检查、找顶

炮烟排除后，爆破班长或安全员应该先到爆破作业面检查爆破结果并处理各种情况，未经检查处理的掌子面其他人不得进入。

每次爆破后都要进行找顶，其任务是将爆破后新暴露的顶部和边帮岩面上存在的危石处理掉，避免在施工中掉下来砸伤作业人员。常用的方法是人站在爆堆上，用钢钎将已经裂开的石块撬下来，并用钎头敲打顶部和边帮，俗称敲帮问顶，检查是否有外部不明显、在围岩内部已经分离的石块。找顶时应注意：

（1）应该由两人同时完成找顶工作，一人撬危石，另一人观察操作者的头顶上方是否有不安全的因素存在；

（2）作业前应准备好照明灯具，要求亮度足够大、能覆盖较大的面积，使作业者能够看清每块岩石，一是工作方便、安全，二是找顶彻底、不留隐患；

（3）在进入找顶区域前应先在该区域外部通看全区域，检查重点部位是否有冒顶危险，确认没有危险时方可进入；

（4）找顶时要先看清脚下，站在稳定的石块上和头顶无危石的地方；

（5）敲帮问顶要全面、仔细、认真，先将重点危石撬完后，再按顺序一片一片敲打岩面，不得遗漏；

（6）由于爆破后危石形成原因有地质结构和构造方面的因素，因此即使采用光面爆破时也需认真做好找顶工作。

四、竖井爆破

竖井掘进广泛应用于地下矿山的运输提升井、行人天井、通风天井、切割天井等。人工掘进竖井时可采用上向和下向掘进两种方法。上向掘进竖井由于可利用岩石自重下落，爆破作业效率较高，但作业人员到作业面一般要用吊罐或爬罐才行。下向掘进竖井作业条件较差，爆破效率较低，出碴也不方便。目前我国许多矿山正在推广采用机械或深孔一次成井法掘进竖井，相对于人工法掘进竖井来说，作业效率高，作业人员安全，操作方便；但技术要求较高，有时成井率较低。

竖井有正向法掘进和反井法掘进两种。竖井中施工作业的环境比平巷更差，仅有一个作业面，这个作业面又是工作场地，所有施工、堆料、排水全部拥挤在几平方米至几十平方米的范围内；一次爆破量不能很大，只能使用轻型钻机作业，作业面上人员较多，因此施工难度很大。

竖井掘进与平巷掘进相比，有以下特点：

（1）对于向下掘进竖井，岩石夹制作用更大，给爆破作业带来更大困难；对于向上掘进竖井，应特别注意上部松石塌落，以免伤及作业人员；

（2）根据岩石性质、断面形状和使用要求确定炮孔布置方式，采用毫秒爆破技术，可取得良好的爆破效果；

（3）注意施工上下配合，防止施工物件、井壁碎石等掉落下来砸伤作业人员；

（4）加强作业面通风，确保有毒气体浓度在标准允许的条件下施工作业；

（5）必须采取排水措施。

（一）作业中的一般安全要求

竖井作业中的安全要求一般包括：

（1）天井掘进到上部贯通处附近时，不应采取从上到下的座炮贯通法；如果最后一炮仍未贯通，在下面钻孔不安全，需在上面座炮处理时，应采取可靠的措施；

（2）天井掘进采用大直径深孔分段装药爆破时，装药前应在通往天井底部出入通道的安全地点派出警戒，确认底部无人时，方准起爆；

（3）竖井、盲竖井、斜井、盲斜井或天井的掘进爆破，起爆时井筒内不应有人，井筒内的施工提升悬吊设备应提升到施工设计规定的爆破危险区范围以外；

（4）在井筒内运送起爆药包，应把起爆药包放在专用木箱或提包内，不应使用底卸式吊桶；不应同时运送起爆药包与炸药；

（5）往井筒掘进工作面运送爆破器材时，除爆破员和信号工外，任何人不应留在井筒内。工作盘和稳绳盘上除爆破员外，不应有其他人员。装药时，不应在吊盘上从事其他作业；

（6）井筒掘进使用电力起爆时，应使用绝缘的柔性电线做爆破导线；起爆网路的所有接头都应用绝缘胶布严密包裹，并高出水面；

（7）井筒掘进爆破时应打开所有的井盖门，与爆破作业无关的人员应撤离井口；

（8）用钻井法开凿竖井井筒时，破锅底和开马头门的爆破作业应采取特殊措施，并报单位技术负责人批准；

（9）用冻结法掘进竖井井筒时，一般不应用爆破法开凿表土冻结段；如果必须爆破，应制定相应的安全措施，并报单位技术负责人批准；

（10）用反井法凿井时爆破作业应遵守下列规定：

1）反井应及时用垛盘支护；爆破前最后一道小垛盘距离工作面不应超过 1.6m。

2）爆破前应将人行格与材料格盖严；爆破后，首先充分通风，待炮烟吹散，方可进入检查；检查人员不应少于两人；经检查确认安全，方可进行作业。

3）用吊罐法施工时，爆破前应摘下吊罐，并放置在水平巷道的安全地点；爆破后，应指定专人检查提升钢丝绳和吊具有无损坏，反井下方不得有人员作业。

吊罐法施工爆破时，上水平绞车司机和其他人不得在吊罐中心大孔口附近作业或停留。若爆破后大孔堵塞，应采取可靠的措施再进行处理，不得往孔底投放起爆药包。

4）刷井时应有防止坠落的安全措施；爆破前应回收炮孔以下 0.3m 范围内的木垛盘，方可进行爆破。

（二）正向掘进法施工的操作要求和注意事项

竖井爆破往往有地下水进入和钻孔用水无处排泄，需要挖集水坑用水泵抽水。由于水量不大，水泵不能连续工作，经常是整个作业场地浸没在水中，施工中需重视这一特点，做好防水排水工作，制订有针对性的作业方案。

竖井爆破施工除了遵守隧道爆破作业的操作要求外还必须注意的问题包括：

（1）在施工前，应根据水文地质资料，配备水泵，水泵抽水能力应该与井内的涌水量相符，保证场地无积水。

（2）每个作业循环开始前应先挖好集水坑，坑的容积要尽可能大，还应避开炮孔位置，既满足排水要求，又能顺利地往各炮孔装药。

（3）在竖井爆破作业中，由于整个作业场地都浸没在水中，钻孔时影响不大，能够顺利开孔、钻进，钻完后虽然将孔口塞住，但装药时还是经常找不到炮孔。这是由于作业人员的走动、水的流动导致泥浆碎石把炮孔遮住或找孔时泥浆碎石挤入孔内造成的，因此炮孔的保护需要引起注意。最好的塞孔方法是用直径比炮孔略大，长度不致被水淹没的木棍将孔口塞住，作业人员来往能看得见。不能用纸板、编织物、塑料薄膜等材料塞孔。

（4）合理选择施工方案。例如某竖井在施工中将整个作业面分成两部分，两边高度相差 1m，每次爆破一半，进尺 2m。非作业区低于作业区，可充当集水坑。由于容积足够大，保证了作业范围内无积水，使每次爆破得以顺利进行。

（5）由于竖井的面积有限，地面经常有水，不能按正常情况进行布孔，钻孔作业容易出现偏差。每个炮孔开钻前作业人员应该参照周围已钻好的炮孔确定新炮孔的位置、倾斜角度等，保证钻孔的精度。

（6）竖井爆破中应使用抗水炸药，如采用非抗水炸药应做好炸药的防水处理，避免炸药浸水失效。

（7）使用电力起爆网路时，应避免杂散电流对爆破的影响。电雷管进入井底爆破场地前，应切断井下电源，严禁电雷管进场后实施排水作业。

（8）井筒掘进起爆时，为避免空气冲击波的破坏作用，应打开所有井盖门；在复杂环境下掘进竖井，严禁用井盖代替防护。

（9）爆破后应先进行通风。井下炮烟排净后，由爆破班长或安全员带一人下井检查爆破效果，并检查边帮的危石情况。当发现盲炮或其他险情时应及时报告爆破负责人或爆破技术人员采取措施处理。

五、桩井爆破

（一）作业的一般规定

随着城市建设的发展，高层建筑物不断增加，为确保这些建筑物的稳定，经常采用爆破方法开挖桩井。桩井爆破作业一般规定与竖井爆破的规定相类似，可以参照竖井爆破规定进行。它有以下特点：

（1）桩井爆破断面较小，夹制作用较大；每次爆破循环进尺较浅；炸药消耗量大；

（2）桩井爆破作业一般在城市中实施，因此要求严格控制爆破地震波和飞石等爆破有害效应。井口要采用钢丝网、沙袋等多重覆盖防护措施；

（3）桩井一般为群井布置，应合理设计邻近桩井的爆破顺序。

（二）施工操作技术和注意事项

实际上，桩井爆破是竖井爆破的一种，但由于很集中、数量多、断面小、循环进尺浅，可多井同时掘进；又因为多在闹市区施工，因此在施工中除遵守竖井爆破的规定外还应注意以下几点：

（1）爆破前做好施工协调工作，合理安排工序或采取措施，控制掘进爆破对相邻桩井的影响；

（2）掘进深度在 3m 以内时应按露天浅孔控制爆破的要求进行防护和警戒；掘进超过 3m 后立即进行井口的覆盖防护，此时的安全警戒距离不宜小于 30m；

（3）井口覆盖的安全防护方法，通常要求防护范围超过井口边缘 50cm；防护体和井口之间留 30cm 高的空隙，以减轻爆破冲击波对防护体的压力；防护体的强度和质量大小要符合要求；常用的防护方法是用 1 层竹笆，上压 30～50cm 厚（约两层）的沙包，沙包摆放应紧密，包与包之间无空隙；

（4）桩井爆破时，爆破器材一般在地面临时存放，应将爆破器材存放在相对封闭、不妨碍其他人员施工的地方，周围用三色布或绳索围起来，挂上明显的标志，并由专人看守，禁止无关人员进入；

（5）桩井爆破中一般要求支护紧跟，支护与掘进掌子面的距离很小（一般为 0.5～1.2m），爆破时要求填塞良好，避免损坏支护；在钻孔时应严格控制周边孔的外插角，减少超欠挖；

（6）桩井掘进大多采用人工出碴，要求钻孔更精确，填塞更好，以保证爆破质量；

（7）一井爆破时附近 50m 内所有井内人员都应撤出井外，到安全位置避炮；

（8）施工现场人多，应有专门安全员巡查，禁止烟火。

第三节　硐　室　爆　破

硐室爆破是在硐室内装药爆破进行开挖岩土的方法。由于一次爆破的装药量和爆破方量较大，故常称为"大爆破"。硐室爆破的药包有集中药包和条形药包之分，按其爆破目的的不同，可分为松动爆破、抛掷爆破两大类。本节主要学习硐室爆破方法的特点、主要参数、导硐药室的开挖、装药、填塞、敷设起爆网路等的操作技能与施工中需要注意的安全问题。

一、硐室爆破的特点

硐室爆破有如下特点：

（1）可以在短期内完成大量土石方的爆破与挖运工程，有利于加快工程施工进度；

（2）与其他爆破方法比较，其凿岩工作量少，相应的设备、工具、材料和动力消耗也少；

（3）所需的施工机具简单、轻便、工效高，可以节省大量劳动力，适用于在交通不便的山区施工；

（4）工作条件较艰苦，劳动强度高；

（5）与其他爆破方法相比，大块率较高，二次爆破破碎量大；

（6）一次爆破用药量较多，安全控制难度较大。在工业区、居民区、重要设施、文物古迹附近进行硐室爆破需要十分慎重；

（7）大型硐室爆破工程施工组织工作比较复杂，需要有熟练的、经验丰富的技术力量才能在保证安全的前提下顺利完成工程任务。

根据以上特点，硐室爆破在周围环境较好的开山造地、修路筑坝、剥离基建等工程中被广泛采用。一般硐室的形式如图 6-14 所示。

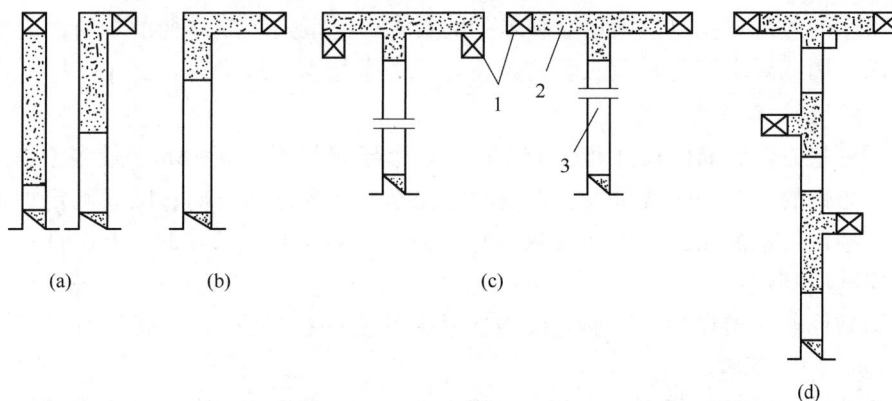

图 6-14　硐室的形式

（a）直线式；（b）直角式；（c）T 字式；（d）复合式

1—药室；2—填塞材料；3—平硐

二、硐室爆破的主要爆破参数

（一）最小抵抗线

最小抵抗线是药包中心到自由面的最短距离，是硐室爆破药包布置的核心。确定最小抵抗线是决定采用单层药包还是采用两层或多层药包布置方案的关键。最小抵抗线的取值与山体的高度有关。最小抵抗线 W 与山体高度 H 的比值一般应控制在 $W/H = 0.6 \sim 0.8$ 范围内。

（二）单位炸药消耗量

在硐室爆破的装药量计算公式中，单位炸药消耗量 K' 和 K 是松动爆破和标准抛掷爆破时的单位爆破体积用药量，其大小主要取决于岩石的种类及其裂隙发育程度和风化程度。单位炸药消耗量的确定方法有查表法、工程类比法和爆破漏斗试验法等。

（三）爆破作用指数

爆破作用指数与爆破漏斗作用指数相同，其取值大小决定了硐室爆破药包漏斗的深度、抛掷方量和抛掷率、爆堆分布状况等。

（四）药包间距（集中药包）

两个药包中心之间的距离为药包间距 a，通常取 $a = (0.8 \sim 1.2)W$，其中，W 为药包的最小抵抗线。

（五）层间距

采用两层或多层药包布置时，上下两层药包中心之间的距离为层间距，用字母 b 表示，通常取

$$b = (0.9 \sim 1.0)(W_上 + W_下)/2 \qquad (6\text{-}6)$$

式中，$W_上$ 和 $W_下$ 分别为上、下两层药包的最小抵抗线。

三、导硐和药室开挖

硐室通常包括导硐（或小井）、横硐和药室三部分，其中导硐（或小井）和横硐是药室与外界联系的通道，主要是满足爆破施工的要求；药室是装放炸药的场所，应满足装药的基本要求，因此要求较高。但三者的爆破开挖程序基本一致。

（一）掘进施工测量

为保证开挖方向、断面尺寸和底板高程，单个导硐每掘进 6 ~ 8m、最多不得超过 10m 应测定一次导硐的中线和腰线位置。中线测定控制导硐掘进的方向；腰线测定加上直尺或皮尺测量，控制导硐的断面尺寸和底板高程。测量间隔时间为 2 ~ 3 个工作日。当进入转折点时则应随时测定。

作为爆破作业人员在测定间隔时段内要掌握简易的掘进方向、高程和进尺控制方法。具体做法是：

（1）面向硐口位于掌子面的中间，首先，至少用肉眼可看见外面的方向标，在主导硐时可见硐口，而后用标杆（或用钻杆代替）以目视使之与硐顶或硐外方向标连成一线。若标杆在掌子面中间，说明方向正确，若偏离中间较多，则需立即调整掘进方向。

（2）使用皮尺或步幅测定进尺，当测得进尺到达转折点附近时应及时通知施工测量人员使用仪器进行精确测定。

（3）每隔 2 ~ 3m 用水平尺或水碗放平方法测出前后点的高差，估算出底标高程是否符合要求，然后用直尺或臂量法粗估断面尺寸，发现问题及时通知测量人员使用仪器精确测定。

（二）导硐和药室验收

导硐药室开挖完工后应以设计和测量人员为主对其进行测定验收，并提交最终精确定位的竣工图。作为硐室开挖作业人员应予以全面协助与配合，主要做好以下工作：

（1）如发现超欠挖、容积不够，施工人员应在药室内标注清楚，并立即着手处理。欠挖补爆，达到要求后由技术和测量人员再行验收。欠挖补爆时应准确确定抵抗线，争取一

次补爆完成。同时要加强警戒，必要时可采取严格的防护措施。

（2）对危石或不稳定顶板进行清理，消除掉石、塌方的危险。应特别注意对硐口的保护，开挖进硐后，硐口处要进行长度不少于2m的口部支护；完工后应对硐口支护进行检查，发现问题及时处理。

（3）清除残孔、金属物和杂物等。验收合格的硐室内不应存有残药、报废钻杆、钻头和清渣工具，同时底板要平整、顺畅、无积水，为装药填塞施工提供良好的条件。

（4）排除硐室内积水、清畅排水沟，同时使排水沟尽可能少地横跨导硐底板，以利于后期运输作业。

（5）向技术人员指出岩性突变、地质构造出现的具体部位，使技术人员能将其准确地标注在图上，为最终完成爆破参数调整提供准确的依据。

四、装药作业

（一）作业程序

硐室爆破施爆阶段的主要作业程序是：药量及参数调整→提交装药、填塞和网路连接施工分解图→现场画标装药、填塞位置→装药作业→硐内网路连接→填塞作业→硐外网路连接→网路检查→安全警戒→起爆→爆后检查→施工总结。与此同时还有许多平行作业项目，主要有网路试验、运输炸药、填塞材料准备、制作并安放起爆体、设立起爆站、炸药防水防潮、网路保护等等。实际施工中主要作业程序有先后顺序，但平行作业项目却不受限制，因此，平行作业应尽量安排在主工序作业时间内完成，以免影响工期。

（二）装药准备

硐室爆破装药量大，工作集中，因而在实施作业之前必须做好充分的准备工作，主要内容如下：

（1）人员组织与安排。成立在技术与施工组指导下的装药作业施工队，制定并执行完善的岗位责任制。通常以主导硐作为划分施工队的依据，每个主导硐安排1个施工队，设硐长1人，全面负责本硐的装药工作。施工队可视硐内药室的具体情况以药室分成作业组，也可几个药室组成1个作业组。

（2）学习领会装药施工分解图。硐长从技术组领取施工图纸及相应作业单，并组织全体作业人员认真学习领会，必要时请技术人员予以讲解，确保准确、完整、全面地领会设计意图及施工要求。

（3）硐内标定。按施工分解图的要求用红油漆在硐室内标出装药位置和起爆药包位置，对条形药包也可将每米巷道装药多少箱（袋）标在硐壁上。另外，药室内起爆药包数量、雷管段数等也可标在硐壁上。

（4）硐室复查。再次清查导硐药室，务必使硐室内干净、排水通畅。同时应根据积水、渗水情况画出药包下垫防水材料的位置。

（5）其他准备。做好网路模拟试验和火工品质量检验；准备好硐内外照明和通风设施；检查运输道路和工具；制作装药标牌；积水段先行采取防水措施，如铺垫防水材料；落实警戒标志等。

（三）装药

装药作业尽量避开雨天，雷雨天更不宜进行装药施工。其操作方法及注意事项如下：

（1）炸药装填必须在爆破技术人员指导下进行，技术人员不到位不得进行装药作业。

（2）平硐装药运输工具一般是手推车，小竖井则是手推车与吊篮相结合。装药前应检查这些运输工具是否完好，开始装药时手推车要固定到人，吊篮更是要专人负责。

（3）每个硐口或竖井口安排专人负责记录进入各硐口（井口）和药室的炸药品种和数量，并与设计数量核对无误后，再填卡、签字或盖章，最后交给爆破负责人。

（4）无论是铵油炸药还是乳化炸药，硐室爆破一般都是整箱（袋）装填。操作时应按设计要求的位置、数量码放整齐。对条形药包每隔 2～3m 就要核对一下单位长度装药量，以免装药不均。另外还需预留出安放起爆体的位置。起爆体周围应用炸药卷填满，避免留下大的空隙影响爆破效果。因起爆体周边有炸药卷，所以防水防潮工作更应加强。

（5）装卸、运输与码放炸药时应轻拿轻放，严禁在地面上拖拽炸药袋。特别是散装铵油炸药，一定要使其包装完好。否则，一旦破损极易受潮变质，而撒落的硝铵遇水分解会释放出氨气等有害气体，不仅危害作业人员的健康，熏呛严重时作业人员无法呼吸和睁不开眼睛，致使装药作业无法继续进行。为方便施工，手推车每次运输炸药不宜超过 6 袋（箱）。

（6）当硐室内有积水时，要及时予以外排，接着在药室底部铺放少量石块，在石块上铺垫方木、竹竿等，其上再铺油毡或三色防水布等防水材料，然后才可码放炸药。若该段岩壁滴水、渗水严重，应一边码放炸药，一边从下向上用塑料布或三色防水布进行覆盖，装药完成后整体覆盖并固定，防止炸药箱（袋）受潮变质。

（7）装药过程中允许使用不大于 36V 的低压电进行照明，照明线必须绝缘良好，灯泡应安装保护罩，并与炸药保持一定的水平距离，人员离开时必须切断电源。严禁采用蜡烛、松脂等明火照明。

（8）在即将装入带有电雷管的起爆体及后续作业中，应先撤出低压电照明设备，改用安全灯、蓄电池灯或绝缘良好的手电筒照明。更换手电筒的电珠和电池应在硐外固定的安全地方进行，废电池要如数回收。

（9）在药室的预留位置由技术人员指导爆破员安放起爆体，同时做好起爆体引出导线的理顺和保护工作，引出导线可用废旧风管、竹筒、塑料管或沙土包等予以保护。

（10）装药时现场负责人或硐长应随时进行检查，装药完毕后对电爆网路要进行导通检查并核对电阻值是否与设计相符，最后由硐长签字验收，对电爆网路作短路处理，并派人看守。

（11）装药时硐室内及硐口（井口）外 50m 范围内严禁烟火。

五、填塞作业

（一）填塞施工的准备工作

（1）认真看图，清楚了解填塞要求，在硐长的带领下用红油漆在硐内标出填塞段的具体位置。

（2）根据图纸要求，事先将填塞料准备好并置于主导硐硐口附近不影响装药作业的地方。若使用碎石包宜事先完成装包工作，填塞工作开始后只需进行整袋碎石包的运输。

（3）按设计要求组建施工队，1 个主导硐安排 1 个队，设硐长 1 人。硐长的主要责任是检查填塞质量，如长度是否足够、周边尤其是顶部是否堵严、网路保护是否做好、排水措施是否落实等。同时按要求配备好需用的机具和材料。

（二）填塞施工的具体方法、要求和注意事项

1. 用手推车将填塞材料运至填塞地段

手推车一般由一人推送，硐外安排两人装车，硐内填塞段安排两人负责砌垒隔墙、接顶填塞等工作。小竖井作为主导硐时需增加一次辘轳转运。

2. 采用片石、碎石包和碎石混合土进行填塞时的注意事项

首先用片石或碎石包自下而上整齐码放成片石或碎石包墙，而后充填碎石混合土，最后在结束位置再码砌成墙，直至接顶。作业中应注意：

（1）充填碎石混合土的长度不能过大，一般单堵段不超过3m。如果填塞长度较长，则需在中间每隔2~3m加一隔墙。

（2）即使是碎石混合土充填段，在接近硐顶部位仍需用片石或碎石包码填密实。每填塞1m都要在密实接顶后再填塞下一个1m，且接顶的碎石包要小，要填满所有空隙。不能单纯使用片石填塞，必须是碎石包（接顶用）和碎石混合土（充填并灌缝）与其混合使用。

（3）码砌片石或碎石包墙时，其宽度（墙体厚度）不应小于0.5m，通常为0.5~0.8m，且必须整齐码放，否则墙体易倒塌，不仅需返工且不利于保证填塞质量；尤其是刚出药室紧邻装药的第一道填塞墙，如果倒塌后果不堪设想。与药包相邻的填塞隔墙不仅要码砌密实，同时宜与药包保持有0.3~0.5m的距离，并以直立平墙为佳。

3. 切实保证填塞长度

填塞段内不仅要保证自下而上全断面充填密实，顶部堵实不留缝隙，也要保证整个填塞段全部填塞，绝不允许贪图省工省料而中间留空不堵。

4. 填塞时应有专人负责检查填塞质量

检查方法除填塞量核对法外，还可采用插钎法，即使用一直径在8~10mm、长度1.2~1.5m的钢钎，填塞完成后沿填塞体中部和顶部两处寻找缝隙插进填塞段，若插入顺利则填塞质量有问题，应拆开隔墙进行检查；若3~4次插入均受阻则说明填塞体基本上是密实的。填塞工作每完成一段要及时检查一段，确认合格后方准施工队进行下一填塞段的施工。

六、起爆网路

（一）起爆网路敷设注意事项

（1）网路敷设施工中最重要的是线路保护和接头连接。为保证不错接、不漏接，必须做到一人连接、一人监督检查并做好记录。

（2）复式电力起爆网路中的导线应采用两种颜色，两套网路各使用一种颜色，避免网路之间的错接。

（3）网路的连接顺序是自里向外，更多的时候是将连接线在装药填塞前就用悬挂的方法置于硐室的上角敷设好；电力线做好电阻值测量和记录，在装入起爆体时将起爆体中的雷管脚线或引出线接入网路中。电力起爆网路每接入一个起爆体后都应检测整个硐内线路的电阻值，比较接入起爆体后的电阻值与硐内线路的原始电阻值，就能核定硐内起爆网路的完好性。另外，检测电阻时不仅要测定每条网路各自是否导通和电阻值稳定、准确，还

要查验两条网路之间是否绝缘良好。

（4）起爆网路连接由专人（起爆网路组）负责，电爆网路各次阻值检测都应做好记录。硐外电爆网路连接前，应检查各硐口引出线的电阻值，经检验合格后方准与区域线连接，只有当各支路电阻均检测无问题后方可接入主线。

（5）起爆网路与起爆电源之间要设计中间开关，在下达"进行起爆准备"命令之前，电爆网路主线不得与起爆电源相连，电源开关最好装入箱内锁好并由专人保管钥匙。

（二）设立起爆站的要求

（1）硐室爆破一般应设起爆站，起爆工作均应在起爆站内进行。起爆站应设在安全的地方，尽量靠近起爆电源并能看到爆破场景，如在飞石危险区内应做好安全防护。

（2）起爆站要配备良好的通讯设备，音响信号应清楚、准确。站内除起爆电源外不得有其他电源，如电台、高压线等，并应避开爆区下风向和爆后毒气影响大的地方。

（3）起爆站的位置一般在装药作业前就应确定，因此，起爆站从启用到爆破完成，无关人员严禁入内。

第四节　高温岩石爆破

高温岩石爆破是指在高于 60℃ 的岩石中实施的爆破作业，当炮孔温度在 80℃ 以上时，严禁在未采取任何有效措施的情况下实施爆破。

一、高温岩石爆破的特点

高温岩石的爆破具有以下特点：

（1）爆区温度高，个别爆区的岩石温度达到 500℃ 以上，在如此高的温度情况下施工，对任何机械的耐受力都是一种严峻的考验。

（2）爆区中的岩体受到高温煅烧，有的岩石结构受到破坏，岩体比较破碎。高温会导致金属性能改变。在高温岩石中钻孔容易损坏钻具，容易塌孔，因此打孔难，成孔难。

（3）高温会改变爆破器材的使用性能，易发生早爆事故。

（4）高温作业容易出现烫伤等其他安全事故。

二、高温岩石爆破的降温方法

（一）采挖阻断法

将正在燃烧的煤炭和剥离物以及将要被烧到的煤炭沿煤层底板一次全部采出、挖空，阻断火种，再辅以注水降温，从而达到扑灭明火、保护整个矿床的目的。

（二）压覆窒息法

对于大面积的表层明火可采用压覆窒息法熄火，即在表面覆盖一定厚度的剥离物料或湿黏土，然后注水夯实，使火源与大气隔绝，最终使火区因缺氧而熄灭。

（三）注水灭火法

水是最经济、来源最广泛的吸热降温材料，其热容量大，一升水转化成蒸汽时吸收 2256.7kJ 热量，同时生成 $1.7m^3$ 水蒸气，能很快降低岩石或煤的温度，大量水蒸气具有冲淡空气中的氧浓度、包围和隔离火源的作用。

注水灭火技术有：地表注水、钻孔注水、注浆灭火、注凝胶灭火等多项降温、灭火技术。"凝胶"是硅的胶体，它由基料和促凝剂按一定的比例配制成水溶液，注入煤体中凝结成胶，包裹煤体，阻碍煤与氧结合，起到填漏和灭火的作用，具有灭火速度快、安全性好、火源复燃性低等优点，因此被广泛应用于井下煤层火灾的防治。

三、高温孔的测温方法

测温需采用至少两种型号的测温仪同时进行，高温爆破采用的测温仪主要有接触式和非接触式两大类。

（一）接触式测温法

接触式测温法是将传感器置于与物体相同的热平衡状态中，使传感器与物体保持同一温度的测温方法。例如利用介质受热膨胀原理的水银温度计、压力式温度计和双金属温度计等。还有利用物体电气参数随温度变化的特性来检测温度。例如热电阻、热敏电阻、电子式温度传感器和热电偶等。

接触式测温仪表比较简单、可靠，测量精度较高；但因测温元件与被测介质需要进行充分的热交换，需要一定的时间才能达到热平衡，所以存在测温的延迟现象，同时受耐高温材料的限制，不能应用于很高的温度测量。

高温爆破测温中，用得较多的是热电偶测温。

（二）非接触式测温法

非接触式测温法是通过热辐射原理来测量温度的，测温元件不需与被测介质接触。实现这种测温方法可利用物体的表面热辐射强度与温度的关系来检测温度。有全辐射法、部分辐射法、单一波长辐射功率的亮度法及比较两个波长辐射功率的比色法等。非接触式仪表测温的范围广，不受测温上限的限制，也不会破坏被测物体的温度场，反应速度一般也比较快；但受到物体的发射率、测量距离、烟尘和水汽等外界因素的影响，其测量误差较大。高温爆破测温中，用得较多的是红外测温。

四、高温孔的测温步骤

高温孔测温应按如下步骤进行：

（1）高温爆破前一天必须测量孔深、孔温，并做好爆破设计，高温爆破装药前应提前将孔温在现场标注清楚。

（2）高温爆破装药前，要对炮孔的温度进行严格检查，经检测，孔内各部分温度不超过60℃为合格孔，否则为不合格孔。不合格炮孔要做好标记，并采取降温措施。

（3）测温需要两个人同时进行，测温后要做好记录。

（4）孔温检测的"三阶段"必须坚持平行验收制度：

第一阶段测温在钻孔工序结束后进行，确定中、高温孔，以便采取降温措施；

第二阶段测温在降温6h后，测定孔温，做好记录，确定孔温是否合格，孔温低于60℃的视为合格，给予验收；

第三阶段测温在爆破前8~10min，复测温度，两组同类测温仪同步检测的温度相对误差不超过5℃，且温度回升不高于60℃的视为合格，可以进行爆破作业。

五、高温岩石爆破器材

目前国家标准还没有爆破器材耐高温性能的有关规定，以下试验数据可以作为工程参考。试验表明，2 号岩石乳化炸药在没有与矿石接触又无特殊包装的情况下，装入温度为 100℃的炮孔是安全的。由此确定其安全使用温度的参考值为 100℃。

宁煤集团大峰露天矿有一块采煤区是火区，爆区岩石（煤体）的温度大于 100℃，该矿曾针对地下火区的高温岩石爆破做了大量的爆破器材耐高温试验，试验表明：

（1）电雷管在孔内发生自爆的温度均高于 125℃，当温度低于 125℃时电雷管不发生自爆，没有自爆的雷管可正常引爆。

（2）当温度高于 125℃时，雷管在孔内自爆的时间与温度的高低成反比，温度越高在孔内发生自爆的时间越短，随着试验次数的增加，这种趋势更加明显。

（3）2 号岩石乳化炸药在相同温度（80℃）下，不同时间（4h、8h 和 12h）后用雷管能正常引爆，其爆速随时间的增长而减小，起爆后有棕黄色烟雾；2 号岩石乳化炸药在 138℃的高温下，经 6h 后失效。

（4）2 号岩石乳化炸药和雷管做成的起爆体在高于 138℃的高温下经不同的时间雷管发生自爆，而作起爆体的乳化炸药不能被引爆，乳化炸药失效。

六、高温岩石爆破操作技术

（一）高温岩石爆破装药前的准备工作

（1）高温岩石爆破前一天必须测量孔温，高温爆破装药前应提前将中、高温孔在现场标注清楚。

（2）每次高温爆破降温后、装药前必须重新测量孔深，如果孔深由于注水或其他原因变浅或坍塌时，可及时根据具体情况调整该炮孔的装药量和周围炮孔的装药量。

（3）每次高温爆破装药前，应先对温度高于 60℃的炮孔进行降温，对回温较快的炮孔采取进一步的降温措施，并注意观测温度变化。

（4）装药前，爆破工程技术人员要对炮孔的温度、孔深进行测量并做好记录。

（二）高温岩石爆破的装药、填塞及起爆

高温孔经处理合格后按下列顺序进行操作：

（1）准备好填塞沙袋，填塞沙袋中充填物的颗粒不大于 50mm，以防填塞过程中砸断起爆网路。

（2）分配好各孔药量，做好防堵措施，以防在装药过程中发生堵孔。

（3）在装药过程中如发生堵孔现象，应立即用炮棍进行处理，若在 2min 之内处理不了，立即放弃该孔。已经装入炮孔内的炸药如发生燃烧冒烟等异常现象，应立即停止装药，作业人员应立即向负责人报告，负责人应立即发出撤离命令。作业人员应迅速进入安全掩体进行观察，根据工程技术人员的设计调整进行后续作业。

（4）连接好起爆网路，把起爆药包摆在炮孔一侧。

（5）布置好警戒，撤出一切不用的器材、车辆，做好起爆准备工作。

（6）分配好每个炮孔的装填人员。爆破负责人在确认警戒完成后，发布装药指令，操作人员在得到装药指令后，应迅速完成装药及填塞工作，并迅速撤离爆破区域。装填过程中应先装正常炮孔，后装高温炮孔。在装填过程中，装药人员负责装药填塞，起爆人员负责起爆网路的检查。

（7）工程负责人在确定装药无误，所有作业人员全部撤出爆区后，下达起爆命令并立即起爆。

（三）其他规定

（1）高温爆破过程如发生盲炮，要立即上报工程负责人，由技术人员制定具体的处理措施。处理前，设备、人员必须撤出高温爆破最小警戒距离以外。

（2）在高温爆破时各部门应做好设备安全避炮及供水工作。

（3）每次爆破后必须做好爆破日志，日志应包括下列内容：

时间、地点、岩石种类、孔数、孔温及爆破量；爆破技术参数；爆破效果；火工品种类、数量；装药人员、警戒人员、起爆人员、爆区检查人员、填塞人员、作业负责人等。

七、高温岩石爆破作业实例

（一）爆破作业时的灭火降温方法

宁煤集团大峰露天矿有个高温区，在该区中多数炮孔内的温度都大大超过了安全规定的指标，经过多年的实践总结出了一些灭火降温和高温炮孔爆破作业的方法。

1. 炮孔注水

在实施炮孔装药前必须对炮孔内的温度进行测试，对超过爆破温度要求的炮孔用细水流注入孔中进行降温处理。一般200℃以下的炮孔经过30min的注水降温处理后，孔内温度可降到80℃以下。采用此方法降温要求每次爆区内的高温炮孔不要超过10个，温度不要超过200℃；单个炮孔的注水量不宜太多以免冲塌炮孔；适当加大炮孔超深，以防注水后装药深度不够；降温后要立即装药实施起爆，避免温度回升。

2. 水花装药法

此方法是对炮孔内温度不太高（60~80℃）或高温区位于炮孔中、上部，流水不能发挥作用的炮孔，在装药的同时实施降温的措施。具体做法是在装药时，将装有水的圆柱形塑料袋与炸药袋间隔装入孔内，塑料袋落入孔内即摔破，水渗出将孔壁和药袋浸湿，从而达到暂时降温效果，然后快速填塞，连线起爆。根据大峰矿的经验，对于孔温不超过80℃的炮孔，从装药到起爆可控制在3min以内，则可安全起爆。由于间隔时间很短，因此一次起爆的炮孔数量不宜太多，一般不超过6~8个，并要求多组人员同时装药。

3. 流水作业法

对于孔温在80~200℃的炮孔，一般采用流水作业进行降温。其方法是先将各孔装药量分配好，堆放在孔口，制作好起爆药包，敷设好起爆网路，然后构筑小水沟连接各孔口，向孔内连续浇注适量流水，流水量以能压住孔内水蒸气为准。数分钟后迅速测孔温，低于80℃即可装药，然后迅速填塞、撤离人员、点火起爆。从装药到起爆控制在3min以内。采用该方法同样要求一次起爆的炮孔数量不超过6~8个。考虑到炸药因水流造成部分损失，要求适当加大装药量，并选用抗水性好，对温度敏感度低的炸药和起爆器材。

（二）爆破作业方法与要求

（1）高温爆破时操作人员按照训练时的岗位和搭配到位，人员搭配不准随意调换；

（2）把准备装到孔内的炸药、火工品和填塞物按照设计分配到炮孔口；

（3）所有人员包括起爆站人员，按照施工组织设计确定的位置就位；

（4）操作时，首先将起爆药包与导爆索下入孔底，并将导爆索引往孔口外固定，然后铺设起爆线路，并用电雷管迅速连接成起爆网路，然后各组人员同时装药填塞，装药填塞完成后，所有人员快速撤离到安全位置后，起爆站应立即起爆；

（5）每次爆破的孔数不超过 8 个，每孔由两人负责装填，特殊情况下超过 8 个孔时，必须保证每孔有两名装填人员及足够的警戒人员方可实施爆破；

（6）每次高温爆破，从装药到起爆的整个过程不超过 3min。

第五节　拆除爆破

拆除爆破是根据工程要求和爆破环境、规模、对象等具体条件，通过精心设计、施工与防护等技术措施，严格地控制炸药爆炸能量的释放过程和介质的破碎过程，既要达到预期的爆破效果，又要将爆破有害效应的影响范围和危害作用控制在允许的限度内。这就是说，拆除爆破需要同时控制爆破效果和爆破有害效应。

拆除爆破具有以下特点：

（1）爆破对象和材质是多种多样的；

（2）爆破区（点）周围环境是复杂的；

（3）起爆技术比常规爆破要复杂得多。

拆除爆破常用于：大型块体的切割解体，如厂房内的设备基础、各种建（构）筑物的基础以及桥梁台墩、码头船坞、桩基等的破碎；钢筋混凝土框架结构、高大建（构）筑物（如楼房、烟囱、水塔等）的拆除；金属结构拆除爆破，如拆除桥梁、船舶、钢架、钢柱、钢板等；高温凝结物拆除爆破，如高炉、平炉及炼焦炉中的凝固熔渣爆破等。

一、钻孔作业

在拆除爆破中由于爆破对象多为柱状和板壳结构，结构内部往往有钢筋等材料，这些特点决定了钻孔作业的特殊性。

（一）墙、柱、梁的钻孔作业

（1）按照标注的孔位从一端或上（下）部开始按顺序钻孔，防止漏孔。

（2）开孔约 0.5～1cm 深后及时调整钻机位置，保证钻孔的正确方向。

（3）为了保证设计的钻孔深度，应采取适当的措施控制深度。一般的方法是选择适当长度的钻杆，用油漆或粉笔等在钻杆上做标记。

（4）拆除爆破的对象大部分是钢筋混凝土结构，当钻孔遇到钢筋后难以继续钻进成为废孔时，应在原孔位附近重新开孔，重新钻孔前应观察钢筋的粗细、位置和方向，尽量减少废孔的数量。

（5）在钢筋混凝土结构上钻孔往往由于配筋密集而形成马蜂窝，分不清好孔废孔，所以钻孔后应在好（或废）孔上做标记，以方便验孔和装药作业。

（6）在仅有 15～20cm 厚的薄壳钢筋混凝土结构上钻孔时，应严格控制钻孔的深度，尽量减少穿透现象。当钻孔打穿后应立即将其用炮泥填塞或废掉该孔并在附近进行补钻。

（7）在梁柱上钻孔时应严格控制钻孔方向，尽量减少炮孔底部到两侧的距离偏差。

（8）每个区（片或梁柱等）钻完孔后应进行清点，检查是否有漏掉的情况，发现后应立即补钻。

（二）较厚墙体的钻孔作业

对于厚度 0.4m 以上、高度在 1.0~3.0m 的墙体结构，为了减少工程量，往往采用在顶部钻垂直炮孔（或在一端沿墙体钻水平孔）的方法，作业中应注意：

（1）由于钻孔深度一般较大，炮孔微小的倾斜就会在底部造成最小抵抗线发生较大的变化，因此钻孔时应尽量在设计位置开孔，按设计的方向钻进。避免造成炮孔底部药包两侧的抵抗线偏差过大或钻穿。

（2）钻孔深度达到 1cm 时，应立即由另一人在旁边两个互相垂直方向用吊锤检验钻杆是否垂直，指导风钻手摆正钻机位置，保证钻孔按设计要求的方向钻进。

（3）钻孔时一般会使用长短不同的多根钻杆。由于钻头在使用过程中不断磨损，直径略有减小，所以一般开孔用新钻头，最后用旧钻头。这样可以保证钻孔作业的顺利和炮孔的精度。

（4）每次换钻杆时应打开强力吹风阀门，将孔底的碎渣吹扫干净。

（5）每个炮孔钻完后应立即堵塞孔口，防止杂物掉入孔内。

（三）片石砌体的钻孔

片石砌体属于不均匀结构，介质中除去岩石和水泥砂浆外还有空隙，因此钻孔中容易出现炮孔倾斜、卡钻等问题。在施工中除了按照一般浅孔爆破进行作业外还应注意以下几点：

（1）炮孔开钻时应选择在片石的中间，不能将炮孔设在片石之间的砂浆缝上；

（2）钻孔开始时要防止钻孔穿过砂浆缝时钻头走偏，使炮孔倾斜；

（3）如遇到空洞，钻完孔提钻时容易在空洞处卡住钻头，取不出钻杆，处理方法是用黄泥将空洞填实；

（4）钻孔中遇到空洞应做记录，以便装药时避开，防止装药过量产生危害。

（四）墩、台、基础的钻孔

在拆除爆破中，墩、台、基础等结构属于大体积混凝土，一般在顶面钻孔，此时可参照浅孔爆破和较厚墙体的钻孔要求进行作业。但由于最小抵抗线一般较小，因此要求钻孔精度高，在施工中要更加小心。

二、验孔

钻孔后装药前应对所有炮孔逐个检查验收，验收的主要内容有：

（1）检查是否在设计要求的所有部位都完成了钻孔作业，既不允许随意加孔也不允许减孔。多钻的炮孔应有明显标注，不再装药，缺孔部位应及时补钻。

（2）检查各部分炮孔的间距和排距是否符合设计要求，而其中的关键是布孔范围和孔数是否符合设计，且范围内炮孔分布位置基本均匀；如有出入应及时报告技术人员采取补救措施。

（3）检查各个炮孔是否符合设计要求的深度，有无"打穿"、超深或欠深，如超深或打穿应予以填塞，深度不够时应进行补钻或请技术人员提出补救办法。

（4）检查炮孔内是否有影响装药的杂物，发现后应及时清理。

（5）检查预处理工作是否到位，处理不到位的要尽量处理到位，以免影响爆破效果，甚至造成事故。处理范围过大时应报告技术人员采取措施。

（6）对所有炮孔进行标注，注明各区（片）炮孔的数量、使用雷管段别和每孔装药量。

三、装药作业

拆除爆破的特点是每次使用的药包数量大，有时多达上万个；单个药包的质量小，通常是以克为单位计算每个炮孔的装药量。做好施工作业的组织和技术交底工作是保证爆破效果的关键。

（一）装药作业前的准备

装药作业前应做好以下工作：

（1）爆破技术人员根据设计和验孔情况编制爆破装药分区作业图，向施工人员按组进行技术交底。爆破装药分区图内容包括施工人员、工作内容、作业范围、药包个数，各种药包的品种、数量和雷管种类及段别，需要的工具材料以及施工注意事项等内容。

（2）清理场地。将施工现场的机械、器具和风水管、电线整理好搬运到安全的地方；将施工场地内有碍作业的物品清除，以便开展装药作业；移走或扑灭施工现场的一切火（热）源。

（3）对参加装药作业的人员进行分工。通常两人一组，一人负责装药和填塞，另一人递送材料和做其他辅助工作。

（4）准备装药所需的炮棍、梯子（或搭脚手架）、小刀、填塞材料等物品。并将所需的梯子和脚手架安放到位。

（5）查看所领用的炸药品种和数量、雷管段别及数量等是否符合设计要求，并将其分门别类地放置在作业地点附近。

（6）对附近有可能因为爆破而损坏的建筑门窗、设施等进行适当的覆盖保护，防止被爆破冲击波和飞散物损坏。

（7）爆破试验。对于重要的爆破工程，为了确保爆破效果，在条件允许时应先选取适当的区域做试验炮，检验设计的参数是否符合现场实际情况，并根据试验结果调整炮孔装药量。

（8）药包制作。采用直径32mm乳化炸药，每卷200g，可以很方便地切割成需要的药量。作业人员按要求进行现场切割、制作药包即可。

（9）各组人员进入作业区熟悉场内情况，对照分区作业图查看本组装药孔的种类和数量、需使用爆破器材的规格和数量、各炮孔中药包个数、分清废孔和合格炮孔等内容，做到心中有数，确保按设计进行施工。

（10）在接入电雷管前应切断通往施工现场的所有电源。

（二）装药操作和要求

准备工作完成后，在技术人员的指导下开始装药作业。装药工作中的操作方法和技术要求如下：

（1）严格按技术交底进行作业，严格按设计的药包装药，不准互相替换，严禁随意增减药量的行为。

（2）装药时应从分区的一端向另一端顺序作业，防止遗漏。每根柱、梁或墙体装药往往是先将所有药包放入各孔口内，清点药包数量是否和设计一致，相符后再将各个药包按顺序推入炮孔，这样可以避免漏装事件的发生。

（3）装药前应分清好孔和废孔，不能将炸药错装入废孔。

（4）为了防止错装漏装，同组作业人员应协同配合，严禁分片包干、各行其是。

（5）雷管安装时注意将雷管的底部放置在药包的中央。在使用乳化炸药时应顺着药卷插入雷管，禁止将雷管的聚能穴外露。雷管安装后应注意不使雷管脱落或在药包中移动，可采用胶布、橡皮筋等物进行固定。禁止用手提雷管脚线或导爆管的方法传送药包。

（6）装药时应该使用炮棍将炸药装到底，同一炮孔装两个以上药包时应记好每次炮棍插入的尺寸；当连续两次的插入尺寸与装药（或者填塞）量有差别时应该及时进行处理。

（7）当采取分段装药时不能随意用炸药代替炮孔中间填塞段，也不能随意改变炮孔中装药的位置。

（8）上下传递炸药雷管时应该手对手进行传递，严禁上下抛掷。

（9）按照施工标记进行装药，如错误地将药包装入已标记不能装药的炮孔，应立即按盲炮处理要求将炸药掏出。

（10）每片区装药完成后应检查是否有漏装，同时将雷管脚线或导爆管理顺，置于不易被踩、踏的位置。

四、填塞作业

拆除爆破中由于药包数量大，为了简化施工程序，通常是装药后立即进行填塞。在填塞时应注意：

（1）在装药作业前应按设计要求准备好填塞料（炮泥卷），如提前准备填塞料，要注意填塞料的保湿。

（2）填塞时，每卷炮泥都要用木棍捣实一次，以防止出现捣不实或空洞现象，严禁把炮泥放进去不捣实的做法。

（3）炮泥一定要填至与孔口平齐。

（4）在填塞过程中，应注意保护好雷管脚线或导爆管，不能将炮棍捣在雷管脚线或导爆管上。

五、敷设爆破网路

拆除爆破中网路敷设是一项十分细致和重要的工作。在实际爆破工作中常常出现因错接或连接不良造成电力起爆网路不能导通甚至产生拒爆。因此在操作时尤其要严格、认真。

作业人员在敷设网路时应注意：

（1）充分了解设计意图，保证爆破网路连接的正确性。

（2）在敷设前还应先对整个区域进行规划，使网路敷设形式尽量简单有序、走线清晰，有利于检查，防止网路出现交叉、螺旋形连接。

（3）在网路连接前应检查所领取的各种连接材料（包括起爆器材、连接线、胶布等）是否均为符合设计要求的合格产品，工具是否齐全。

（4）敷设网路前应先清理场地，将炸药的包装袋（纸箱）拣干净，防止爆破器材掉入杂物堆，给下道工序留下隐患；并能保证敷设网路的方便，防止漏接、错接，有利于网路检查。

（5）敷设网路时应尽量避开施工干扰，无法避开时应采取妥善的防护措施，防止因其他项目的施工损坏网路。

（6）起爆网路敷设时应由有经验的爆破员或爆破工程技术人员实施双人作业制，一人操作，另一人检查监督。

（7）起爆网路的连接应在全部炮孔装填完毕、无关人员全部撤离后方可实施。连线前应擦净手上的油污、泥土和药粉。连接的方向要由工作面向起爆站逐段进行。

（8）敷设的起爆网路线路不能拉得太紧，应有适当的余量，保证网路有一定的松弛度。

（9）网路敷设完成后应及时进行检查或导通，检查所有线路完好后立即将爆区封闭，禁止无关人员入内，并向爆破负责人报告网路敷设情况。

（10）遇有雷电时应立即停止网路敷设，所有人员立即撤离危险区，并在安全边界上派出警戒人员，防止其他人员误入爆区。

六、安全防护

（一）安全防护的材料

拆除爆破中常用的安全防护材料有草袋（或草帘）、编织袋、废旧轮胎（或胶管）编制的胶帘、荆笆（竹笆）、铁丝网、竹排、建筑安全网等，不宜使用薄铁板做防护材料。

（二）准备工作

（1）按设计要求准备好防护材料，并预先连接成较大块，以简化防护作业。

（2）准备好所需的铁丝钩、工具、梯子等用品。

（3）在防护需要的位置钻孔、插钢筋棍、拉铁丝，以便能顺利、快速地进行防护作业。

（4）将起爆线拢好、固定，避免在防护时破损。

（三）防护的操作要点和注意事项

（1）按设计要求，依次将覆盖材料覆盖在爆破物体上。

（2）对悬挂、围栏、支挡覆盖材料的设施，要求有一定的承载能力，并使覆盖材料与爆破体之间有 10～20cm 的空隙。

（3）防护材料的边缘应超出爆区最外侧炮孔，超出的距离不小于 50cm。

（4）不准从下部向上顶送防护材料，这样容易破坏起爆网路和已做好的防护。

（5）各层防护材料均应连接紧密、不留缝隙，避免爆破飞散物从缝隙中冲出。

（6）在覆盖防护时应特别注意保护起爆网路，不得对起爆网路有任何损害。

（四）高耸建筑物定向倾倒触地的安全防护

高耸建筑物定向倾倒时由于本身携带的能量很大，与地面碰撞解体时会形成大量飞溅物并产生较强的塌落振动。因此对倒塌范围要进行必要的防护，以免造成不必要的损失。

1. 一般防护方法

（1）在地面堆起数道有一定高度的土埂，该土埂应有一定的承载能力、又不能产生飞溅物，如使用沙包、湿度适当的土等，严禁使用建筑物碎块做土埂。

（2）将土质地面挖松软，将其中的碎块清除干净。

（3）将地面的积水、泥土清理干净，防止产生飞溅。

2. 施工人员操作时注意事项

（1）土埂的高度、宽度、长度和数量必须符合设计要求，不得擅自更改。

（2）严禁使用建筑碎碴等硬块物质做降震和防飞溅物的地面防护材料。

（3）用沙土、煤灰等做缓冲材料时，需浸水防尘并提高自身承载能力。注水量要控制在使防护材料湿透即可，不可产生渗水。

第六节　水　下　爆　破

一、水下钻孔爆破

（一）施工特点

水下爆破是在水中、水底介质中进行的爆破作业，适用于河道整治、水下管线拉槽爆破（包括开挖沉埋式水底隧道基坑）、水工建筑物地基开挖、爆破压密和桥梁基础开挖等。

水下工程由于能见度较低，加上水的流速、潮汐、水深、地形等复杂因素的影响，钻爆施工难度较陆域大，爆破后的碎石不便于清渣船清渣。实践证明，爆破和清渣是水下开挖工程的两个重要组成部分，要取得较高的综合效率，两者必须密切结合。

水下钻爆应按开挖断面和船位有序地进行。一般是由下向上，由外向内，由深而浅分段进行。除岸上设置纵横断面外，首先应在图上提取坐标，布置船位和孔位，然后在现场用全站仪根据图上坐标跟踪定位布孔。

（二）钻爆参数

表6-4 中列出了正常水下爆破中采用垂直炮孔时各种炮孔直径的钻孔爆破参数。表6-5中介绍了一些国内外水下爆破挖掘工程中采用的钻孔爆破参数和有关技术指标。

表6-4　水下钻孔爆破参数

炮孔直径 /mm	台阶高度 /m	炮孔深度 /m	超钻深度 /m	水深/m	最小抵抗线/m	孔间距 /m	装药量 /kg	装药单耗 kg/m	装药单耗 kg/m³
30	2.5	2.9	0.4	2~5	0.90	0.90	2.1	0.9	1.14
	5.0	5.8	0.8	2~5	0.85	0.85	4.8	0.9	1.20
	2.0	2.8	0.8	5~10	0.85	0.85	2.1	0.9	1.16
	5.0	5.8	0.8	5~10	0.85	0.85	4.8	0.9	1.25
40	2.0	3.2	1.2	2~5	1.20	1.20	4.5	1.6	1.11
	5.0	6.2	1.2	2~5	1.15	1.15	9.3	1.6	1.20
	7.0	8.1	1.1	2~5	1.10	1.10	12.3	1.6	1.26
	7.0	8.1	1.1	5~10	1.10	1.10	12.3	1.6	1.31
50	2.0	3.2	1.2	2~10	1.20	1.20	5.0	2.6	1.16
	3.0	4.5	1.5	2~10	1.50	1.50	10.4	2.6	1.19
	5.0	6.5	1.5	2~10	1.45	1.45	15.6	2.6	1.25
	10.0	11.5	1.5	2~10	1.35	1.35	26.0	2.6	1.40

炮孔直径 /mm	台阶高度 /m	炮孔深度 /m	超钻深度 /m	水深/m	最小抵抗线/m	孔间距 /m	装药量 /kg	装药单耗	
								kg/m	kg/m³
70	2.0	3.2	1.2	2~10	1.20	1.20	10.0	4.9	1.16
	3.0	4.5	1.5	2~10	1.50	1.50	19.0	4.9	1.19
	5.0	7.0	2.0	2~10	1.95	1.95	30.4	4.9	1.25
	10.0	11.9	1.9	2~10	1.85	1.85	55.4	4.9	1.40
	10.0	11.8	1.8	20	1.80	1.80	55.4	4.9	1.50
	15.0	16.7	1.7	20	1.70	1.70	78.9	4.9	1.65
100	2.0	3.2	1.2	5~10	1.20	1.20	16.0	6.4	1.10
	3.0	4.5	1.5	5~10	1.50	1.50	23.7	6.4	1.19
	5.0	7.3	2.3	5~10	2.26	2.26	42.2	6.4	1.25
	10.0	12.1	2.1	5~10	2.10	2.10	73.0	6.4	1.40
	15.0	17.0	2.0	5~10	2.00	2.00	103.7	6.4	1.50
	15.0	17.0	2.0	20	1.95	1.95	103.7	6.4	1.65
	20.0	21.9	1.9	25	1.85	1.85	136.3	6.4	1.85

表 6-5　水下钻孔爆破实例及相关参数

工程地点	孔径/mm	孔距/m	排距/m	孔深/m	布孔方式	超深/m
广东黄埔航道整治	91	2.5~3.1	1.7~2.5	4.5~7.5	垂直	1.0~1.5
广东新丰江隧洞进水口	91	2.0	2.0	5.0~8.0	垂直	1.5~2.2
辽宁港池	91	2.5	2.5	2.0	垂直	0.4~0.9
湖南沅水石滩	30	0.8~1.2	0.8~1.2	1~1.5	倾斜孔：70°~85°	0.20
湖南大湾航道	50	2.0	2.0	2.5	垂直	0.8~1.2
南方某码头	91	2.0	2.0	6	垂直	1.2~1.5
日本三号桥	50	2.0	2.0	2.56~3.1	垂直	
日本种市港	75	2.6	2.5	4.0	垂直	
英国美尔福德港	75	1.3~1.5	1.3~3.0	4.5~8	垂直	
香港开挖隧洞基础	70	1.8~2.0	1.8~2.0	9.0	垂直	1.8
诺尔切平港	51	1.50	1.50	4.6~8.4	倾斜孔：50°~60°	1.5
第拉瓦尔河	152	3.0	3.0	2.4~7.2	倾斜孔：45°~60°	
朴次茅斯港	64	0.60	1.20	3.1~4.6	垂直	
热那瓦港	64	2.25	2.25	8.0	垂直	
安加拉河	43	1.00	1.00		垂直	0.3~0.4
巴拿马运河	76~101	3.00	3.00		倾斜孔：60°~70°	1.5
法里肯贝尔港	51~70	1.5~2.0	1.5~2.0		垂直和倾斜孔：70°~75°	1.0
摩泽尔河	43	1.5	1.5		垂直	

（三）施工技术

水下钻孔爆破施工技术中钻孔作业比较复杂、困难，其他施工程序与陆域爆破基本相同。

1. 钻孔船定位

水下钻孔是通过水上作业船（驳）或钻孔平台配以导管穿过水层对岩石进行钻孔，船与平台必须依靠锚绳和桩定位。对于钻孔船，为便于移船和定位，同时确保邻近航道的正常通航，可在其上游抛倒"八字"锚，两侧抛开锚，通航一侧连接锚链下沉，使其有足够的水深过船，以便施工通航两不误。同时尽量多覆盖钻爆区，做到机动灵活，缩短移船定位爆破周期，提高工效。在钻进过程中因受水流、风浪、潮汐等影响，船体的位移量不宜大于10cm，以减少钻进中出现导管和钻具倾斜、折断及丢失的现象。

2. 水下钻孔作业

水下钻孔，目前均采用风动钻具，操作省力省工，进度快。钻孔工序分下套管和开机钻进两个工序。

（1）下套管。根据施工区炮孔位置和水深情况，配接好套管长度，距水面附近配花格子管，以便钻孔时石碴和水从花格子管中流出，不冲向操作平台。用枇杷头钢绳拴好套管，吊起沉放入水。为使套管垂直不受流速影响而倾斜，在套管脚上1.0~1.5m处拴上一根直径15mm的白棕绳做提头绳，将绳头拉向上游部位，专人护理，听从作业组长指挥，随套管下沉慢慢松放直至套管正位后，固定在桩上，取下钢绳，固定套管，即可吊钻杆入套管钻进。为便于接卸钻杆，钻杆长度应根据钻架高度选取。

（2）开机钻进。当岩层表面有砂卵石覆盖或强风化岩时，可用高压风驱动水流将其冲走，再实施钻孔。达到设计深度后，再来回提钻数次，使炮孔孔壁光滑，最后提出钻杆，检查验收炮孔。

3. 药包、起爆体加工

（1）药包加工。目前国内各类爆破器材生产厂家均可按照用户要求提供相应规格的水下爆破专用药卷，省去了小药卷加工成大药卷及防水处理的工序。用于水下的药包有两种：

1）震源柱药筒。塑料壳制成，筒长0.5m，直径90mm，装药3kg，底部和口部有螺丝口，便于连接。药筒的上部有一盖板，板上有一孔，便于装雷管。

2）牛皮纸浸蜡包装筒。筒长0.5m，重3kg，药筒采用竹片绑扎连接，加工成不同长度与重量的药包，或直接采用抗拉性能好、密度大的乳化炸药药卷。

（2）起爆体加工。采用8号金属壳雷管（电或导爆管毫秒雷管），每孔至少装两发雷管，并联接在两个起爆网路中。引出的导线松弛地绑扎在一根直径6~7mm的尼龙绳上，尼龙绳与药筒绑牢，既当投放起爆药卷的提绳又可保护导线，避免被水流冲散、冲断。

4. 钻孔检测、装药和填塞

钻孔完毕，装药前应先用送药杆检查钻孔，核实钻孔的深度和孔壁的光洁度，达到设计要求后即可进行装药。装药时用送药杆压住药包顶部，拉住提绳，通过导管缓慢地送入孔内，使药包底部与孔底接触。装药完毕，用送药杆压住药筒顶部，抽出提绳，用粗沙或卵石填塞。拔起送药杆，提起导管，拉出导线，系于钻孔船或浮筒上。

（四）起爆方法

水下爆破工程通常采用电起爆和导爆管起爆两种起爆方法。

1. 电爆网路的形式与敷设

（1）电爆网路形式。为确保水下钻孔爆破的电爆网路准爆，均采用并串联起爆网路。

（2）主线加工及敷设：

1）主线加工。用直径 17～21mm 的白棕绳、尼龙绳或麻绳做主绳，将电爆网路的主线每隔 40～60cm 松弛地用细绳绑扎在主绳上。

2）主线敷设。爆破网路的主线，在有流速的河段，一般在位于爆破安全区上游的定位船上顺流引放；在缓流或沿海地区，当炮孔区域线联结形成整体爆破网路后，随即进行钻船横向位移，到达安全区后即可通电起爆。

2. 导爆管起爆法

导爆管起爆法大多采用簇联方式连接网路并起爆。

二、水下裸露爆破

（一）一般概念

水下裸露装药爆破法就是把装药直接放置在水底，紧靠礁石表面进行爆破的方法，它与陆上裸露爆破法基本相似，但由于水介质的影响，在炸药消耗和施工工艺方面有所不同。

水下裸露爆破法具有施工简单、操作容易和机动灵活等优点，它多用于航道整治工程中的炸礁、沉积障碍物和旧桥墩的清除、过江沟槽的开挖以及胶结沙石层的松动。但水下裸露爆破法炸药单耗大，相对于水下钻孔爆破来说，效率较低，同时又不能开挖较深的岩层，因此在应用上受到限制。

由于水下爆破的影响因素很多而且复杂，因此，目前对于水下爆破参数的计算尚没有准确统一的计算公式，在工程施工中常常采用条件类似的工程施工总结的参数，或者采用一些经验公式估算，然后在工程中通过试爆进行修正。

（二）施工方法

水下裸露爆破施工方法的成败关键是如何在指定的施工地点正确无误地投放药包并起爆。水下投放敷设药包应根据水深、流速、流态、工程量大小及通航条件等情况，采用不同的投药敷设方法。

1. 岸边直接敷设法

当水较浅、爆破区靠近岸边、能从水面看清待爆目标时，可从岸边通过斜坡平台滑放，或用钎杆插送。

2. 潜水敷设法

水深 3m 以内，流速小于 0.5m/s 时，对于零星分布的少量块石或孤石，可采用潜水员入水敷设药包的方法，在此条件下，潜水效率与作业条件关系密切。

3. 沉排法

水较深、水底较平坦的岩石开挖工程，可在设有斜坡平台的工作船上，或在岸边架设滑道，将药包按设计间距排列在木排、竹排或尼龙框上，形成网状，然后推滑下水，用木船拖至爆区，配上重物将排架沉至待爆目标。

4. 船投法

大面积或大量水下裸露爆破工程，宜用船投法。大型山区河流，河道较宽可用机动船投药；中小型河流，因航道条件较差，大多采用非机动船投药。

非机动船投药，能在任何急流险滩或滑坡河流段施工。作业时配备一艘 25～30t 的非机动船作为定位船，船上装有小型柴油机作为定位抛锚和施绞投药船用，安装有扬声器、对讲机等通讯工具和爆破仪表。投药船选用 8～15t 的船，中舱两舷设翻板，板长 5～6m、宽 0.3m、厚度 0.04m，用铰链与船体连接，船上配有测深仪、对讲机等仪器和通讯设备。另配有功率为 110kW 的机动船负责交通和送药包。定位时，由机动船拖带定位船在爆区上游锚泊定位，一般用主绳和左右边绳锚泊在施爆区上游 70～120m 处。定位船根据投药船炸礁的需要，负责上、下、左、右移位，使定位船与投药船始终固定在被炸礁石的同一流线和断面上。投药船每投放完一船（次）药包，由定位船将其绞拖至定位船附近，然后起爆。

5. 绳递法

绳递法又称空中吊炮法，通过跨河缆投放药包。其方法主要是在陡崖狭窄的急流河段，船只无法到炸点投药时，可在离炸点 20～30m 的上游河面上，用直径 14～17mm 钢绳横架一根跨河绳，绷紧后套上铁环，铁环上系一根拉绳至两岸，便于牵引铁环左右移动。用尼龙绳或钢丝绳穿过铁环拉吊药包，称药包主绳。在药包的捆绑绳上，拴几根拉绳至两岸，用来提高投药的准确性和使药包紧贴礁石，称药包脚绳。1994 年乌江白马至涪陵河段的鸡公岭发生滑坡，堵塞河段，后经两年吊绳水下疏炸，疏通了河道，恢复了通航。

（三）药包加工

一般来说，水下裸露爆破应采用乳化炸药，在制作药包时可将经检查的两发雷管直接插入药包中。根据炸深要求，可加工成 9kg、12kg、15kg、18kg、21kg、24kg 的药包。目前广泛采用 500mm×800mm 塑料袋，将装药做成扁平形状的药包，其长宽厚之比为 3：1.5：1 较为合适，可增大药包与岩石的接触面积。为防止塑料袋在激流暗礁上划破，通常在塑料袋外用长 0.8m、宽 0.28m 的竹笆或纸箱包装做保护层，并在药包的两端加配重，配重可就地取材，采用块石或沙石。配重的质量应根据流速确定，也可参考表 6-6 的参数进行选择。

表 6-6 水下裸露药包配重质量

投药地点流速/m·s⁻¹	2.5～3.0	3.0	4.0	5.0	6.0	≥7.0
配重质量与药包质量之比	2.0	2.0～2.5	3.0～4.0	5.0～6.0	6.0～7.0	7.0～7.5

第七节 油气井燃烧爆破

油气井燃烧爆破施工操作与常规岩土爆破施工操作相比，爆破的对象、目的不同，且油气井中爆破的环境条件异常恶劣，需采用专用的爆破器材和特种爆破工艺，本节对其基本的施工操作技能和应注意的事项作简要介绍。

一、油气井井身结构及爆破特点

我国陆地上的油气井大部分为两层套管结构：外层套管是表层套管，直径为 508mm（20 英寸）或 339.7mm（13.8 英寸）；内层套管为技术套管，常用外径为 177.8mm（7 英寸）或 139.7mm（5.5 英寸）两种。如遇地层构造等特殊情况，也可在井底加一层外径略小的尾管，如图 6-15 所示。

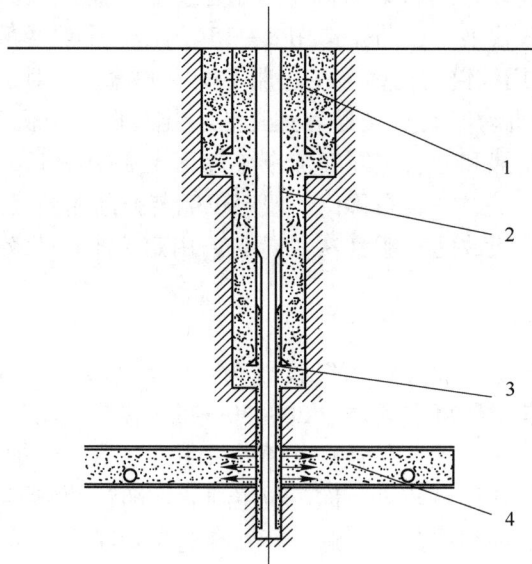

图 6-15　陆地油井井身结构示意图
1—表层套管；2—技术（或油层）套管；3—尾管；4—射孔段

　　海上油气井的井身结构要比陆地油气井的复杂得多，一般由四层套管组成：最外层套管是隔水套管，外径为 760mm（30 英寸）；表层套管外径为 508mm（20 英寸）；最内层为技术套管，多采用 244.4mm（9.5 英寸）的外径；在表层套管与技术套管之间，有时还加一层外径为 339.7mm（13.8 英寸）的内层套管。

　　不论是陆地油气田还是海上油气田，其燃烧爆破作业都在最里层的技术套管内操作。由于作业环境狭窄，油层深度大，使其作业在极其特殊的环境下进行，所以油气井爆破有其特殊性。

　　（一）在特定的井身中进行

　　油气井燃烧爆破与一般爆破工程不同，其在特定的油气井套管内指定井深处（如油层）进行射孔、压裂、整形、切割等作业，且套管内空间有限、深度不一，还充满了压井液。在这样特定的条件下进行爆破，要求爆破器材设计制造得非常精细，结构严密；施工工艺十分严格、规范。

　　（二）在复杂的外界环境中进行

　　陆上油井井场，上空有高压电缆线，地上有各种施工设备和机械、车辆，常伴有感应电流、杂散电流、射频电流等，安全性要求很高。若不多加注意，将会带来井毁人亡的灾难。在海上油田，油、气井爆破作业是在固定式钻井平台、自升式钻井平台上进行，受外界环境限制，施工条件更为恶劣。

　　（三）爆破器材要有良好的耐温、耐压性能

　　我国油田的油层大部分在 1000～4000m 井深处，少数可达 6000～8000m 深，其井温高至 250℃，泥浆的压力为 140MPa。在这样高温、高压下实施爆破，爆破器材的发火感度，热稳定性，爆炸威力等必须确保能正常作用，以达到工程设计的要求。

（四）油、气井燃烧爆破器材应具有良好的密封、绝缘性能

油、气井燃烧爆破器材在数千米以下的油、气井内使用，井内充满了泥浆，这就要求爆破器材具有良好的密封性和绝缘性。如因密封和绝缘性能不良一旦产生盲炮，处理起来相当困难；若发生误爆，则会造成严重事故。

（五）起爆、传爆技术要求特殊

由于油、气井结构的特殊性，要求起爆、传爆器材必须满足耐温、耐压、密封、绝缘不漏水的特定要求。为此，我国有关油田设计、研究单位成功研制了电缆车起爆、传爆技术以及撞击起爆技术，压差起爆技术等爆破新技术。

二、聚能射孔井下施工爆破方法

井下布弹爆破通常采用电缆传输和管柱传送两种方法。

（一）电缆传输布弹爆破施工

电缆传输布弹射孔装置见图 6-16，其施工步骤如下：

（1）油、气井井下燃烧爆破的各类产品，采用电缆布弹、电雷管引爆时，其雷管应选用安全磁电雷管 CL-CW-180 型和专用起爆器；避免因井场漏电、杂散电流、射频电流等引起的意外事故。

（2）弹体的耐温、耐压等性能必须满足该施工井的要求；装配电点火器时，应远离人群和电源，严格遵守雷管使用操作细则，并及时清理螺纹上所粘的药粒。

（3）电缆车及有关设备必须接地良好；弹体连接时应清理螺纹，不得用力过猛；提起弹体放入井口后，点火器的引线方可与电缆线相接；接线前必须放尽电缆芯线等器材上的

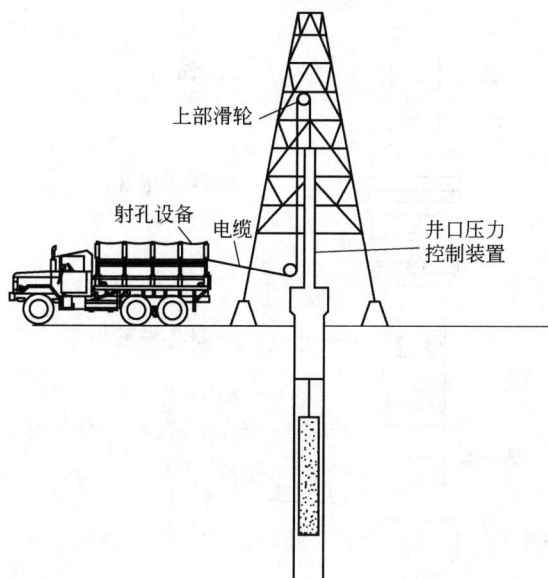

图 6-16　典型电缆传输布弹射孔装置示意图

静电；仪器电源线与其他线路的绝缘电阻应大于 $10M\Omega$。

（4）电缆车将弹体下放到井下 50m 以下时要暂停下放，经检查线路畅通且符合设计要求后，方可继续下井。

（5）弹体下放中，点火保险必须断开；弹体下放速度不得超过 3000m/h。

（6）井口人员在电缆升降过程中，应密切注意电缆运动状态及变化，防止遇卡和井下电缆打扭、打结，一旦出现异常，应立即停车处理。

（7）下井弹体出入井口时，井口工作人员应站在转盘左后方，在处理遇卡事故时要固定好滑轮，防止发生意外；电缆上升时绞车后边不准站人，电缆运行时人员不允许跨越电缆。

（8）当弹体下放到位后，用磁定位器测定弹体井下深度，当弹体深度准确无误后，再检查线路情况，线路畅通无误时方可引爆。

（二）管柱布弹撞击引爆施工

管柱布弹撞击引爆装置见图 6-17，其施工步骤如下：

（1）将下井的投送管柱每 10 根为一组排放整齐，人工或用电子测长仪测量每根管柱的长度，并标注好每组的排序号，贮存在电脑中以便确定下井深度。

（2）管柱下井前必须将每根管柱逐一用热蒸汽冲刷、洗涤，以便除去管子中的油腻、沥青及其他附着物；同时用相应尺寸的通管规从每根管柱中通过，以确保管柱内腔干净、无异物。

（3）在弹体以上 40～50m 处宜加一根 1～2m 的校位短节，以便测定弹体深度；弹体和管柱连接中间则必须加一根不小于 2m 长的安全短节，以保证弹体引爆后，管柱不会被顶弯、顶坏。

（4）弹体和下井的管柱应轻拿轻放，严禁敲打弹体；用管柱下放弹体时，管柱应平稳，不得镦钻，严禁落物掉进管柱空腔内，引发误爆。

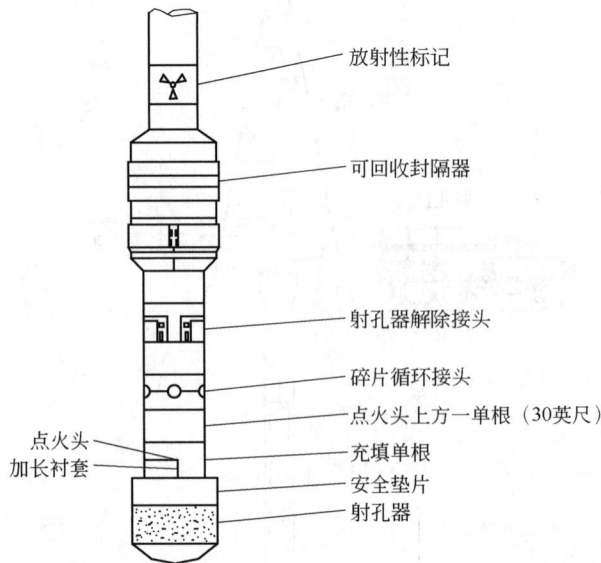

图 6-17　典型管柱布弹撞击引爆装置示意图

（5）弹体下井时，应随时观察重力表（或拉伸显示仪）读数，若发现弹体受阻，应立即停止下弹，分析产生的原因和解决的办法。

（三）聚能爆破射孔作业中的盲炮处理

在聚能爆破射孔作业中一旦出现盲炮，除分析其产生的原因外，应加强盲炮区的警戒，及时排除盲炮。

1. 电缆布弹盲炮处理

（1）电缆布弹到井下预定位置后，如果引爆不成功，首先检查线路通断情况，如基本完好或经处理恢复后可进行第二次引爆；第二次引爆还不成功，经检查确认线路无法再用时，应立即关闭引爆开关，上提弹体，上提速度应小于3000m/h。

（2）提升弹体到距井口70m时，要关闭井场所有电源、移动电话、对讲机；剪断引爆线，将弹体提出井口，拆除引爆体。

（3）确定盲炮是引爆体造成还是枪身（弹体）漏水所致，再作出相应处理。

2. 撞击引爆盲炮处理

（1）当在规定时间没有击发井下弹体时，应及时检查撞击棒是否被卡住，同时测量遇卡的位置。

（2）当投棒1h后仍未引爆，可用水泥车（泵）加压，冲洗投送管柱，使投棒解卡，然后将其提升至井口。

（3）当经泵压冲洗仍不能解卡时，可用投棒打捞器下放至井内将投棒打捞上来然后将井洗净再行投棒；严禁采用追加投棒方法处理。

（4）当撞击起爆器失灵不能引爆时，应平稳提升管柱；当弹体提升到距井口还有两根管柱长度时，由现场技术人员指导拆卸弹体，已损坏的爆破器材应回收并运到安全地点进行销毁。

三、油气井压裂方法

（一）方法介绍

随着油、气井生产时间增长，在产油原射孔段的周围，地质状况逐渐发生着变化。首先是产油前钻井工艺中钻井液及钻井对井筒周围地质产生污染，形成钻井污染带。在随后的完井工艺中下套管、固水泥环等作业，对套管周围地层也产生一定污染。特别是在油井投产后，油层中的油通过天然油层裂缝流向射孔孔道，再进入油井被油泵抽出。在这个过程中，油层有机物、高分子类聚合物以及井下微生物、细菌等对油层地质均会产生污染。污染的结果导致油流裂缝变小，逐渐被堵塞，导致近井地带渗透性变差，造成产油量逐渐降低和停产的后果。为了改变这种状况，消除污染，重新沟通产油缝隙，恢复原油生产，人们发展了压裂技术，该技术能够克服以上不利因素，使油井重新恢复生产。压裂方法有三种：一是爆炸压裂法；二是水力压裂法；三是高能气体压裂法。

1. 爆炸压裂法

爆炸压裂法是把炸药置于井筒中使之爆炸，利用爆轰压力和冲击波压力压裂油层的一种方法。爆炸压裂的压力上升时间短、峰值压力很高，压裂过程难以控制。由于作用时间短，爆炸压裂一般不能使油层产生较长的裂缝，只能使井筒周围形成一个破碎层。该破碎层又容易受高压作用被压实成一个低渗透的"挡板"，产生所谓的"应力罩"效应，如图6-18（a）所示。此外，爆炸压裂峰值压力很高，极易破坏油气井套管，所以应用范围受到限制。

2. 水力压裂法

水力压裂是油井增产改造的主要措施之一。其作用原理是用压裂车对压裂段输入强大压力，将岩石压开形成两条很长的裂缝，如图6-18（b）所示。当裂缝形成后，压力略有下降但能持续很长时间，使低渗透油层得到彻底改造。水力压裂法有

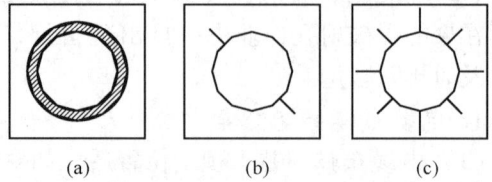

图6-18　三种压裂形式示意图
（a）应力罩效应；（b）水力压裂法；（c）高能气体压裂法

增产幅度大、有效期长等特点，因而得到广泛应用。但水力压裂法有设备费用昂贵、施工时间长等缺点，在低产井和多井地带的油气井中并不适用。

3. 高能气体压裂法

高能气体压裂是利用发射药或推进剂产生的高温高压气体压裂地层，形成多条辐射状裂缝的方法。可以改善地层渗透性和导流性的油气井燃烧器材简称压裂弹。高能气体压裂弹可有效控制燃烧压力峰值不对套管和井壁产生破坏作用，且能使地层产生多条辐射状裂缝，如图6-18（c）所示，达到增产增效的目的。

（二）井下布弹施工工艺

压裂弹的井内布弹，可以采用管柱输送布弹，投棒撞击点火的施工工艺，也可以采用电缆输送布弹、电点火的施工工艺。具体操作过程与本节中介绍的聚能射孔技术下井施工爆破操作方法基本相同。

井下聚能切割、套管爆炸整形、套管爆炸焊接加固等操作方法可参阅有关文献。

第八节　煤矿井下爆破

煤矿井下的生产环境比一般矿山地下爆破的条件更差，可能引起瓦斯和煤尘爆炸、煤和瓦斯突出及矿坑透水和冒顶。为了保证煤矿井下爆破的安全，除了要遵守一般矿山地下爆破的工艺和操作要求外，还须遵守一些特殊的规定和要求。

一、爆破作业与煤矿环境的关系

煤矿的环境决定了煤矿井下爆破比一般地下矿山爆破更易发生严重的爆破事故，爆破作业安全与其环境因素之间有密切的关系。

（一）爆破作业和瓦斯的关系

煤矿井下一般都有以甲烷（CH_4）为主要成分的可燃爆瓦斯，爆破作业能为瓦斯的燃爆提供火源。因此爆破火源直接引燃、引爆瓦斯的可能性是很大的。从瓦斯爆炸的机理分析，爆破引爆矿井瓦斯的主要原因如下。

1. 空气冲击波

炸药爆炸时产生的空气冲击波具有极高的压力，它可使工作面危险介质温度升高。实验证明，400g煤矿安全炸药爆炸后，产生爆炸冲击波的波阵面压力可达$2 \times 10^6 Pa$，温度

可达 467℃。瓦斯和空气混合物的爆发点为 650℃，在一般情况下，空气冲击波不能直接引起瓦斯爆炸。但冲击波遇到障碍物会发生反射，而冲击波在反射时有强烈的叠加作用，反射后的波前压力可增长若干倍，障碍物前压缩区的介质密度与温度均可剧烈上升，另外先爆炸药包将危险介质预热也使其温度升高，在这种情况下，冲击波引燃瓦斯的可能性增大。同时爆炸冲击波引起工作面冒顶，引起瓦斯积聚并扬起沉积的煤尘，增大了瓦斯、煤尘爆炸的可能性。

2. 灼热微粒

灼热微粒是指分解不完全的固体爆炸产物或其他固体掺入物。虽然因为灼热微粒在飞散过程中速度与温度下降甚剧，不能成为点燃瓦斯的主要因素，但是在危险介质已被预热的情况下，仍可点燃瓦斯。

3. 高温爆炸气体作用时间超过瓦斯引燃延迟期

一般瓦斯与火源接触，不是立即引爆，而是有一个延迟期，这种特性叫做瓦斯引燃延迟期。瓦斯浓度越高，延迟时间越长；引火温度越高，延迟时间越短。当引火温度为 650℃时，延迟时间为 10s，当引火温度达 1000℃时，延迟时间为 1s，温度再高，延迟时间就更短，更易引燃瓦斯。爆炸气态产物温度可达 1800 ~ 3000℃，如果与瓦斯的作用时间超过延迟期，即可引燃瓦斯。

4. 爆炸产生二次火焰

炸药在爆炸反应时，如果反应不完全，可产生可燃气体，如氢、一氧化碳等。它们在空气中氧化可产生二次火焰，其温度可达 1600 ~ 2000℃，远远超过危险介质的发火点。另外爆炸生成物的 NO、NO_2、CO、SO 等都是瓦斯燃爆的催化剂，由于降低了瓦斯爆炸的下限浓度，所以大大加剧了瓦斯因爆破引燃的可能性。通常瓦斯爆炸的体积浓度范围为 5% ~ 16%，在某些情况下，瓦斯爆炸下限甚至可低到 3.2%。

（二）爆破作业与煤尘爆炸的关系

一般把直径在 1mm 以下的煤粒叫煤尘。在煤矿的采掘（如钻孔、爆破、运输、提升、搬运等）过程中都会产生大量的煤尘。当煤尘达到一定浓度时，如存在引爆热源就会产生燃爆。爆炸冲击波使沉积煤尘飞扬，同时为煤尘的燃爆提供了热源。因此煤矿井下爆破作业可以直接引爆煤尘，而且还有可能在引爆煤尘后，继而引爆瓦斯，或者由瓦斯爆炸引起煤尘爆炸。爆破引爆煤尘的机理与引爆瓦斯的机理大致相同。研究结果表明，具有爆炸危险的煤尘粒径在 0.7 ~ 1mm 时，爆炸浓度下限为 $45g/m^3$，上限为 $1500 ~ 3000g/m^3$。引爆煤尘温度一般为 750℃。当有瓦斯和煤尘同时存在时，爆炸浓度和引爆温度都将下降。

（三）爆破作业与煤和瓦斯突出的关系

煤和瓦斯的突出、煤的突然倾出和压出是煤矿开采过程中的动力现象。由于爆破作业突然改变了采掘工作面的地应力分布和削弱了阻止突出发生的岩石（煤）阻抗力，因而可能直接引起煤和瓦斯的突出、煤的倾出和压出。因爆破而造成煤尘和瓦斯突出是由于在具有煤尘和瓦斯突出危险的煤层中进行采掘时、或在石门揭开有煤和瓦斯突出危险的煤层时防突超前距离不够，防突措施不当或没有达到预期防突效果；凿岩爆破参数的选择不合理；或者是在煤（岩）层地质条件发生变化时，没有采取相应的措施。

（四）爆破作业与透水的关系

煤矿由于地质与水文地质错综复杂，早年老窑或其他因素形成各种形式的含水体，因此矿井水窑是客观存在的。爆破则可能将采掘工作面与水体直接贯通或因爆破造成冒顶与水体连通而造成矿井透水。

在采掘作业面接近含水层、含水体、断层、裂隙等导水通道，或在采掘工作面出现透水征兆时没有停止掘进或采取恰当的探放水措施，而盲目强行爆破往往会导致透水。

（五）爆破作业与冒顶的关系

冒顶是采掘空间周围岩石变形、破坏、冒落的地压现象。煤矿顶板大多数由页岩、砂质页岩组成，一般不稳固、采动变形大、地压大。由爆破引起冒顶事故的原因，一般是随意钻孔、多装药、爆破前没有加固支架、爆破后不检查、有险情不处理、采煤面不直、留有顶煤、煤壁伞檐等。

二、煤矿井下爆破作业的特殊要求

由于煤矿生产环境的特殊性，为了防止爆破引起瓦斯、煤尘爆炸、瓦斯和煤的突出、透水和冒顶事故，在煤矿井下爆破作业中，对于炸药、起爆器材的选择和起爆方法、爆破作业程序等都提出了一些特殊要求。

（一）对爆破器材的要求

1. 严禁使用非煤矿许用炸药和起爆器材

煤矿爆破作业，必须使用煤矿许用炸药和煤矿许用起爆器材，严禁使用非煤矿许用炸药和起爆器材。在岩层中开凿井巷或延深井巷时，在无瓦斯的工作面中，可以使用非煤矿许用炸药和延期电雷管，但这些井巷必须距离有瓦斯的煤层（岩层）10m 以外，当接近地质破碎带时，应根据具体情况加长这个距离。

2. 禁止使用硬化和水分超过 0.5% 的煤矿硝铵类炸药

硬化后的硝酸铵类炸药卷插不进雷管，爆轰性能显著降低，容易产生半爆、爆燃、甚至拒爆，硬化的炸药引爆瓦斯的概率也显著升高。因此硬化后的炸药不应使用。仅药卷表层硬化的尚可人工搓松后使用，严禁使用硬化到不能用手揉松和水分超过 0.5% 的煤矿硝酸铵类炸药。煤矿炸药受潮失效，重新加工后，一般不得再用于有瓦斯、煤尘爆炸危险的工作面。

3. 有瓦斯或煤尘爆炸危险的采掘作业面应采用毫秒爆破

有瓦斯或煤尘爆炸危险矿井的采掘工作面允许使用瞬发电雷管和毫秒延期电雷管，但使用毫秒延期电雷管时，最后一段的延期时间不得超过 130ms，第一段不能用瞬发电雷管代替。目前我国生产的瞬发电雷管和延期电雷管的电引火结构的材料和形式不同，瞬发电雷管多是采用康铜桥丝直插式，而毫秒延期电雷管多为镍铬桥丝引火头式，其电引火特性亦各不相同，若将这两种电雷管串联起爆，则电敏感程度高的雷管将先爆炸，随即切断串联网路，导致电敏感程度低的雷管不能获得足够的电能而拒爆。所以不能将瞬发电雷管当 1 段毫秒延期电雷管使用。同样道理，电雷管的发火参数不同时不得掺混使用，不同厂家不同批次的电雷管也不得掺混使用。

在有瓦斯、煤尘爆炸危险工作面的炮孔装药爆炸后，瓦斯从新的自由面和崩落的煤块中涌出，当瓦斯在空气中的含量为 5% ~ 16% 时，就有爆炸的危险。经测定，在高瓦斯矿井，爆炸后 160ms 瓦斯浓度为 0.3% ~ 0.5%，260ms 为 0.3% ~ 0.95%，360ms 时为 0.35% ~ 1.6%。秒延期电雷管和半秒延期电雷管各段的间隔时间长达 1 秒或半秒。前段爆炸已形成一定浓度的瓦斯，后段装药爆炸时，就很容易引爆瓦斯。而且秒延期电雷管内延期药在燃烧时，要从雷管的排气孔喷出火焰或高温气体，也成为引爆瓦斯的危险因素。

（二）对爆破作业的要求

1. 爆破材料领取、运送和清退

（1）领取。爆破材料（《煤矿安全规程》中将炸药、雷管等统称为爆破材料）必须由爆破员本人负责领取。领取的数量应根据本班生产的需要，填写领料单并经批准。领取时要当面清点数量和品种，不准委托他人代领或多领，领取的炸药、雷管要分别装在坚实的木箱内，并在箱上加锁。严禁将炸药、雷管装在衣服的口袋或麻袋中。爆破员在领取炸药、雷管后，应直接送到井下工作地点。严禁将炸药、雷管领取后临时存放在宿舍、更衣室、交接班室、井口房、井底车场等公共场所或随意放在其他巷道内。

（2）运送。

1）人力运送。爆破员往井下运送爆破材料，一般应由本人亲自运送。其中，炸药可以在爆破员监护下由熟悉《煤矿安全规程》的人运送。运送途中不准停留或办理与运送无关的事情，不准把炸药、雷管转交别人。运送途中要注意离开电缆和金属导体。几个携带炸药、雷管的人员不应并排同行，前后要保持一定的距离。

爆破员携带大量爆破材料，需要乘坐专用机车时，必须告知司机，且车速不得超过 2m/s，车辆运送途中不准停留。一般情况下，电雷管和炸药不得在同一列车内运输，必须在同一列车内运输时，装有炸药和电雷管的车辆之间，以及它们同机车之间都必须用空车隔开，空车总长度不得小于 3m。

硝化甘油类炸药和电雷管必须装在专用的、带盖的有木质隔板的车厢内，车厢内部应铺有胶皮或麻袋等软质垫层，只准放一层炸药箱。其他炸药可以装在矿车内，但堆放的高度不得超过矿车边缘。在井筒内用罐笼运送爆破材料时，应事先通知绞车司机和井口把钩工，运送硝化甘油类炸药或电雷管的罐笼升降速度不得超过 2m/s，运送其他炸药罐笼升降速度不得超过 4m/s。在起动和停止绞车时，不得使罐笼发生震动，电雷管和炸药必须分别运送。当运送硝化甘油类炸药或电雷管时，罐笼内只准放一层炸药箱，并加固不让滑动。运送其他炸药时，炸药箱堆放的高度不得超过罐笼高度的 2/3。

2）利用机车运送。机车运送爆破材料时，除护送人员（炸药库负责人或经过培训的专门人员）、跟车人员、装卸人员可以坐在尾车内，严禁其他人员混坐，并不得同时混装其他物品或工具；用罐笼运送时，罐笼内除爆破员和护送人员外，不得有其他人员。在交接班、人员上、下井的时候禁止用机车、罐笼运送炸药、雷管。在水平巷道和倾斜巷道内有可靠的信号装置时，可以用钢丝绳牵引的车辆运送爆破材料。但炸药、电雷管必须分开运送；牵引速度不得超过 1m/s。运送电雷管的车辆必须加盖、加垫。严禁用链板输送机、皮带运输机等运送爆破材料。

（3）清退。爆破员要认真执行炸药、雷管的领退制度，凡爆破后剩余的炸药、雷管和爆破后清查现场收集的残留炸药、雷管等，应在下班后填写退料单如数退回民爆仓库，不准私自销毁或挪作他用。

2. 制作起爆体

制作起爆体就是把雷管装进药卷。制作起爆体必须注意：

（1）爆破员到达工作面后，必须将炸药箱放到警戒线以外的安全地点。

（2）制作起爆体要在爆破地点附近，选择顶板完好、支架完整、避开电气设备和金属导体的安全地点进行。严禁坐在炸药箱上制作起爆体；制作时严禁乱扔、乱放炸药、雷管。制作起爆体的数量，应根据实际需要确定。剩余的起爆体，应及时处理。其方法是用手轻轻取出雷管，并挽好雷管脚线，再将药卷封好。严禁把起爆体退回炸药库或移交下一班使用。

（3）从成束的电雷管中抽取单个雷管时，应该先把电雷管脚线理顺，然后一只手攥住雷管脚线散尾一端，另一只手把单个雷管管体放在手心，用大拇指和食指捏住管口一端脚线，均匀用力将雷管抽出。不要在成把的电雷管中手拉脚线硬拽管体、或者手拉管体硬拽脚线，以免损坏管口、桥丝或拽爆雷管。要防止折断脚线、损坏脚线绝缘层和管体受到震动或冲击。抽出单个电雷管后，必须将其脚线扭结成短路。

（4）电雷管只许从药卷的顶部装入。装入的方法有两种，一种是用一根比电雷管直径稍大的尖竹棍或木棍，在药卷平头扎一个圆孔，把电雷管全部插入药卷中，然后用脚线缠绕固定。操作时不得用电雷管代替尖棍扎眼。另一种是把药卷平头的封口打开，用两个手掌把炸药揉搓松软，然后把电雷管沿药卷端面中心全部插进去，用脚线把封口扎住。严禁将电雷管斜插在药卷中部或捆在药卷上。

（5）起爆体制作好以后，必须把电雷管脚线末端扭结在一起形成短路，以防触电引爆。

3. 装填前的准备

爆破员在做好起爆体以后，要清点起爆体的数量。清点完后，将起爆体放在炸药箱内准备使用，不得乱放和遗失，最后按《煤矿安全规程》和《爆破安全规程》的要求进行装药前的检查。

（1）检查工作面顶板、支架、上下出入口的情况。如果采掘工作面空顶太大，或者有离层危险；支架或支柱架设不牢、或有变形损坏以及煤壁有伞檐、煤面突出 0.5m，通道宽度小于 0.4m 时，要立即加以处理，未经妥善处理不得装药。

（2）检查和清理爆破工作面 20m 以内的巷道，如有煤或矸石堆、矿车或其他杂物阻塞巷道断面 1/3 以上时，都要清除出去。机器、工具和电缆等要移到安全地点，并保护好，防止崩坏。未清理前不得装药。

（3）检查爆破工作面有无透水、透老空、瓦斯涌出或突出的征兆，若出现异常，不得装药，并及时报告班、队长进行处理。

（4）检查工作面炮孔深度、角度、位置和方向，如果不符合要求，应通知钻孔人员进行处理，否则不得装药。炮孔内煤粉或岩粉没有清除干净，工作面没有质量和数量满足要求的炮泥时，不得装药。发现炮孔缩小、坍塌或有裂缝时，不得装药。

（5）检查工作面通风情况，如果发现风量不足，在通风未改善前，不得装药。

（6）检查装药地点 20m 范围内瓦斯情况，如果风流中的瓦斯浓度达到 1%，禁止装药。在有煤尘爆炸危险的煤层中，还应同时检查煤尘情况，如认为有危险，应进行洒水或清扫，否则不得装药。

4. 装药程序与要求

（1）根据《煤矿安全规程》规定，装药前首先要用掏勺、吹孔器或压缩空气清除炮孔内的岩粉或煤粉。炮孔内的煤、岩粉往往使装入的药卷不能紧靠或不能装到孔底，影响炸药传爆，使炸药爆炸能量不能充分发挥，可能导致半爆、拒爆、爆燃。同时，炮孔内的煤粉容易被爆炸火焰引燃，喷出孔外后有点燃瓦斯、煤尘的危险。

（2）在炮孔清理完后，再用炮棍探明炮孔的深度、角度和炮孔内部情况，然后一手拿着雷管脚线，另一手用炮棍把装入炮孔口的药卷一个个地轻轻推入，使药卷与孔底、药卷与药卷彼此密接。不准用炮棍冲撞或捣实药卷，因为这样做会增大炸药的密度，使炸药的起爆感度降低，爆炸反应不完全，容易产生爆轰中断、爆燃，甚至会出现拒爆。此外。炮棍捣实药卷容易捣破药卷防潮外皮、捣断雷管脚线、或破坏脚线的绝缘层、甚至直接捣爆雷管，发生意外爆破事故。

（3）严禁在工作面残孔或瞎炮孔中直接装药爆破。

（4）在水平分层采煤工作面接近上部老塘的挑顶炮孔中装药时，为减弱药卷爆炸时对炮孔底部的冲击，以免穿透上部老塘，如果装药量不大，可在药卷后边顶上一段炮泥，一起送入孔底，用炮泥卡住药卷；如果装药量较大，一次装入容易下落，可以分次装入。

（5）在潮湿或有水炮孔中，尤其是在有水的俯角炮孔（如底孔等）中，应使用抗水炸药。若受条件限制，必须使用非抗水炸药时，可把一定数量的药卷装入防水的油纸筒或塑料防水套里，系好口，一次装入炮孔内。在装药前，必须用掏勺或吹孔器在炮孔内来回拉动，排除孔内积水和煤、岩粉碴。装药时不能用力冲捣，以免捣破防水外套。装药后应抓紧起爆，防止防水套进水。

（6）装填起爆体时，必须注意起爆体的位置和方向，通常每个炮孔中只装一个起爆体。在有瓦斯或煤尘爆炸危险的煤（岩）层中爆破时，必须采用正向爆破。

无论采用正向装药，还是反向装药，起爆体和其他药卷的聚能穴指向必须一致，正向装药的起爆体以外不得放置"盖药"，反向装药的起爆体以里不得放置"垫药"。否则会造成"盖药"和"垫药"的不稳定爆轰，导致爆燃或拒爆。

5. 填塞炮泥

周围介质对炸药密封得愈好，愈有利于炸药爆炸产生的高温、高压气体产物的积聚，延缓其膨胀扩散时间，使得后爆炸药爆炸反应得更完全，传播速度也更快，从而可大大提高整个药包的爆炸威力。而且由于爆炸火焰不易从孔口喷出，有利于防止引燃瓦斯、煤尘。所以《煤矿安全规程》对炮孔的填塞材料及长度作了严格的规定。

（1）炮泥材料。用作炮泥的材料要有不可燃烧和可塑的性质，如砂黏土和砂土混合物等。为方便使用，加快填塞速度，应事先在地面将炮泥预制成长 100 ~ 150mm，直径比炮孔直径小 5 ~ 8mm 的圆柱体。为了保持炮泥的湿润，可在制作炮泥的水中加入 2% ~ 3% 的食盐。严禁使用煤块、煤粉、药卷纸等可燃材料作炮泥填塞炮孔。

水炮泥是一种用塑料薄膜圆筒充水代替炮泥的填塞材料，比普通炮泥有许多优点，应大力推广。

（2）填塞炮孔操作要求。填塞炮孔时，对第一、二两段炮泥要慢用力、轻捣压，以后各段炮泥要依次用力捣实。操作时，用手拉住雷管脚线，使脚线紧贴炮孔侧壁拉直，但拉得不要过紧，防止捣坏脚线和拉坏管口，炸药和炮泥的装填工作最好是单人操作。如果是二人操作，应该一人装填、一人递送。

（3）炮孔的封泥量。炮孔的封泥量必须符合下列要求：

1）炮眼深度小于 0.6m 时，不得装药、爆破；在特殊条件下，如挖底、刷帮、挑顶确需浅眼爆破时，必须制定安全措施，炮眼深度可以小于0.6m，但必须封满炮泥。

2）炮眼深度为0.6~1m时，封泥长度不得小于炮眼深度的1/2。

3）炮眼深度超过1m时，封泥长度不得小于0.5m。

4）炮眼深度超过2.5m时，封泥长度不得小于1m。

5）光面爆破时，周边光爆炮眼应用炮泥封实，且封泥长度不得小于0.3m。

6）工作面有2个或2个以上自由面时，在煤层中最小抵抗线不得小于0.5m，在岩层中最小抵抗线不得小于0.3m。浅眼装药爆破大岩块时，最小抵抗线和封泥长度都不得小于0.3m。

6. 连接爆破网路

（1）对爆破母线的要求。爆破母线是指连接起爆电源和爆破网路的一段导线。选择爆破母线时，应符合下列要求：

1）电阻小的、铜芯或铝芯导线，要有一定的断面积，以保证通过足够的起爆电流。

2）必须具有良好的绝缘层，以防漏电、短路和锈蚀。

3）要求有较好的柔软性，以防折、损、断路或短路。

4）要有足够的长度，必须大于规定的安全距离，以免线短爆破伤人。

5）接头不宜过多，每个接头要刮净锈垢接牢，并包覆绝缘层。

6）在现场发现母线外皮破损后要及时包扎，以防漏电、短路以及接触带电物体等引起意外事故。

（2）连线操作时注意事项：

1）连线工作应由经过专门训练的班、组长协助爆破员进行。

2）爆破母线连接脚线、检查线路和导通工作只准爆破员一人操作，无关人员都应撤离到安全地点。

3）连线时，爆破员应首先把自己手上的药粉、泥、油等洗净，以免增加接头电阻和影响接头导通。然后把炮孔中引出的雷管脚线解开，并把接头刮净，按一定顺序从一端开始向另一端进行连接，不得从中间开始向两端进行。如果脚线不够长，可用规格相同的旧脚线接续，这时要注意使两根脚线的接头错开扭紧。连线接头要采用对头连接，不要顺向连接，也不能留有须头。雷管间全部连好后，再与端线连接起来，等待对工作面做过爆前瓦斯检查后，在决定爆破时，方可将爆破网路与母线联接起来。

4）连线的顺序应先连掏槽孔，后连帮孔。为了保证有足够的电流引爆，采掘工作面一般采用串联方式，在特殊情况下，可采用其他连线方式。

5）多头掘进时，爆破母线要随用随挂，以免发生误接爆破母线，爆破母线必须挂在电缆、信号线下方0.3m以外的地方，并不能与金属物体接触，不能从电气设备上通过，不能挂在淋水下，以免漏电或其他杂散电流影响而引起意外事故。煤矿井下严禁用轨道、金属管子作回路。

6）在煤矿井下，严禁用起爆器来检查爆破母线的导通与否，应使用专用导通仪表检查。

7）爆破母线用过后，必须拿到井上进行干燥处理，并定期作电阻测试和绝缘检查。

7. 爆破作业

（1）对爆破作业人员的要求。煤矿井下爆破只能由经过培训、持有作业证的专职爆破员担任，在有煤（岩）与瓦斯突出危险煤层中，必须固定专人爆破，专职爆破员的工作必须固定在一个采区内。在高瓦斯或煤与瓦斯突出矿井中爆破时，爆破员、班长、瓦斯检查员都应在现场，并坚持"一炮三检"制度。（"一炮三检"制度是指装药前、爆破前、爆破后要认真检查距离爆破地点 20m 范围内的瓦斯浓度，瓦斯浓度超过 1% 时，不准爆破。）只有在爆破地点附近 20m 以内气流中瓦斯浓度在 1% 以下时，方可进行爆破。有下列情况之一时，仍不得爆破：

1）无封泥、封泥不足或不严的炮孔、用煤粉或其他可燃性材料作封泥的炮孔；

2）爆破地点附近的机器、工具和电缆线等没有可靠的保护或没有移到安全地点；

3）未检查瓦斯、有爆炸危险煤尘未清扫、未洒水、工作面作业人员数目未清点好；

4）爆破母线长度不够、爆破器材不防爆或出故障、爆破母线未敷设好；

5）未设置警戒或工作面作业人员未撤到警戒线以外；

6）扇风机停止运转。

发现以上情况应立即报告班组长，经处理妥当、认为安全可靠以后才能爆破。

（2）爆破前检查。爆破前坚持检查周围支护情况，识别冒顶征兆，加固支架，背实背板，处理空帮、空顶，严禁乱钻孔、多装药爆破。

（3）起爆器选择。井下爆破必须使用防爆型起爆器。但在竖井井底工作面无瓦斯时，可使用其他电源起爆。此时，电压不得超过 380V，且必须有防爆型电力起爆接线盒。接线盒所用的电源、线路联结方法、开关的构造和安装的地点等都应编制设计方案，报矿技术负责人批准，起爆器或电力爆破接线盒都必须采用矿用防爆型（矿用增安型除外）。

（4）起爆器的操作。正确操作起爆器的方法是：先将钥匙插入开关孔内，按逆时针方向转至充电位置；经 6~12s 后氖灯发亮，则说明充电完毕；将钥匙按顺时针方向转至爆破位置，即点火起爆。尔后拔出钥匙，取下爆破母线，并将爆破母线拧成短路。

起爆器的把手、钥匙或电力爆破接线盒的钥匙必须由爆破员妥善保管、随身携带，严禁转交他人或系在起爆器上。

（5）其他注意事项。煤矿井下严禁采用糊炮爆破，因为糊炮是在煤（岩）块的表面不打孔直接爆破，爆破火焰直接暴露在矿井空气之中，容易引起瓦斯爆炸。同时，因为糊炮在空气中产生强烈的空气冲击波，容易将底板、帮上的浮煤冲落引起煤尘爆炸。

在掘进工作面中，一次装药必须全部一次起爆。但光面爆破允许预留光面层，可以二次起爆。在回采工作面允许分组装药，一组装药必须一次起爆，但每次起爆前必须检查瓦斯浓度。禁止在一个回采工作面使用两个以上起爆器同时起爆。

已装药的炮孔必须当班爆破。在特殊情况下，留有未爆破的装药孔时，当班爆破员必须在现场向下班爆破员交代清楚并作出明显标志。在有煤（岩）和瓦斯突出的矿井，一般统一时间在下班后爆破。爆破时应撤出井下所有受影响区域的人员。

通电后装药不响时，爆破员必须先取下把手或钥匙，并将爆破母线从电源上摘下，扭结成短路，再等一定时间（使用瞬发电雷管时，至少等 5min；使用延期电雷管时，至少等 15min）才可沿线路检查，找出不响的原因。

在有严重冲击地压煤层中爆破时，工作面的撤人距离和爆破后进入工作面的时间，应根据实际情况确定。一般距离不少于 100m；时间不得少于 30min。

用爆破法贯通井巷，除遵守一般规定外，两个工作面及其回风道风流中的瓦斯浓度都必须在 1% 以下才准起爆。

在有煤（岩）和瓦斯突出危险的采掘工作面上，爆破前所有的废炮孔和错孔应用不燃性材料充满填实，同时应加强采掘工作面的支护，背好顶帮。

（6）警戒。爆破作业中最后一个重要环节是警戒，警戒人员由在现场的班、组长指定责任心强的人员担任。在可能通向爆破地点的通路上都应设置警戒，在警戒线上除设置岗哨外，还要拉上一道绳子，在绳子上挂上一块写有"现在爆破，禁止入内"的牌子，坚持做到"人、绳、牌"三警并举。警戒距离，回采工作面一般不得小于 30m，煤巷掘进工作面直线爆破不得小于 75m，在有直角弯的工作面不得小于 50m。警戒后，爆破员和班、组长作最后一次检查，然后由爆破员把网路和母线接通，最后离开爆破地点，撤至有防护的安全地点（距离应在作业规程中设定），用导通表或爆破电桥检查网路，在网路无断路、短路，并得到班组长允许爆破的通知后，高呼数声"爆破了！"并鸣笛数声，至少再等 5s 方可通电起爆。爆破后，爆破员和班组长应检查爆破地点，检查通讯、瓦斯、煤尘，观察工作面有无异状，检查有无崩倒支架、崩翻溜子、有无瞎炮、残药、煤壁和顶板是否安全。一面检查，一面处理，只有在经过检查处理并认为工作面已处于安全状态和炮烟已吹散后，方可由布置警戒的班组长亲自撤除警戒，并发出信号，通知全部作业人员可以进入工作面重新工作。

三、煤矿井下几种特殊爆破

（一）震动爆破

震动爆破是用于揭开石门，以诱导煤和瓦斯突出或避免爆破后延期突出的一种爆破方法。目前，在石门揭穿煤层时，不论选择什么措施，都用震动爆破作为揭开煤层的手段，这是把它作为保险措施来考虑的。

1. 爆破参数选择的一般原则

（1）岩柱厚度。从震动爆破揭开煤层的要求出发，要求一次性地揭开岩柱，使石门全部见煤，并使煤体的应力和瓦斯得到释放，以免在露出部分煤体的情况下，发生延期释放，因此，岩柱厚度较小为好。但是，如果岩柱过小，则有高压瓦斯冲破岩柱发生突出的危险，因此，合理确定岩柱厚度是十分重要的。

岩柱厚度应根据煤、岩体性质、开采深度、瓦斯压力、石门断面来确定，《煤矿安全规程》规定，掘进工作面距煤层之间的最小垂距，急倾斜煤层不应小于 2m，倾斜、缓倾斜煤层不应小于 1.5m，如果岩石松软、破碎，还应适当增加距离。

为揭开煤层创造好条件不残留"门坎"，在石门接近安全岩柱以前，应尽量把工作面刷成与煤层倾角相近似的斜面或台阶，若石门从底板方向揭煤时，一般可卧底并刷成斜面，若石门从顶板方向揭煤时，一般可将巷道断面上半部刷成台阶状。

（2）炮眼数目。一般为正常掘进炮眼数目的 2~3 倍。

（3）炮孔布置。岩孔与煤孔要交错排列、顺序爆破，岩孔距煤层 0.2m，最好不要打穿煤层，煤孔应打穿煤层全厚。煤层大于 2m 时，煤孔打穿煤层厚度不小于 2m（深孔爆破不受此限制）。煤孔和岩孔的比例大致为 1∶2。炮孔的密度，顶部炮孔小于下部，周边炮孔大于中部。大直径空心掏槽、深孔全断面一次爆破时，炮孔在工作面一般应均匀分布，仅底排孔可稍密。

2. 震动爆破时应注意的问题

（1）要准确掌握地质资料，如地质条件、煤层厚度、倾角、工作面距煤层的距离等，以免误穿煤层、引起突出、造成事故。采用石门揭开煤层的地点应避免在地质构造复杂的地点或破碎地层带；

（2）要执行先探后掘的原则，距危险煤层 10m 以外，至少打两个穿透煤层全厚的钻孔（构造复杂区除外），距煤层 5m 以外，必须在确保正确测定煤层瓦斯压力的地点钻孔，测定瓦斯压力；

（3）采用震动爆破揭开煤层时，工作面距煤层之间的最小垂直距离，急倾斜为 2m、缓倾斜为 1.5m，如果岩石松软、破碎，还应适当加大垂距；

（4）禁止在石门用震动爆破揭开有煤（岩）和瓦斯突出危险程度较大或瓦斯压力大于 1MPa 压力的煤层；

（5）采用震动爆破揭开瓦斯突出危险煤层时，必须编制专门设计，报本矿技术负责人批准。在专门设计中，应规定爆破参数、起爆地点、反向风门的位置、避炮路线及停电、撤人距离和警戒线的范围等，爆破前应加强爆破地点附近的支护；

（6）震动爆破必须全断面所有炮孔一次起爆。只准一次装药，一次爆破。全部炮孔必须填满炮泥；

（7）当发现工作面岩层特别破碎、岩柱崩落、地应力加大、瓦斯涌出剧增、温度急降以及震动声响等异常现象时，应立即停止作业，将人员迅速退至安全地区；

（8）爆破前必须检查有关的通风设施，切断回风区域电源。人员的撤离范围必须根据突出的危险程度和通风设施情况决定。在有严重突出危险的石门揭煤时，爆破起爆工作应在地面进行，在地面井口附近也要撤离人员和切断电源、火源；

（9）震动爆破时，使用的爆破材料必须是煤矿许用炸药和煤矿许用雷管；

（10）震动爆破要由矿技术负责人统一指挥，并有矿山救护队在指定地点值班。爆破后至少经半小时由救护队进入爆破地点检查，不要认为"只要石门揭开没有突出，就没有危险了。"如果第一次震动爆破没有全断面揭开煤层时，第二次爆破仍要按震动爆破的规定进行；

（11）为防止瓦斯逆流，应在石门的进风侧设立牢固的反向风门，并在靠近工作面附近设立栅栏等阻碍物，以降低煤与瓦斯突出的强度；

（12）煤层孔和岩孔分别装药，在煤岩交界处，至少要用 0.2m 的炮泥隔开，凡岩孔打穿煤层的炮孔，装药前应在孔底填塞 0.1~0.2m 的炮泥。

（二）煤体松动爆破

1. 一般概念

松动爆破是在煤巷掘进工作面前方煤体中打若干个一定深度的炮孔，装一定数量的炸药，通过爆破作用松动煤体，使巷道、前方应力集中区转向煤体深部，并使煤层透气性增大，大量瓦斯迅速解体，通过裂隙流向巷道空间，从而释放爆破影响范围内煤体中的瓦斯。

2. 松动爆破分类

孔深小于 5m 的称浅孔松动，大于 5m 的称深孔松动。深孔松动爆破因其工艺较其他简便，适用于突出强度不大的中小型突出矿井。因此，近几年使用该方法的突出矿井渐渐增多。深孔松动爆破虽有上述的优点，但是也有致命的弱点，即孔长不易打，不采取特殊措施装药更难，往往由于装药装不到规定的位置而起不到防突作用，或者由于装药不好形成拒爆。同时，由于炸药质量欠佳引起的燃烧也易造成煤尘或瓦斯爆炸。

3. 深孔松动爆破的主要作用

在巷道的压力集中区域利用炸药的爆炸威力，人为地改变煤的力学性质，增加煤的裂隙，使压力集中区中的压力降低，煤层中的瓦斯得以排放，并使压力集中带转向煤体深部，扩大工作面前方卸压区域，为煤巷的掘进创造较好的安全条件。

使用深孔松动爆破时，钻孔应布置在工作面的上方和中部，能使巷道周边两米以内处于深孔松动爆破的影响范围内。钻孔的数量视煤层厚度与巷道断面而定，通常钻孔数不少于 3 个，如留有 5m 的超前距离，从第 6m 开始装药直到孔底，即要求两次爆破之间留有 1m 完好煤体，防止由于受上次爆破的作用，煤体产生的裂隙导致炸药爆破效果不佳。在完好煤体中的钻孔，必须用炮泥堵严，其余的也必须用炮泥或河砂充填。采用串联起爆方式，由于孔长，炸药不易装入孔内，为了防止拒爆和装药装不到设计位置，通常除要求钻孔打直、孔壁光滑外，并用竹片或其他不燃物质将炸药捆接成 1m 长的特殊药包。爆破应在反向风门之外，采取远距离爆破以确保人身安全。

深孔松动爆破通常适用于煤质较硬、不易垮孔、突出强度不大的突出危险煤层，但在施工中由于垮孔、装药装不到位置，爆破后煤层中常留有孔道，易聚集瓦斯，因此采用本方法时，必须严加防范。为了保证安全，应制定严格的操作规程与管理办法。深孔松动爆破虽有不足之处，但根据我国中小型煤矿突出矿井多，防突能力差的特点，在一定的历史时期内，仍是我国煤巷中防突的主要措施。我国部分矿井松动爆破的主要参数列于表 6-7。

表 6-7　部分矿井松动爆破参数

地　点	统计时间	钻孔直径/mm	孔深/m	孔数/个	每孔药量/kg	超前距/m
北票局	1956～1967	42	6～8	3～4	1.2～1.5	3
立新矿	1968～1982	42	6～10	3～5	3.0～4.5	5
梅田矿	1981～1985	42	8～10	3～4	3～4	5
梅田二矿	1980～1982	42	8～10	3～5	3～5	5
焦作朱村矿	1971～1982	42	8～10	3～5	3～5	5
焦作焦西矿	1980～1987	42	10～12	3～5	3～4.5	5

4. 采用松动爆破方法进行爆破的注意事项

（1）采用松动爆破方法进行爆破必须进行专门设计，设计包含松动爆破地点、时间、避炮路线、停电范围、关闭风门等，经矿技术负责人批准。爆破作业由专人负责指挥，由专职爆破员实施并做好记录，炮孔超前掘进工作面距离不得少于 5m。

（2）松动爆破的孔数不少于 3 个，封泥长度不少于 1m，必须保证炮孔质量。

（3）起爆地点必须在新鲜风流中，距工作面的距离在设计中规定，一般不少于 200m，爆后至少等 30min 后方可进入工作面检查瓦斯，一般要停 2～6h 再进行作业。

（4）爆破工作面应安装风水喷雾和瓦斯自动报警断电装置，爆破时局部扇风机不得停止运转。

（5）装药前，必须用吹风管将孔内煤粉吹干净，打孔、装药时发生喷孔、顶孔等瓦斯动力现象时不准装药爆破，并立即报告有关领导处理。

（三）巷道贯通爆破

巷道贯通爆破是掘进巷道与另一巷道的接通。由于贯通措施不力和测量有误，往往造成爆破时崩塌、崩坏设备，甚至引起瓦斯爆炸等事故，因此，在巷道贯通时，应注意如下事项：

（1）两头对掘贯通爆破时，当相距20m时必须停止一头作业，仍然保持通风，由一头向另一头贯通。每次爆破前，两个工作面都要安排专人警戒。

（2）每次装药爆破前，掘进工作面的班组长必须派专人和瓦斯检查员共同到对方工作面检查工作面及其回流道风流中的瓦斯浓度，当瓦斯浓度超限时，先停掘进工作面的工作，然后处理瓦斯，只有在两个工作面及其回风道风流中的瓦斯浓度都在1%以下时，掘进工作面方可装药爆破。

（3）独头掘进贯通爆破时，距贯通地点20m，必须在穿透位置内外两侧做好警戒，禁止在作业区内逗留，穿透位置不清时禁止爆破。

（4）贯通爆破时，超过贯通距离而不通时，要立即停止爆破。查明原因后，重新采取贯通措施。

（5）巷道贯通爆破之前，要加固贯通地点的支架，摘掉透位处的棚脚，以防崩坏崩倒棚子和棚腿，造成倒棚冒顶。

（四）在接近积水区和老空进行爆破作业

在接近下列区域时容易造成事故：溶洞、含水断层或含水丰富的含水层（包括流沙层、冲积层、风化带等）；可能与河流、湖泊、水库、含水层相通的断层；被淹井巷与老空。在打开隔离煤柱放水时，以及在接近老空时往往由于爆破而引起透水、瓦斯和有毒有害气体（如硫化氢）等的大量涌出，容易造成事故。因此必须采取下列措施：

（1）钻孔爆破时，如炮孔内发现出水异常，温度骤高骤低，大量瓦斯涌出，煤岩松散等情况，都是接近老空的预兆，要停止爆破查明原因。

（2）距穿透老空15m前，必须先探明老空的来源，以及老空中的水、火、瓦斯等情况，如有水、火、瓦斯等，必须采取有效的防水措施、排放瓦斯措施和火区封闭措施，否则禁止爆破。

（3）距穿透老空15m前，探明老空情况，由测量工在图上标注穿透位置，按穿透位置采取不同措施，避免爆破时误遇水区和火区。

（4）穿透老空时要撤出人员，并在无危险地点爆破。爆破后，只有查明老空的水、火、瓦斯等情况，并确认无危险后才允许恢复工作。

（5）接近积水地区时，要根据实际情况编制切实可行的放水设计和安全措施，否则禁止爆破。总的原则是有疑必探：

1）当遇到下列情况之一时，必须探水前进。

①接近水淹的井巷、老空、老窑和小窑时；

②接近水文地质复杂的区域并有透水征兆时；

③接近含水层、导水断层、溶洞和陷落柱时；

④打开隔离煤柱放水时；

⑤接近可能和河流、湖泊、水库、蓄水池、水井等相通的断层破碎带时；

⑥接近含水和稀泥灌浆区时；

⑦接近有出透水可能的钻孔时。

2）有下列情况之一时，禁止装药爆破。

①炮孔或掘进面有透水征兆；

②超前距离不够或偏离探水方向；

③支架不牢、空顶超过规定。

（6）接近积水地区时，如发现有透水预兆（排锈、挂汗、空气变冷、发生雾气、"水叫"、顶板淋水加大，底板漏水或其他异状）时要停止爆破，及时向技术负责人报告，查明原因；情况危急时，人员要立即撤出受威胁地点。

（7）接近积水地区爆破时，如发现煤岩变松软、潮湿以及炮孔渗水等异状，要停止爆破，若在钻孔时发现炮孔渗水，不要取出钎杆。

（五）分次爆破

采掘工作面普遍采用分次爆破，正确的分次爆破是分次打眼、装药、爆破。但是，有许多地方没有弄清分次爆破的含义，而把一次装药分多次爆破理解为分次爆破并作为一种普遍的爆破操作方法。实践证明，这种操作方法是错误的，存在如下缺点和危险：

（1）爆破时不能有效地控制和调整炮孔装药量，致使装药过多、无法减少；或者装药过少又无法增多，不能达到预期的效果；

（2）爆破时其中一炮"打筒"或没崩下来，就会影响全部装药的爆破效果造成循环进度不够；

（3）爆破时容易把相邻炮孔中的炸药"压死"造成拒爆，或把雷管脚线崩断、雷管被从炮孔中随爆破带出、雷管桥丝震断造成瞎炮；

（4）爆破时容易产生裂缝，贯穿相邻的炮孔，爆破火焰从裂缝喷出，影响安全生产；

（5）爆破时炸药在炮孔内时间过长而受潮，在有水或潮湿的炮孔中尤为严重，容易产生拒爆或爆燃；

（6）爆破后，匆忙再次进去连线时，容易发生顶帮片落砸人或炮烟熏人事故；

（7）各次爆破时间间隔短，通风和洒水往往不充分，不利于对瓦斯、煤尘的处理；

由于这种在回采工作面实行一次装药、分次爆破的操作有这些缺点，尽管它有利于交叉、平面作业、缩短辅助工作时间、提高生产效率，但从安全角度出发，不宜使用。

（六）强制放顶爆破

在使用全部垮落法的地方，要求有正常的初期来压和周期来压。顶板在回柱之后或液压支架前移之后，支架后面的顶板应垮落下来，而且逐步充满整个空间，但是有的顶板坚硬，会形成大面积悬顶而不冒落，如不加处理，一旦大面积自然冒落，必然形成暴风，摧毁工作面支架，或形成工作面切顶（岩石沿煤壁断落），压毁工作面支架。

为防止这种事故，应在架柱位置朝顶板打孔进行强制性爆破放顶，使顶板每次小范围地垮落。爆破的方法是，一般根据顶板坚硬程度，沿切顶线打一排深度为 1.5m 以上的钻孔，孔距一般 0.5m，装煤矿安全药卷 3 个，作龟裂爆破，切开顶板。在工作面有伪顶时，不管伪顶有无空响、伪顶与直接顶有无脱层，也应自切顶线打超过伪顶厚度的炮孔，装药爆破切开直接顶，确保垮落可靠。

（七）处理卡在溜煤眼中的煤与矸石

倾斜煤层大多以溜煤眼作为运煤管道，经常发生煤或矸石堵塞溜煤眼。过去常因采用爆破法破碎卡在溜煤眼中的煤和矸石而引起煤尘或瓦斯爆炸事故，因此，《煤矿安全规程》第 300 条规定，"不得用炮崩卡在溜煤眼中的煤、矸石"。但是，如果确无其他办法处理时，经矿技术负责人批准，也可采用爆破法处理，但必须遵守下列规定：

（1）必须采用专门用于溜煤眼的煤矿许用炸药；

（2）每次爆破只准使用一个煤矿许用电雷管，最大装药量不得超过 450g；

（3）每次爆破前，必须检查溜煤眼内堵塞的上部和下部空间的瓦斯，瓦斯浓度不得超过 1%；

（4）每次爆破前必须洒水降尘；

（5）对威胁安全的地区必须撤人停电。

第九节　警戒与起爆

一、警戒方法与信号规定

爆破作业全过程都存在安全警戒问题，但到了起爆阶段，其主要工作是安全警戒。为了保证起爆阶段能够按程序有条不紊地进行，还需要规定必要的联络信号，使整个起爆工作做到安全、准确、可靠、万无一失。

（一）警戒方法

安全警戒是爆破作业时的重要工作，其任务是在起爆阶段将无关人员和爆破材料撤离危险区；在装药等作业时将装药作业区与周边隔离。一般按爆破作业的不同阶段采取不同的安全警戒措施。

作业期间安全警戒的范围是爆破作业区与周围地区的分界线。警戒区边界应设立明显的标志，其任务是禁止无关人员进入，防止爆破器材丢失，检查施工安全情况，制止人员在作业区内吸烟、打闹、违章作业等。

起爆前后的警戒是保证爆破安全的最后一个重要环节，同时也是防止爆破飞散物造成人员伤亡和财产损失的有效手段。许多爆破事故是因为爆破警戒人员不到位（距离不够）或失职造成的。在起爆阶段安全警戒按以下步骤进行。

1. 清场

按照爆破负责人的要求，将爆破警戒区内的人员、禽畜、机械设备、仪器仪表及贵重物品在规定的时间内撤离到警戒区以外；凡是不能撤离的仪器设备和贵重物品等要加以保护，防止被爆破产生的飞散物砸坏。

2. 派出岗哨

清场开始即向各个预定的警戒点派出岗哨，防止人员、车辆、禽畜等进入警戒区。警戒点一般应选在爆破危险区以外、交通道口、视野开阔的位置，相邻岗哨之间可以通视联络，以便于执行警戒任务。

3. 临时交通管理

安全警戒中的一个重要环节是实行临时交通管理。通往爆破危险区的道路在警戒人员到位后应立即中断，禁止所有人员入内；当爆破危险区内有交通干道通过时，应当在道路两端设立警戒哨，警戒人员应根据爆破工作领导人的指令实施临时交通管理，在管理时间内，禁止所有行人、车辆通行。

4. 坚守岗位

爆破安全警戒中警戒人员应坚守岗位，不但要求警戒人员在进入哨位后到爆破前的一段时间内坚守岗位，在爆破后到解除信号发出前的一段时间内仍然要坚守岗位。响炮后由于需要通风及爆区内可能还有盲炮或其他不安全因素要排除，因此在起爆后的等待时间内，警戒人员要阻止无关人员、车辆和机械设备等进入危险区。当警戒人员听到解除警戒的信号后方可恢复交通，允许行人、车辆等通行。

5. 对警戒人员的要求

对爆破安全警戒人员的要求是：

（1）忠于职守、认真负责；

（2）佩戴标志、携带红（或绿）旗、对讲机、口哨等警戒用品；

（3）与爆破指挥部或起爆站保持良好的通讯联系；

（4）能坚守岗位，在指定的警戒点值勤；

（5）严格执行安全警戒信号的规定。

（二）信号规定

警戒信号是保证爆破安全实施的基本保障，一般有口哨、信号旗、警报器、警笛等音响和视觉信号。其主要作用是告诫附近人员已经进入爆破实施状态，应该在警戒人员的组织下撤离到安全的地方躲避；并通知所有爆破作业人员在起爆的各实施阶段进行相关操作。

在每次爆破中，起爆前后一共有 3 次信号：

（1）预警信号：该信号发出后爆破警戒范围内开始清场工作；

（2）起爆信号：起爆信号应在确认人员全部撤离爆破警戒区，所有警戒人员到位，具备安全起爆条件时发出。起爆信号发出后现场负责人应再次确认是否达到安全起爆条件，然后下令起爆；

（3）解除信号：安全等待时间过后，检查人员进入危险区内检查、确认安全后，报请现场负责人同意，方可发出解除警戒信号。在此之前，岗哨不得撤离，不允许非检查人员进入爆破警戒范围。

各类信号均应使爆破警戒区域及附近人员能清楚地听到或看到。

二、对起爆人员的要求

起爆是爆破工作的关键环节。由于现在生产的起爆器易受人为操作因素的影响，有可能因为起爆人员的一个微小失误，导致整个爆破的失败。因此，对起爆人员有如下要求：

（1）起爆人员应由有经验的爆破员担任，对于重大爆破工程应由爆破工程技术人员担任；

（2）起爆器操作要由两人负责实施，一人操作，一人监督，必要时进行替换；

（3）掌握常用的起爆仪器，包括起爆器、测试仪表、击发枪（笔）的使用与操作；

（4）熟悉常用起爆方法的操作要领和步骤；

（5）绝对听从现场负责人指挥，准确地按指令、信号实施操作。

三、解除警戒的程序和要求

起爆后，经检查确认无盲炮或其他险情，检查人员向现场负责人报告后方能解除爆破警戒，解除警戒的程序为：

（1）进入爆区检查的人员检查完毕后，向现场负责人报告检查情况，报告内容包括爆堆状况、有无盲炮及判定的理由、边坡危石情况、附近建筑物及不能撤离的设备有无损坏、是否发现残余的爆破器材等；

（2）如果有盲炮，由现场负责人指定人员立即处理；

（3）现场负责人综合各方面情况后确认无盲炮（或有盲炮已经处理完毕）和其他险情后，下达解除警戒命令；

（4）收到解除警戒命令后，信号员方可发出解除警戒信号；

（5）收到解除警戒信号后，警戒人员方可结束警戒任务、撤离警戒哨位。

第十节 爆后检查

爆破后应派爆破工程技术人员或有经验的爆破员进入爆破现场进行爆后检查，经检查确认无盲炮等险情后方允许作业人员进入。

一、爆后检查等待时间

由于可能存在迟爆、炮烟等危害人身安全的因素，爆后要有一定的等待时间。检查人员要遵守下列等待时间的规定：

（1）露天浅孔、深孔、特种爆破，爆后应超过5min方准许检查人员进入爆破作业地点；如不能确认有无盲炮，应经15min后才能进入爆区检查；

（2）露天爆破经检查确认爆破点安全后，经当班爆破班长同意，方准许作业人员进入爆区；

（3）地下工程爆破后，经通风除尘排烟确认井下空气合格、等待时间超过15min后，方准许检查人员进入爆破作业地点；

（4）拆除爆破，应等待倒塌建（构）筑物和保留建筑物稳定之后，方准许人员进入现场检查；

（5）硐室爆破、水下深孔爆破及《爆破安全规程》未明确规定的其他爆破作业，爆后检查的等待时间由设计确定。

二、爆后检查主要内容

爆后检查内容主要包括以下几项：

（1）确认有无盲炮；

（2）露天爆破爆堆是否稳定，有无危坡、危石、危墙、危房及未炸倒建（构）筑物；

（3）地下爆破有无瓦斯及地下水突出、有无冒顶、危岩，支撑是否破坏，有害气体是否排除；

（4）在爆破警戒区内公用设施及重点保护建（构）筑物安全情况。

检查人员应将检查获得的情况立即报告爆破工作领导人，对重要的爆破工程项目应填写"爆后检查记录表"。

发现盲炮或其他险情应及时上报并请示进行处理。在处理前应在现场设立危险标志，禁止无关人员入内。

发现残存的爆破器材应收集上缴、集中销毁。

第十一节　其他爆破方法简介

一、裸露药包爆破

裸露药包爆破是直接将炸药包放在被爆体的表面并加简单覆盖后进行的爆破作业，所以又称为表面爆破和覆土爆破。其实质是利用炸药的猛度，对被爆体的局部（炸药所接触的表面附近）产生压缩、粉碎或击穿的作用，由于炸药爆炸后的气体产物大部分逸散到大气中，故炸药的能量未能被充分利用。裸露爆破主要用于不合格大块的二次破碎，清除大块孤石，破冰和爆破冻土。裸露爆破所能破碎的块体体积有限，一般不宜大于 $1m^3$。

裸露药包爆破时要注意大块石的形状，尽量将药包放置在凹形部位。药包宜制作成圆饼形，药饼的厚度应大于该种炸药传爆的临界厚度（对于固体硝铵类炸药不应小于 3cm）。在放置好的炸药上应使用湿土覆盖，切不要使用石块作为覆盖材料。

裸露药包的特点是：爆破效率低、起爆时响声大、空气冲击波强烈、炸药的能量损失很大、单位用药量多、且爆破后飞散物的方向及距离难以控制，一般情况下尽量少用。

二、水压爆破

在容器状结构物中注满水，起爆悬挂在水中一定位置的药包，利用水介质传递爆炸压力使该结构物发生破碎，并使爆破振动、噪声和飞石受到有效控制的爆破技术称为水压爆破。

水压爆破主要用于拆除能够容纳水介质的容器状结构物，如水槽、水罐、蓄水池、管桩、料斗、水塔和碉堡等。如采用钻孔爆破方法处理这类构筑物，往往由于壁薄或内部配有较密的钢筋网而使钻孔和施工变得十分困难，不仅工作量大、成本高，而且也不安全。采用水压爆破，避免了钻凿炮孔，同时，药包数量减少，炸药单耗低，可节约大量的炸药和雷管，还能大大提高工效；另外，爆破网路简单，爆破时不产生火花和粉尘，还可使部分有害爆炸气体溶解于水中。只要设计合理，爆破振动、空气冲击波、噪声和飞散物均能受到有效控制。总之，在特定条件下，用水压爆破法拆除结构物是一种快速、经济、安全的施工方法。

三、爆炸加工

爆炸加工是利用炸药爆炸的瞬时高温和高压，使物料高速变形、切断、相互复合（焊接）或物质结构相变的加工方法。包括爆炸成形、焊接、复合、合成金刚石、硬化与强化、烧结、消除焊件残余应力等。

爆炸加工过程是炸药化学能转化为机械能的过程。常用的炸药为 TNT、硝铵炸药、导爆索和塑性炸药等。由于炸药爆炸是极快速过程，所以与常规加工方法（例如液压、冲压）相比，爆炸加工具有压力大、变形速度快、加工时间短，因而功率大等特点，所以是一种高效率的加工方法。

与常规的机械加工相比，爆炸加工的特点是：

（1）设备简单。爆炸加工使用的模具简单，不需要复杂的机床，因此特别适用于形状复杂，数量不多的零部件加工；

（2）能加工常规方法不易加工的材料。例如，采用爆炸成型方法可以避免有些材料在常规方法加工时容易破裂的现象。爆炸复合可以焊接熔点、热膨胀系数或硬度差别很大的两种金属；

（3）可充分利用综合工艺。采用爆炸成形时，成形、压埂、冲孔、翻边和校形等工序可以在一个模具上一次爆炸完成。

四、爆炸焊接

利用炸药爆炸产生的冲击力造成工件迅速碰撞而实现焊接的方法。爆炸焊接的基板通常为普通的金属材料，复板选用耐蚀性或耐热性较好的具有特殊性能的板材。基座通常用砂或泥，在特殊情况下也可用厚钢板作基础。爆炸的炸药必须选用爆速合适、稳定和使用方便的炸药，在使用时还必须严格控制炸药的密度和厚度。为保护复板，使其不受由炸药爆炸而产生的表面烧伤。因此，在炸药和复板之间应加上起缓冲作用的衬垫。常用的缓冲材料有橡皮、沥青和油毡等。

爆炸焊接是一种较为先进的技术，在国防、航天航空、石油、化工、机械制造等许多领域得到了广泛的应用。它的最大特点是能够把普通焊接方法较难焊接的异种金属焊接在一起。特别是有色金属与黑色金属的焊接，用常规的焊接方法较难实现，即使用特殊的焊接方法把它们焊接在一起，其接头质量也难保证。而爆炸焊接接头界面处的结合强度往往大于母材本身的强度。另外，爆炸焊接可以完成大面积的焊接，这一点是其他焊接方法所无法代替的。它的最大特点是能够在瞬间将任意的金属组合牢固地焊接在一起，它的最大用途是制造大面积的各种组合、各种形状、各种尺寸和各种用途的双金属及多金属复合材料。爆炸复合材料作为一种新材料，已广泛应用于化工、压力容器和造船等行业。

爆炸焊接作为一种金属加工的新工艺和新技术，是已知的焊接工艺所无法比拟的，特别是爆炸焊接与各种压力加工、机械加工工艺联合起来之后，将使其他复合材料的生产方法和工艺黯然失色，无论在品种、产量、质量和效益上，爆炸焊接都具有明显的优势。

五、爆炸复合

爆炸复合就是用炸药为能源，在所选择的金属板或管材的表面包裹上不同性能的金属材料的方法。爆炸复合有两种基本形式。一是爆炸焊接，爆炸焊接两种金属的结构部位有一般熔化焊接的现象，对爆炸焊接的部位作显微镜观察，可看到细微的波状结构，如作金相分析，可见到两者金属已彼此渗入到各自的组织中，因此爆炸焊接后的焊接强度是很大的；二是爆炸压接，它与爆炸焊接的区别是，相结合的两组部件其金属组织没有互相渗入，仅仅是靠强有力的爆炸压力把两者压合、包裹而牢牢地接合在一起。

随着工业的迅速发展，越来越多的地方需要使用由优质的不锈钢材、各种稀有金属或有色金属加工成的各种耐腐蚀、耐高温、耐磨的板材、棒材或管材来制造一些特殊的设备或构件，这些设备或构件如果全部使用优质材料则必然使成本大大提高，造成不必要的浪费。如果能在普通的金属上覆上一层特殊性能的材料，制成所谓的双金属材料，用它来代替，那就最为理想。但是，采用通常的轧制法、熔化焊接法等来生产双金属材料有很大的困难，而爆炸复合法为此开辟了新的途径。

目前，爆炸复合技术和材料已应用到化工、造船、电力、航天航空、冶金、原子能、采掘、运输及机械制造等各个领域中。

六、聚能爆破

聚能爆破是采用聚能装药方法进行的爆破作业。它是利用特殊装药结构来聚集爆炸能量以提高爆破的局部效果，即，装药爆炸后，靠近聚能穴的炸药所产生的爆炸能向聚能穴的轴线方向汇集，形成一股密度大、速度高的细长气体射流，用以破坏（切割）金属。射流密度至少相当于金属药型罩的密度，远大于产物密度，射流速度可达 $7000 \sim 8000 \text{m/s}$，温度可达 $900 \sim 1000 ℃$，射流冲击目标时压力可达数兆帕以上，在这种高温、高压、高速射流作用下，目标相当于流体，因而对目标具有很大的穿透能力，从而达到穿孔或切割之目的。

聚能装药应用很广，如，在工程爆破中，可在土层和岩石上打孔（勘探领域）；在野外切割钢板、钢梁；在水下切割构件，打捞沉船时切割船体等；在军事上，可用于对付各种装甲目标。

七、地震勘探爆破

地震勘探爆破是利用震源药包爆炸在地层中激起地震波，进行地质构造勘探的爆破作业。当地震波传到两种不同岩层的分界面时，就会产生反射波回到地面，利用专门的仪器将波的特性记录下来，经过分析研究，就能了解地下各种岩石的差别，从中发现和找出有用的矿床资源。

地震勘探爆破常用的方法有水中爆炸、坑中爆炸、地表爆炸、空中爆炸、井中爆炸等。

第七章　爆破安全技术

爆破安全技术是对爆破有害效应和爆破意外事故进行预防和控制的技术与措施。

第一节　爆破有害效应与控制措施

试验和实践表明，在各类工程爆破中，炸药爆炸产生的能量有很大一部分消耗在药包周围介质的过度粉碎以及爆破有害效应的转化中。这些有害效应包括爆破引起的振动、个别飞散物、空气冲击波、噪声、水中冲击波、动水压力、涌浪、粉尘、有害气体等。本章重点探讨爆破振动、爆破冲击波、爆破飞散物、爆破毒气、爆破噪声及爆破烟尘等。

一般来说，爆破有害效应目前还难以完全避免，爆破飞散物、爆破振动、爆破冲击波、爆破毒气等有害效应往往会造成人员伤亡、财产损失，有的甚至可能导致整个工程爆破归于失败。因此，对爆破有害效应的预防和控制必须采取有效措施，绝不能麻痹大意、掉以轻心。只要爆破施工人员能够做到正确设计、精心施工、严格管理，就可以将爆破有害效应的危害降低到最小程度，或者控制在《爆破安全规程》允许的限度内。

一、爆破振动

炸药在岩土中爆炸，大约2%～20%的能量转化成弹性波在岩土中传播并引起地表振动，这就是爆破振动。爆破振动并不能完全避免，但其危害在采取一定的措施后可以得到有效控制。

（一）基本概念

1. 爆破振动

爆破振动是指爆破引起传播介质沿其平衡位置作直线或曲线往复运动的过程，是衡量爆破地震强度大小的物理量。

2. 质点振动速度

质点振动速度是在地震波作用下，介质质点往复运动的速度，也是衡量爆破振动强度的一个通用指标（其他两个指标是质点振动位移、质点振动加速度）。大量的现场试验及观测表明，该指标与爆破振动有害效应破坏程度的相关性最好，与传播振动的岩土性质也有较稳定的关系，因此，我国采用质点振动速度作为爆破振动强度的判据。《爆破安全规程》就将质点振动速度作为爆破振动安全允许标准的重要指标。

3. 主振频率

介质质点的振动频率就是质点每秒振动的次数，而介质质点的最大振幅所对应的频率就是主振频率。由于被保护建（构）筑物的自振频率存在差异，爆破振动的频率对其损伤、破坏程度具有较大影响，因此，《爆破安全规程》要求在选取被保护对象爆破振动安全允许标准时要考虑主振频率的影响。

（二）爆破振动的产生与特征

爆破振动在产生和传播过程中，主要受爆源（包括炸药量大小、炸药种类、药包形状、自由面数量、爆破方法等）、离爆源的距离、爆破振动传播区域的地质地形条件影响。总之，影响爆破振动的因素是错综复杂的，本节不细述。

爆破振动具有如下特征：

（1）爆破振动持续时间很短。一般一次振动只有几十毫秒至几百毫秒，即使对于多段微差爆破，其振动时间也在秒的量级中。而天然地震振动时间长，一般一次振动能持续几秒至十几、几十秒，所以其破坏能量往往比爆破振动大很多。

（2）爆破振动频率较高。一般主振频率在 5~500Hz，不易引起建筑物共振破坏，破坏性相对较弱。而天然地震频率低，一般主振频率为 0.5~5Hz，这与大多数一、二层结构的民用建筑固有频率 4~12Hz 比较接近，易引起共振破坏，其破坏性强。

（3）爆破振动主振频率受爆破类型影响大。一般爆破规模越大，其主振频率越低。如隧道内小直径浅孔爆破产生的振动，其主振频率一般为 40~100Hz 或 100Hz 以上；深孔爆破的主振频率为 10~60Hz；硐室爆破的主振频率一般小于 20Hz；拆除爆破的主振频率一般在 10~40Hz 范围内，而且被拆除对象解体塌落振动的主振频率还要低一些，约在 10Hz 左右，其与一般民用建筑物的固有振动频率比较接近，应当引起特别重视。

（4）爆破振动主振频率还与传播介质特性有关。一般来说，岩石越坚硬，其振动的高频成分越丰富，而在软弱风化岩石或土层中，其振动的高频成分会很快衰减。

（5）在分段延时爆破中，爆破振动持续时间较单次齐发爆破长。对于段间时间间隔较大的延时爆破，各段爆破振动可以分别作为独立振动来分析；但对于段间时间间隔较小的延时爆破，由于振动的叠加，其分析不能按照各段独立振动来进行。

（三）爆破振动强度的衡量标准及振动安全允许距离

进行爆破时，如何确定爆区附近建（构）筑物地基受到爆破振动的影响，当前世界上多数国家采用振动速度（简称振速）作为衡量爆破振动强度的标准。也有少数国家采用振动加速度或位移的。我国则采用振动速度作为衡量标准。

爆破振动速度 v 按下列经验公式计算：

$$v = K(Q^{1/3}/R)^{\alpha} \tag{7-1}$$

式中　v——爆破振动速度，cm/s；

Q——炸药量，齐发爆破取总炸药量，延期爆破时取最大一段炸药量，kg；

R——从建（构）筑物到爆破中心的距离，m；

K——与地震波传播地段岩土特性等有关的系数；

α——地震波衰减指数。

K、α 值选取可参照表 7-1；也可参照类似工程选取。当爆区附近有重要保护目标且一次使用炸药量较大时，宜事先进行小型试验炮并对爆破振动进行测量，以求得比较符合实际的 K、α 值。

在城市拆除爆破中，由于药包一般分布在建（构）筑物及其基础或梁柱上，而且往往药包较多、药量较少且分散，一般情况下，按式（7-1）计算出爆破振速后应该再乘以

0.25~0.75 的修正系数。当被拆除的爆破体自由面较多时取小值，反之取大值。

表7-1 爆区不同岩性的 K、α 值

岩 性	K	α
坚硬岩石	50~150	1.3~1.5
中硬岩石	150~250	1.5~1.8
软岩石	250~350	1.8~2.0

按式（7-1）计算出爆区附近建（构）筑物的振动速度值不得超过《爆破安全规程》规定的安全允许标准，见表7-2。属于表列类型外的重要保护对象的安全振动速度允许值，应通过专家论证确定。

表7-2 爆破振动安全允许标准

序号	保护对象类别	安全允许质点振动速度 v/cm·s^{-1}		
		$f \leq 10Hz$	$10Hz < f \leq 50Hz$	$f > 50Hz$
1	土窑洞、土坯房、毛石房屋	0.15~0.45	0.45~0.9	0.9~1.5
2	一般民用建筑物	1.5~2.0	2.0~2.5	2.5~3.0
3	工业和商业建筑物	2.5~3.5	3.5~4.5	4.2~5.0
4	一般古建筑与古迹	0.1~0.2	0.2~0.5	0.3~0.5
5	运行中的水电站及发电厂中心控制室设备	0.5~0.6	0.6~0.7	0.7~0.9
6	水工隧洞	7~8	8~10	10~15
7	交通隧道	10~12	12~15	15~20
8	矿山巷道	15~18	18~25	20~30
9	永久性岩石高边坡	5~9	8~12	10~15
10	新浇大体积混凝土（C20）： 龄期：初凝~3天 龄期：3~7天 龄期：7~28天	1.5~2.0 3.0~4.0 7.0~8.0	2.0~2.5 4.0~5.0 8.0~10.0	2.5~3.0 5.0~7.0 10.0~12.0

注：1. 表中质点振动速度为三个分量中的最大值，振动频率为主振频率；
　　2. 频率范围根据现场实测波形确定或按如下数据选取：硐室爆破 $f < 20Hz$，露天深孔爆破 $f = 10~60Hz$，露天浅孔爆破 $f = 40~100Hz$，地下深孔爆破 $f = 30~100Hz$，地下浅孔爆破 $f = 60~300Hz$；
　　3. 爆破振动监测应同时测定质点振动相互垂直的三个分量。

根据式（7-1），可以得出爆破时对于某种保护对象的爆破振动安全允许距离

$$R_A = (K/v)^{1/\alpha}Q^{1/3} \tag{7-2}$$

式中　R_A——爆破振动安全允许距离，m；

其他符号含意同式（7-1）。

（四）爆破振动的预防与控制

随着城市建设和改扩建工程的大规模开展，爆破作业地点日益临近居民区及工农业设施，为了避免爆区附近建（构）筑物及其里面的精密仪表、设备受到爆破振动损坏，对爆破振动有害效应的预防与控制是必不可少的。

综合大量工程爆破实践，可以采取如下措施和方法控制和减弱爆破振动有害效应：

（1）采用延迟爆破。国内一些矿山工程试验表明，采用毫秒延迟爆破后，与齐发爆破相比，平均降振率达到50%或以上，微差段数越多，其降振效果越好。实践证明，各段间隔时间大于100ms，降振效果比较明显；各段间隔时间小于100ms，各段爆破振动波形不能显著分开，存在叠加效应，其降振效果相对较差。

（2）采用预裂爆破或开挖减振沟槽。在爆破体与被保护对象之间，钻单排防振孔或双排防振孔（孔内不装药），孔径可选取35~65mm，孔间距不大于25cm，可以起到降振效果，其降振率可达30%~50%。预裂孔和防振孔都应有一定的超深，预裂孔、缝、沟槽应注意防止充水，否则起不到降振效果。对于建筑物拆除爆破，为了控制邻近爆破点的建筑物、地下管道、电缆不受爆破和塌落振动的影响，在爆破体和被保护对象之间可以开挖减振沟。

（3）限制一次齐爆药量。当设计药量大于安全允许的一次齐爆药量而又没有其他降振措施时，则必须减小一次爆破规模，采取分次爆破，将一次齐爆药量控制在安全允许范围内。在复杂环境中多次进行爆破作业时，应从确保安全的一次齐爆药量开始试爆，逐步增大到安全允许药量，并按允许药量控制一次爆破规模。

（4）采用不耦合装药和缓冲爆破。

（5）在建（构）筑物倒塌部位铺设减振垫层或者构筑减振土堤。

（6）适当加大预拆除部位。对于建筑物拆除爆破，可以适当加大预拆除部位，以减少爆破钻孔数量；对基础部位可采用分区爆破拆除方式，采用低爆速炸药，均可控制和减弱爆破振动效应，还可以改善爆破设计，如采用折叠式拆除爆破来降低爆破振动影响。

（7）降低塌落振动强度。对于拆除爆破中建（构）筑物塌落造成的地面振动，控制第一层解体尺寸是降低塌落振动强度的关键；对于烟囱、水塔等高耸建（构）筑物，可以在地面预铺松散的砂层、煤渣等减振物，或者设计铺设减振埝，以此来有效降低高大建筑物塌落产生的振动。

在重要、敏感的被保护对象附近或爆破条件复杂地区进行爆破时，应进行必要的爆破振动监测，以确保被保护对象的安全。

二、爆炸冲击波

爆炸冲击波是炸药爆炸时的又一种外部作用效应。在距离爆源的不同范围，其作用效果大不相同。在邻近爆源处，爆炸冲击波可引起爆炸材料的爆轰或燃烧；而在稍远的地方，爆炸冲击波对人员具有杀伤力，对建（构）筑物、设备也可造成破坏。由于传播介质不同，爆炸冲击波可分为空气冲击波和水中冲击波。

（一）基本概念

1. 冲击波超压

冲击波超压（超过大气压的压力）指冲击波波阵面与介质之间的压差，用 Δp 表示。这种压差可以达到零点几甚至几个兆帕。在超压作用下，建筑物将被摧毁，设备、管道等均会遭到破坏。在相同爆炸条件下，距爆炸中心越近，波阵面上的超压越大。冲击波超压随着距离增大而迅速衰减。冲击波的杀伤作用主要是由冲击波超压和冲击波作用时间来决定的。通过核算不同保护对象所承受的冲击波超压值，可以确定相应的安全允许距离。

2. 空气冲击波

炸药在空气介质中爆炸，爆炸产物在瞬间高速膨胀，使周围空气猛烈震荡而形成的波动。空气冲击波对人与建筑物都有极大的危害。对人的危害程度与超压大小有关，超压小于 0.0245MPa 时能致人轻伤，超压大于 0.44MPa 时会致人重伤，甚至死亡。离爆炸中心较近的建（构）筑物，尽管冲击波阵面压力很高，但是由于受压面积小，正压作用时间较短，故只造成局部破坏。建（构）筑物距爆炸中心较远时，虽然冲击波阵面压力衰减，但是由于受压面积大，正压作用时间长，往往能造成大面积破坏。

3. 水中冲击波

药包在水中爆炸形成高压气泡，高压气泡的膨胀受到周围水的阻碍，于是，在水中形成向外传播的冲击波，同时在气泡中反向传播一族稀疏波（即膨胀波，在强调压力变化时常用此名称）。稀疏波造成气体的过度膨胀，从而在稀疏波的尾部形成一个向爆心运动而强度渐增的第二冲击波，它在爆心反射并向外传播追赶前面的冲击波。于是，冲击波在水中向外扩展，所到之处对水突然加压，使水体加速运动。在传播过程中冲击波波幅不断减弱，波形不断展宽，最后衰减为水中声波。

（二）爆炸冲击波的产生与破坏特征

裸露药包爆炸时，其高温、高压的爆轰产物压缩周围的空气，以高于空气中声速（340m/s）的速度向外传播，形成空气冲击波。在进行浅孔、深孔及硐室爆破时，因装药过多，或炮孔过浅，或填塞不好，或由于被爆体中存在某种薄弱带（如裂缝、节理、断层、软弱夹层等），被爆体内炸药爆炸后爆轰气体迅即从孔口、硐口或薄弱带冲出，形成空气冲击波。当一次使用炸药量较大，爆破破碎后的大量土石方崩落时，挤压空气也可在爆区附近形成较强的空气冲击波。空气冲击波在一定范围内能够致人员伤亡、损坏建（构）筑物和设备。空气冲击波对人体伤害和建筑物破坏特征可以参考《爆破安全规程》有关内容。

由于水的存在及水的近似不可压缩特性，水中冲击波强度随距离的衰减较缓慢，其传播范围较大。当炸药量相同时，水下裸露爆破（含水中悬吊药包爆破）产生的冲击波强度及其传播范围要比水下炮孔或硐室爆破大得多。据资料介绍，当炸药在水下炮孔中爆炸时，水中冲击波的峰值压力约为在水下裸露爆炸时的 10% ~ 15%。

水中冲击波对船舶、鱼类的损伤特征可以参考《爆破安全规程》有关内容。

（三）控制和降低爆炸冲击波的主要措施

（1）在露天爆破中，合理确定爆破设计参数、选择毫秒延迟起爆方式、保证合理的填塞长度和填塞质量等，可以有效控制和降低爆炸冲击波；

（2）对建筑物拆除爆破和城镇浅孔爆破，不允许采用裸露爆破，也不允许采用孔外导爆索网路，还应当做好爆破部位的覆盖防护；

（3）在井巷掘进爆破中，可以采用增加通道、扩大巷道断面等措施来导出空气冲击波，降低其强度；

（4）在水下爆破中，采用气泡帷幕防护技术来降低水中冲击波强度。

三、爆破个别飞散物

爆破个别飞散物（也称爆破飞石）往往是造成人员伤亡、建筑物和仪器设备等损坏的主要原因。在爆破作业中，控制爆破飞石，防止爆破飞石造成的事故，是确保爆破安全的重要的事情。

（一）基本概念

爆破飞散物是指爆破时个别或少量脱离爆堆、飞得较远的石块或碎块（混凝土块、砖块等），是在爆炸气体作用下，介质碎块自填塞不良的炮孔及介质裂隙、裂缝中加速抛射所造成的。

（二）爆破飞散物的产生与特征

爆破飞散物的飞散距离与最小抵抗线、爆破作用指数、施工条件、地形、风向、风力、填塞质量等因素有关。爆破飞散物产生的原因与特征有两个方面。

1. 技术设计存在缺陷或错误

如：药包最小抵抗线计算有误、装药过量、炮孔过浅；在坚硬完整岩体中进行硐室爆破，由于炸药量偏少而导致从硐口冲炮；药包起爆顺序选取不当；药包布置在断层破碎带或软弱夹层中；城镇土石方爆破和拆除爆破缺乏有效的防护措施；未采取技术措施防范拆除高耸建（构）筑物倾倒触地产生的飞散物等。

2. 施工操作不当

如：不按设计要求钻孔，导致局部炮孔过密或前排炮孔抵抗线过小；采用含饱和水的黏土或易燃材料做填塞材料；擅自减少炮孔填塞长度；在硐室爆破填塞中偷工减料，不按设计要求的填塞位置、填塞长度及填塞质量施工；不按设计要求进行覆盖防护等。

（三）爆破飞散物的预防与控制

爆破飞散物的预防主要采用安全允许距离来确定警戒范围和进行隔离防护。

一般工程爆破飞散物对人员的安全距离不应小于表7-3的规定；对设备或建（构）物的安全允许距离，应由设计确定。

抛掷爆破时，爆破飞散物对人员、设备和建筑物的安全允许距离应由设计确定。

对爆破飞散物的控制主要有以下措施：

（1）精心设计和精心施工。特别注意选择合理的最小抵抗线和爆破作用指数，对药室、炮孔位置严格测量验收，装药前认真校核各药包的最小抵抗线，若有变化必须修正，不准超量装药；

（2）避免使药包处于岩石软弱夹层或基础的交界面，慎重对待断层、软弱带、张开裂隙、成组发育的节理、覆盖层等地质构造，必要时采取间隔填塞、调整药量等措施；

（3）保证填塞质量。不但要保证填塞长度，而且要保证填塞密实，填塞物中不得夹带碎石；

（4）采用低爆速炸药、不耦合装药、挤压爆破及毫秒延迟爆破等方法。在多排炮孔爆破时要选择合理的延迟时间，防止前排炮孔爆破后造成后排炮孔最小抵抗线大小和方向改变；

（5）在控制爆破施工中，应对爆破体采取覆盖和对被保护对象采取防护措施。对爆破区域采用砂土袋、草袋、篷布、铁丝网、胶帘等进行覆盖防护；对高耸建筑物定向拆除爆破，必须做好地面缓冲垫层，加大人员安全允许距离，在被保护对象与飞散物抛出主要方向之间设立木板、竹笆、铁丝网等立面屏障。

表 7-3　爆破飞散物对人员的安全允许距离

爆破类型和方法		最小安全允许距离/m
1. 露天岩土爆破	浅孔爆破法破大块	300
	浅孔台阶爆破	200（复杂地质条件下或未形成台阶工作面时不小于300）
	深孔台阶爆破	按设计，但不小于200
	硐室爆破	按设计，但不小于300
2. 水下爆破	水深 <1.5m 水深 >1.5m	与露天岩土爆破相同 由设计确定
3. 破冰工程	爆破薄冰凌	50
	爆破覆冰	100
	爆破阻塞的流冰	200
	爆破厚度 >2m 的冰层或爆破阻塞流冰一次用药量超过300kg	300
4. 爆破金属物	在露天爆破场	1500
	在装甲爆破坑中	150
	在厂区内的空场中	由设计确定
	爆破热凝结物和爆破压接	按设计，但不小于30
	爆炸加工	由设计确定
5. 拆除爆破、城镇浅孔爆破及复杂环境深孔爆破		由设计确定
6. 地震勘探爆破	浅井或地表爆破	按设计，但不小于100
	在深孔中爆破	按设计，但不小于30

注：沿山坡爆破时，下坡方向的个别飞散物安全允许距离应增大50%。

四、爆破毒气

在实际爆破条件下，由于炸药成分不能完成完全的零氧平衡反应，在爆区环境范围内通常会产生爆破毒气（俗称炮烟，也称爆破有害气体）。通过现场取样测试，常用的 EL 系列乳化炸药爆炸会产生 22 ~ 29L/kg 的毒气。爆破毒气可致人、畜中毒，甚至死亡，因此在一些封闭或通风不畅的爆区环境下，要采取措施排出、稀释有害气体，防止炮烟中毒。

（一）基本概念

爆破毒气是指炸药发生非零氧平衡反应后产生的氮氧化物（如二氧化氮、五氧化二氮等）、一氧化碳、硫化氢等有毒有害气体。炸药种类、起爆药包类型、炸药加工质量和使用条件（如装药密度、炮孔直径、炮孔内的水和岩粉等）都对爆破毒气的产生具有一定的影响。

（二）爆破毒气的产生与特征

一般来说，起爆能量越大，生成的爆破毒气越少；相反，若起爆条件不好，炸药爆轰不完全或炸药发生爆燃则会产生较多的二氧化氮。加工质量好的混合炸药生成的一氧化碳和二氧化氮等爆破毒气较少。炮孔中有水以及炮孔内岩粉未能吹净，会使二氧化氮的生成量增加；岩层有裂隙和封闭性较差时，产生的爆破毒气也较坚硬均质的岩体要多；炮孔深而且炮泥填塞质量好，可抑制爆破毒气产生。

爆破毒气之一的一氧化碳是无色无味气体，能均匀散布于空气中，微溶于水，一般化学性质不活泼，但浓度在13%~75%时能引起爆炸。一氧化碳毒性大，它与人体血红素的亲和力大于氧与人体血红素亲和力的250~300倍。人体吸入含一氧化碳的空气后，一氧化碳很快与血红素结合而大大降低血红素吸收氧的能力，使人体各部分组织和细胞缺氧，引起窒息和血液中毒，严重时造成死亡。当空气中CO浓度达0.4%时，人在很短时间内就会失去知觉，若抢救不及时就会中毒死亡。一氧化碳中毒程度和中毒快慢与一氧化碳浓度的关系如表7-4所示。由于一氧化碳是无色无味、能均匀地与空气混合、不易被人察觉，因此必须注意防备。

表7-4　一氧化碳中毒程度、中毒快慢与浓度的关系

中毒程度	中毒时间	CO浓度/mg·L^{-1}	CO体积浓度/%	中毒症状
无征兆或轻微征兆	数小时	0.2	0.016	
轻微中毒	1h内	0.6	0.048	耳鸣，心跳，头昏，头痛
严重中毒	0.5~1h内	1.6	0.128	耳鸣，心跳，头痛，四肢无力，哭闹，呕吐
致命中毒	短时间内	5.0	0.400	丧失知觉，呼吸停顿

爆破毒气中，二氧化氮是一种褐红色的气体，有强烈的刺激气味和窒息性，相对密度为1.59，易溶于水。二氧化氮溶于水后生成腐蚀性很强的硝酸，对眼睛、呼吸道黏膜和肺部有强烈的刺激及腐蚀作用，二氧化氮中毒有潜伏期，中毒者指头会出现黄色斑点，当浓度达到0.01%时就会出现严重中毒现象。人体中毒程度与二氧化氮浓度关系见表7-5。

表7-5　人体中毒程度与二氧化氮浓度的关系

二氧化氮体积浓度/%	主要症状
0.004	2~4h内可出现咳嗽症状
0.006	短时间内感到喉咙刺激、咳嗽、胸疼
0.01	短时间内出现严重中毒症状、神经麻痹、严重咳嗽、恶心、呕吐
0.025	短时间内可能出现死亡

（三）爆破毒气的预防与控制

1. 预防爆破毒气的措施

（1）监测毒气浓度。地下爆破作业面炮烟浓度应每月测定一次；爆破炸药量增加或更换炸药品种时，应在爆破前后测定爆破毒气浓度。

在煤矿、钾矿、石油地蜡矿、铀矿和其他有爆炸性气体及有害气体的矿井中爆破时，应按有关规定对有害气体进行监测。

在下水道、储油容器、报废盲巷、盲井中爆破时，作业人员进入之前应先对空气取样检验。

（2）爆后严格遵守等待时间的规定。一次爆破完成后，露天爆破等待时间不少于5min（不包括硐室爆破），地下矿山和大型地下开挖工程爆破后，经通风吹散炮烟，检查

确认井下空气合格后，等待时间不少于 15min，方准许作业人员进入爆破作业区。爆破后 24h 内，应多次检查与爆区相邻的井、巷、洞内的爆破毒气物质浓度。

2. 控制爆破毒气的措施

（1）使用合格炸药，禁止使用过期、变质的炸药；

（2）做好爆破器材防水处理，确保装药和填塞质量，避免炸药部分爆炸和爆燃；装药前尽可能将炮孔内的水和岩粉吹干净；

（3）保证足够的起爆能量，使炸药迅速达到稳定爆轰状态；

（4）地下爆破前后加强通风，应采取措施向死角盲区引入风流。爆破后无论时隔多久，人员在下去前，均应用仪表检测地下空气中爆破毒气浓度，浓度未超过允许值，才能允许人员下去。爆破后可能淤积毒气的，应先行测试空气中毒气浓度，或进行动物先行试验，确认安全后人员方可进入；

（5）对封闭矿井应作监管，防止盗采和人员误入造成中毒事故。

五、爆破噪声

在爆破作业中，爆破噪声虽然短促，但由于是间歇性的脉冲噪声，容易引起人们精神紧张，产生不愉快的感觉，特别是在城镇居民区尤为明显。在爆破施工过程中，应当避免由于爆破噪声引发社会安定方面的问题及居民的投诉。

（一）基本概念

当爆破空气冲击波的超压降至 0.02MPa 以下时，冲击波衰变为声波以波动形式继续向外传播，并伴随着产生声响，这种声响便是爆破噪声。爆破噪声可通过测试声压级来衡量强度大小。

（二）爆破噪声的产生与特征

爆破噪声属于脉冲噪声，与城市交通噪声、工厂企业噪声或机场噪声有很大的不同，其声压级远高于一般的噪声，持续时间与重复频率又远低于其他性质的噪声源。其突然爆发又很快消失，持续时间一般不超过 1s，并且两个连续爆发声之间的间隔大于 1s。

另外，大气条件在一定距离范围内对爆破噪声强度有重大影响，其决定了在不同高度和方向上空气中的声速，而声速本身又主要取决于温度和风速，因此，从大气中风速和温度的变化也能了解大气条件对爆破噪声的影响。

爆破噪声严重时会损伤人体听觉器官，危害人体健康，常常引起民事纠纷及诉讼，有的甚至导致邻近民居的采石场停产及关闭。当噪声达到 150dB 时，会产生双耳失聪、眩晕、恶心、神志不清、休克等症状。当噪声峰值达到 170～190dB 时，如果不注意就可能使耳膜破裂，甚至伤害更为严重。有些国家已制定规程，规定不佩戴护耳装置的工人允许承受的最高噪声级为 85～95dB。美国公布的城市控制爆破的安全爆破噪声标准为 90dB，杜邦公司的经验表明，当爆破噪声声压级低于 115dB 时，投诉将大为减少。当爆破噪声达到 168dB 以上时，还会对建筑物的窗玻璃和窗框等产生某种程度的损坏。

（三）爆破噪声的预防与控制

爆破噪声对人体健康的危害和环境的污染是多方面的，但总的说来可以分为两大类：一类是声级较高的噪声，可能引起听力损伤以及神经系统和心血管系统等方面的疾病；另一类是一般声级的噪声，可能引起人们的烦恼，破坏正常的生活环境。

1. 降低和控制爆破噪声的措施

（1）在城镇、厂矿、居民区等对爆破噪声有限制的区域进行拆除及岩土爆破作业时，应采用控制爆破方法，不允许采用裸露爆破，也不允许采用导爆索起爆网路。

（2）在爆破设计时，对基础、石方爆破，一般采用松裂、松动爆破，并实施微差爆破；严格控制炸药单耗、单孔药量以及一次齐爆药量。对于建筑物拆除爆破，遵循"多打孔，少装药"原则，避免实际炸药单耗过高。

（3）精心施工，在施工过程中发现设计时未考虑到的因素时，应及时调整设计参数；当钻孔实际位置与设计出入较大时，必须校核最小抵抗线和炸药单耗，防止因施工过程中的疏忽造成爆破设计参数变化而增大了爆破噪声。应保证填塞质量和长度，做好爆破部位的覆盖和防护，避免将雷管直接放在地面起爆。若需要直接放在地面使用，则应在地面雷管上用土或聚乙烯水袋进行覆盖防护，也可用短胶管沿纵向切口后将雷管包裹在里面。

（4）对爆破噪声敏感的方向，可以采取截断传播路径的方法，架设防噪声排架、屏障，必要时挂上吸声性能好的材料。

（5）在城镇等人口密集区实施拆除爆破、场平、基坑、孔桩等爆破前，做好爆破安全提示工作，告知爆区附近居民，使居民对爆破噪声事先有一定的心理准备，也可以有效减少人们对爆破噪声的投诉。爆区周围有学校、医院、居民点时，应与各有关单位协商，实施定点、准时爆破。

2. 尽量降低工程机械发出的噪声

在爆破施工现场，施工机械引起的噪声也不可忽视。噪声源主要有凿岩机、风动工具、空压机、推土机、运输工具、冲击锤等，其声压级一般在 80～100dB。为了控制施工机械产生的噪声，除应使参加施工的工程机械发出的噪声满足工程机械噪声限制标准外，还可在施工区域四周进行围挡，必要时，应限制在噪声敏感时段（如夜间）进行施工作业。

六、爆破烟尘

在城镇地区进行大面积拆除爆破（尤其是拆除多年陈旧厂房和居民楼）和规模较大的土石方爆破时，必然产生由大量细微固体颗粒组成的烟尘，在局部区域往往造成遮天蔽日的景象，不仅污染空气，也给爆区附近一定范围内的居民带来一场"尘雨"。随着这一类爆破的增多，爆破烟尘也成为爆破有害效应之一，并逐渐成为一种"公害"。目前尚无有效措施来完全杜绝爆破烟尘的产生。

（一）基本概念

爆破烟尘是指爆破后产生的、飘浮在空气中的固体微粒的总称，包括：飘尘、降尘、粉尘、烟尘、烟雾等。

飘尘：指粒径小于 $10\mu m$ 的固体微粒，它能较长期地在大气中漂浮，有时也称为浮游粉尘，也被称为可吸入颗粒物。

降尘：指粒径大于 $10\mu m$ 的固体微粒，在重力作用下，它可在较短的时间内沉降到地面。

粉尘：因破碎、筛分、运输等而产生的微细粒子，能在气体中分散（悬浮）一定时间，其粒径范围很广，由细的 $0.1\mu m$ 到数百微米。

烟尘：因炸药爆炸的化学过程而产生的微细固体粒子，由于升华及冷凝而形成，其粒度大都比较细，在 $1\mu m$ 以下。

烟雾：爆破后生成的烟雾，其粒径很细，甚至在 $0.5\mu m$ 以下。

（二）爆破烟尘的特征与产生因素

1. 爆破烟尘的特性

爆破烟尘的理化特性主要由浓度、分散度和化学组成来表征。空气中烟尘浓度越大则其危害越大。爆破产生的烟尘与凿岩相比，虽然与人接触时间较短，但是其数量大扩散范围广。同质量的烟尘，颗粒越小则其分散度越大，颗粒越大则其分散度越小。烟尘分散度小，在空气中悬浮的时间越长，侵入人体的机会越大，一般认为 $5\mu m$ 以下的粉尘，90%以上可侵入肺泡，对人的危害也大，爆破后烟尘分散度大于湿式凿岩时的粉尘分散度。钻孔和爆破后产生的烟尘化学组成复杂，有些含有铅砷等无机粉尘，其溶解度大，对人体危害大；有些含有游离二氧化硅，可引起尘肺危害；建筑物拆除爆破时有时还含有沥青等可致癌的有害粉尘。

2. 爆破烟尘的产生因素

（1）爆破岩石的物理性质对爆破烟尘浓度有很大影响，岩石硬度越大，爆破产生的烟尘量也越大；

（2）爆破单位体积的岩石所用的炸药量越多，产生烟尘浓度越大；

（3）炮孔深，产生烟尘少；炮孔浅，产生烟尘多；二次破碎产生的烟尘多于深孔、浅孔爆破；

（4）先前形成而附着或堆积在巷道和岩石裂缝中的粉尘数量及分散度越大，爆破后进入空气中的数量也越大；

（5）岩石表面、巷道周边的潮湿程度和空气湿度越小，爆破工作面的烟尘浓度越高。

爆破烟尘污染大气、危害人类的健康。当人体吸入烟尘后，小于 $5\mu m$ 的微粒极易深入肺部，引起中毒性肺炎或矽肺，有时还会引起肺癌。沉积在肺部的污染物一旦被溶解，就会直接侵入血液，引起血液中毒，未被溶解的污染物，也可能被细胞所吸收，导致细胞结构的破坏。此外，粉尘还会沾污建筑物，使有价值的古代建筑遭受腐蚀。降落在植物叶面的粉尘会阻碍植物光合作用，抑制其生长。

（三）预防和控制爆破烟尘的措施

（1）为了减少钻孔时的粉尘，应采用湿式凿岩。湿式凿岩是高压水经过凿岩机流过水针注射入钢钎到钻头，在钻孔过程中，水与石粉混合成泥浆流出，从而避免粉尘外扬。据测定，该方法可降低粉尘量80%。湿式凿岩应做到先开水后开风，先关风后关水，或水风同时开启或关闭，尽可能做到使粉尘不飞扬、工作面清新。

（2）在爆破工作面可采用喷雾洒水等方法来控制爆破烟尘。喷雾洒水，是在距工作面 $15\sim20m$ 处安装除尘喷雾器，在爆破前 $2\sim3min$ 打开喷水装置，爆破后 $30min$ 左右关闭；也可在工作面悬挂装水的水袋，盛水 $10kg$ 加 $100g$ 炸药，与岩石同时爆破，这样来捕集和凝聚爆破产生的烟尘。

（3）在城镇居民密集地区环境中进行建筑物拆除爆破时，一般都会预先对爆破缺口内的非承重墙、外墙、楼梯等先行解体。为防止粉尘，可以预先用水淋湿浇透，边锤击边用水管喷射。注意清理楼层和建筑物周围施工留下的渣土、垃圾，适当清理预处理部件的积尘以及墙壁上的挂灰，并在建筑物地面、墙壁以及建筑物塌落区地面大量喷洒水，从源头上减少粉尘。

（4）在拆除爆破中，爆前也可在楼顶储水池装满水，或用储水袋爆破洒水控制烟尘。储水袋由农用塑料薄膜制作，在楼顶和不同楼层分别设置水袋，也可将水袋悬挂在爆破部位周围，形成水幕覆盖，在坍塌过程中，大量储水从上而下形成水幕，对降尘可起到较好作用；在拆除对象周围，也可用篷布封闭以减少施工作业对周围环境的粉尘危害。

（5）在面粉厂、亚麻厂等有粉尘爆炸危险的地点进行爆破作业时，离爆区 10m 范围内的空间和表面应做喷水降尘处理；在有煤尘、硫尘、硫化物粉尘的矿井中进行爆破作业时，应遵守有关粉尘防爆的规定。

第二节　早爆、迟爆与盲炮

早爆、迟爆与盲炮均属于爆破意外。早爆和迟爆极易造成作业人员人身伤亡事故，盲炮可导致爆破作业失败，处理盲炮不当也极易造成人身伤亡事故。

一、基本概念

（1）早爆。早爆是指爆炸材料（或炸药包）比预定时间提前发生爆炸。
（2）迟爆。迟爆是指爆炸材料（或炸药包）比预定时间滞后爆炸。
（3）盲炮。盲炮是指装药未能按设计要求起爆，全部装药或部分装药拒爆。

二、造成早爆的原因与预防

早爆的发生与爆破工序、选用的炸药品种、电起爆网路在涉电环境中使用等因素密切相关，需要分别采取措施预防。

（一）涉电环境对电起爆网路的影响

1. 防止感应电流造成早爆事故的措施

采用电力起爆时，由于起爆网路在空间形成了一定的闭合线路，如果电路中有电流通过，就有可能导致早爆事故的发生。在电力起爆中引发早爆事故的因素主要有高压电、静电、雷电、射频电和杂散电流等。

高压电在其输电线路、变压器和电器开关的附近，存在着一定强度的电磁场，如果在高压线路附近发生电磁场变化时，就可能在起爆网路中产生感应电流，当感应电流超过一定数值后，就可引起电雷管爆炸，造成早爆事故。因此，在电场附近进行爆破作业时要采取以下措施：

（1）尽量采用非电起爆系统；
（2）当电爆网路平行于输电线路时，两者的距离应尽可能加大；
（3）使两条母线、连接线等尽量靠近，以减小线路圈定的面积；
（4）作业人员撤离爆区前不要连接起爆网路。

2. 防止静电感应引起早爆的措施

机械运输、化纤或绝缘物相互摩擦、压气装药、压气输料等都可产生静电。当静电积累到一定程度时，就可能引爆电雷管，造成早爆事故。实验证明，炮孔中起爆连接线上、炸药上以及施工人员穿的化纤衣服上都能积累静电，特别是使用装药器装药时，静电可达20~30kV。静电的积累还受喷药速度、空气相对湿度、岩石的导电性、装药器对地电阻、输药管材质等因素的影响。因此，应采取以下措施防止因静电感应引起的早爆：

（1）用装药器装药时，在压气装药系统中要采用半导体输药管，并对装药工艺系统采用良好的接地装置；

（2）易产生静电的机械、设备等应与大地连接以疏导静电；

（3）在炮孔中采用导电套管或导线，通过孔壁将静电导入大地，然后再装入电雷管；

（4）采用抗静电雷管；

（5）施工人员穿不产生静电的工作服。

3. 防止射频电流引起早爆的措施

由广播电台、电视台、中继台、无线电通讯台、转播台、雷达等发射的强大射频能源可在电爆网路中产生感应电流。当感应电流超过某一数值时，会引起早爆事故。在城市控制爆破中，采用电爆网路起爆时更应加以重视。应了解爆区附近有无射频能源，如有，应了解各种发射机的功率和频率，并用射频电流表或检测灯进行检测。

为了防止由于射频电引起早爆，可采取以下技术措施：

（1）调查爆区附近有无广播、电视、微波中继站等发射源，有无高压线路或射频电源。必要时，在爆区用电引火头代替电雷管，做实爆网路模拟试验，检测射频电对电爆网路的影响。在危险范围内应采用非电起爆法。

（2）爆破现场进行联络的无线对讲机，宜选用超高频的发射频率。因为频率越高，在爆破回路中的衰减也越大。禁止流动射频源进入作业现场，已进入且不能撤离的射频源，装药开始前应暂停工作。

（3）不得将手持式或其他移动式通讯设备带入普通电雷管爆区。

4. 防止杂散电流引起早爆的措施

杂散电流，是指由于泄漏或感应等原因流散在绝缘的导体系统外的电流。杂散电流一般是由于输电线路、电器设备绝缘不好或接地不良而在大地及地面的一些管网中形成的。在杂散电流中，由直流电力车牵引网路引起的直流杂散电流较大，在机车起动瞬间可达数十安培，风水管与钢轨间的杂散电流也可达到几安培。因此，在上述场合施工时，应对杂散电流进行检测。当杂散电流大于30mA时，应查明引起杂散电流的原因，采取相应的技术措施，否则不允许实施爆破。

对杂散电流的预防可采用以下措施：

（1）减少杂散电流的来源，如对动力线加强绝缘、防止漏电，一切机电设备和金属管道应接地良好，采用绝缘道渣、焊接钢轨、疏干积水及增设回馈线等；

（2）采用抗杂散电流的雷管或采用非电起爆系统等。

5. 防止雷电引起早爆的措施

由于雷电具有极高的能量，而且在闪电的一瞬间产生极强的电磁场，如果电爆网路遭到直接雷击或雷电高强磁场的强烈感应，就可能发生早爆事故。雷电引起的早爆事故有直接雷击、电磁场感应和静电感应三种形式；

预防雷电引起的早爆事故，可采用以下措施：

（1）采用非电起爆系统；

（2）采用电起爆系统时，在爆区要设置避雷或预报系统；

（3）装药、连线过程中遇有雷电来临征兆或预报时，应立即拆开电爆网路的主线与支线，裸露芯线用胶布捆扎并对地绝缘，迅速撤离危险区内的一切人员。

外部电源与电爆网路的安全允许距离可参见《爆破安全规程》有关章节。

（二）爆破工序对电爆网路的影响

违反安全规程进行如下操作可能引起早爆，其相应预防措施如下：

（1）用竿头开裂的竹竿进行炮孔装药，用力过猛插响雷管；或用钻杆当炮棍使用，捅响雷管。防止早爆发生，需坚持使用木质炮棍。

（2）硐室爆破作业现场由于照明不当或使用烟火引起药包燃烧、爆炸。避免这种情况的发生，需要对新购进的爆炸物品在使用前进行性能检测。

三、造成迟爆的原因与预防

迟爆具有不可预见性和突然性。起爆后爆区未响，易被误认为是盲炮，作业人员前去检查时结果发生爆炸，极易造成严重的人身伤亡事故。

（一）造成迟爆的原因

（1）起爆材料起爆威力不够。起爆材料的起爆威力不能激发炸药爆轰，只能引燃炸药。炸药燃烧后，再把拒爆的起爆材料引爆，结果引爆的起爆材料又反过来引爆剩余的炸药，由于这个过程需要一定的时间，从而会发生迟爆。

（2）炸药部分钝感。起爆材料起爆以后，没有引爆炸药，而只是引燃了炸药。当炸药烧到一定条件时，燃烧的药包又引爆未燃炸药（这部分炸药不太钝感），结果发生了迟爆事故。

（3）起爆材料质量不好，如延期雷管延期药不合格导致延期时间延长等。

（二）防止迟爆事故的措施

（1）不使用已过期的爆炸材料，并在使用前检测爆炸材料性能，特别是起爆药包和起爆材料应经过检验后方可使用。

（2）发现起爆后炮未响时，不要急于当盲炮处理，应留有足够的等待时间，以防发生迟爆。

（3）积极预防拒爆（盲炮）的发生，也会在很大程度上消除迟爆的发生。

四、造成盲炮的原因、预防措施及处理方法

盲炮经常出现在各类工程爆破中。个别及少数药包拒爆，通常会影响爆破效果；而大面积药包拒爆，往往导致整个爆破作业归于失败。因此，采取有效措施防止盲炮是确保爆破成功、不出爆破事故的一项重要工作。当出现盲炮后，需及时妥善处理，方能确保安全。

（一）造成盲炮的原因与预防措施

盲炮可分为：整个网路或部分网路的雷管未爆、雷管爆炸但未引爆炸药、爆轰波在炸药中传播中断而留有残药。盲炮既影响爆破效果，也造成不安全因素。应通过精心设计和施工来预防盲炮，一旦发生盲炮应及时妥善处理。爆破器材的质量，起爆网路的优劣和传爆条件（装药结构、装药密度、药卷直径、约束条件等）的好坏对起爆和传爆过程有显著

的影响。正确选用爆破器材、合理设计爆破网路、保证施工质量,对防止盲炮、充分发挥炸药效能非常重要。

1. 炸药未被引爆或传爆中断造成盲炮

(1) 造成盲炮的原因:

1) 使用过期、变质、受潮、硬化的炸药;

2) 在有水的炮孔或药室中装入不抗水的炸药,且防水处理不当;

3) 装药直径小于临界直径;

4) 装药密度过大或过小;

5) 药卷之间被岩粉阻隔而接触不好;

6) 药卷与孔壁之间的间隙不当而引起间隙效应;

7) 起爆能量过小。

(2) 预防措施:

1) 装药前应对所用炸药进行检查或试验,禁止使用过期、失效的炸药;

2) 在多雨或地下水发育的爆区,要做好防水、防潮工作,将炮孔中的积水排干或使用浆状、水胶、乳化等抗水炸药;

3) 当孔径较小或不耦合装药时,应使用爆轰性能较好的炸药,并使装药直径大于临界直径,保证稳定传爆;

4) 注意装药密度,保证填塞质量,改善约束条件;

5) 装药时应使各条状药卷的聚能穴与雷管聚能穴的方向一致;

6) 根据炸药的性能确定合理的起爆能量,确定是否增加起爆药包或中继药包。

2. 起爆方法或起爆网路引起的盲炮

目前,工程爆破主要是采用电雷管、导爆索、及导爆管雷管起爆法。起爆方法不同,产生盲炮的原因也不同。

(1) 造成盲炮的原因:

1) 导爆索起爆产生盲炮的原因。导爆索因过期、受潮而变质;装入炮孔(或药室)后,铵油炸药中的柴油渗入药芯,使其性能改变;在充填过程中被打断或受损;多段起爆时,后段网路被前段爆炸冲击波冲坏、网路连接方法错误等。

2) 导爆管网路产生盲炮的原因。导爆管质量差、有破损、漏洞或管内有杂物;在连接过程中有死结;导爆管与连接元件脱节、松动;装药、填塞过程中使网路受损等。值得特别注意的是:导爆管强度低容易受损;导爆管爆速值较小,容易被导爆索的爆轰产物超前破坏;导爆管若与起爆雷管正向连接,雷管底部的聚能射流容易超前切断导爆管。

3) 电力起爆产生盲炮的原因。雷管本身的原因:桥丝松动或断裂、雷管受潮变质、感度或起爆能力降低、同一网路中的各雷管阻值差别过大、或厂家不同、品种不一、起爆感度不一致。

网路施工质量问题:装填不慎,将网路打断或导线绝缘受损;连接不牢固或连接错误,使爆破网路有漏接、短路、漏电、接地或接头电阻增大等现象。

网路设计错误:电爆网路设计的基本要求是使流过网路中每个电雷管的电流都能达到准爆电流,若电源容量不够、并联网路的各支路电阻不平衡、连接方式不当,都可能达不到准爆电流的要求。

（2）电力起爆法产生盲炮的类型：

1）整体型拒爆。整体型拒爆指连接于同一网路的雷管全部拒爆。主要应从电源及爆破主线上分析原因。可能的原因是：起爆电路是否发生故障或严重接触不良；起爆器中的电池是否已过期失效；爆破主线是否断路、短路等。

2）区域型拒爆。区域型拒爆指某一支路或某一区域范围内的雷管拒爆而其他雷管全爆。造成这一现象的主要原因是网路内存在漏电或短路，电流通过漏电点或短路点构成新的回路，该回路内的雷管全爆，以外的全部或部分拒爆。造成短路或漏电的原因，可能是以下因素造成：接头绝缘不好、雷管脚线质量差或破损、孔内或网路敷设处有水、起爆器起爆脉冲电压过高（大于 1100V 等）。

3）类别型拒爆。即网路中某一相同类型或段数的雷管全部拒爆，其余雷管全爆。造成这类拒爆的原因，主要是由于在同一网路中采用了不同类型、不同厂家、不同批号的雷管，导致雷管的电发火特性差异太大。

4）随机型拒爆。网路中有一个、数个或部分雷管拒爆，且无明显的规律性。造成随机型拒爆的主要原因：起爆电流偏小、同一网路的雷管阻值差别较大、雷管受潮或变质、网路漏接、断线等。

为了确保起爆网路安全可靠，各种起爆网路均应使用经现场检验合格的起爆器材；在可能对起爆网路造成损害的地段，应采取措施保护穿过该地段的网路；对重要的爆破工程应采用复式起爆网路。

（3）预防电力起爆网路出现盲炮的措施：

1）起爆电源要有足够的能量，以便保证流经每个雷管的电流满足准爆电流的要求。

2）电爆网路应与大地绝缘，不宜使用裸露导线，不得利用铁轨和钢管作爆破线路。

3）同一起爆网路应使用同厂、同批、同型号的电雷管；电雷管全电阻的误差不得大于产品说明书的规定。

4）应使用专用导通器或爆破电桥（工作电流小于 30mA）对电爆网路进行导通检查和电阻值测量。对爆破电桥等仪表应每月检查一次，长期不用的起爆器应经常充电。

5）起爆网路的连接应由工作面向起爆站依次进行，接头电阻尽可能小，网路电阻符合设计要求。雷雨天不应采用电爆网路。

（4）预防导爆索起爆网路出现盲炮的措施：

1）导爆索之间应采用搭接或水手结连接；搭接时支线与主线的传爆方向应一致，其夹角应小于 90°，搭接长度不得小于 150mm，中间不得夹有异物和炸药卷，并捆扎牢固，端部应留有 150mm 的余量。

2）起爆导爆索的雷管与导爆索端头的距离不小于 150mm，雷管的聚能穴必须朝向导爆索的传爆方向。

3）敷设的导爆索不应出现打结；两根导爆索交错时，应在两根交叉导爆索之间放置一个厚度不小于 100mm 的木质垫块。

（5）预防导爆管起爆网路出现拒爆的措施：

1）导爆管网路中不得有死结，炮孔内不得有接头，孔外传爆雷管之间以及传爆雷管与导爆管之间应留有足够的间距。

2）用雷管起爆导爆管时应采用反向连接，导爆管应均匀地敷设在雷管周围并用胶布等捆扎牢固，雷管与导爆管端头的距离应不小于150mm。

3）用导爆索起爆导爆管时，宜采用垂直连接。

4）对于深孔或硐室爆破，可以采用高精度导爆管雷管。

（6）起爆网路的试验与检查。

1）起爆网路的试验。对重要的工程爆破，应进行起爆网路的实爆或模拟试验。电爆网路实爆试验应按设计网路连线起爆，而等效模拟试验是至少用一条支路按设计连接雷管，其他各支路可用等效电阻代替；大型导爆索网路或导爆管网路应按设计连线或至少选一组典型网路进行实爆试验。

2）起爆网路的检查。实施爆破前，应由有经验的爆破工程技术人员组成的检查组对起爆网路进行认真检查。对电力起爆网路，应检查电源开关是否接触良好，开关及导线的电流通过能力是否能满足设计要求；采用起爆器起爆时，应检验其起爆能力；网路电阻是否稳定，与设计值是否相符；网路是否有接头接地或锈蚀。确认无误后才能与起爆电源连接。采用导爆索或导爆管起爆网路时，应检查有无漏接、破损、打结或打圈，支路拐角是否符合规定，雷管捆扎是否符合要求，线路连接方式是否正确，雷管段数是否与设计符合，网路保护措施是否可靠等。

（二）盲炮的处理

盲炮的处理必须细心、认真，并且要遵守有关的安全规定。

1. 盲炮的判断

爆破后，发现有下列现象之一者，可以判断出现了盲炮：

（1）有残留的炮孔或药室；

（2）大部分或局部地表无松动，或抛掷爆破时无抛掷现象；

（3）两药包之间有显著的间隔，土石方爆落范围较其他地段或原设计有显著差异。

2. 处理盲炮的一般规定

（1）处理盲炮前应由爆破技术负责人定出警戒范围，并在该区域边界设置警戒，处理盲炮时无关人员不许进入警戒区。

（2）应派有经验的爆破员处理盲炮，硐室爆破的盲炮处理应由爆破工程技术人员提出方案并经单位技术负责人批准。

（3）电力起爆网路发生盲炮时，应立即切断电源，及时将盲炮电路短路。

（4）导爆索和导爆管起爆网路发生盲炮时，应首先检查导爆索和导爆管是否有破损或断裂，发现有破损或断裂的可修复后重新起爆。

（5）严禁强行拉出炮孔中的起爆药包和雷管。

（6）盲炮处理后，应再次仔细检查爆堆，将残余的爆破器材收集起来统一销毁；在不能确认爆堆无残留的爆破器材之前，应采取预防措施并派专人监督爆堆挖运作业。

（7）盲炮处理后应由处理者填写登记卡片或提交报告，说明产生盲炮的原因、处理的方法、效果和预防措施。

3. 浅孔爆破盲炮的处理方法

处理浅孔爆破的盲炮方法如下：

（1）经检查确认起爆网路完好时，可重新起爆。

（2）可钻平行孔装药爆破，平行孔距盲炮孔不应小于0.3m。

（3）可用木、竹或其他不产生火花的材料制成的工具，轻轻地将炮孔内填塞物掏出，用药包诱爆。

（4）可在安全地点外用远距离操纵的风水喷管吹出盲炮填塞物及炸药，但应采取措施回收雷管。

（5）处理非抗水类炸药的盲炮，可将填塞物掏出，再向孔内注水，使其失效，但应回收雷管。

（6）盲炮应在当班处理，当班不能处理或未处理完毕，应将盲炮情况（盲炮数目、炮孔方向、装药数量和起爆药包位置，处理方法和处理意见）在现场交接清楚，由下一班继续处理。

4. 深孔爆破盲炮的处理方法

处理深孔爆破的盲炮方法如下：

（1）爆破网路未受破坏，且最小抵抗线无变化者，可重新连接起爆；最小抵抗线有变化者，应验算安全距离，并加大警戒范围后，再连接起爆。

（2）可在距盲炮孔口不少于 10 倍炮孔直径处另打平行孔装药起爆。爆破参数由爆破工程技术人员确定并经爆破技术负责人批准。

（3）所用炸药为非抗水炸药，且孔壁完好时，可取出部分填塞物向孔内灌水使之失效，然后做进一步处理，但应回收雷管。

5. 硐室爆破的盲炮处理

（1）如能找出起爆网路的电线、导爆索或导爆管，经检查正常仍能起爆者，应重新测量最小抵抗线，重划警戒范围，连接起爆。

（2）对于不能重新连线起爆的，可沿竖井或平硐清除填塞物并重新敷设网路连接起爆，或取出炸药和起爆体。

6. 其他盲炮处理

（1）地震勘探爆破发生盲炮时应从炮孔或炸药安放点取出拒爆药包销毁；不能取出拒爆药包时，可装填新起爆药包进行诱爆。

（2）凡以上没有给出处理方法的盲炮，在处理之前应制定安全可靠的处理办法及操作细则，经爆破技术负责人批准后实施。

部分盲炮产生的原因、处理方法和预防措施归纳于表 7-6 中。

表 7-6　部分盲炮产生的原因、处理方法和预防措施

盲炮类型	产 生 原 因	处 理 方 法	预 防 措 施
部分炸药拒爆	1. 炸药受潮； 2. 有岩粉相隔，影响传爆	1. 用水冲洗出炸药； 2. 取出药包	1. 有水或湿的炮孔必须采取防水措施； 2. 装药前应将炮孔吹洗干净
雷管爆炸而炸药全部拒爆	1. 炸药变质或受潮； 2. 雷管爆破力不足； 3. 雷管与药包脱离	1. 取出填塞物，重新装起爆药包起爆； 2. 如是粉状药，可用水冲洗出填塞物和炸药、重新装药起爆	1. 严格检验爆破材料，并注意保管好； 2. 有水或潮湿的炮孔必须采取防水措施； 3. 起爆药中的雷管和药包应该捆牢

续表7-6

盲炮类型	产生原因		处理方法	预防措施
雷管导爆索和炸药全部拒爆	电雷管起爆	1. 电雷管质量不合格； 2. 电爆网路不符合准许起爆条件； 3. 线路连接错误、接头接触不良、线路接地	1. 认真仔细地取出填塞物，重新装好起爆药包起爆； 2. 认真仔细地取出部分填塞物，重新装好起爆药包，进行起爆； 3. 用电雷管和导爆索起爆的炮孔，可以重新连线起爆； 4. 在距离拒爆炮孔一定距离处（浅眼不小于0.3m，露天深孔10倍炮孔直径）凿一平行炮孔，重新装药起爆	1. 电爆网络必须符合准许起爆条件要求； 2. 联结网路时要认真，仔细，联好后要详细检查
	导爆索起爆	1. 导爆索（管）质量不合格； 2. 导爆索（管）网路联结错误； 3. 分段延期起爆的索（管）被先爆产生的冲击波和飞石破坏		1. 连线要细心，接法要正确； 2. 分段延期起爆的导爆索（管）要加强维护，避免被先爆冲击波损坏

第三节　工程爆破事故与涉爆案件

一、工程爆破事故

（一）雷击引发早爆事故

事故情况：2010年5月18日下午6点30分左右，某县羊凤乡大寨至成礼公路建设施工发生雷电现象，造成工地施工人员1人死亡、2人受伤的雷击伤亡事故。据气象部门观测记录显示，当天在施工时天气状况为雷阵雨天气，且雷暴方向为施工现场所在方位。由于施工地点在两高压线铁塔下部，施工人员在装药过程中因打雷致死致伤。专家分析，是雷击沿输电线路形成的雷电波感应引爆了电雷管发生爆炸。

直接原因：雷击引爆电雷管导致炸药早爆。

经验教训：装药、连线过程中遇有雷电来临征兆或预报时，应立即拆开电爆网路的主线与支线，裸露芯线用胶布捆扎并对地绝缘，爆区内一切人员迅速撤离危险区。

（二）静电引发早爆事故

事故情况：2011年1月15日上午8时15分，某市化轻公司民用爆炸物品配送站工作人员将乳化炸药1箱、非电导爆管雷管80发、电雷管10发配送到汇丰商学院教学楼基坑爆破工地，某爆破公司当班保管人员签收后即发放给技术负责人郑某某和爆破员双某某，郑某某和双某某分别将炸药和雷管人工搬运到爆破作业点（其中导爆管雷管和电雷管同装在一个白色塑料配送袋内），并事先将炸药摆放在炮孔旁边；8时40分左右，双某某在距离待装药炮孔区4～5m的位置低头从塑料袋中取雷管时，塑料袋内雷管突然发生爆炸，爆炸导致双某某和郑某某当即受伤倒地（其中双某某重伤）。事后统计发现袋内80发导爆管雷管全部爆炸、电雷管10发中有2发爆炸。专家鉴定认为：在湿度低、空气干燥情况下，人体所带静电最高可达25kV，远远超过电雷管耐静电标准，另外，人工搬运过程中塑料包装袋与衣物间的摩擦也会产生静电，当静电累积超过电雷管耐静电标准时，电雷管均可能发生爆炸；根据事故当天的气候条件以及事故现场情况，该事故是由静电引发个别电雷管爆炸、电雷管爆炸激发导爆管进而引发导爆管雷管爆炸的早爆事故。

直接原因：静电击发电雷管引发早爆。

经验教训：发放、搬运和回收的电雷管禁止用一般塑料包装袋收装；干燥的秋冬季节，人员在操作电雷管前，应先用水冲洗双手或双手触及湿地面以泄放人体静电。

（三）射频电激发雷管引发爆炸

事故情况：2008年8月22日晚上8点16分，某省镇巴县杨家河乡承建该县杨家河乡王家河村到构元村乡村道路的施工队存放的炸药突然发生爆炸，爆炸将存放炸药的3间房屋全部夷为平地，致3人死亡、4人受伤。经专家认定：房内大功率无绳电话所产生的射频电流引爆电雷管后引发炸药爆炸而造成事故。

直接原因：射频电激发电雷管继而引爆炸药。

经验教训：爆区附近有广播、电视、微波中继站等电磁发射源或有高压线路、射频电源的，应采用非电起爆系统；不得将手持式或其他移动式通讯设备（如手机、对讲机等）带入普通电雷管爆区。

（四）漏电触发电雷管引发爆炸

事故情况：2011年1月25日上午8点37分，某自治区龙头锰矿一辆农用车从该矿临时炸药库沿李家背矿区公路运输炸药至一工区，在行驶途中发生爆炸，造成3人当场死亡，一辆农用车被炸毁。经调查认定，事发当天，由于天气条件恶劣，气温很低，爆破人员没有按规定将炸药和电雷管分装分运，而是携带电雷管与运送炸药的农用车同行，因运输车辆发动机漏电，触发电雷管，引发炸药爆炸。

直接原因：发动机漏电触发电雷管继而引发炸药爆炸。

经验教训：电雷管的储存、运输（搬运）、分发、使用等环节必须禁止接触未采用绝缘措施的带电器材和设备（如手电、探照灯、手机、对讲机等）。

（五）爆破飞石事故

事故情况：2008年9月20日，某市松坪山高新产业园区清华源兴生物医药研发中心基坑爆破工地进行爆破作业时，导致产生大量飞石，爆区东侧40m的工地板房宿舍受损严重，爆区东侧200m的住友电工光纤光缆公司围墙及食堂门窗也遭到严重损坏。经调查，爆破作业的前一天晚上，工程机械在挖掘作业时破坏了爆破作业区前排炮孔的最小抵抗线，加上基坑积水，某爆破公司爆破作业人员责任心不强，麻痹大意，未认真核查现场情况，未发现前排炮孔最小抵抗线发生了变化，仍按原设计方案装药起爆，导致产生大量飞石。所幸爆破作业前当地派出所民警到现场检查并督促落实了安全警戒措施，这才避免了人员伤亡。

直接原因：前排炮孔抵抗线变小、药量过大导致爆破飞石。

经验教训：注意选择合理的最小抵抗线，对药室、炮孔位置严格测量验收，装药前认真校核各药包的最小抵抗线，若有变化必须修正，不准超量装药。

（六）炮烟中毒事故

事故情况：2007年6月27日，某省个旧森源矿业有限责任公司在坑道内进行爆破作业。28日，4名开采人员在爆破一天之后，照例进入该矿坑内工作。由于前一天爆破后炮烟未及时排除，导致该矿坑内聚积了大量的一氧化碳，4名毫无准备的工人被聚积的毒气瞬间击倒，几分钟以后，2名工人当场昏迷，另外2名工人受伤后退出矿坑求援，随后该矿组织了 9 名施救人员进入坑道内营救，发现先前昏迷的 2 名工人已经死亡。由于经验和设备的不足，施救人员在营救过程中又有 3 人死亡，6 人受伤。在经过现场调查和勘验之后，事故原因现已确定，事发坑道在放炮后未进行气体检测就进洞作业，另外，在事故发生后，矿部又采取不当的施救方法，致使这一起导致 5 人死亡、8 人受伤的悲剧发生。

直接原因：爆破后产生的爆破毒气未及时排除，导致进入坑道的作业人员中毒。

经验教训：地下爆破前后应加强通风，应采取措施向死角盲区引入风流。爆破后无论时隔多久，人员在下去前，均应用仪表检测地下空气中爆破毒气浓度，浓度未超过允许值，才能允许人员下去。

（七）最小抵抗线发生变化，产生爆破冲击波导致事故

事故情况：2008 年 12 月 16 日 18 时 10 分许，某自治区某煤业集团羊齿采区技改露天剥离工程进行深孔爆破时发生爆破事故，造成 16 人死亡，46 人受伤，其中重伤 12 人。据该煤业集团介绍，羊齿采区技改露天剥离工程由某爆破公司承担（深孔爆破），当天实施爆破的药量仅仅数吨，按规定设定了 200m 安全警戒距离。没有想到的是，由于意外的原因，引爆了一年前硐室爆破时留下的盲炮（此处一年前曾进行过五千吨级的硐室爆破），发生事故后经过专家分析才知道当时可能有一个近百吨的药室没有被起爆，成为盲炮，实施爆破的单位在硐室爆破后检查时没有发现这个盲炮，在清渣过程中也没有发现这个盲炮，留下了安全隐患。由于这个药包的最小抵抗线发生了改变，爆炸产生的空气冲击波夹带着大量飞石，冲破了原设定的 200m 警戒线，爆破飞石最远飞出去近 1 公里，造成多名施工人员以及爆破施工现场附近公路上过往的人员伤亡。

直接原因：盲炮的最小抵抗线被改变，爆破后产生强烈冲击波和飞石导致人员伤亡和设备损坏。

经验教训：硐室爆破以后要认真检查是否留有盲炮，如不能确定，在清渣时要有专人跟踪检查。在曾经进行过硐室爆破的地方，要详细进行地质勘查，确认没有留下盲炮后再进行其他爆破作业。

（八）处理盲炮引发事故

事故情况：1995 年 5 月，某省龙洞堡机场营盘坡爆破工地，发生因改炮而引爆硐室盲炮的重大事故。该工地于 1993 年 12 月曾进行硐室爆破，药包 165 个，装药量 3011t，爆破方量 255 万立方米。1995 年 5 月，在原爆破堆渣区域内挖装石方时发现盲炮，挖出两车乳化炸药，并由爆破员取出了起爆体及未响的 4 发导爆管雷管。作业人员误认为盲炮中炸药已经失效，故没有将盲炮硐室中的残余炸药认真清理干净。随后，爆破作业人员在盲炮药室及周围大石块上布置了 24 个破碎大块的裸露药包（单个药包重 0.5～3.5kg），引爆裸露药包时激发了盲炮药室中的残存炸药（估计约 10t），强大的爆破冲击波造成周围 1500m 范围内 6 个自然村门窗玻璃大量破碎，个别房屋出现裂缝，部分电器及家具不同程度损坏。

直接原因：小药量爆破引爆大药量盲炮引发事故。

经验教训：根据爆区变化情况判断和发现盲炮，发现后，按《爆破安全规程》进行盲炮处理，盲炮处理后应及时收集并销毁残余爆破器材，不能认为炸药过了有效期就失去了爆炸特性；在未能判明爆堆有无残留的爆破器材之前，应采取保守的预防措施。

（九）销毁爆破器材引发事故

事故情况：2010 年 4 月 27 日上午 9 时许，在某省顺昌县炼石水泥厂矿山分厂的采矿区里，顺昌物资局下属的民爆站在销毁过期炸药和雷管时，突然发生爆炸。爆炸造成 2 人死亡、5 人受伤。据了解，顺昌物资局下属的民爆站、顺昌县公安局治安大队共 7 人，开着工具车携带民爆站的一批过期炸药到此处销毁。参加此次销毁的人员中有 2 名是有证的爆破员，1 名是负责指导销毁的工程师，1 名是负责监督的治安大队民警，其他的则是民爆站的司机和工作人员。大约在上午 9 时 20 分，两位爆破员将炸药和雷管摆放在地上，工程师在旁边指挥，正准备布线实施引爆，结果地上的炸药突然起火爆炸，巨大的气浪将在场的人员掀翻，两名爆破员当场死亡，其余人员均受伤。

直接原因：过期炸药性能不稳定引发自燃，导致混放的雷管及炸药爆炸。

经验教训：不应将待销毁的过期雷管与炸药混放，应分开销毁；待销毁爆破器材应置于销毁坑内，用质量优良的雷管或起爆药包引爆。

（十）现场分检雷管引发爆炸事故

事故情况：2003 年 10 月 26 日下午 4 时 10 分左右，某市石岩镇塘头村笔架山石场的爆破工李某某在该石场中部台阶实施二次解炮作业，当其在进行电雷管分检作业时，握在手中 10 发电雷管爆炸，导致其右手手掌被炸飞、右腹部洞穿，当场失血过多休克性死亡。

直接原因：强力硬拽电雷管脚线导致电雷管爆炸。

经验教训：分检电雷管时，应将成束的电雷管脚线顺好散开，一手抓住这把电雷管脚线的尾端，一手轻轻抽电雷管，将电雷管一个一个地从整把电雷管中抽出。不得强拉、硬拽脚线，要轻拿轻放。

二、涉爆案件

（一）私自储存 37 发雷管

案件情况：2010 年 9 月 12 日，某省赤城县炮梁乡某矿业有限公司法人代表卢某购买了一批雷管和炸药用于生产经营活动，其中使用剩余的 37 枚导爆管雷管没有按规定退库，而是非法转入自己另外一处矿洞内储存。2011 年 4 月 29 日，被当地公安机关查获，经张家口市公安局物证检验中心鉴定，所查获的导爆管雷管具有起爆能力。

赤城县人民法院认为，卢某非法储存爆炸物雷管 37 枚，违反了国家对爆炸物品的管理规定，其行为已构成非法储存爆炸物罪。卢某在开庭审理过程中自愿认罪，确有悔罪表现。根据《最高人民法院、最高人民检察院、司法部关于适用普通程序审理"被告人认罪案件"的若干意见（试行）》第九条之规定，在量刑时酌情予以从轻处罚。法院认为卢某非法储存爆炸物是为了从事合法的生产经营活动，也未流入社会，没有造成严重社会危害，但其非法储存爆炸物的数量达到《最高人民法院关于审理非法制造、买卖、运输枪支、弹药、爆炸物等刑事案件具体应用法律若干问题的解释》第一条规定的最低量刑数量，故依照《中华人民共和国刑法》第一百二十五条第一款、第七十二条、第七十三条、第六十一条之规定，于 2012 年 2 月 25 日判决卢某犯非法储存爆炸物罪，判处有期徒刑三年、缓刑四年。

涉法条款：

《中华人民共和国刑法》第一百二十五条第一款规定："非法制造、买卖、运输、邮寄、储存枪支、弹药、爆炸物的，处三年以上十年以下有期徒刑；情节严重的，处十年以上有期徒刑、无期徒刑或者死刑。"

《最高人民法院关于审理非法制造、买卖、运输枪支、弹药、爆炸物等刑事案件具体应用法律若干问题的解释》（以下简称《司法解释》）第一条规定：个人或者单位非法制造、买卖、运输、邮寄、储存枪支、弹药、爆炸物，非法制造、买卖、运输、邮寄、储存炸药、发射药、黑火药一千克以上或者烟火药三千克以上，雷管三十枚以上或者导火索、导爆索三十米以上的，依照刑法第一百二十五条第一款的规定，以非法制造、买卖、运输、邮寄、储存枪支、弹药、爆炸物罪定罪处罚。

《司法解释》第九条规定："因筑路、建房、打井、整修宅基地和土地等正常生产、生活需要，或者因从事合法的生产经营活动而非法制造、买卖、运输、邮寄、储存爆炸物，数量达到本《解释》第一条规定标准，没有造成严重社会危害，并确有悔改表现的，可依法从轻处罚；情节轻微的，可以免除处罚"。

《中华人民共和国刑法》、《司法解释》的有关内容详见与本教材配套的《复习思考题与法律法规节选》。

（二）非法爆破涉危险物品肇事

案件情况：某省招远市一处居民区工地违法实施爆破作业，致使一名过路行人被从天而降的"石雨"砸伤致死。2006年11月13日，嫌犯刘某被招远市检察院以涉嫌危险物品肇事罪批捕。据介绍，10月27日下午，招远市一居民区工地发生一幕惨剧，负责工地爆破的刘某在开挖楼房基础土石方时，在没有论证爆破破坏范围，又没有实施警戒措施的情况下引爆炸药，爆炸后造成大范围"石雨"飞溅。行人王某骑摩托车在附近公路行驶时，被从天而降的飞石砸中头部，连车带人摔倒在公路上，经抢救无效死亡。后经公安机关查证，刘某没有爆破员证，爆破作业也未经许可。

涉法条款：《中华人民共和国刑法》第一百三十六条"违反爆炸性、易燃性、放射性、毒害性、腐蚀性物品的管理规定，在生产、储存、运输、使用中发生重大事故，造成严重后果的，处三年以下有期徒刑或者拘役；后果特别严重的，处三年以上七年以下有期徒刑。"

普法提示：爆破作业属危险作业，从业资格和爆破作业均需获得行政许可，未经许可造成人员伤亡的重大事故或其他严重后果，必须依法追究刑事责任。

（三）违章爆破涉重大责任事故

案件情况：某省常德市鼎城区法院审理了一起重大责任事故案，被告人张某由于疏忽大意，致使与其共同劳动的工人死亡，不仅赔偿被害人经济损失45万元，还被法院以重大责任事故罪判处有期徒刑1年，缓刑1年。

2011年5月8日下午16时许，鼎城区某碎石场的爆破员徐某，风钻工张某、刘某在碎石场实施爆破作业。爆破员徐某在给炮孔装填炸药过程中，张某违反碎石场不得使用交流电起爆的规定，在未对线路进行严格检查、误认为场区正在通电的照明电路电源已经被切断的情况下，擅自将起爆线与照明线路连接，引起作业面上的炸药爆炸，导致正在现场作业的爆破员徐某当场被炸死。事发后，被告人张某主动到公安机关投案自首，并赔偿了被害人经济损失45万元。法院认为，被告人张某在爆破作业中违反相关操作规程，在没有严格检查线路的情况下将起爆线与电路连接，引发爆炸事故，导致一人死亡，其行为构成重大责任事故罪。案发后，被告人坦白了自己的犯罪事实并且赔偿了被害人经济损失，取得了被害人家属的谅解。故此，法院依法判处被告人张某有期徒刑1年，缓刑1年。

涉法条款：《中华人民共和国刑法》第一百三十四条第一款规定："在生产、作业中违反有关安全管理的规定，因而发生重大伤亡事故或者造成其他严重后果的，处三年以下有期徒刑或者拘役；情节特别恶劣的，处三年以上七年以下有期徒刑。"

普法提示：爆破作业必须遵守《爆破安全规程》和有关安全管理制度，违章作业造成重大伤亡事故或其他严重后果，必须依法追究刑事责任。

（四）盗窃爆炸物品案件

案件情况：顾某和坎某等5人因涉嫌盗窃爆炸物近600kg，被某省南谯区检察院依法提起公诉。据悉，2009年3月15日，被告人顾某承担某省滁州市建设集团有限公司承包琅琊山风景区石灰岩矿山地质环境治理一期工程，该工程爆破所用炸药由该市安和民爆公司提供，爆破工作由该市安和爆破工程有限公司实施。后坎某加盟该工程（占20%股份）。2010年4月至7月期间，被告人顾某、坎某指使工人邢某、徐某，利用安和公司将炸药运到工地后的监管疏忽，分批将安和爆破公司运到工地的岩石乳化炸药23.5箱（每箱24kg）及雷管23发搬运至工地附近的月亮山庄，再由许某开门将炸药及雷管入库存放。2010年7月7日，公安机关在月亮山庄查获上述岩石乳化炸药及雷管。南谯区检察院审理认为，顾某等5名被告人犯罪事实清楚，证据确实、充分，应当以盗窃爆炸物罪追究其刑事责任。

涉法条款：《中华人民共和国刑法》第一百二十七条第一款规定："盗窃、抢夺枪支、弹药、爆炸物的，或者盗窃、抢夺毒害性、放射性、传染病病原体等物质，危害公共安全的，处三年以上十年以下有期徒刑；情节严重的，处十年以上有期徒刑、无期徒刑或者死刑。"

普法提示：涉爆单位是民用爆炸物品安全管理的主要责任单位，防止爆炸物品被盗、被抢是所有涉爆单位及其员工的重要职责。除盗窃、抢夺爆炸物品的直接实施者要被追究刑事责任外，如果被盗、被抢的涉爆单位有违规情节，也应追究单位负责人的行政责任或者刑事责任。

（五）无爆破资质实施爆破作业

案件情况：2009年4月27日18点40时，由黔西南州方程建筑总公司承建的兴义一中改扩建工程实验楼场平土石方工程的光面爆破场地，施工方聘用无爆破资质的施工队（兴义光华土石方开挖工程服务队），违反《爆破安全规程》实施爆破，发生爆破事故。事故造成2人受伤（1人重伤，1人轻伤），52栋房屋不同程度受到损坏，造成人员恐慌。

涉法条款：《民用爆炸物品安全管理条例》第四十四条第四款规定："未经许可购买、运输民用爆炸物品或者从事爆破作业的，由公安机关责令停止非法购买、运输、爆破作业活动，处5万元以上20万元以下的罚款，并没收非法购买、运输以及从事爆破作业使用的民用爆炸物品及其违法所得。"

普法提示：爆破作业单位必须按照《爆破作业单位资质条件和管理要求》和《爆破作业项目管理要求》及《爆破安全规程》规定的资质等级承接爆破工程项目，个人及无《爆破作业单位许可证》的单位严禁承包爆破项目。

（六）非法使用民用爆炸物品案件

案件情况：某省罗田县公安机关查处了一起非法使用民用爆炸物品案件。涉案人员高某和肖某被公安机关依法行政拘留。2009 年 7 月 15 日，罗田县公安机关接到群众举报，7 月 14 号下午 15 时左右，在新昌河河铺镇石头板河段，有人非法使用炸药在河里炸鱼。罗田县公安局治安大队、河铺派出所迅速组织警力前往查处。经查，违法嫌疑人高某和肖某都是具有爆破资格的爆破员，他们利用私藏在废弃矿洞里施工留下的 1.5kg 炸药和以前遗留下的雷管、导火索，私自制造了 3 枚土炸弹，在河里炸鱼。此行为严重违反了《治安管理处罚法》和《民用爆炸物品安全管理条例》的有关规定。目前，两人的爆破员资格已经被取消。

涉法条款：《中华人民共和国治安管理处罚法》第三十条规定："违反国家规定，制造、买卖、储存、运输、邮寄、携带、使用、提供、处置爆炸性、毒害性、放射性、腐蚀性物质或者传染病病原体等危险物质的，处十日以上十五日以下拘留；情节较轻的，处五日以上十日以下拘留。"以及《民用爆炸物品安全管理条例》第三条第三款规定："严禁转让、出借、转借、抵押、赠送、私藏或者非法持有民用爆炸物品"。

普法提示：爆破员虽然有使用民用爆炸物品的资格，但是仅限于在爆破作业或其他经过许可的爆破工程项目中使用，严禁转让、出借、转借、抵押、赠送、私藏或者非法持有民用爆炸物品，严禁用于炸鱼、炸兽等非法行为。

（七）违反安全规程致爆破事故案件

案件情况：2006 年 11 月 28 日早晨 6：30 左右，在某省 107 国道扩建工程福永路段扩宽爆破施工中，由于爆破位置距 107 国道较近，且距地面较高，爆破实施后，大量山体碎石从高处塌落，冲破路边的拦石墙，滚落在 107 国道上，将 107 国道西行方向完全堵死。由于爆破实施前，建设方（当地公路局）已联系当地交警大队对该路段实行了临时交通管制，所以没有造成人员伤亡和车辆损毁。经现场查勘、专家分析和当地公安分局治安科、福永派出所对爆破作业单位及爆破人员的立案调查，查明这是一起因爆破现场技术负责人为追求施工进度而擅自更改经安全评估审批通过的爆破设计方案、某爆破公司管理不到位的责任事故。最后，公安机关依法给予责任单位某爆破公司处以罚款 10 万元的行政处罚，对 2 名技术负责人（责任人）分别给予拘留 10 天和 5 天的行政处罚。

涉法条款：《中华人民共和国治安管理处罚法》第三十条规定："违反国家规定，制造、买卖、储存、运输、邮寄、携带、使用、提供、处置爆炸性、毒害性、放射性、腐蚀性物质或者传染病病原体等危险物质的，处十日以上十五日以下拘留；情节较轻的，处五日以上十日以下拘留。"以及《民用爆炸物品安全管理条例》第四十八条第四项规定："违反本条例规定，从事爆破作业的单位有下列情形之一的，由公安机关责令停止违法行为或者限期改正，处 10 万元以上 50 万元以下的罚款；逾期不改正的，责令停产停业整顿；情节严重的，吊销《爆破作业单位许可证》：……（四）违反国家有关标准和规范实施爆破作业的"。

普法提示：爆破作业必须遵守《爆破安全规程》，单位和个人违反国家有关标准和规范进行爆破，不管是否产生危害后果，都可以依法给予行政处罚。

（八）非法携带民用爆炸物品危及公共安全案件

案件情况：被告人吕某某承包秦某某的矿井（秦某某所在企业有爆炸物品使用资格）开采三四个月后，秦某某拒绝向吕某某提供炸药，导致吕某某投资了设备却无法继续采矿而赔了几万元钱。从此，吕某某一直对秦某某怀恨在心，一直伺机报复陷害秦某某。2008年8月6日上午10时许，吕某某携带采矿时从秦某某处购买但未用完的一捆用胶带缠好的雷管（1根电雷管和6根火雷管），在某省焦作市站前路建委对面上了13路公交车并将这一捆雷管放到该公交车最后一排右侧第一个座位上并随即离开。吕某某想让公安机关根据雷管上的编号查到秦某某，处理秦某某，从而达到自己报复秦某某的目的。经鉴定，7枚雷管均性能良好，具有起爆能力。被告人吕某某携带雷管乘坐公共交通工具后，为达到报复他人的目的，将雷管放置在座位上，随即离开，危及不特定多数人的生命健康和财产安全，雷管数量上虽然没有达到《司法解释》规定的量刑标准，但被告人吕某某不仅有携带行为，还有放置行为，社会危害性极大，属于情节严重，构成非法携带危险物品危及公共安全罪。被判处有期徒刑一年。

涉法条款：《中华人民共和国刑法》第一百三十条规定："非法携带枪支、弹药、管制刀具或者爆炸性、易燃性、放射性、毒害性、腐蚀性物品，进入公共场所或者公共交通工具，危及公共安全，情节严重的，处三年以下有期徒刑、拘役或者管制。"以及《司法解释》第六条第五项"非法携带枪支、弹药、爆炸物进入公共场所或者公共交通工具，危及公共安全，具有下列情形之一的，属于刑法第一百三十条规定的"情节严重"：……（五）具有其他严重情节的。"

普法提示：民用爆炸物品属于危险物品，严禁携带民用爆炸物品搭乘公共交通工具或者进入公共场所，严禁邮寄或者在托运的货物、行李、包裹、邮件中夹带民用爆炸物品，构成犯罪的，依法追究刑事责任；尚不构成犯罪的，由公安机关依法给予治安管理处罚，没收非法的民用爆炸物品，处1000元以上1万元以下的罚款。

（九）民用爆炸物品丢失被盗被抢未报告案件

案件情况：2011年7月28日下午，某省宁乡县偕乐桥派出所接到辖区内一采石场老板周某报警，称其经营的采石场内用于爆破的3公斤炸药于7月27日被盗。7月29日20时，民警在双凫铺镇将刚回到家中的张某抓获。张某对自己伙同他人利用工作人员疏忽，盗窃该采石场3公斤炸药的犯罪事实供认不讳。民警在犯罪嫌疑人家中缴获了被盗的部分炸药，另一部分炸药已被犯罪嫌疑人用于炸鱼消耗掉。目前，犯罪嫌疑人张某因涉嫌盗窃危险爆炸物被刑事拘留，采石场的4名爆破员因爆炸物品丢失而未及时上报，被行政拘留。

涉法条款：《中华人民共和国治安管理处罚法》第三十条规定："违反国家规定，制造、买卖、储存、运输、邮寄、携带、使用、提供、处置爆炸性、毒害性、放射性、腐蚀性物质或者传染病病原体等危险物质的，处十日以上十五日以下拘留；情节较轻的，处五日以上十日以下拘留。"以及《民用爆炸物品安全管理条例》第五十条第二项规定："违反本条例规定，民用爆炸物品从业单位有下列情形之一的，由公安机关处2万元以上10万元以下的罚款；情节严重的，吊销其许可证；有违反治安管理行为的，依法给予治安管理处罚：……（二）民用爆炸物品丢失、被盗、被抢，未按照规定向当地公安机关报告或者故意隐瞒不报的；……"

普法提示：民用爆炸物品事关公共安全，丢失、被盗、被抢必须及时按照规定向当地公安机关报告。

（十）爆破作业责任人未履职案件

案件情况：违反安全生产制度致4人死亡，煤矿矿长和安全员均被判刑。某市梁平县人民法院日前以重大责任事故罪各判处被告人朱某某、曹某某有期徒刑三年、缓刑四年。被告人朱某某、曹某某分别系梁平县新盛镇书马煤矿矿长和井下安全员，分别负责煤矿安全生产管理和井下安全工作。作为书马煤矿安全生产第一责任人的被告人朱某某，明知矿井存在违规使用空压机通风，矿井掘进工作面未设置栅栏、警示标志，以及井下工人未严格执行"一炮三检"安全责任制度和放炮后违章停止供风等问题，但未及时纠正，未落实安全生产责任制，未认真履行安全生产管理职责，致使井下生产存在严重安全隐患。2008年9月20日14时许，被告人曹某某在井下爆破作业后，未执行"一炮三检"制度规定，也未检测放炮后的作业面爆破毒气浓度。在井下存在安全隐患的情况下，关掉井下通风设备，停止井下通风，致使井下爆破毒气浓度超标，造成黄某某、王某某、邓某某、谢某某4名外矿人员入井后因炮烟窒息死亡的重大安全事故。

　　涉法条款：《中华人民共和国刑法》第一百三十四条第一款规定："在生产、作业中违反有关安全管理的规定，因而发生重大伤亡事故或者造成其他严重后果的，处三年以下有期徒刑或者拘役；情节特别恶劣的，处三年以上七年以下有期徒刑。"以及《民用爆炸物品安全管理条例》第五十二条规定："民用爆炸物品从业单位的主要负责人未履行本条例规定的安全管理责任，导致发生重大伤亡事故或者造成其他严重后果，构成犯罪的，依法追究刑事责任；尚不构成犯罪的，对主要负责人给予撤职处分，对个人经营的投资人处2万元以上20万元以下的罚款。"

　　普法提示：爆破作业单位的主要负责人是本单位民用爆炸物品安全管理责任人，对本单位的民用爆炸物品安全管理工作全面负责，出了重大伤亡事故或其他严重后果，首先就要追究主要负责人的行政责任或刑事责任。

第四节　露天爆破事故的抢救

一、爆破伤人事故抢救措施

　　（1）将受伤人员进行初步包扎后尽快送往附近医院救治；

　　（2）搬动伤员时应轻抬、轻放，避免触动受伤部位；

　　（3）当飞散物砸穿或砸断附近供水、供电、供气（煤气、天然气或蒸汽）和通讯等管道、线路时，应立即将有关阀门关住，拉开电路开关并紧急通知有关部门前来抢修；

　　（4）如发生火灾，除了用水和灭火器灭火外，还应立即拨打"119"火警电话求助；

　　（5）派出岗哨封锁事故现场，防止闲杂人员入内并保护好事故现场原状（让肇事的石块等物、被损物维持原样不动），同时告知政府有关部门前来调查处理并如实报告情况。

二、民用爆炸物品仓库发生爆炸事故应采取的措施

　　（1）发生伤人及毁坏供水、电、气等管道、线路事故时，可按照前述有关条款处置；

　　（2）立即通知并动员库区周围300～500m（视库存量大小而定）范围内的人员撤离危险区，并设法让车辆、牲畜及能移动的机械设备迅速撤离危险区，在危险区边界设置岗哨，以防止发生二次爆炸事故。

三、爆破毒气中毒事故的抢救措施

发生爆破毒气中毒事故时，应采取以下措施：

（1）抢救人员佩戴防毒面具进入事故地点，将中毒者尽快移至空气新鲜处。

（2）将中毒者口里有可能妨碍呼吸的假牙、黏液、泥土等物除去，松开其领带、纽扣及腰带。

（3）具备抢救条件时，对中毒者进行如下处置：

1）给中毒者输氧，促使其体内毒物的排除。

2）当发生硫化氢中毒时，用浸有氯水的棉花或手帕，放在中毒者的嘴或鼻旁；或给中毒者喝稀氯水溶液，利用药物解毒。

（4）不具备抢救条件时，在对中毒者进行措施（3）中的处置1）、处置2）抢救后，立即送到附近医院救治。

（5）在地下爆破作业中发现有中毒现象时，应对中毒区域加强通风并洒水，尽快稀释毒气。

（6）在对中毒人员进行抢救的同时，应立即封锁中毒区域，并在其外围派出岗哨，防止他人误入有毒区域。

第八章 爆破作业单位爆破器材安全管理

爆破作业单位爆破器材安全管理的目标是要确保爆破器材在购买、运输、储存、检验、运送、临时存放、领取、发放、清退和销毁等全流程各个环节中，不发生被盗、丢失、被抢、非法交易等爆炸物品流失情况，不发生爆炸事故，确保爆破器材质量可靠，进而保障爆破作业顺利实施。

第一节 爆破器材的储存

一、爆破器材储存管理依据

（一）基本法规

爆破器材储存管理的基本法规就是《民用爆炸物品安全管理条例》，该条例规定了爆破器材储存库的建设和管理的基本制度，以及违反管理规定应当承担的法律责任。

（二）储存库建设标准

爆破作业单位的爆破器材储存库，其单库的核定储存量小于炸药 5t、黑火药 3t、雷管 2 万枚、导爆索 5 万米、导爆管 10 万米时，其建设工作应当符合公共安全行业标准《小型民用爆炸物品储存库安全规范》（GA838）的规定。当单库的核定储存量大于上述数量时，其建设工作应当符合国家标准《爆破安全规程》（GB 6722）和《民用爆破器材工程设计安全规范》（GB 50089）的相关规定。

（三）储存库治安防范标准

凡是专门用于储存爆破器材的仓库，在人防、物防、技防、犬防等治安防范措施方面，应当达到公共安全行业标准《民用爆炸物品储存库治安防范要求》（GA837）的规定。

（四）储存库安全评价的工作标准

爆破作业单位的爆破器材储存库，其评价工作应当符合公共安全行业标准《爆破作业单位民用爆炸物品储存库安全评价导则》（GA/T 848）的规定。

（五）储存库作业安全规定

分别在基本法规、储存库建设标准和治安防范标准中有规定。

（六）临时存放的安全管理规定

分别在基本法规、储存库建设标准和治安防范标准中有规定。

二、爆破器材储存库建设的安全要求

（一）储存库安全条件确认程序

爆破作业单位的爆破器材储存库在投入使用之前，应当按照下列程序确认其符合安全

管理的规定：

（1）对于新建、改建、扩建爆破器材储存库，应当在设计完成之后，先由有资质的单位进行安全预评价，预评价认为符合要求的方可进行建设；建设项目竣工后，进行安全验收评价；通过安全验收评价的，经过当地公安机关组织的验收，方可储存爆破器材。

（2）对于原已经使用的爆破器材储存库，如果以前未经过安全评价的，应当进行安全现状评价，评价认为符合要求的方可继续使用。

（二）储存库建设安全要求的主要内容

（1）储存规模，包括允许储存的爆破器材品种、数量；

（2）库区选址，包括与周边目标之间的外部安全距离等；

（3）库区布置，包括库区内必须具有的建筑物和重要设施，库房和其他重要建筑的位置、内部安全距离，库房防护屏障等；

（4）库房结构和材料；

（5）消防设施和器材；

（6）电器安全要求和防雷、防静电措施；

（7）建设标准规定的其他方面。

（三）保障储存库安全条件的基本要求

（1）在储存库设计、建设、安全评价和验收时，都应严格按照标准执行；

（2）储存库安全条件经过安全评价、验收确认后，不得擅自改变；

（3）平时对这些安全要求的现状进行检查和维护；

（4）发现这些安全条件发生改变，不符合建设标准规定的，应当及时报告，其中属于本单位范围内的，应当立即进行整改；整改期间不能保障安全管理的，应当转移爆破器材，停止储存。

（四）储存库的主要类别及其主要安全要求

1. 地面永久性储存库

地面永久性储存库是在地面建设专门用于储存民用爆炸物品的库房。

2. 矿山的井下爆破器材库及发放站

矿山的井下爆破器材库是建在地下用于储存民用爆炸物品的硐室。

（1）井下库储存量：井下只准建分库，库容量不应超过：炸药3昼夜的生产用量；起爆器材10昼夜的生产用量。

（2）井下爆破器材库的布置，应遵守下列规定：

1）井下爆破器材库不应设在含水层或岩体破碎带内；

2）炸药库距井筒、井底车场和主要巷道的距离：硐室式库不小于100m，壁槽式库不小于60m；

3）炸药库距行人巷道的距离：硐室式库不小于25m，壁槽式库不小于20m；

4）炸药库距地面或上下巷道的距离：硐室式库不小于30m，壁槽式库不小于15m；

5）井下炸药库应设防爆门，防爆门在发生意外爆炸事故时应可自动关闭，且能限制大量爆炸气体外逸；

6）井下爆破器材库除设专门储存爆破器材的硐室和壁槽外，还应设联通硐室或壁槽的巷道和若干辅助硐室；

7）储存雷管和硝化甘油类炸药的硐室或壁槽，应设金属丝网门；

8）储存爆破器材的各硐室、壁槽的间距应大于殉爆安全距离。

（3）井下爆破器材库和距库房 15m 以内的联通巷道，需要支护时应使用不燃材料支护。库内应备有足够数量的消防器材。

（4）有瓦斯煤尘爆炸危险的井下爆破器材库附近，应设置岩粉棚并应定期更换岩粉。

（5）井下爆破器材库单个硐室储存的炸药不应超过 2t，单个壁槽不应超过 0.4t。

（6）在多水平开采的矿井，爆破器材库距工作面超过 2.5km 或井下不设爆破器材库时，允许在各水平设置爆破器材发放硐室。

（7）井下爆破器材发放硐室应符合下列规定：

1）发放硐室存放的炸药不应超过 0.4t；雷管不应超过 1000 发；

2）炸药与雷管应分开存放，并用砖或混凝土墙隔开，墙的厚度不小于 0.24m。

（8）井下爆破器材库区，不应设爆破器材检验与销毁场，爆破器材的爆炸性能检验与销毁，应在地面指定的地点进行。

（9）不应在井下爆破器材库房对应的地表修筑永久性建筑物，也不应在距库房 30m 范围内掘进巷道。

（10）井下爆破器材库应安装专线电话并装备报警器。

（11）井下爆破器材库的电气照明应遵守下列规定：

1）应采用防爆型或矿用密闭型电气设备，电线应采用铜芯铠装电缆；

2）井下库区的照明电压应不大于 127V；

3）储存爆破器材的硐室或壁槽，不应安装灯具；

4）电源开关或熔断器应设在铁制的配电箱内，该箱应设在辅助硐室里；

5）有可燃性气体和粉尘爆炸危险的井下库区应使用防爆型移动灯具和防爆手电筒；其他井下库区应使用蓄电池、灯、防爆手电筒或汽油安全灯作为移动式照明。

3．洞库、覆土库

洞库是由山体表面向山体内水平掘进的用于储存民用爆炸物品的硐室。

覆土库是利用山丘等自然条件，在建筑物顶部及侧向覆盖土层用于储存民用爆炸物品的建筑物。覆土库分为两种形式，一种是储存库后侧长边紧贴山丘，顶部覆土，在前侧长边覆土至顶部，两侧山墙为储存库出入口及装卸站台；另一种是其顶部覆土至储存库两侧及背后，前墙设有储存库出入口及装卸站台。

（1）永久性地下及覆土爆破器材库的位置、内外部允许距离、库房结构、设施应符合国标 GB 50089 的规定。

（2）洞库、覆土库的防雷设施按国标 GB 50154 执行。

4．可移动爆破器材储存库

可移动库是能够借助交通运输工具或自身装置实现移动搬运，可以单体或组合形式，经过安装或组合即可重复使用的民用爆炸物品储存库。

（1）可移动爆破器材储存库的选址、内、外部安全距离、其他重要的安全措施等建设要求，以及安全评价、验收等程序性要求，与地面固定储存库的要求相同。

（2）可移动爆破器材储存库应当具有国家主管部门鉴定合格的凭证。

（3）不超过六个月的野外流动性爆破作业，采用移动式炸药库时，应遵守下列规定：

1）最大储存量为：炸药 10t，雷管 20000 发，导爆索 10000m，导爆管 10000m；

2）由看守人员不间断看守；

3）加工起爆体和检测电雷管电阻，应在离移动式库房 50m 以外的地方进行。

三、爆破器材储存作业

（一）储存作业的岗位要求

爆破器材储存库的储存作业人员，即民用爆炸物品保管员，应当取得公安机关颁发的《爆破作业人员许可证》，人员数量应当满足爆破作业活动需要。

（二）储存作业行为的安全要求

（1）衣着和工具、携带物品。应当穿着符合安全要求的工作服。禁止穿着化纤等易产生静电的服装，不得携带电器和无线通讯器材，以及易燃易爆、易产生静电等禁止带入库区的物品。

（2）接触爆破器材或进入库房前应导除身上的静电。

（3）轻拿轻放爆破器材。

（三）储存作业的限制

（1）爆破器材只能存放在民用爆炸物品专用储存仓库内。

（2）爆破器材单一品种专库存放。若受条件限制，同库存放不同品种的爆破器材应符合表 8-1 及下列规定：

1）工业雷管除与未拆箱的塑料导爆管可以同库存放外，不应与其他物品同库存放；

2）黑火药应单独库房存放；

3）工业炸药及制品、射孔弹类、工业导爆索、未拆箱的塑料导爆管可以同库存放。

表 8-1　常用爆破器材同库存放的规定

爆破器材名称	雷管类	黑火药	硝铵类炸药	属 A_1 级单质炸药类	属 A_2 级单质炸药类	射孔弹类	导爆索类
雷管类	○	×	×	×	×	×	×
黑火药	×	○	×	×	×	×	×
硝铵类炸药	×	×	○	○	○	○	○
属 A_1 级单质炸药类	×	×	○	○	○	○	○
属 A_2 级单质炸药类	×	×	○	○	○	○	○
射孔弹类	×	×	○	○	○	○	○
导爆索类	×	×	○	○	○	○	○

注："○"表示可同库存放，"×"表示不应同库存放。

（3）不得超过库房核定的储存量。

（4）雷管发放间内暂存不超过 1000 发雷管，严禁将零散雷管放在地面上，宜挂在架上或存放在防爆箱内；炸药及导爆索发放间暂存药量不超过 50kg。暂存产品应标识清楚。

（四）库房作业的内容和要求

（1）入库房前要逐个检查包装完好。

（2）分品种和生产日期、批次堆垛。

（3）堆垛及其限高、间隔、通道、墙距、垫高等要求：

1）爆破器材应码放整齐、稳固，不得倾斜；

2）每个堆垛应有标记品种、规格和数量的标识牌；

3）堆放高度：工业雷管、黑火药不应超过 1.6m，炸药、索类不应超过 1.8m，宜在墙面画定高线；

4）堆垛间隔，堆垛之间应留有 0.6m 以上的检查通道和宽度不小于 1.2m 的装运通道；

5）堆垛包装箱与墙距离应大于 0.3m，对于小型库为 0.2m；

6）爆破器材包装箱下，应垫有高度大于 0.1m 的垫木。

（4）存放硝化甘油类炸药、各种雷管箱和继爆管的箱（袋），应放置在木质货架上，货架高度超过 1.6m 时，架上的硝化甘油类炸药或各种雷管箱不应叠放。发现硝化甘油类炸药箱渗油、冻结和硝铵类炸药吸潮结块的，应及时处理。

（5）检查和维护库房内设施、门窗、栅栏、导电胶板、温度计和湿度计等；保持库内良好的通风、防潮、防小动物进入和防止阳光直射的措施。

（6）每天记录温度和湿度计数值。

（7）不存放无关的工具和杂物，严禁存放其他危险物品。

（8）拆箱作业应当在发放间进行，不得在储存库房内进行拆箱。

（9）保持库内整洁、有序，定期清洁地面、墙面。

（10）定期全面清点库存，核对台账。

（11）清理过期失效、变质或损坏报废、不再使用或淘汰的爆破器材，对应当销毁的爆破器材应单独堆垛或单库存放，并及时报告，等待销毁。

（五）储存作业日志和情况报告

（1）保管员在日常作业和检查工作中发现有下列情况的，应当立即报告：

1）发生、或可能发生爆破器材流失问题的，如被盗抢、丢失、错发、错账短少等；

2）发生、或可能发生爆破器材质量问题的，如损坏、过期、变质、标识缺少或不清等；

3）发现重要的安全管理设施，如门窗、栅栏、导电胶板、温度计和湿度计，以及报警设施等，有损坏、或故障不能恢复正常使用的情况。

（2）保管员应当将每天的储存作业情况填写日志，以备检查和考核。

四、爆破器材储存库治安防范

（一）储存库治安防范的基本规定

（1）治安防范系统的范围。民用爆炸物品储存库治安防范系统包括技术防范、人力防范、实体防范、犬防和应急处置要求。

（2）治安防范的组织和管理。爆破作业单位要建立安全保卫组织，执行相应的规章制度，在上级主管单位和当地公安机关监督下严格实施。

（3）治安防范系统的维护：

1）储存库治安防范安全条件一经确认后，不得擅自改变；

2）平时应对这些治安防范条件进行检查和维护；

3）治安防范系统出现故障时，应在 48h 内恢复功能；在修复期间应采取有效的安全、应急措施，并在24h内报单位上级主管部门和公安机关。

（二）储存库治安防范系统的要点

1. 技防系统基本要求

（1）系统应当包括下列措施：

1）入侵报警，设防范围应当包括库房；

2）周界报警，设防范围应当包括库区、重要通道；

3）视频监控，监控范围应当包括库房、库区、重要通道。

（2）技防系统的各项技术要求应当符合标准规定，作业人员在平时要注意检查和维护。

2. 人力防范基本要求

（1）值守人员应符合下列要求：

1）年满18岁，不应超过55岁；

2）具有初中以上文化程度；

3）无刑事犯罪、劳动教养、行政拘留、强制戒毒记录；

4）具备完全民事行为能力，身体健康，能按照预案处置突发事件，能熟练操作与治安防范及安全保卫有关的装备器材；

5）接到报警信号后，能及时采取相应的有效措施，并按规定报警。

（2）设置治安保卫机构或者配备治安保卫人员，对治安防范设施开展经常性检查，及时发现、整改治安隐患，并有检查、整改记录。

（3）经常对保管员和值班守护人员等开展以防盗（抢）、防丢失为主要内容的培训教育，并有培训记录。

（4）定期召开安全例会，传达学习相关法律、法规及有关部门的文件精神和安全管理制度，并有会议记录。

（5）建立出入库检查制度，严格执行生产、销售、购买、运输、储存、领用、发放、清退、看护的有关规定，手续齐全，登记完整，有关资料至少保存2年。

（6）建立健全被盗（抢）、丢失等案件、事故登记、报告制度和案件、事故应急救援预案。

（7）储存库实行24h专人值守，每班值班守护人员不少于3人，其中1人值守报警值班室。值守人员应每小时对库区进行一次巡视，巡视时携带相应的自卫器具，并如实登记形成台账。值守人员履行值班、检查等岗位职责，严格交接班制度。

（8）值班守护人员熟记与当地公安机关和派出所的通讯联络方法，遇有紧急情况及时报告。

（9）如实记录民用爆炸物品进出库数量、流向和储量，每天核对民用爆炸物品库存情况，并按规定将上述信息录入民用爆炸物品信息管理系统。

3. 实体防范基本要求

实体防范要求是指民用爆炸物品储存库基础设施本身应当具有的治安防范能力，比如库房和其他重要建筑的结构、材料、门窗以及工程施工等应当具有的防盗、防冲击和应急反应功能。除了应当达到储存库建设安全标准外，特别应当达到治安防范的标准要求。作业人员在日常作业中应当掌握和落实下列要求：

（1）储存库房的门应为双层门，内层门为加金属网的通风栅栏门，外层门为防盗门，两层门均应向外开启；

（2）库窗应设置铁栅栏、金属网，库区应设置符合有关技术标准规定的围墙；

（3）库房内、外门锁钥匙应由双人分别保管，开启门时两人应同时在场；

（4）应设报警值班室，统一控制技术防范设施。报警值班室应有防盗门和防盗窗，有防侵犯设施和自卫器具，严禁设置床铺，安装值班报警电话并保持24h畅通。

4．犬防基本要求

犬防的作用，一是对异常情况非常敏感，可弥补技术和人力的不足；二是可通过吠叫报警；三是通过威慑和扑咬动作延缓非法入侵行为；四是协助值班守护人员制服入侵人员。要求：

（1）一个库区应配备2条（含）以上大型犬；

（2）看护犬在夜间应处于巡游状态。

（三）储存库值班看守

应当建立与执行库区治安保卫制度，包括：门卫制度、报警值班制度、巡查制度、治安防范设施检查维护制度、情况报告制度、值班日志制度。

1．门卫和入出登记

重点包括：在库区主要入出口设置看守岗位；核实进入库区人员身份；对可以进入库区的人员告知进入库区安全要求，检查有无不得进入库区的物品、衣着、车辆等，接收并暂存不得带入的物品；详细登记进入库区人员的身份信息，并要求进入人员对登记信息确认签字；拒绝无关人员和不服从管理要求的人员进入库区，对非法入侵情况及时报警。

2．报警值班室

重点包括：不间断驻守报警值班室，不得安排睡班；通过视频监视库区入出人员、车辆以及作业活动基本情况，监视库区及仓库安全状态，同时检查视频监控设施基本功能，定期检查各项报警的可靠性，及时报告治安防范系统故障；维护值班室安全防护设施和防卫器械，确保值班室安全；报警撤防期间不间断监视掌握库区动态情况，及时恢复设防；迅速核实报警信息，视情迅速实施人工报警；作好值班室勤务日志。

3．巡查和站哨

（1）对库区主要通道、库房、重要设施，以及不易观察的重点部位、有隐患在整改修复中的部位，要进行徒步巡查，对库区围墙内外和相邻部位进行观察；节假日、恶劣天气、库区维护施工及其他特殊情况，应增加巡查次数；库房进行自然通风时，必须检查确认锁牢通风门并加强巡查。

（2）当库区内有大量爆破器材入出库作业、储存库及治安防范系统维护施工、开设临时入出库区通道，以及因天气等原因妨碍观察时，应当在作业和施工地点、临时通道和重点部位设置临时哨位，实施不间断监视。

4．守护犬巡游

库内没有人工作时和夜间应将守护犬放入库区进行巡游。

5．应急处置和情况报告

在值班看守过程中，发现下列情况时应当高度注意，一是要立即报告情况；二是要提高防范工作等级，加强看守值班；三是要控制事态，并尽快排除治安防范隐患：

（1）无关人员强行进入库区，或者入库人员不服从管理的；

（2）治安防范系统、设施故障不能及时恢复正常功能的；

（3）治安防范设施，包括实体防范措施有被破坏迹象的；

（4）作业人员情绪失控危及爆破器材安全，或者妨碍管理秩序的；

（5）出现导致不能正常实施值班看守作业或严重威胁爆破器材安全的其他情况。

6. 值班看守日志登记

每班登记当班各项作业情况是否正常，如实记录应当报告的情况及其报告处置情况，当班值班看守人员签字。储存库负责人定期确认签字。单位业务负责人员定期检查确认签字。

第二节　爆破作业现场爆破器材的临时存放

一、临时存放及其适用

临时存放指由于爆破作业面距爆破器材储存库较远，不能随时从储存库领取爆破器材，而在爆破作业面附近的安全地点暂时存放爆破器材，方便领发和回收的情形。非因爆破作业的必要，不得在爆破器材专用储存仓库以外的地方存放爆破器材。

在确保安全的前提下，根据爆破作业的需要，确定临时存放爆破器材的种类、数量、地点和时间等。

二、设置临时存放点的基本原则

（一）时间

临时存放点因爆破作业需要而设置，因此临时存放点设置的时间，应从爆破作业的装药前开始，至确认不再装药或爆破作业结束后撤离返库时为止。

（二）数量

临时存放的爆破器材种类和数量根据当班次基本用量、结合环境安全条件和运送安全条件综合确定。一般要求：

（1）通常不超过当班爆破作业用量；

（2）昼夜不间断连续爆破作业的，每班运送爆破器材有困难的，在环境安全条件允许时，可限制为 1 天用量，当运输困难且用量较少时，最多不超过 3 天的用量；

（3）对大型爆破工程作业，应不超过当次爆破作业用量。

（三）环境

临时存放点的设置，应当同时满足方便作业、方便隔离、周边安全的三个要求。

1. 应当在方便作业并且是自行管理的部位

存放点应当设在运输车辆便于到达和装卸，方便运送到爆破作业面（装药地点）的地方；存放点及其到作业面装药的搬运路线，应当在爆破作业项目单位或建设单位自行管理的、便于隔离看守的部位。

2. 应当在方便隔离看守的部位

存放点周边要有必要的安全警戒区域，周边 50m 范围内严禁烟火；在爆破作业过程中临时存放爆破器材的，存放点应当与爆破作业点有充分的安全距离。

3. 不得存放的部位

不得将存放点设在各类应保护目标之内或其附近；不得在爆破作业面（装药地点）存放，不得在工棚内存放，不得与其他物资、设备、工具混合存放。

4. 经常性临时存放点

露天矿山爆破或施工周期较长的建设工程爆破作业等经常性临时存放爆破器材的露天地点，在符合上述要求的同时，应当选择在与周边需要保护目标保持足够的安全距离，符合《爆破安全规程》的有关规定，并且不受山洪、滑坡和危石等威胁的地方。在具备上述条件的环境中，可以利用符合要求的简易房屋（或建筑物）、运输车辆、船舶等设施临时存放爆破器材。

三、临时存放的管理

（一）纳入监督管理

临时存放爆破器材的情况，应当纳入爆破设计方案、安全评估和安全监理的范围，应当包括在爆破作业项目许可申请材料内；临时存放点，应当事先报告当地公安机关。

（二）选择安全环境

安全环境应当符合上述设置临时存放点的基本原则中的有关要求。

（三）实施看守和警戒

有专职看守人员不间断看守临时存放点；除保管员和领取、退还爆破器材的爆破作业人员外，其他人员不得靠近；存放场地不得有与保管作业无关的任何活动。

（四）落实流向登记

实施领取、退还爆破器材的查验登记制度，核实并登记、采集相关人员身份、领退理由、品种、数量、时间、涉及产品编号等信息，按规定及时报送流向登记信息。

（五）及时清退回库

当班爆破作业结束后，或者不间断爆破作业暂停阶段或终止后，以及大型爆破工程作业结束后，为其在作业现场临时存放的爆破器材，都应当立即清点、退回储存库。禁止在非爆破作业期间，以作业现场临时存放为名，在非专用储存库存放爆破器材。

四、临时存放作业的安全要求

临时存放作业应当遵守储存库安全作业要求，并且针对作业现场临时存放的特点，特别遵守下列要求：

（1）临时存放处应悬挂醒目标志，确需夜间存放的，晚上挂有红灯。

（2）炸药与雷管分别堆垛存放，两者相距不少于25m。

（3）做好防雨、防水、防晒措施，根据必要使用垫木，覆盖帆布或搭简易的帐篷。

（4）作业现场存放的爆破器材应当包装完整，便于清点，以免错计错发、遗漏丢失、损坏；零散的雷管应当放置在符合安全要求的作业保管箱内，箱内有防止雷管碰撞、振动的措施。

（5）拆箱、起爆体加工等作业不得在临时存放处进行。

（6）保持存放场地的整洁，禁止堆放任何杂物。

五、临时存放爆破器材的存放设施

允许利用符合安全要求的房屋、车辆、船舶等设施临时存放爆破器材。

（一）临时存放爆破器材房屋的安全要求

（1）宜为单层结构；

（2）地面应平整无缝；

（3）墙、地板、屋顶和门为木结构时，应涂防火漆；门、窗应为有一层外包铁皮的板门、窗；

（4）宜设简易围墙或铁刺网，其高度不小于2m；

（5）参照小型库房的标准配置足够的消防器材；

（6）应设独立的雷管存放间，有独立的发放间，面积不小于9m²。

（二）临时存放爆破器材车辆的安全要求

（1）有爆炸物品运输资质的爆破器材运输专用车辆，可以用于临时存放；

（2）使用雷管抗爆容器存放雷管的，雷管存放数量不超过抗爆容器的核定容量；

（3）存放雷管的木箱内应衬软垫，箱应上锁；

（4）加工起爆管和检测电雷管电阻，应在离危险车辆50m以外的地方进行。

（三）临时存放爆破器材船舶的安全要求

（1）存放爆破器材的船只，应停泊在航线以外的安全地点，距码头、建筑物、其他船只和爆破作业地点不应少于250m；

（2）船上应设有单独的炸药舱和雷管舱，各舱应有单独的出入口并与机舱和热源隔离；

（3）爆破器材的存放量不应超过2t；

（4）存放爆破器材的框架应设凸缘，装爆破器材的箱（袋）应固定牢固；

（5）船上应悬挂危险标志，夜间挂红灯；

（6）船上应有人员警卫；

（7）存放爆破器材的船舱，应用移动式蓄电池提灯或安全手电筒照明；

（8）船上严禁烟火，并备有足够的消防器材；

（9）船靠岸时，岸上50m以内不准无关人员进入；

（10）不应使用非机动船存放爆破器材。

第三节　爆破器材的领取、发放和清退

一、爆破器材领取、发放和清退及其适用

爆破器材的领取、发放，是指为爆破作业的需要，由爆破作业人员从爆破器材仓库或临时存放点领取爆破器材，由仓库或临时存放点的保管员向其发放爆破器材的作业活动。

爆破器材的清退，是指将作业现场不再使用的爆破器材按照原来发放的渠道，返还给保管员入库储存保管的作业活动。

领取爆破器材限于当班的爆破作业需要。非爆破作业不得领取、发放爆破器材；不得超品种、超数量领取、发放爆破器材。

二、爆破器材领取、发放和清退的管理制度

（一）编制和下达计划

爆破作业单位应当根据爆破设计方案、装药图和施工实际编制当班使用爆破器材计划，经项目技术负责人签字确认，事先通知爆破器材储存仓库。

（二）批准领取

领取爆破器材应当在爆破作业现场技术负责人签字确认之后进行。有爆破作业现场安全监理的，最好经过旁站监理人员签字确认后方可发放。

（三）持证作业

领取爆破器材必须由持有《爆破作业人员许可证》的爆破员进行，发放爆破器材必须由持有《爆破作业人员许可证》的保管员进行。

（四）查验发放

保管员应查验确认领取人员为持证上岗的当班作业人员，确认已经批准领取，按照通知的计划发放爆破器材。不得向未经确认为当班爆破作业人员身份的人员发放爆破器材；不得超过批准计划的种类和数量发放爆破器材。

（五）用旧存新

一般情况下，应当先发放较早生产、入库的爆破器材，留存较近生产、入库的爆破器材，保证留存、使用的爆破器材在质量保证期内。

（六）领发登记

在领取、发放的同时填写领取发放登记册，记录领发时间、领取发放双方人员、爆破器材品种、数量、时间，由双方确认签字；同时采集领取发放电子信息。

（七）消耗登记

在爆破作业现场，应当由爆破员与安全员共同清点剩余的爆破器材，共同签字确认使用和剩余爆破器材的记录。

（八）退还保管

装药完成后，应当将剩余的爆破器材撤离爆破作业面至临时存放点，由保管员检查清点后保管；爆破作业结束后，及时将剩余的爆破器材转移至储存库保管。

（九）退库登记

保管员在接收清退的同时填写领取清退登记册，记录清退时间、交接双方人员、爆破器材品种、数量、时间等，由交接双方签字确认。

（十）领取、发放数据报送

将采集的领取、发放电子信息按照规定时间和渠道上报给公安机关。

三、爆破器材领取、发放和清退作业的安全要求

领取、发放和清退爆破器材的作业人员，除遵守爆破器材储存和临时存放作业的一般安全要求外，针对领取发放的特点，还应遵守下列要求。

（一）领取、发放的现场管理

看守、保管人员要注意检查领取人员的着装、工具设备、携带物品、提货车辆等，纠正违反安全管理规定的行为，制止不具备安全条件的领取发放活动。领取爆破器材的作业人员要遵守爆破器材储存库安全管理制度，服从保管员、看守人员的管理，在爆破器材存放场所仅从事领取、退还爆破器材的活动。

（二）发放与回收的部位

爆破器材的发放和回收应在单独的发放间（或发放硐室）里进行，不应在库房、硐室或壁槽内发放。严禁在库房内和临时存放的堆垛部位进行拆箱、分拣、检验、装配或拆解等处置爆破器材的活动。

（三）领取、发放的包装

炸药及制品、导爆索允许以最小包装单元发放；黑火药应以原包装发放；拆箱后的零散雷管放在作业保管箱内，存放在发放间内。

（四）领取、发放的交接验货

交接双方都应当检查包装外观及其警示和登记标识，确认品种无误、包装无损、产品无过期。损坏的、可能损坏的、过期的、标识不清而不能判别品种或保质期的，都不得用于爆破作业。回收清退时务必检查确认未将性质相抵触的爆破器材混放混存。

（五）领取、发放的作业行为

应当轻拿轻放，文明作业。

第四节　爆破器材的运输、装卸和现场运送

一、爆破器材运输

（一）在公共道路运输爆破器材

在公共道路上运输爆破器材时，应当依法遵守下列规定：

1. 申请许可

应当在运输前持申请书和规定的材料，向运输目的地公安机关申请领取民用爆炸物品运输许可证（含电子证件）。

2. 具备资质

运输爆破器材时，运输车辆、驾驶员、押运员都应当具备交通运输部门颁发的危险货物运输资质、资格。

3. 凭证运输

运输时，应当随车携带运输证件，并且按照运输许可证载明的运输爆破器材的种类和数量、运输车辆、起运和到达地点、运输路线、运输时间等限制进行运输。不在未经许可的地点停靠、滞留，禁止在危险场所停留。

4. 安全运输

配齐警示标志，规范装载爆破器材，不搭载无关人员，安全驾驶，途中根据路况、速度等情况进行安全检查。

5. 应急处置和情况报告

凡有下列情况的，应当立即采取有效措施，消除危险隐患或控制事态发展，同时立即报告当地公安机关和本单位：

（1）发现爆破器材丢失、短少的；

（2）交通事故导致或可能导致爆破器材失散的；

（3）被强行搭乘或遇威胁的；

（4）因故滞留的；

（5）必须过夜泊车的，等等。

6. 证件回缴

在运输到达目的地后 3 日内，应当将民用爆炸物品运输许可证交还发证的公安机关，并上报运输证电子信息。

（二）在本单位作业区域内运输爆破器材

在本单位作业区域内或本单位专用通道等非公共道路上为本单位运输爆破器材时，不需要向公安机关申请运输许可证件，但同样应当遵守安全运输制度。

二、爆破器材装卸

（一）允许装卸的情形

（1）装卸应当在现场警戒措施和作业人员到位，现场保管或入出库准备工作完成后进行；

（2）运输途中不得随意装卸爆破器材；如包装损坏需更换时，应在指定的安全地点操作。

（二）装卸的环境要求

爆破器材装卸应当在安全的环境中进行，具体要求如下：

（1）装卸的地点应远离人口稠密区，并设明显的标志：白天应悬挂红旗和警示标志，夜晚应有足够的照明并悬挂红灯。通常情况下，不在夜晚装卸爆破器材。

（2）在装卸地点周边设置警卫，不允许无关人员靠近。

（3）在炮孔装药、爆破器材拆箱或加工时，以及现场有性质相抵触的爆破器材时，运输车辆不得靠近，严禁在这些部位装卸爆破器材。

（4）遇雷雨、暴风等恶劣天气，禁止装卸作业。

（三）装卸的车辆作业要求

（1）车况安全确认和必要的车辆维护作业，都应当在装载前完成。在装载作业前检查运输工具是否完好，清除运输工具和车辆内的一切杂物，彻底清除货厢内壁和地板的药尘，检查确认安全设施状态良好。

（2）装卸作业时，车辆应处于安全稳定状态，应熄火、制动；地面有冰雪等情况时，应采取防滑措施。

（3）装卸作业时，不进行任何与装卸无关的车辆作业，禁止加油、维修车辆。

（四）装卸的货物及其装载要求

（1）来源不清和性质不明的爆破器材不应入库或装车。

（2）按照卸货的顺序安排车厢内的装载部位，以避免或减少卸货时不必要的搬运作业。

（3）爆破器材不得与其他货物混装。雷管等起爆器材不得与炸药在同时或同地进行装卸。

（4）在气温低于10℃时装运易冻的硝化甘油炸药时，或在气温低于 – 15℃时装运难冻的硝化甘油炸药时，装运车船应采取防冻措施。

（5）装运硝化甘油类炸药或雷管等感度高的爆破器材时，车厢或船舱底部应铺软垫。

（6）装载爆破器材不得超高、超宽、超载，雷管或硝化甘油类炸药分层装载时不应超过两层。

（五）装卸的作业行为要求

（1）运输车辆距离储存库的门不应小于2.5m。

（2）押运员应在现场监装，按照运输要求的品种、规格和数量搬运，按照上述装载要求进行装载作业。

（3）装卸搬运爆破器材应轻拿轻放，装好，码平，卡牢，捆紧，严禁拖拉、撞击、抛掷、脚踩、翻滚、侧置、倒置。

（4）用起重机械装卸爆破器材时，一次起吊质量不应超过设备能力的50%。

（六）装卸的清理交接

（1）装卸作业结束后，作业场所应清理干净，防止遗留爆破器材。

（2）交接双方应当面点清爆破器材品种、数量、批次、配套器材及技术文件，办理交接手续。

三、爆破器材在爆破作业现场的运送

爆破器材在爆破作业现场的运送，即在储存库或临时存放点与爆破作业面之间转移爆破器材，应遵守有关安全规定。

（1）在竖井、斜井运输爆破器材，应遵守下列规定：

1）罐笼内应当无其他无关物品，爆破器材应当包装完整，零散爆破器材装在作业保管箱内；

2）炸药箱不得超过罐笼高度的2/3，硝化甘油类炸药或雷管箱只准摆放1层，并不得滑动。装运电雷管应有绝缘措施；

3）不应在上下班或人员集中的时间运送。运送前通知卷扬司机和信号工；

4）除爆破人员和信号工外，其他人员不应与爆破器材同罐乘坐；

5）应当控制运行速度，用罐笼运送硝化甘油类炸药或雷管时不应超过2m/s；用吊桶或斜坡卷扬设备运输爆破器材时不应超过1m/s；

6）不应在井口房或井底车场停留。

（2）用矿用机车运输爆破器材时，应遵守下列规定：

1）机车前后设"危险"警示标志；

2）装载爆破器材采用封闭型专用车厢，铺软垫。装载炸药的车厢、装载起爆器材的车厢、机车之间应当用空车厢隔开；

3）运输电雷管时，应采取可靠的绝缘措施；

4）用架线式电力机车运输民用爆炸物品，在装卸时机车应断电；

5）行车速度不超过 2m/s。

（3）在斜坡道上用汽车运输爆破器材时，应遵守下列规定：

1）车头、车尾应分别安装特制的蓄电池红灯作为危险标志；

2）不应在上下班或人员集中时运输；

3）行驶速度不超过 10km/h。

（4）用人工搬运爆破器材时，应遵守下列规定：

1）不得提前班次提取搬运爆破器材；

2）在夜间或井下，应随身携带完好的矿用灯具；

3）限制一人一次运送的爆破器材数量，雷管为 1000 发，拆箱（袋）运搬炸药为 20kg，背运原包装炸药为 1 箱（袋），挑运原包装炸药为 2 箱（袋）；

4）用手推车运输民用爆炸物品时，载重量不应超过 300kg，运输过程中应采取防滑、防摩擦和防止产生火花等安全措施；

5）拆箱后的零散爆破器材应分别放在作业保管箱或专用背包内，不应暴露，也不应放在衣袋里。雷管和炸药不得由一人同时搬运；

6）领到爆破器材后直接送到爆破作业地点，不应在人群聚集的地方停留，或搭乘车船。

第五节 爆破器材的检验

一、爆破器材检验的一般要求

（一）爆破器材检验应达到的目的

（1）确保爆破器材在整个流转过程中的安全。通过对有关指标的检验核实，防止因产品种类差错、安全指标下降等原因，导致在运输、保管、领取、发放和加工过程中发生安全事故。

（2）确保爆破作业顺利实现工程设计的效果。通过对有关指标的检验核实，防止因产品性能指标的变化，或者错发、错领爆破器材，导致爆破效果与设计不符，甚至发生严重的爆破事故。

（3）确认购买爆破器材交易成功。通过对有关指标的检验核实，确认购买入库的爆破器材产品为交易合同规定品种，并达到交易合同规定的质量要求，保障交易安全。

（二）爆破器材检验环节和内容

（1）新入库环节。逐箱检验产品生产记录、警示登记标识规定的内容。

（2）库存和使用环节。当出现易导致爆破器材变质、损坏的情况时，应当根据爆破作业的需要，适当增加检验的频率和数量。

（三）爆破器材检验执行的标准

爆破器材检验涉及的方法和指标，均采用已有的国家或行业标准。

（1）检验的方法执行相应的国家标准或行业标准。

（2）在爆破器材性能试验场进行性能试验执行《民用爆破器材工程设计安全规范》（GB 50089）的有关规定。

二、包装检查和外观检查的条件与操作要求

（一）作业人员要求

熟悉产品的性能、结构、原理、使用方法，掌握规定的质量检查项目、方法，掌握产品的合格标准、检查时的安全要点。

（二）气候和场地要求

（1）检验的气候条件，在自然温度条件下，低温不低于零下30℃，高温不高于50℃，严禁在雷雨天气操作。

（2）检验的地点应距库房50m外，场地应坚硬平坦，空气流通，防雨淋和阳光直射；应避开输电高压线、强电区操作；应配备消防设施。

（3）检查现场只能存放1个批次的样品，防止因批次、数量过多发生差错和事故。

（三）操作要求

（1）严格按规定的检查要求逐项进行；若出现性能不符合标准时，对其产品应加倍抽样复试。

（2）在抽取样品时，对产品的内、外包装进行质量检查并记录，列入外观质量检查项目中。

（3）在接触爆破器材的作业中，要严格遵守安全操作规定。在拆除外包装时，应避免损坏包装箱，避免使爆破器材受到震动和冲击；在检验雷管作业时，要杜绝雷管从工作台上跌落。

三、新入库民用爆炸物品的包装检查

新入库的民用爆炸物品应逐箱（袋）检查包装和标记情况，包括：

（1）包装有无破损，封缄是否完整。

（2）包装内是否有浸湿和渗油痕迹等。

（3）产品记录（品名、数量、出厂日期、工作牌号）是否清楚，有无产品说明书。

（4）大小包装单元的警示和登记标识是否清晰、正确。

（5）雷管壳身的雷管编号是否清晰，基本包装单元内是否装有《工业雷管编码信息随盒登记表》，包装箱内是否装有《工业雷管编码信息随箱登记表》及《工业雷管编码信息使用说明书》、《工业雷管批量销售编码信息登记表》或《工业雷管专用补号编码对应登记表》。

要注意，对超过储存期、出厂日期不明和质量可疑的民用爆炸物品，必须进行严格的检验，以确定是否能用。

四、储存和使用中民用爆炸物品的外观检查

（一）炸药检查

（1）检查方式：视检外观。

（2）样本量：每一批产品中随机抽取1支药卷。

（3）合格标准：药包外表应无破损、无渗油、无孔洞、无杂物和药物；包内粉状炸药无结块，膏状炸药无渗油为合格。

（二）导爆索检查

（1）检查方式：视检外观。

（2）样本量：每 10000m 任取 50m（1 卷）；检查数量：50m。

（3）合格标准：涂料或塑料厚度要均匀，无严重折伤，外层线同时断线不超过 2 根，无油渍、污垢，塑料层无气泡、孔眼和裂纹，索头有防潮帽或涂防潮剂。

（4）使用器材：剪刀、钢卷尺。

（三）导爆管检查

（1）检查方式：视检外观。

（2）样本量：每 10000m 任取 50m；检查数量：50m。

（3）合格标准：管口已封堵，无破损、拉细、压扁等不正常现象。

（4）使用器材：剪刀、钢卷尺。

（四）电雷管检查

（1）检查方式：视检外观。

（2）样本量：每 1～5 万发中任取 40 发。

（3）合格标准：

1）管壳表面不允许有裂缝、严重的砂眼、管体锈蚀、排气孔露孔、浮药、底部残缺，封口塞松动或过高、过低等缺陷。

2）电雷管的脚线必须是两种颜色，不允许有绝缘皮破损和影响性能的芯线锈蚀。

（五）导爆管雷管检查

（1）检查方式：视检外观。

（2）样本量：每 1～5 万发中任取 40 发。

（3）合格标准：

1）管壳表面不允许有裂缝、严重的砂眼、管体锈蚀、排气孔露孔、浮药、底部残缺，封口塞松动或过高、过低等缺陷。

2）延期雷管延期时间标签完整。

第六节　爆炸物品的销毁

一、爆炸物品销毁工作的范围、方法与安全特点

（一）爆破作业单位销毁爆炸物品范围

由爆破作业单位销毁爆炸物品，包括销毁本单位不再使用的爆破器材，也包括爆破作业单位承接的对淘汰报废的、或收缴的非法爆炸物品的销毁业务。归纳起来主要有以下来源和种类：

（1）本单位确定不再使用的爆破器材，主要包括：

1）不能保证安全使用的爆破器材，如超过保质期的、变质的、损坏的、改变技术参数的以及其他不符合国家标准或技术标准的爆破器材。根据《民用爆炸物品安全管理条例》的规定，爆破作业单位要及时将这些爆破器材清理出库，安全销毁。其中，如果新购买的爆破器材出现质量问题的，应当退还生产企业，由生产企业按照规定进行处置。

2）其他不再使用的爆破器材，如根据规定淘汰的爆破器材，或者爆破作业项目施工结束后剩余的、不再运输储存的爆破器材，以及本单位决定不再使用的其他爆破器材。在作业过程中剩余的爆破器材通常因为缺乏合格包装、或经过不规范存放，甚至经过加工，因而不宜经过保存后继续使用、更不得转让他用；而数量较少的剩余爆破器材，已无专车运输、专库储存保管的价值；淘汰不得使用的爆破器材，也更无必要、也不应长期保管。因此，这些爆破器材的拥有单位应当及时对其进行销毁。

（2）执法机关或其他拥有单位委托销毁的爆炸物品，主要包括：

1）社会公众发现后报警、或拣拾后上交公安机关的各类爆炸物品，如战争时期遗留的各类未爆弹药。

2）公安等执法机关在办理案件时收缴的非法爆炸物品、烟花爆竹、其他爆炸危险品。

（3）帮助其他单位销毁。其他合法拥有爆炸物品的单位，因无及时、安全销毁的能力，经主管机关批准后委托爆破作业单位销毁其拥有的爆炸物品。

（二）销毁爆炸物品的目标和主要方法

销毁爆炸物品，以彻底消除爆炸物品的爆炸性能，并且不能自动或方便地恢复爆炸性能为目标。根据爆炸物品的不同特性和销毁作业方式的安全、环保、经济和可操作性，确定不同的销毁方法。除了品种规格统一、并且数量较大的民用爆炸物品或军用弹药可以由其生产单位或专业的处置单位及其场所进行回收利用外，目前销毁爆炸物品的方法主要有四类：爆炸法、焚烧法、溶解法和化学分解法。其中爆炸法和焚烧法是最常用的方法。

（三）爆炸物品销毁工作的主要安全特点

（1）待销毁的爆炸物品通常其化学安定性下降或已经丧失，对外界作用的感度大幅度增加，作业人员行为稍有不慎即可能引发爆炸。

（2）销毁作业的全过程都有较高的事故风险，并且有可能酿成严重的公共安全事故。如储存、出库装载、道路运输、卸货搬运、堆药装药、布网起爆、爆后现场清理等各个环节，都可能会发生爆炸，有不少严重危害了公共安全。即使是储存中也会因温度、湿度的作用而自燃，引发爆炸；即使销毁作业结束后，有可能因遗留未爆炸的爆炸危险品损害公众安全。

（3）销毁废旧爆炸物品需要掌握和执行更多的作业方法和安全规范。如爆炸危险品的运输作业、各种非爆破的销毁或消爆方法、军用炸弹的销毁方法等等，与常规爆破作业有很大的不同，需要全面理解、掌握和实践。

二、爆炸物品销毁的一般要求

（一）爆破作业单位销毁爆炸物品的基本步骤和要求

以较大规模的爆炸法、或燃烧法销毁爆炸物品为例，基本步骤和要求包括：

（1）检查待销毁的爆炸物品，掌握爆炸物品基本情况，根据爆炸物品情况和作业安全条件确定销毁的主要方式。作业安全条件包括销毁场地、外部安全距离和封闭警戒条件、运输路况和交通管制可行性、运输车辆安全条件以及引爆所需爆破器材等等。

（2）制订销毁设计方案和组织实施方案，根据必要邀请专家进行可行性论证；根据设计方案明确提出运输路线、道路交通管制、销毁场地清场、安全警戒等公共安全管理措施要求，协助公安机关制订组织实施、安全警戒实施方案；根据必要进行安全评估、签订安全监理合同后，销毁设计方案和组织方案报请公安机关同意或备案。

　　（3）公安机关同意实施销毁作业后，由技术负责人向作业人员全面进行作业任务和危险情况、防范措施、作业规范的交底；详细检查确认各个环节和各项措施、器材设备、安全警戒全部就绪、各类管理人员、监理人员和作业人员到位后，方可按照步骤实施销毁作业。

　　（4）在严密的外围安全警戒、作业安全监督下，作业人员严格按照相关作业安全规程实施作业，直至实施引爆或引燃。

　　（5）爆炸、焚烧作业结束后，仍然要维持警戒，至少等待20分钟之后作业人员方可进入现场检查，收集残存的爆炸物品，再次销毁；确认无险情和无遗留爆炸物品后，方可解除警戒，撤离作业人员。

　　（二）销毁爆炸物品作业的一般安全要求

　　1. 严格执行相应的作业安全规范

　　销毁爆炸物品作业时，在爆炸物品储存、保管、检验、运输车辆、装载、行驶、作业现场运送、现场保管、领取发放、加工堆药、布网、引爆或引燃等作业时，操作人员应当熟练并严格遵守相应的安全规定。

　　2. 妥善处置、尽早销毁

　　为了避免待销毁的爆炸物品化学安定性的下降、敏感度的提高，甚至自燃引爆，不得将待销毁爆炸物品暴晒、受热、雨淋，注意保持通风、降温，尤其是在高温、高湿季节；不得将性质相抵触的物品混放，不得受污染、接触杂质；应当尽早安排销毁。

　　3. 正确选择销毁方式并采取针对性安全措施

　　对于焚烧不会引起爆炸的爆炸物品可用焚烧法销毁，但应在焚烧前仔细检查，严防其中混有雷管及其他起爆器材；不抗水的硝铵类炸药和黑火药可置于容器中用溶解法销毁，但不应直接丢入河塘江湖及下水道中；采用化学分解法销毁时，应待爆炸物品完全分解，并且其溶液按有关规定进行处理后方可排放到下水道。

　　4. 使用安全可靠的销毁作业场地

　　用爆炸法或焚烧法销毁民用爆炸物品时，应在销毁场进行，销毁场应符合《民用爆破器材工程设计安全规范》（GB 50089）的规定。销毁军用爆炸物品，应当参照《废火药、炸药、弹药、引信及火工品处理、销毁与贮运安全技术要求》（GJB5120）执行。

　　5. 使用充足并合格的作业人员

　　销毁工作不应单人进行，操作人员应是专职人员并经专门培训；销毁后应有2名以上销毁人员签名确认，并建立台账。

　　6. 销毁结束后对现场的检查必须彻底

　　在销毁结束后、警戒解除前，要组织足够的人员，对销毁现场、抛掷范围、销毁前的临时存放部位、作业地点、容器等，进行"过筛式"、"地毯式"的密集检查，确认无未销毁的爆炸危险品遗留，熄灭余火并排除复燃可能后，才可解除警戒。

三、爆炸法销毁爆炸物品的安全技术要求

　　爆炸法适用于销毁具有爆炸能力的废旧爆破器材和弹药，销毁时要选择一安全场地，用其他炸药或聚能装药将其诱爆或销毁，使其失去爆炸能力。

　　爆炸法销毁时要考虑爆炸产生的空气冲击波、地震波、飞石和破片等危害效应，以保证工作人员的安全。每堆或每坑销毁炸药的数量不应超过20kg。

该法的优点是操作简便，处理彻底，而且便于远距离起爆，所以作业比较安全；缺点是销毁场地选择要求高，安全警戒范围大，须由专业技术人员指导。

（一）爆炸法销毁爆炸物品的适用对象

爆炸法适用于销毁确信能完全爆炸的爆炸物品。主要有以下三类：

（1）各种火工品，如雷管等；应根据这些物品的种类、外壳厚度、爆炸威力大小和爆发作用时间等进行分类，单独销毁。

（2）各种废旧炸药。

（3）礼花弹。

（二）爆炸法销毁爆炸物品的场地要求

1. 爆炸销毁作业应当防范和控制的有害效应

爆炸有害效应主要包括四个方面：

（1）空气冲击波破坏作用；

（2）个别破片、飞散物的破坏作用；

（3）地震波对地上、地下建筑物和构筑物的危害；

（4）诱发火灾、产生毒气的危险性。

2. 爆炸销毁场地的选择

要确保周边公共安全，避免或尽量减少防护投入和人员搬迁。应当尽量利用专门销毁爆炸物品的销毁场，减少防护基础设施的投入。销毁场地应当选择在山沟、丘陵、盆地等人烟稀少的区域，与周边工矿企业、民用建筑、铁路干线、主要通讯设施及电力线路、通航河流、飞机航线、村镇、学校等应当保护的目标有充足的安全距离；距 10 万人口以下城市的边缘，应保持在 10km 以上；距国家铁路干线、通航河流、高压输电线路、无法采取临时交通管制的公路和独立的居民点，应保持在 2km 以上。

3. 销毁场地执行和参照的安全标准

按照销毁爆炸物品作业的一般要求 4. 的标准执行。

（三）爆炸法销毁爆炸物品的作业安全要求

用爆炸法销毁爆炸物品及废旧弹药，通常的做法是将待销毁的爆炸危险品放在事先挖好的土坑、天然洞穴内，或砂石坑、干涸的池塘中，再将起爆体炸药压在其上，用塑料导爆管雷管或电雷管远距离引爆起爆体，诱爆待销毁的爆炸物品或弹药。

1. 起爆体的制作

制作起爆体时应注意以下事项：

（1）导爆索、雷管等起爆器材要事先经过检查和试验，确保性能良好。为了保证起爆体能够起爆，每一个起爆体要采用双套起爆系统，以提高起爆可靠性。

（2）要使用猛度和爆速较高的炸药制作起爆体。

（3）起爆体要尽量加工成球形、圆柱形或正方形，以便充分利用炸药的爆炸能量。对于金属壳材料较厚的废旧弹药，最好采用聚能装药，以有效诱爆。

（4）起爆体与被销毁物的摆放原则是：起爆体在上，被销毁物在下；大的在上，小的或零散的在下；易起爆的在上，不易起爆的在下。

2. 炸药的销毁作业

炸药一般用爆炸法销毁。采用爆炸法销毁炸药时，应注意以下几点：

（1）要确定待销毁的炸药能够被起爆；

（2）起爆体炸药量可以适当减少，起爆方式根据条件确定；

（3）待销毁的炸药尽量堆放成集团状，长度不应超过宽度和高度的 4 倍；每堆或每坑待销毁炸药量不应超过 20kg；

（4）包装炸药用的纸张、袋子等不应回收，应予以烧毁。

3. 雷管的销毁作业

雷管的销毁作业要极为细心和规范，特别要注意以下事项：

（1）接触、处理雷管的整个过程各个环节都是高度危险的，需要细心、稳妥、少量进行。这是因为金属壳雷管的表面经过长期的氧化和管内装药化学作用，会产生敏感的金属盐类爆炸物；还有些雷管的管壳因发霉、变形而失去安全性能。

（2）销毁坑周边的场地尽可能平坦，尽量少有碎石、荒草、水坑等，以便收集抛散的未爆、半爆雷管。

（3）控制销毁雷管数量。在野外小坑内销毁雷管时，每坑数量不宜超过 4000 发。

（4）宜采用爆坑。待销毁雷管摆放要紧密，雷管摆放紧密有利于完全引爆，防止和减少未爆雷管的抛掷。由于有脚线的电雷管不易靠紧，故应在安全地点将脚线剪下并做简单的包装，然后再放入爆破坑内。如果雷管体与雷管体可以在爆破坑内紧密靠在一起，也可以不剪断脚线。起爆体要放在雷管堆的顶部，销毁用的炸药量 1kg 左右即可。工业火雷管的原有盒包装较为紧密，也可以不用起爆体，但必须紧密堆放，以便于起爆和爆炸完全。

（5）爆炸后收集起来的未爆或半爆雷管，重新销毁时要集中，加大起爆体药量。

4. 其他起爆器材及礼花弹的销毁作业

（1）导爆索、射孔弹、矿山排漏弹、起爆弹等民用爆炸物品，均应在爆破坑内销毁，每个爆破坑的销毁数量不宜超过 10kg。其中导爆索不宜超过 1000m，而且要与其他爆炸物品分开销毁。销毁这些物品时，也都需要起爆体起爆，并且用土将爆破坑盖好。

（2）礼花弹、高空礼花弹的销毁安全距离不应少于 500m。

四、焚烧法销毁爆炸物品的安全技术要求

（一）焚烧法适用对象

焚烧法适用于销毁没有爆炸性的、或已失去爆炸性的、或虽有爆炸性但在燃烧时不会由燃烧转为爆轰的爆炸物品（如导爆索、导爆管等），主要包括：

（1）发射药、火药、延期药、烟火剂及硝化纤维素制品。

（2）鳞片状梯恩梯、黑索今等单质炸药和硝酸铵类、氯酸盐类混合炸药。

（3）少量的起爆药和击发药。

（4）烟花爆竹及其半成品。

（二）焚烧法销毁爆炸物品的主要优缺点和安全风险

相对于爆炸法，焚烧法的主要优点是对销毁场地要求较低、警戒安全距离小、操作简单和经济，相对安全。

焚烧法的缺点，主要是无法控制环境污染。一是生成大量高浓度致癌物和较多的氮氧化物；二是焚烧烟火剂时，有可能生成许多有潜在危险的化学物质，如钡、硒等卤化物与氧化物以及其他的固态燃烧产物，他们将随空气或水土流失侵害人类和环境。

焚烧法的主要风险是燃烧中的爆炸危险品可能由燃烧转为爆轰，也有可能因未发现待销毁物品中带有的雷管等起爆器材，在燃烧中爆炸引爆销毁中的爆炸物品，造成爆炸事故。

（三）烧毁场的选择、布置及安全管理

烧毁场地的选择、布置和安全管理，应参照爆炸销毁场地的要求执行。针对焚烧法销毁爆炸危险品的缺点和安全风险，应当特别注意以下问题：

1. 地形

要求地势平坦，有天然屏障，便于安全搬运和销毁后的场地清理。

2. 环境

（1）处于工业建筑物、人员居住区、山林等的下风方向，避免火势蔓延和空气污染的有害作用；同时还要防止风向突然改变的可能性。

（2）具有不小于200m的最小警戒范围的安全距离。

（3）警戒距离需考虑由燃烧转为爆轰的风险，但与爆炸法销毁场相比可适当缩小。

3. 设施

（1）对于固定的常设露天焚烧销毁场，为了防止未燃尽物的飞散，在焚烧部位上方设置铁丝网。

（2）在距烧毁场中心150m以外的上风方向，设置半埋入式掩体，开有防爆观察孔。

4. 防火

（1）烧毁场及周边200m范围内无树木、灌木丛、荒草等易燃物。

（2）用于点火和助燃的黑火药、可燃油及其他引火物，应放置在烧毁点的上风方向的安全地带。

（3）配置足够的、有效的消防用具，一旦出现意外火情可立即扑救。

（四）焚烧法销毁爆炸物品的作业安全要求

焚烧法销毁爆炸物品的作业安全要求与爆炸法的要求基本相同，同时，要针对其燃烧转爆轰的风险，采取避免数量过大和高温、高压的有效措施，保证安全焚烧。

1. 点火药包的制作

点火药包主要是电点火药包，即在药包中插入一个用电线和电阻丝制作的电点火装置，用于远距离通电点火。特别注意以下问题：

（1）对制成的电点火药包进行试验，确认可靠性；

（2）要有足够的、稳定的电流；

（3）点火药包上的电点火装置要与药包中的火药紧密接触，并且将药包捆牢，严防脱落或移位；

（4）严禁在点火药包内混入雷管；

（5）如果是非电的点火药包，点燃的方法必须简单、可靠，并且要保证点火人员在点火后能够从容地撤离到安全地点。

2. 火炸药的烧毁作业

（1）将待销毁的火炸药和被其污染的材料分散堆放，火炸药铺成厚度不大于10cm，宽度不大于30cm的长条，药条要顺风铺直，总药量不超过10kg。如铺设几条药条时，各药条之间的距离应不小于5m。

（2）在药条的上风方向端头铺设引燃物，逆风向点火。

（3）用电点火装置远距离引燃。

（4）如果在原地再次铺药烧毁，须待场地冷却后再铺药。

3. 起爆药、烟花爆竹火药的钝化和烧毁销毁作业

这些火炸药的特点是极为敏感，遇火即爆，故应先作钝化处理，使其可控地燃烧。

（1）起爆药的钝化处理和铺层烧毁。先将起爆药放在装有机油的桶中，废药与机油的重量比大约为 2：1，需浸泡半天或一昼夜使其浸透，可有效降低敏感度，并且燃烧速度缓慢均匀。浸入机油的起爆药运到销毁场，铺成薄层长条，在上风方向用点火药包远距离点燃。

（2）二硝基重氮酚的钝化和桶（箱）内烧毁。将待烧毁的二硝基重氮酚起爆药放在浸过水的棉布上，喷水，经一昼夜后被水浸透，将湿布连同药物一起包成小包，运往销毁场地。打开湿布包，将起爆药和棉布一起倒入装有机油的桶内，用木棍轻轻搅拌均匀，然后在上风方向用点火药包点燃。每次烧毁二硝基重氮酚的重量不得大于 2000g，所需机油约 1000g 左右。

（3）少量烟花爆竹火药的钝化和烧毁。可先在药粉上喷少量的水进行钝化处理，水分含量不应过大，否则药物就会失去燃烧力。但是，应当查明火药不含铝粉、镁粉等遇水产生剧烈放热化学反应的物质，严防发生自燃引发爆炸事故。

4. 导爆索和导爆管的燃烧销毁作业

导爆索可以放在干柴上烧毁。一次烧毁导爆索的数量不得超过 500m，导爆管的数量可不受限制。在烧毁时，要严防混入雷管等起爆器材。

5. 烟花爆竹的燃烧销毁作业

（1）分类销毁。烟花类与爆竹类分开；升空火箭类与地面烟花类分开。不能拆卸的高空礼花弹不能用焚烧法处理，只能用爆炸法销毁。

（2）烧毁少量的烟花爆竹时，可以在空旷区域用燃放方式处理。数量较大的，可在空旷区域将火力较强的引燃物放在烟花爆竹的下面点燃。

五、其他销毁方法及其安全技术要求

（一）水溶解法销毁爆炸物品

1. 水溶解法的一般概念

水溶解法是将火炸药溶于水，使之失去燃烧和爆炸性能的一种销毁方法。

水溶解法销毁的优点是：操作简单、安全经济，不需要太大的销毁场地。

水溶解法销毁的缺点是：容易造成污染。

水溶解法销毁的主要安全风险：

（1）接触火炸药的操作过程中有可能发生燃烧爆炸危险；

（2）含镁、铝、钠等遇水剧烈放热化学反应的火药，可能遇水燃烧爆炸；

（3）溶液中可能仍然有可燃爆的残渣，如未彻底清除，将留下燃烧爆炸事故隐患。

2. 水溶解法销毁的适用对象

凡是能溶于水而失去燃烧和爆炸性能的、不含遇水产生剧烈放热化学反应成分的、又不造成污染危害的火炸药，均可用水溶解法销毁，主要有：

（1）黑火药；

（2）硝酸铵类混合炸药；

（3）不含铝、镁组分的硝酸盐类烟火剂。

3. 水溶解法销毁的场地设施

通常需要两个场地：一是含有水溶解池的场地，不需要太大的安全距离；二是烧毁残渣的场地。如果水溶解和烧毁残渣同时进行，两个场地之间要保持 100m 以上的距离。如果不同时进行，也可利用同一个场地。

水溶解池场地和残渣烧毁场地都要选择在野外，水源丰富、交通方便、不污染水源的地方。

4. 水溶解法销毁作业

水溶解法销毁通常在容器中进行，可用水桶、水缸或水池做容器。水溶解时应分批进行，水溶解完成一批后再运入一批。不可直接将爆炸物品投入江河湖海或采取挖坑掩埋的方式，以防造成污染留下后患。

（1）将待销毁的火炸药倒入容器中，加 10 倍以上的水，充分搅拌，至火炸药主要成分（如硝酸盐）溶解。

（2）将水面上的木粉、炭等飘浮物捞出，再将水排出，取出底部沉淀物。

含有氮、钾而无其他污染危害的水溶液，可作为花草树木的肥料。

（二）化学法销毁爆炸物品

化学销毁法是利用一种或多种工业化学药剂与火炸药发生化学反应，破坏爆炸基团，使之生成无爆炸性物质的销毁方法。该方法主要适用于各种起爆药。该方法成本较高，操作复杂，专业性较强，仅在需要绝对保证处置工作安全时才采用此种方法，一般很少使用。

附录一 附 表

附表1 铵油、铵松蜡炸药组成与性能指标

炸药名称		铵油炸药（WJ610-77）			铵松蜡炸药（WJ610-77）		铵沥蜡（Q/PHG02.1—94）	多孔粒状铵油炸药（GB 17583—1998）
		1号	2号	3号	1号	2号		
组成	硝酸铵/%	92±1.5	92±1.5	94.5±1.5	91±1.5	91.0±1.5	90±1.5	（多孔）94.5±0.5
	柴油/%	4±1.0	1.8±0.5	5.5±1.5	—	1.5±0.5	—	5.5±0.5
	木粉/%	4±0.5	6.2±1.0		6.5±1.0	5±0.5	8±0.5	—
	松香/%	—	—	—	1.7±0.3	1.7±0.3	1±0.2	
	石蜡/%	—	—	—	0.8±0.2	0.8±0.2	1±0.2	
水分（不大于）/%		0.25	0.80	0.80	0.25	0.25	0.3	0.3
药卷密度/g·cm⁻³		0.9~1.0	0.8~0.9	0.9~1.0	0.9~1.0	0.9~1.0	0.8~0.9	
殉爆距离（不小于）/cm	浸水前	5	—	—	5	5	3	
	浸水后	—	—	—	4	2		
猛度（不小于）/mm		12	18（钢管）		12	12	8	15
作功能力（不小于）/cm³		300	250	250	300	310	200	278
爆速（不小于）/m·s⁻¹		3300	3800（钢管）		3300	3300	2000	2800
有效期/d		7~15	15	15	180	120	60	30
有效期内	殉爆（不小于）/cm	2	—	—	3	3	2	
	水分（不小于）/%	0.5	1.5	1.5	0.6	0.6	0.5	

注：1. 表中的1号铵油炸药和铵松蜡炸药为轮碾机热加工，2号和3号铵油炸药为冷加工；2. 允许在炸药组成成分外，加入少量防结块剂，如加入0.1%~0.2%十八烷胺（冷加工可加入十二烷胺）；3. 木粉可用甘蔗渣粉、棉籽饼粉、谷壳粉等代替；4. 制造铵油、铵松蜡炸药的主要原料应符合有关标准的要求；5. 在使用2号和3号铵油炸药时，应以10%以下的2号岩石乳化炸药或1号铵油炸药和铵松蜡炸药等为起爆药；6. 表中列出的1号铵油炸药用于中硬以下煤矿矿岩爆破时，允许殉爆距离不小于3cm、猛度不小于9mm；7. 有效期：雨季7天，一般天气15天。

附表 2 膨化硝铵炸药等工业炸药组成与性能

项 目		膨化硝铵炸药（WJ9026—2004）					黏性粒状乳化铵油炸药		SGD 型乳化粒状炸药（Q/TB315—94）
		岩石型	一级煤矿	一级抗水煤矿	二级煤矿	二级抗水煤矿	中密度	低密度	
硝酸铵/%		90.0 ~ 94.0	81.0 ~ 85.0	81.0 ~ 85.0	80.0 ~ 84.0	0.0 ~ 84.0	63.5 ~ 67.5(多孔)	79.5 ~ 83.5	
油相/%		3.0 ~ 5.0	2.5 ~ 3.5	2.5 ~ 3.5	3.0 ~ 4.0	3.0 ~ 4.0	3.0 ~ 4.0(燃料油)	4.0 ~ 5.0	
木粉/%		3.0 ~ 5.0	4.5 ~ 5.5	4.5 ~ 5.5	3.0 ~ 4.0	3.0 ~ 4.0	28.0 ~ 31.0(乳化基质)	12.5 ~ 14.5	
食盐/%		—	8 ~ 10	8 ~ 10	10 ~ 12	10 ~ 12	1.0 ~ 2.0(硫磺粉)	0.3 ~ 0.7	
水分(不大于)/%		0.30	0.30	0.30	0.30	0.30			
殉爆距离/cm	浸水前	4	4	4	3	3	3	3	
	浸水后	—	—	2	—	2			
猛度(不小于)/mm		12.0	10.0	10.0	10.0	10.0	18(钢管)	18(钢管)	
药卷密度/g·cm⁻³		0.80 ~ 1.00	0.85 ~ 1.05	0.85 ~ 1.05	0.85 ~ 1.05	0.85 ~ 1.05	1.20 ~ 1.32	0.97 ~ 1.05	1.25 ~ 1.40
爆速(不小于)/m·s⁻¹		3200	2800	2800	2600	2600	3600(钢管)	3600(钢管)	3200
作功能力(不小于)/cm³		298	228	228	218	218	260	260	
保质期/d		180	120	120	120	120	90	90	30
保质期内	殉爆/cm	3	3	3	2	2			
	水分/%	0.50	0.50	0.50	0.50	0.50			
爆后有毒气体含量(不小于)/L·kg⁻¹		80	80	80	80	80	100	100	
可燃气体安全度(半数引火计，不小于)/g		—	100	100	180	180			

$药卷密度/g·cm^{-3}$

$爆速(不小于)/m·s^{-1}$

$作功能力(不小于)/cm^3$

$爆后有毒气体含量(不小于)/L·kg^{-1}$

附表3 水胶、乳化、粉状乳化炸药主要性能（GB 18094—2000，GB 18095—2000，WJ9025—2004）

炸药	类别	等级	药卷密度/g/cm³	殉爆距离(不小于)/cm	猛度(不小于)/mm	作功能力(不小于)/cm³	爆速(不小于)/m·s⁻¹	撞击感度(不小于)/%	摩擦感度(不小于)/%	热感度	有毒气体含量(不小于)/L·kg⁻¹	可燃气体安全度	使用保证期/天
水胶炸药	岩石	1号	1.05~1.30	4	16	320	4200	8	8	不燃⑦	80	合格	270
		2号		3	12	260	3200	8	8	不燃	80	合格	270
	煤矿许用	一级	0.95~1.25	3	10	220	3200	8	8	不燃	80	合格	180
		二级	1.25	2	10	220	3200	8	8	不燃	80	合格	180
		三级	0.95~1.25	2	10	180	3000	8	8	不燃	80	合格	180
	露天		1.05~1.30	3	12	240	3200	8	8	不燃		合格	180
乳化炸药	岩石	1号	0.95~1.30	4	16	320	4500	8	8	不燃	80		180
		2号		3	12	260	3200	8	8	不燃	80	合格	120
	煤矿许用	一级	0.95~1.25	2	10	220	3000	8	8	不燃	80	合格	120
		二级	0.95~1.25	2	10	220	3000	8	8	不燃			120
		三级	0.95~1.25	2	8	210	2800	8	8	不燃			15
	露天	有⑧	1.10~1.30	2	10	240	3000	8	8	不燃			15
		无					3500	8	8	不燃			15
粉状乳化炸药	岩石		0.85~1.05	5	13	300	3400	15	8		80		180
	煤矿许用	一级		5	10	240	3200	15	8	合格⑥	80	100⑤	120
		二级	0.85~1.05	5	10	230	3000	15	8	合格	80	180	120
		三级		5	10	220	2800	15	8	合格	80	400	120

注：1. 表内数字均为使用保证期内有效，使用保证期自炸药制造成之日起计算；2. 不具备雷管感度的炸药可不测殉爆距离、猛度、作功能力；3. 水胶炸药指标均采用φ32mm 或φ85mm 的药卷进行测试；4. 混装车生产的无雷管感度露天乳化炸药的爆速应不小于4200m/s；5. 该可燃气安全度以半数引火量计，单位g；6. 指抗爆燃性合格；7. 指热感度不燃不爆；8. 指有雷管感度或无雷管感度。

附表4　普通电雷管结构特征和技术指标

类别	瞬发电雷管					毫秒电雷管						1/4秒电雷管	1/2秒电雷管		秒延期电雷管		
管壳材料	铝	覆铜钢	纸	纸	纸	铁	铝	纸	纸	覆铜钢	铜	覆铜钢	覆铜钢	纸	铁	纸	纸
结构形式	a	a	b	c	d	a	b	c	d	a	a	a	S	b	a	b	c
管径/mm　外径	≤7.1	6.8	≈8	≈8	≈8	≤7.1	≤7.1	8.5	8~8.4	6.7~6.88	6.7~7	6.88	≤7.1	8~8.5	≤7.1	8~8.5	8.3
管径/mm　内径	6.2	6.2	6.2	6.2	6.2	6.2	6.2	6.2	6.2	6.2	6.2	6.2	6.2	6.2	6.2	6.2	6.2
管长/mm	47	50	45,50 47,53	40,42 40	40,45 47,50	50~58	54~96	54~72	61~70	50~66	60	65	62	55,70	≥70	70.5	≥75
脚线材料（爆破线）	铜	铁	铁	铁 铜	铁	铁	铁	铁	铁	铁	铁	铁	铁	铁	铁	铁	铁
桥丝材料	镍　铬																
封口牢固性试验	载荷重2kg，持续1min，脚线和封口塞不得发生肉眼可见的移动和损坏																
震动试验，10min	不允许爆炸、断路、短路、电阻不稳、结构损坏																
电阻(2m脚线)/Ω　铁脚线	6.3																
电阻(2m脚线)/Ω　铜脚线	4.0																
发火冲量/$A^2 \cdot ms$	8.7																
单发发火电流/A	0.45																
安全电流(5min)/A	0.18																
串联准爆电流(20发)/A	1.2																
瓦斯引爆率(不大于)	2/50																

注：1. 瓦斯安全性试验，用于煤矿许用电雷管；2. 铝板炸孔均不小于雷管外径，铝板厚度：6号雷管为4mm，8号雷管为5mm。

附表5 专用电雷管结构特征和技术指标

类 别	抗静电电雷管				抗杂电雷管			地震勘探电雷管		无枪身油井电雷管（耐温、耐压）			有枪身油井电雷管（耐温、耐压）			电影电雷管
	瞬发	毫秒延期6号	毫秒延期8号	秒延期8号	瞬发	毫秒延期	秒延期	铁壳	铜壳	SW-2	SW-3	SW-4	SW-5	Y-1	Y-2	
管径/mm	8.0		8.2	8.2	8.0	8.2	8.2	大17、小13		7.6	8.6	8.6	8.25	7	7	7.65
管长/mm	40	61		41、61、65	40	61	41、61、65	71		45	67	67		58	58	37
管壳材料	钢				钢			铁	铜	钢	铜	铜		铝	铝	纸
桥丝材料	康铜				康铜			铜		康铜	镍铬	镍铬	镍铬	康铜	康铜	康铜
脚线材料	镀锌铁爆破线				镀锌铁爆破线					氟塑料-46绝缘电线			黄铜	康铜	康铜	康铜
传爆管内径/mm											6.1	7.0	6.1			
电阻/Ω	1.6~2.1（含3m铜脚线） 0.7（0.5m铁脚线） 0.015~0.017 桥丝电阻							2~4、3.5~5.5、4.5~6.5、6.5~9、7.5~10*	3.5	≤1.5	1.2~2.5		≤1.7	1.2~2.5		0.7~1.7（0.5~2m脚线）
最小发火电流/A								≤3.3	≤0.36	0.7	0.5	0.5	0.5	0.7	0.7	1
安全电流（5min）/A								3	≥0.1	0.3	0.1	0.1	0.1	0.3	0.3	
适用温度/℃										≤120	≤170	≤170	≤170	≤120	≤170	
准爆电流/A 单发	6							3.5								1
准爆电流/A 串20发	1.5（串30发）															≥2
震动试验（5min）	不许爆炸，结构损坏									不许爆炸、断路、短路、电阻不稳、超电阻结构损坏						
浸水试验（40m、8h）	爆炸性能合格									不许进水及哑火						
抗静电性能	500pF，5000Ω，25kV									500pF，5000Ω，25kV						
铅板炸孔①/mm	≥8							≥雷管外径		≥雷管外径						
其 他	静拉力试验（9.8J，1min），封口塞不许移动、脱出（804厂）。							发火时间≤1ms		压力34.3MPa，井深≤3000m			发火时间≤1ms，适用压力88.3MPa，适用井深≤7000m			

① 该电阻分别为2~5、10、15、25、50m长铜脚线的电阻值（804厂）。

附表6　抗静电、抗杂电电雷管延期时间

段　别	抗静电电雷管（804厂）		抗杂电电雷管（抚顺十一厂）	
	Q/GD 331—83/ms	Q/GD 332—84/ms	秒延期/s	毫秒延期/ms
1	0	0	≤0.5	<13
2	25	25	1~1.5	25±10
3	50	45	2.0~2.6	50±10
4	75	65	3.1~3.8	75+15 或 -10
5	100	85	4.3~5.1	110±15
6	128	105		150±20
7	157	125		200±25
8	190	145		260±30
9	230	165		335±40
10	280	185		430±50
11	340	205		
12	410	225		
13	480	250		
14	550	275		
15	625	300		
16	700	330		
17	780	360		
18	860	395		
19	945	430		
20	1035	470		
21	1125	510		
22	1225	550		
23	1350	590		
24	1500	630		
25	1675	670		
26	1875	710		
27	2075	750		
28	2300	800		
29	2550	850		
30	2800	900		
31	3050			

附表7 导爆管雷管结构特征和技术指标（GB 19417—2003）

类 别		瞬发导爆管雷管		毫秒导爆管雷管		半秒导爆管雷管		秒延期导爆管雷管	
		铁壳	其他金属壳	铁壳	其他金属壳	铁壳	其他金属壳	延期管式	导火索式
结构特征	雷管号数	8	8	8	8	8	8	8	8
	结构形式	a	b	a	b	a	b	a	b
	外径/mm	7.1	7.1	7.1	6.9~7.1	7.1	6.9~7.1	6.9	7.1
	长度/mm	40	40	58~60	58~60	58~60	58~60	59	40
	管壳材料	钢	铝、钢、铜、覆铜钢	钢	铝、钢、铜、覆铜钢	钢	铝、钢、铜、覆铜钢	铝、钢、铜、覆铜钢	钢
技术指标	静拉力试验	拉力19.6N，持续时间1min，不应从卡口塞内脱出							
	振动试验	振动试验机上连续振动10min，不允许爆炸、结构松散或损坏							
	浸水试验	水深1m浸24h（普通型）或水深20m浸8h（耐水型），不应瞎火或半爆							
	铅板试验	炸孔直径不小于雷管外径							

延期时间段别		1	2	3	4	5	6	7	8	9	10	11	12	13	14	15	16	17	18	19	20	21	30
毫秒延期/ms	一系列	0	25	50	75	110	150	200	250	310	380	460	550	650	760	880	1020	1200	1400	1700	2000		
	二系列	0	25	50	75	100	125	150	175	200	225	250	275	300	325	350	375	400	425	450	475	500	
	三系列	0	25	50	75	100	125	150	175	200	225	250	275	300	325	350	400	450	500	550	600	650	1350
1/4秒延期/s		0	0.25	0.50	0.75	1.00	1.25	1.50	1.75	2.00	2.25												
半秒延期/s	一系列	0	0.5	1.0	1.5	2.0	2.5	3.0	3.6	4.5	5.5												
	二系列	0	0.5	1.0	1.5	2.0	2.5	3.0	3.5	4.0	4.5												
秒延期/s	一系列	0	2.5	4.0	6.0	8.0	10.0																
	二系列	0	1.0	2.0	3.0	4.0	5.0	6.0	7.0	8.0	9.0												

附表8 导爆索结构特征和技术指标

类别	普通导爆索（GB 9786—1999） 棉线、纸条	塑料	震源导爆索（GB 12439—90） 棉线	塑料	煤矿许用导爆索①	油井导爆索	铅皮导爆索①	脉管导爆索①	低能导爆索
包缠物	棉线、纸条	塑料	棉线	塑料	塑料	塑料	铅皮	棉纱	塑料
直径/mm	≤6.2	≤6.0	≤9.5	≤6.0	7.3	6.0±0.3	6.0	5.6~6.0	3±0.1
装药量 /g·m⁻¹	≥11.0		38.0±2.0		12	≥18.0	26~30	10~14	≤2
爆速/m·s⁻¹	≥6000		≥6500		6000	≥6500	6500	≥6000	≥7000
起爆能力	1.5m 长的导爆索应能完全起爆一个 200g 压装 TNT 药块				完全起爆 2、3 号煤矿粉状铵梯炸药	完全起爆 200g TNT 药块	按要求爆炸完全		有效引爆起爆药柱
传爆性能	按各产品标准规定的方法连接，用 8 号雷管起爆，应爆炸完全								
抗水性	水深 1m（塑料索水压 50kPa），水温 10~25℃，浸 4h（塑料索 5h）后，应传爆可靠		水深 1m（塑料索 2m）温度 10~25℃，浸 24h 后应爆炸完全			同普通塑料导爆索	同普通导爆索	同普通导爆索	水深 2m，40d 后稳定爆炸
耐热性	在（50±2）℃下保温 6h 后，按规定连接，爆炸完全		在 120℃，48h 后应爆炸完全		0~120℃仍保持爆炸性能	在 120℃，48h 后应爆炸完全	耐温不低于 170℃	同普通导爆索	80℃，8h 后爆炸完全
耐寒性	在（-40±2）℃下保温 2h 后，爆炸完全		在 -40℃，2h 后爆炸完全			在 -40℃，2h 后爆炸完全		同普通导爆索	-40℃，8h 后爆炸完全
火焰感度	导火索的火焰喷到普通导爆索的端面药芯上，普通导爆索不应破引爆								
耐弯曲性	经耐热及耐寒后的普通导爆索，以 90°角弯曲 4 次，不应有漏药及露出内层线或塑料涂层破裂，并能保持爆炸性能								
抗拉性能	普通导爆索及震源导爆索承受 500N，油井导爆索承受 300N，脉管导爆索承受 300N 静拉力后，仍保持爆炸性能								
耐压性	1.5m 长的油井导爆索在 65MPa 条件下，受压 0.5h 后，经检查外观应合格，然后切成 3 段，按规定连接，应爆炸完全								
有效期/年	2								

① 为企业标准。

附录二 《民用爆炸物品安全管理条例》

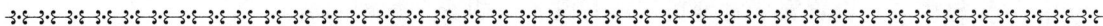

民用爆炸物品安全管理条例

（国务院 466 号令）

（2006 年 4 月 26 日国务院第 134 次常务会议通过，2006 年 5 月 10 日中华人民共和国国务院令第 466 号公布，自 2006 年 9 月 1 日起施行）

第一章 总 则

第一条 为了加强对民用爆炸物品的安全管理，预防爆炸事故发生，保障公民生命、财产安全和公共安全，制定本条例。

第二条 民用爆炸物品的生产、销售、购买、进出口、运输、爆破作业和储存以及硝酸铵的销售、购买，适用本条例。

本条例所称民用爆炸物品，是指用于非军事目的、列入民用爆炸物品品名表的各类火药、炸药及其制品和雷管、导火索等点火、起爆器材。

民用爆炸物品品名表，由国务院国防科技工业主管部门会同国务院公安部门制订、公布。

第三条 国家对民用爆炸物品的生产、销售、购买、运输和爆破作业实行许可证制度。

未经许可，任何单位或者个人不得生产、销售、购买、运输民用爆炸物品，不得从事爆破作业。

严禁转让、出借、转借、抵押、赠送、私藏或者非法持有民用爆炸物品。

第四条 国防科技工业主管部门负责民用爆炸物品生产、销售的安全监督管理。

公安机关负责民用爆炸物品公共安全管理和民用爆炸物品购买、运输、爆破作业的安全监督管理，监控民用爆炸物品流向。

安全生产监督、铁路、交通、民用航空主管部门依照法律、行政法规的规定，负责做好民用爆炸物品的有关安全监督管理工作。

国防科技工业主管部门、公安机关、工商行政管理部门按照职责分工，负责组织查处非法生产、销售、购买、储存、运输、邮寄、使用民用爆炸物品的行为。

第五条 民用爆炸物品生产、销售、购买、运输和爆破作业单位（以下称民用爆炸物品从业单位）的主要负责人是本单位民用爆炸物品安全管理责任人，对本单位的民用爆炸物品安全管理工作全面负责。

民用爆炸物品从业单位是治安保卫工作的重点单位，应当依法设置治安保卫机构或者配备治安保卫人员，设置技术防范设施，防止民用爆炸物品丢失、被盗、被抢。

民用爆炸物品从业单位应当建立安全管理制度、岗位安全责任制度，制订安全防范措施和事故应急预案，设置安全管理机构或者配备专职安全管理人员。

第六条　无民事行为能力人、限制民事行为能力人或者曾因犯罪受过刑事处罚的人，不得从事民用爆炸物品的生产、销售、购买、运输和爆破作业。

民用爆炸物品从业单位应当加强对本单位从业人员的安全教育、法制教育和岗位技术培训，从业人员经考核合格的，方可上岗作业；对有资格要求的岗位，应当配备具有相应资格的人员。

第七条　国家建立民用爆炸物品信息管理系统，对民用爆炸物品实行标识管理，监控民用爆炸物品流向。

民用爆炸物品生产企业、销售企业和爆破作业单位应当建立民用爆炸物品登记制度，如实将本单位生产、销售、购买、运输、储存、使用民用爆炸物品的品种、数量和流向信息输入计算机系统。

第八条　任何单位或者个人都有权举报违反民用爆炸物品安全管理规定的行为；接到举报的主管部门、公安机关应当立即查处，并为举报人员保密，对举报有功人员给予奖励。

第九条　国家鼓励民用爆炸物品从业单位采用提高民用爆炸物品安全性能的新技术，鼓励发展民用爆炸物品生产、配送、爆破作业一体化的经营模式。

第二章　生　产

第十条　设立民用爆炸物品生产企业，应当遵循统筹规划、合理布局的原则。

第十一条　申请从事民用爆炸物品生产的企业，应当具备下列条件：

（一）符合国家产业结构规划和产业技术标准；

（二）厂房和专用仓库的设计、结构、建筑材料、安全距离以及防火、防爆、防雷、防静电等安全设备、设施符合国家有关标准和规范；

（三）生产设备、工艺符合有关安全生产的技术标准和规程；

（四）有具备相应资格的专业技术人员、安全生产管理人员和生产岗位人员；

（五）有健全的安全管理制度、岗位安全责任制度；

（六）法律、行政法规规定的其他条件。

第十二条　申请从事民用爆炸物品生产的企业，应当向国务院国防科技工业主管部门提交申请书、可行性研究报告以及能够证明其符合本条例第十一条规定条件的有关材料。国务院国防科技工业主管部门应当自受理申请之日起45日内进行审查，对符合条件的，核发《民用爆炸物品生产许可证》；对不符合条件的，不予核发《民用爆炸物品生产许可证》，书面向申请人说明理由。

民用爆炸物品生产企业为调整生产能力及品种进行改建、扩建的，应当依照前款规定申请办理《民用爆炸物品生产许可证》。

第十三条　取得《民用爆炸物品生产许可证》的企业应当在基本建设完成后，向国务院国防科技工业主管部门申请安全生产许可。国务院国防科技工业主管部门应当依照《安全生产许可证条例》的规定对其进行查验，对符合条件的，在《民用爆炸物品生产许可证》上标注安全生产许可。民用爆炸物品生产企业持经标注安全生产许可的《民用爆炸物品生产许可证》到工商行政管理部门办理工商登记后，方可生产民用爆炸物品。

民用爆炸物品生产企业应当在办理工商登记后 3 日内，向所在地县级人民政府公安机关备案。

第十四条 民用爆炸物品生产企业应当严格按照《民用爆炸物品生产许可证》核定的品种和产量进行生产，生产作业应当严格执行安全技术规程的规定。

第十五条 民用爆炸物品生产企业应当对民用爆炸物品做出警示标识、登记标识，对雷管编码打号。民用爆炸物品警示标识、登记标识和雷管编码规则，由国务院公安部门会同国务院国防科技工业主管部门规定。

第十六条 民用爆炸物品生产企业应当建立健全产品检验制度，保证民用爆炸物品的质量符合相关标准。民用爆炸物品的包装，应当符合法律、行政法规的规定以及相关标准。

第十七条 试验或者试制民用爆炸物品，必须在专门场地或者专门的试验室进行。严禁在生产车间或者仓库内试验或者试制民用爆炸物品。

第三章 销售和购买

第十八条 申请从事民用爆炸物品销售的企业，应当具备下列条件：

（一）符合对民用爆炸物品销售企业规划的要求；

（二）销售场所和专用仓库符合国家有关标准和规范；

（三）有具备相应资格的安全管理人员、仓库管理人员；

（四）有健全的安全管理制度、岗位安全责任制度；

（五）法律、行政法规规定的其他条件。

第十九条 申请从事民用爆炸物品销售的企业，应当向所在地省、自治区、直辖市人民政府国防科技工业主管部门提交申请书、可行性研究报告以及能够证明其符合本条例第十八条规定条件的有关材料。省、自治区、直辖市人民政府国防科技工业主管部门应当自受理申请之日起 30 日内进行审查，并对申请单位的销售场所和专用仓库等经营设施进行查验，对符合条件的，核发《民用爆炸物品销售许可证》；对不符合条件的，不予核发《民用爆炸物品销售许可证》，书面向申请人说明理由。

民用爆炸物品销售企业持《民用爆炸物品销售许可证》到工商行政管理部门办理工商登记后，方可销售民用爆炸物品。

民用爆炸物品销售企业应当在办理工商登记后 3 日内，向所在地县级人民政府公安机关备案。

第二十条 民用爆炸物品生产企业凭《民用爆炸物品生产许可证》，可以销售本企业生产的民用爆炸物品。

民用爆炸物品生产企业销售本企业生产的民用爆炸物品，不得超出核定的品种、产量。

第二十一条 民用爆炸物品使用单位申请购买民用爆炸物品的，应当向所在地县级人民政府公安机关提出购买申请，并提交下列有关材料：

（一）工商营业执照或者事业单位法人证书；

（二）《爆破作业单位许可证》或者其他合法使用的证明；

（三）购买单位的名称、地址、银行账户；

（四）购买的品种、数量和用途说明。

受理申请的公安机关应当自受理申请之日起5日内对提交的有关材料进行审查，对符合条件的，核发《民用爆炸物品购买许可证》；对不符合条件的，不予核发《民用爆炸物品购买许可证》，书面向申请人说明理由。

《民用爆炸物品购买许可证》应当载明许可购买的品种、数量、购买单位以及许可的有效期限。

第二十二条　民用爆炸物品生产企业凭《民用爆炸物品生产许可证》购买属于民用爆炸物品的原料，民用爆炸物品销售企业凭《民用爆炸物品销售许可证》向民用爆炸物品生产企业购买民用爆炸物品，民用爆炸物品使用单位凭《民用爆炸物品购买许可证》购买民用爆炸物品，还应当提供经办人的身份证明。

销售民用爆炸物品的企业，应当查验前款规定的许可证和经办人的身份证明；对持《民用爆炸物品购买许可证》购买的，应当按照许可的品种、数量销售。

第二十三条　销售、购买民用爆炸物品，应当通过银行账户进行交易，不得使用现金或者实物进行交易。

销售民用爆炸物品的企业，应当将购买单位的许可证、银行账户转账凭证、经办人的身份证明复印件保存2年备查。

第二十四条　销售民用爆炸物品的企业，应当自民用爆炸物品买卖成交之日起3日内，将销售的品种、数量和购买单位向所在地省、自治区、直辖市人民政府国防科技工业主管部门和所在地县级人民政府公安机关备案。

购买民用爆炸物品的单位，应当自民用爆炸物品买卖成交之日起3日内，将购买的品种、数量向所在地县级人民政府公安机关备案。

第二十五条　进出口民用爆炸物品，应当经国务院国防科技工业主管部门审批。进出口民用爆炸物品审批办法，由国务院国防科技工业主管部门会同国务院公安部门、海关总署规定。

进出口单位应当将进出口的民用爆炸物品的品种、数量向收货地或者出境口岸所在地县级人民政府公安机关备案。

第四章　运　　输

第二十六条　运输民用爆炸物品，收货单位应当向运达地县级人民政府公安机关提出申请，并提交包括下列内容的材料：

（一）民用爆炸物品生产企业、销售企业、使用单位以及进出口单位分别提供的《民用爆炸物品生产许可证》、《民用爆炸物品销售许可证》、《民用爆炸物品购买许可证》或者进出口批准证明；

（二）运输民用爆炸物品的品种、数量、包装材料和包装方式；

（三）运输民用爆炸物品的特性、出现险情的应急处置方法；

（四）运输时间、起始地点、运输路线、经停地点。

受理申请的公安机关应当自受理申请之日起 3 日内对提交的有关材料进行审查，对符合条件的，核发《民用爆炸物品运输许可证》；对不符合条件的，不予核发《民用爆炸物品运输许可证》，书面向申请人说明理由。

《民用爆炸物品运输许可证》应当载明收货单位、销售企业、承运人，一次性运输有效期限、起始地点、运输路线、经停地点，民用爆炸物品的品种、数量。

第二十七条 运输民用爆炸物品的，应当凭《民用爆炸物品运输许可证》，按照许可的品种、数量运输。

第二十八条 经由道路运输民用爆炸物品的，应当遵守下列规定：

（一）携带《民用爆炸物品运输许可证》；

（二）民用爆炸物品的装载符合国家有关标准和规范，车厢内不得载人；

（三）运输车辆安全技术状况应当符合国家有关安全技术标准的要求，并按照规定悬挂或者安装符合国家标准的易燃易爆危险物品警示标志；

（四）运输民用爆炸物品的车辆应当保持安全车速；

（五）按照规定的路线行驶，途中经停应当有专人看守，并远离建筑设施和人口稠密的地方，不得在许可以外的地点经停；

（六）按照安全操作规程装卸民用爆炸物品，并在装卸现场设置警戒，禁止无关人员进入；

（七）出现危险情况立即采取必要的应急处置措施，并报告当地公安机关。

第二十九条 民用爆炸物品运达目的地，收货单位应当进行验收后在《民用爆炸物品运输许可证》上签注，并在 3 日内将《民用爆炸物品运输许可证》交回发证机关核销。

第三十条 禁止携带民用爆炸物品搭乘公共交通工具或者进入公共场所。

禁止邮寄民用爆炸物品，禁止在托运的货物、行李、包裹、邮件中夹带民用爆炸物品。

第五章　爆破作业

第三十一条 申请从事爆破作业的单位，应当具备下列条件：

（一）爆破作业属于合法的生产活动；

（二）有符合国家有关标准和规范的民用爆炸物品专用仓库；

（三）有具备相应资格的安全管理人员、仓库管理人员和具备国家规定执业资格的爆破作业人员；

（四）有健全的安全管理制度、岗位安全责任制度；

（五）有符合国家标准、行业标准的爆破作业专用设备；

（六）法律、行政法规规定的其他条件。

第三十二条 申请从事爆破作业的单位，应当按照国务院公安部门的规定，向有关人民政府公安机关提出申请，并提供能够证明其符合本条例第三十一条规定条件的有关材料。受理申请的公安机关应当自受理申请之日起 20 日内进行审查，对符合条件的，核发《爆破作业单位许可证》；对不符合条件的，不予核发《爆破作业单位许可证》，书面向申请人说明理由。

营业性爆破作业单位持《爆破作业单位许可证》到工商行政管理部门办理工商登记后，方可从事营业性爆破作业活动。

爆破作业单位应当在办理工商登记后 3 日内，向所在地县级人民政府公安机关备案。

第三十三条 爆破作业单位应当对本单位的爆破作业人员、安全管理人员、仓库管理人员进行专业技术培训。爆破作业人员应当经设区的市级人民政府公安机关考核合格，取得《爆破作业人员许可证》后，方可从事爆破作业。

第三十四条 爆破作业单位应当按照其资质等级承接爆破作业项目，爆破作业人员应当按照其资格等级从事爆破作业。爆破作业的分级管理办法由国务院公安部门规定。

第三十五条 在城市、风景名胜区和重要工程设施附近实施爆破作业的，应当向爆破作业所在地设区的市级人民政府公安机关提出申请，提交《爆破作业单位许可证》和具有相应资质的安全评估企业出具的爆破设计、施工方案评估报告。受理申请的公安机关应当自受理申请之日起 20 日内对提交的有关材料进行审查，对符合条件的，作出批准的决定；对不符合条件的，作出不予批准的决定，并书面向申请人说明理由。

实施前款规定的爆破作业，应当由具有相应资质的安全监理企业进行监理，由爆破作业所在地县级人民政府公安机关负责组织实施安全警戒。

第三十六条 爆破作业单位跨省、自治区、直辖市行政区域从事爆破作业的，应当事先将爆破作业项目的有关情况向爆破作业所在地县级人民政府公安机关报告。

第三十七条 爆破作业单位应当如实记载领取、发放民用爆炸物品的品种、数量、编号以及领取、发放人员姓名。领取民用爆炸物品的数量不得超过当班用量，作业后剩余的民用爆炸物品必须当班清退回库。

爆破作业单位应当将领取、发放民用爆炸物品的原始记录保存 2 年备查。

第三十八条 实施爆破作业，应当遵守国家有关标准和规范，在安全距离以外设置警示标志并安排警戒人员，防止无关人员进入；爆破作业结束后应当及时检查、排除未引爆的民用爆炸物品。

第三十九条 爆破作业单位不再使用民用爆炸物品时，应当将剩余的民用爆炸物品登记造册，报所在地县级人民政府公安机关组织监督销毁。

发现、拣拾无主民用爆炸物品的，应当立即报告当地公安机关。

第六章 储 存

第四十条 民用爆炸物品应当储存在专用仓库内，并按照国家规定设置技术防范设施。

第四十一条 储存民用爆炸物品应当遵守下列规定：

（一）建立出入库检查、登记制度，收存和发放民用爆炸物品必须进行登记，做到账目清楚，账物相符；

（二）储存的民用爆炸物品数量不得超过储存设计容量，对性质相抵触的民用爆炸物品必须分库储存，严禁在库房内存放其他物品；

（三）专用仓库应当指定专人管理、看护，严禁无关人员进入仓库区内，严禁在仓库区内吸烟和用火，严禁把其他容易引起燃烧、爆炸的物品带入仓库区内，严禁在库房内住宿和进行其他活动；

（四）民用爆炸物品丢失、被盗、被抢，应当立即报告当地公安机关。

第四十二条 在爆破作业现场临时存放民用爆炸物品的，应当具备临时存放民用爆炸物品的条件，并设专人管理、看护，不得在不具备安全存放条件的场所存放民用爆炸物品。

第四十三条 民用爆炸物品变质和过期失效的，应当及时清理出库，并予以销毁。销毁前应当登记造册，提出销毁实施方案，报省、自治区、直辖市人民政府国防科技工业主管部门、所在地县级人民政府公安机关组织监督销毁。

第七章 法律责任

第四十四条 非法制造、买卖、运输、储存民用爆炸物品，构成犯罪的，依法追究刑事责任；尚不构成犯罪，有违反治安管理行为的，依法给予治安管理处罚。

违反本条例规定，在生产、储存、运输、使用民用爆炸物品中发生重大事故，造成严重后果或者后果特别严重，构成犯罪的，依法追究刑事责任。

违反本条例规定，未经许可生产、销售民用爆炸物品的，由国防科技工业主管部门责令停止非法生产、销售活动，处10万元以上50万元以下的罚款，并没收非法生产、销售的民用爆炸物品及其违法所得。

违反本条例规定，未经许可购买、运输民用爆炸物品或者从事爆破作业的，由公安机关责令停止非法购买、运输、爆破作业活动，处5万元以上20万元以下的罚款，并没收非法购买、运输以及从事爆破作业使用的民用爆炸物品及其违法所得。

国防科技工业主管部门、公安机关对没收的非法民用爆炸物品，应当组织销毁。

第四十五条 违反本条例规定，生产、销售民用爆炸物品的企业有下列行为之一的，由国防科技工业主管部门责令限期改正，处10万元以上50万元以下的罚款；逾期不改正的，责令停产停业整顿；情节严重的，吊销《民用爆炸物品生产许可证》或者《民用爆炸物品销售许可证》：

（一）超出生产许可的品种、产量进行生产、销售的；

（二）违反安全技术规程生产作业的；

（三）民用爆炸物品的质量不符合相关标准的；

（四）民用爆炸物品的包装不符合法律、行政法规的规定以及相关标准的；

（五）超出购买许可的品种、数量销售民用爆炸物品的；

（六）向没有《民用爆炸物品生产许可证》、《民用爆炸物品销售许可证》、《民用爆炸物品购买许可证》的单位销售民用爆炸物品的；

（七）民用爆炸物品生产企业销售本企业生产的民用爆炸物品未按照规定向国防科技工业主管部门备案的；

（八）未经审批进出口民用爆炸物品的。

第四十六条 违反本条例规定，有下列情形之一的，由公安机关责令限期改正，处5万元以上20万元以下的罚款；逾期不改正的，责令停产停业整顿：

（一）未按照规定对民用爆炸物品做出警示标识、登记标识或者未对雷管编码打号的；

（二）超出购买许可的品种、数量购买民用爆炸物品的；

（三）使用现金或者实物进行民用爆炸物品交易的；

（四）未按照规定保存购买单位的许可证、银行账户转账凭证、经办人的身份证明复印件的；

（五）销售、购买、进出口民用爆炸物品，未按照规定向公安机关备案的；

（六）未按照规定建立民用爆炸物品登记制度，如实将本单位生产、销售、购买、运输、储存、使用民用爆炸物品的品种、数量和流向信息输入计算机系统的；

（七）未按照规定将《民用爆炸物品运输许可证》交回发证机关核销的。

第四十七条　违反本条例规定，经由道路运输民用爆炸物品，有下列情形之一的，由公安机关责令改正，处 5 万元以上 20 万元以下的罚款：

（一）违反运输许可事项的；

（二）未携带《民用爆炸物品运输许可证》的；

（三）违反有关标准和规范混装民用爆炸物品的；

（四）运输车辆未按照规定悬挂或者安装符合国家标准的易燃易爆危险物品警示标志的；

（五）未按照规定的路线行驶，途中经停没有专人看守或者在许可以外的地点经停的；

（六）装载民用爆炸物品的车厢载人的；

（七）出现危险情况未立即采取必要的应急处置措施、报告当地公安机关的。

第四十八条　违反本条例规定，从事爆破作业的单位有下列情形之一的，由公安机关责令停止违法行为或者限期改正，处 10 万元以上 50 万元以下的罚款；逾期不改正的，责令停产停业整顿；情节严重的，吊销《爆破作业单位许可证》：

（一）爆破作业单位未按照其资质等级从事爆破作业的；

（二）营业性爆破作业单位跨省、自治区、直辖市行政区域实施爆破作业，未按照规定事先向爆破作业所在地的县级人民政府公安机关报告的；

（三）爆破作业单位未按照规定建立民用爆炸物品领取登记制度、保存领取登记记录的；

（四）违反国家有关标准和规范实施爆破作业的。

爆破作业人员违反国家有关标准和规范的规定实施爆破作业的，由公安机关责令限期改正，情节严重的，吊销《爆破作业人员许可证》。

第四十九条　违反本条例规定，有下列情形之一的，由国防科技工业主管部门、公安机关按照职责责令限期改正，可以并处 5 万元以上 20 万元以下的罚款；逾期不改正的，责令停产停业整顿；情节严重的，吊销许可证：

（一）未按照规定在专用仓库设置技术防范设施的；

（二）未按照规定建立出入库检查、登记制度或者收存和发放民用爆炸物品，致使账物不符的；

（三）超量储存、在非专用仓库储存或者违反储存标准和规范储存民用爆炸物品的；

（四）有本条例规定的其他违反民用爆炸物品储存管理规定行为的。

第五十条　违反本条例规定，民用爆炸物品从业单位有下列情形之一的，由公安机关处 2 万元以上 10 万元以下的罚款；情节严重的，吊销其许可证；有违反治安管理行为的，依法给予治安管理处罚：

（一）违反安全管理制度，致使民用爆炸物品丢失、被盗、被抢的；

（二）民用爆炸物品丢失、被盗、被抢，未按照规定向当地公安机关报告或者故意隐瞒不报的；

（三）转让、出借、转借、抵押、赠送民用爆炸物品的。

第五十一条 违反本条例规定，携带民用爆炸物品搭乘公共交通工具或者进入公共场所，邮寄或者在托运的货物、行李、包裹、邮件中夹带民用爆炸物品，构成犯罪的，依法追究刑事责任；尚不构成犯罪的，由公安机关依法给予治安管理处罚，没收非法的民用爆炸物品，处 1000 元以上 1 万元以下的罚款。

第五十二条 民用爆炸物品从业单位的主要负责人未履行本条例规定的安全管理责任，导致发生重大伤亡事故或者造成其他严重后果，构成犯罪的，依法追究刑事责任；尚不构成犯罪的，对主要负责人给予撤职处分，对个人经营的投资人处 2 万元以上 20 万元以下的罚款。

第五十三条 国防科技工业主管部门、公安机关、工商行政管理部门的工作人员，在民用爆炸物品安全监督管理工作中滥用职权、玩忽职守或者徇私舞弊，构成犯罪的，依法追究刑事责任；尚不构成犯罪的，依法给予行政处分。

第八章 附 则

第五十四条 《民用爆炸物品生产许可证》、《民用爆炸物品销售许可证》，由国务院国防科技工业主管部门规定式样；《民用爆炸物品购买许可证》、《民用爆炸物品运输许可证》、《爆破作业单位许可证》、《爆破作业人员许可证》，由国务院公安部门规定式样。

第五十五条 本条例自 2006 年 9 月 1 日起施行。1984 年 1 月 6 日国务院发布的《中华人民共和国民用爆炸物品管理条例》同时废止。

附录三 复习思考题

※※※

一、单项选择题

（一）第一章单项选择题

1. 人类对爆破的研究与应用起源于我国（b）的发明和发展。
   a. 指南针   b. 黑火药   c. 印刷

2. 我国在（c）就出现了比较完整的黑火药配方（用硫磺、硝石和木炭 3 种组分配制）。
   a. 宋朝   b. 汉朝   c. 唐朝

3. 黑火药大约是在 11～12 世纪传入（a）国家的。
   a. 阿拉伯   b. 欧洲   c. 非洲

4. 根据史料记载，黑火药传入欧洲后，（c）首先将黑火药用于开采矿石。
   a. 美国人   b. 德国人   c. 匈牙利人

5. （b）化学家诺贝尔在 1865 年发明了以硝化甘油为主要组分的达纳迈特炸药。
   a. 瑞士   b. 瑞典   c. 美国

6. 诺贝尔在 1867 年发明了（a）。
   a. 火雷管   b. 电雷管   c. 电子雷管

7. 爆破员、安全员、保管员的年龄应在 18 周岁以上，（c）周岁以下。
   a. 55   b. 58   c. 60

8. 爆破员、安全员、保管员的文化程度应在（b）以上。
   a. 小学   b. 初中   c. 高中

9. 爆破员、安全员、保管员不能有妨碍（c）的疾病和生理缺陷。
   a. 生活   b. 工作   c. 爆破作业

10. 爆破员岗位职责要求，爆破员应（a）好自己所领取的民用爆炸物品。
    a. 保管   b. 使用   c. 储存

11. 爆破员岗位职责要求，爆破作业结束后，应将剩余的民用爆炸物品（c）。
    a. 用完   b. 带回自己保管   c. 清退回库

12. 安全员应监督爆破员按照操作规程作业，纠正（b）。
    a. 正常作业   b. 违章作业   c. 不良习惯

13. 安全员应制止无爆破作业（b）的人员从事爆破作业。
    a. 能力   b. 资格   c. 技术

14. 保管员负责验收、保管、发放、回收（c）。
    a. 建筑材料   b. 生产工具   c. 民用爆炸物品

15. 爆破员应该掌握处理（a）或其他安全隐患的操作方法。
    a. 盲炮   b. 炮孔   c. 钻机

16. 安全员应了解爆破（b）的现状及发展方向。
    a. 设计　　　　　　　　b. 安全技术　　　　　　c. 施工
17. 保管员应熟练掌握（c）的操作技术。
    a. 潜孔钻　　　　　　　b. 起爆器　　　　　　　c. 手持机
18. 保管员应熟练掌握民用爆炸物品（a）登记的有关规定。
    a. 流向　　　　　　　　b. 生产　　　　　　　　c. 购买
19. 保管员应熟练掌握民用爆炸物品（b）的安全要求。
    a. 使用　　　　　　　　b. 储存　　　　　　　　c. 运输
20. 爆破员应熟练掌握常用民用爆炸物品的品种、性能、（c）及安全管理要求。
    a. 储存条件　　　　　　b. 生产条件　　　　　　c. 使用条件

（二）第二章单项选择题

1. 民用爆炸物品是指用于（a）目的、列入民用爆炸物品品名表的各类火药、炸药及其制品和雷管、导火索等点火、起爆器材。
    a. 非军事　　　　　　　b. 军用　　　　　　　　c. 专用
2. 民用爆炸物品从业单位主要包括民用爆炸物品生产、销售、购买、运输的有关单位和（c）。
    a. 化工厂　　　　　　　b. 化工研究院　　　　　c. 爆破作业单位
3. 民用爆炸物品从业单位必须按照《民用爆炸物品安全管理条例》的规定取得相应（a）后才能从事相关作业。
    a. 资质　　　　　　　　b. 设备　　　　　　　　c. 条件
4. （a）的销售、购买及废旧民用爆炸物品销毁等行为，都适用《民用爆炸物品安全管理条例》。
    a. 硝酸铵　　　　　　　b. 剧毒物品　　　　　　c. 复合肥
5. 国家对民用爆炸物品的生产、销售、购买、运输和爆破作业实行（b）。
    a. 登记制度　　　　　　b. 许可证制度　　　　　c. 备案制度
6. 未经许可，任何单位或者个人不得生产、销售、购买、运输民用爆炸物品，不得从事（c）。
    a. 工程管理　　　　　　b. 技术咨询　　　　　　c. 爆破作业
7. 销售、购买民用爆炸物品，应当通过（a）进行交易，不得使用现金或者实物进行交易。
    a. 银行账户　　　　　　b. 现金　　　　　　　　c. 实物
8. 工业雷管编码在（b）年内具有唯一性。
    a. 8　　　　　　　　　　b. 10　　　　　　　　　c. 12
9. 销售民用爆炸物品的企业，应当将购买单位的许可证、银行账户转账凭证、经办人的身份证明复印件保存（c）备查。
    a. 1年　　　　　　　　　b. 3年　　　　　　　　　c. 2年
10. 爆破作业单位申请购买民用爆炸物品的，应当向所在地县级人民政府公安机关提出购买申请，并提交（c）等有关材料。
    a.《民用爆炸物品购买许可证》b.《爆破作业人员许可证》　c.《爆破作业单位许可证》

11. 民用爆炸物品的装载应符合国家有关标准和规范，车厢内不得（a）。

    a. 载人　　　　　　　　　　b. 装载炸药　　　　　　　　c. 装载雷管

12. 运输民爆物品的车辆应按照规定悬挂或者安装符合国家标准的（b）危险物品警示标志。

    a. 防撞　　　　　　　　　　b. 易燃易爆　　　　　　　　c. 防水

13. 运输民爆物品的车辆应按照规定的路线行驶，途中经停应当有专人看守，并远离建筑设施和（c）的地方，不得在许可以外的地点经停。

    a. 人少　　　　　　　　　　b. 50 人居住　　　　　　　c. 人口稠密

14. 装卸民用爆炸物品时，应在装卸现场设置（a），禁止无关人员进入。

    a. 警戒　　　　　　　　　　b. 视频监控设施　　　　　　c. 防火设施

15. 下列哪些人员属于爆破作业人员？（a）

    a. 爆破员　　　　　　　　　b. 押运员　　　　　　　　　c. 库房值班员

16. 爆破作业人员应当参加专业技术培训，并经设区的市级人民政府公安机关（c）合格，取得《爆破作业人员许可证》后，方可从事爆破作业。

    a. 教育　　　　　　　　　　b. 考查　　　　　　　　　　c. 考核

17. 爆破作业项目应经爆破作业所在地（a）公安机关批准后方可实施。

    a. 设区的市级　　　　　　　b. 市级　　　　　　　　　　c. 县级

18. 雷电、暴雨雪来临时，应停止爆破作业，所有人员应（a）撤到安全地点。

    a. 立即　　　　　　　　　　b. 把线路接好了再　　　　　c. 尽快

19. 爆破作业单位应在施工前（c）天发布施工公告。

    a. 1　　　　　　　　　　　　b. 2　　　　　　　　　　　　c. 3

20. 爆破作业单位应在爆破前（a）天发布爆破公告。

    a. 1　　　　　　　　　　　　b. 2　　　　　　　　　　　　c. 3

21. 实施爆破作业，应当在安全距离以外（b）并安排警戒人员，防止无关人员进入。

    a. 挂红灯　　　　　　　　　b. 设置警示标志　　　　　　c. 管制交通

22. 爆破作业结束后应当及时检查、（c）未引爆的民用爆炸物品。

    a. 生产　　　　　　　　　　b. 运输　　　　　　　　　　c. 排除

23. 营业性爆破作业单位接受委托实施爆破作业，应在签订爆破作业合同后（a）日内，将爆破作业合同向爆破作业所在地县级公安机关备案。

    a. 3　　　　　　　　　　　　b. 7　　　　　　　　　　　　c. 15

24. 根据《刑法》，非法制造、买卖、运输、邮寄、储存爆炸物的，处（c）有期徒刑。

    a. 三年以上　　　　　　　　b. 十年以下　　　　　　　　c. 三年以上十年以下

25. 根据《刑法》，非法制造、买卖、运输、邮寄、储存爆炸物，情节严重的，处（a）有期徒刑、无期徒刑或者死刑。

    a. 十年以上　　　　　　　　b. 七年以上　　　　　　　　c. 五年以上

26. 非法携带爆炸性物品，进入公共场所或者公共交通工具，危及公共安全，情节严重的，处（b）有期徒刑、拘役或者管制。

    a. 五年以下　　　　　　　　b. 三年以下　　　　　　　　c. 一年以下

27. 违反爆炸性物品的管理规定，在生产、储存、运输、使用中发生重大事故，造成严重后果的，处（c）有期徒刑或者拘役。

    a. 一年以下　　　　　　　　b. 两年以下　　　　　　　　c. 三年以下

28. 违反爆炸性物品的管理规定，在生产、储存、运输、使用中发生重大事故，造成后果特别严重的，处（a）有期徒刑。

    a. 三年以上七年以下　　　　b. 三年以上　　　　　　　　c. 七年以下

29. 违反国家规定，制造、买卖、储存、运输、邮寄、携带、使用、提供、处置爆炸性危险物质的，处（b）拘留。

    a. 五日以上十日以下　　　　b. 十日以上十五日以下　　　c. 五日以上十五日以下

30. 违反国家规定，制造、买卖、储存、运输、邮寄、携带、使用、提供、处置爆炸性危险物质情节较轻的，处（c）拘留。

    a. 五日以上　　　　　　　　b. 十日以上　　　　　　　　c. 五日以上十日以下

31. 爆炸性危险物质被盗、被抢或者丢失，未按规定报告的，处（a）以下拘留。

    a. 五日　　　　　　　　　　b. 十日　　　　　　　　　　c. 十五日

32. 爆炸性危险物质被盗、被抢或者丢失，故意隐瞒不报的，处（b）拘留。

    a. 五日以上　　　　　　　　b. 五日以上十日以下　　　　c. 十日以下

33. 未按照规定建立民用爆炸物品登记制度，如实将本单位生产、销售、购买、运输、储存、使用民用爆炸物品的品种、数量和流向信息输入计算机系统的，由公安机关责令限期改正，处（c）的罚款；逾期不改正的，责令停产停业整顿。

    a. 5 万元以上　　　　　　　b. 20 万元以下　　　　　　　c. 5 万元以上 20 万元以下

34. 未携带《民用爆炸物品运输许可证》运输民用爆炸物品的，由公安机关责令改正，处（a）的罚款。

    a. 5 万元以上 20 万元以下　　b. 5 万元以上　　　　　　　c. 20 万元以下

35. 运输民用爆炸物品时，装载民用爆炸物品的车厢载人的，由公安机关责令改正，处（b）的罚款。

    a. 5 万元以上　　　　　　　b. 5 万元以上 20 万元以下　c. 20 万元以下

36. 爆破作业人员违反国家有关标准和规范的规定实施爆破作业的，由公安机关责令限期改正，情节严重的，（c）《爆破作业人员许可证》。

    a. 暂扣　　　　　　　　　　b. 没收　　　　　　　　　　c. 吊销

37. 爆破作业单位超量储存、在非专用仓库储存民用爆炸物品的，公安机关按照职责责令限期改正，可以并处 5 万元以上 20 万元以下的罚款；逾期不改正的，责令停产停业整顿；情节严重的，（a）其许可证。

    a. 吊销　　　　　　　　　　b. 没收　　　　　　　　　　c. 暂停

38. 民用爆炸物品从业单位转让、出借、转借、抵押、赠送民用爆炸物品的，由公安机关处 2 万元以上 10 万元以下的罚款；情节严重的，（b）其许可证。

    a. 扣押　　　　　　　　　　b. 吊销　　　　　　　　　　c. 没收

39. 爆破作业单位未经许可实施爆破作业的，可由公安机关对单位处（c）的罚款。

    a. 5 万元以上　　　　　　　b. 20 万元以下　　　　　　　c. 5 万元以上 20 万元以下

40. 爆破作业单位违反法律规定及安全管理制度，致使民用爆炸物品丢失、被盗、被抢，情节严重的，由公安机关依照职责（a）；有违反治安管理行为的，依法给予治安管理处罚。

  a. 吊销其许可证　　　　　　b. 责令限期改正　　　　　c. 责令停产停业整顿

41. 爆破作业单位聘用无资格人员从事爆破作业或爆破器材管理的，可由公安机关对单位处（b）的罚款。

  a. 10 万元以上　　　　　　b. 10 万元以上 50 万元以下　c. 50 万元以下

42. 爆破作业单位聘用无资格人员从事爆破作业或爆破器材管理的，可由公安机关对行为人予以（a）。

  a. 行政拘留　　　　　　　　b. 罚款　　　　　　　　　　c. 批评教育

43. 爆破作业单位不按规定将民爆物品退库并在工地过夜存放的，可由公安机关对行为人予以行政（a）。

  a. 拘留　　　　　　　　　　b. 罚款　　　　　　　　　　c. 批评

44. 雷管打码编号使得每个雷管具有一发一号的全国（a）特征。

  a. 唯一　　　　　　　　　　b. 可互换的　　　　　　　　c. 相同的

45. 通过雷管编号将雷管流通过程中各环节的（b）、涉爆行为等信息实时相互关联起来。

  a. 保管员　　　　　　　　　b. 责任人　　　　　　　　　c. 爆破员

46. 对每一盒雷管外的盒条码通过（d）进行扫描读入。

  a. 雷管导通仪　　　　　　　b. 振动测试仪

  c. 传感器　　　　　　　　　d. 专用手持机

47. 对申请购买民用爆炸物品的，公安机关在审批签发纸质两证的同时，开出（a）。

  a. 电子两证　　　　　　　　b. 购买证　　　　　　　　　c. 运输证

48. 购买单位向公安机关回缴运输证的同时，利用（b）将购买入库数据向公安机关上报。

  a. 门卡　　　　　　　　　　b. 专用 IC 卡　　　　　　　c. 银行卡

49. 未经公安机关许可，任何单位或者个人不得从事（c）活动。

  a. 民用爆炸物品生产　　　　b. 民用爆炸物品销售　　　　c. 爆破作业

50. 已发放 IC 卡的单位和个人不再从事涉爆业务的要及时予以（c）。

  a. 登记　　　　　　　　　　b. 核查　　　　　　　　　　c. 注销

51. 经由道路运输民用爆炸物品的，要严格执行《民用爆炸物品运输许可证》"（c）"的规定。

  a. 一车一证一次使用　　　　b. 一证一车多次使用　　　　c. 一证一车一次使用

52. 民用爆炸物品最小计数单位和基本包装单元上应同时有（a）和登记标识。

  a. 警示标识　　　　　　　　b. 编号　　　　　　　　　　c. 告示

53. 工业雷管最小计数单位（c）警示标识。

  a. 要有　　　　　　　　　　b. 可没有

  c. 不做　　　　　　　　　　d. 需要

54. 民爆物品包装物表面应标有"（c）"标志。

  a. 危险品　　　　　　　　　b. 危化品　　　　　　　　　c. 爆炸品

55. 工业炸药及炸药制品的警示语："防火、防潮、轻拿、轻放，不得与（a）共存放"。

  a. 雷管　　　　　　　　　　b. 化学品　　　　　　　　　c. 危险品

56. 手持机系统由手持机、IC 卡和（a）组成。

  a. 条码　　　　　　　　　　b. U 盘　　　　　　　　　　c. 密码

57. IC 卡分为单位卡和（c）两种。
    a. 计算卡　　　　　　　　b. 认证卡　　　　　　　　c. 人员卡
58. 人员卡包括库管员卡和（a）两种。
    a. 爆破员卡　　　　　　　b. 安全员卡　　　　　　　c. 管理员卡
59. 单位卡、人员卡都必须先通过（b）验证后才能正常进行操作。
    a. 信号　　　　　　　　　b. 密码　　　　　　　　　c. 程序
60. 雷管条码包括（c）和盒条码。
    a. 车条码　　　　　　　　b. 库条码　　　　　　　　c. 箱条码

（三）第三章单项选择题

1. 爆炸是一种非常迅速的（b）或化学的变化过程。
   a. 生物　　　　b. 物理　　　　c. 机械　　　　d. 化学
2. 炸药在爆炸过程中内能转变为（d）、光能和热能等并对外界做功。
   a. 太阳能　　　b. 电能　　　　c. 原子能　　　d. 机械能
3. 从广义上讲，爆炸可分为（a）、化学爆炸和核爆炸。
   a. 物理爆炸　　b. 电子爆炸　　c. 生物爆炸　　d. 气体爆炸
4. 物理爆炸的特征是爆炸时（b）发生变化而化学成分不发生改变。
   a. 物质的成分　b. 物质的形态　c. 物质的组分　d. 物质的含量
5. 化学爆炸的特点是在爆炸变化过程中生成新的（b）。
   a. 气体　　　　b. 物质　　　　c. 固体　　　　d. 液体
6. 炸药化学变化的三种形式包括炸药的（a）、燃烧和爆轰。
   a. 热分解　　　b. 变质　　　　c. 氧化　　　　d. 融合
7. 炸药在（a）作用下产生的分解称为炸药的热分解。
   a. 热　　　　　b. 冷　　　　　c. 湿　　　　　d. 火
8. 炸药的燃烧是依靠自身所含的（c）进行反应的。
   a. 物质　　　　b. 气体　　　　c. 氧　　　　　d. 水分
9. 根据燃烧过程中燃烧速度的变化，炸药的燃烧可分为（a）和不稳定燃烧。
   a. 稳定燃烧　　b. 自燃　　　　c. 突发燃烧　　d. 主动燃烧
10. 爆速是爆轰波在（a）中传播的速度。
    a. 炸药　　　　b. 岩石　　　　c. 空气　　　　d. 水
11. 爆热是炸药爆炸做功的（d）指标。
    a. 质量　　　　b. 衡量　　　　c. 相对　　　　d. 能量
12. 爆压是炸药爆炸时生成的（a）气体的压力。
    a. 高温高压　　b. 高温　　　　c. 高压　　　　d. 正常
13. （b）是主爆药发生爆炸时引起相隔一定距离的受爆药爆炸的现象。
    a. 爆炸　　　　b. 殉爆　　　　c. 引爆　　　　d. 传爆
14. 主爆药与受爆药之间能发生殉爆的最大距离称为（c）。
    a. 引爆距离　　b. 传爆距离　　c. 殉爆距离　　d. 爆炸距离
15. 炸药的（d）表示炸药在外界作用下发生爆炸的难易程度。
    a. 程度　　　　b. 难度　　　　c. 纯度　　　　d. 感度

16. 热感度指在（b）的作用下炸药发生爆炸的难易程度。
　　a. 撞击　　　　　b. 热　　　　　　c. 针刺　　　　　d. 冲击

17. 撞击感度指在（a）作用下炸药发生爆炸的难易程度。
　　a. 机械撞击　　　b. 静电感应　　　c. 雷击　　　　　d. 热量

18. 冲击波感度是指在（b）作用下炸药发生爆炸的难易程度。
　　a. 超声波　　　　b. 冲击波　　　　c. 地震波　　　　d. 电磁波

19. 静电火花感度是指在（c）放电作用下炸药发生爆炸的难易程度。
　　a. 雷电　　　　　b. 磁电　　　　　c. 静电　　　　　d. 无线电

20. 炸药的相容性主要有（a）、接触相容性、物理相容性和化学相容性四种。
　　a. 组分相容性　　b. 质量相容性　　c. 电量相容性　　d. 热量相容性

（四）第四章单项选择题

1. 按炸药的组成，可将炸药分成（a）和混合炸药两大类。
　　a. 单质炸药　　　b. 优质炸药　　　c. 复合炸药　　　d. 自制炸药

2. 混合炸药的组分一般含有以下三种：（a）、可燃物和附加物。
　　a. 氧化剂　　　　b. 试剂　　　　　c. 添加剂　　　　d. 除湿剂

3. 按照炸药在实际应用中的作用可将炸药分为：起爆药、（b）、火药及烟火剂四大类。
　　a. 乳化炸药　　　b. 猛炸药　　　　c. 岩石炸药　　　d. 硝酸铵

4. 铵油炸药由（c）和燃料油组成。
　　a. 碳酸钙　　　　b. 工业用盐　　　c. 硝酸铵　　　　d. 石灰

5. 铵油炸药有粉状铵油炸药和（d）两大类。
　　a. 猛炸药　　　　b. 乳化炸药　　　c. 起爆药　　　　d. 多孔粒状铵油炸药

6. 常用的多孔粒状铵油炸药由多孔粒状硝酸铵和柴油组成，其中硝酸铵占（a），柴油占
　　5.0% ~6.0%。
　　a. 94.0% ~95.0%　　　　　　　　b. 92.0% ~93.0%
　　c. 93.0% ~94.0%　　　　　　　　d. 95.0% ~96.0%

7. 多孔粒状铵油炸药的装药密度为 $0.90 ~ 0.93 g/cm^3$ 时，爆速一般为（c）。
　　a. 2600m/s　　　b. 2700m/s　　　c. 2800m/s　　　d. 2900m/s

8. 乳化炸药分（a）、煤矿乳化炸药和露天乳化炸药三种类型，它是目前使用最广泛的含
　　水炸药。
　　a. 岩石乳化炸药　b. 液体乳化炸药　c. 固体乳化炸药　d. 铵油乳化炸药

9. 2 号岩石乳化炸药爆速不小于（c）。
　　a. 1200m/s　　　b. 2200m/s　　　c. 3200m/s　　　d. 4200m/s

10. 2 号岩石乳化炸药的有效储存期为（a）个月。
　　a. 6　　　　　　b. 5　　　　　　c. 4　　　　　　d. 3

11. 煤矿许用乳化炸药的有效储存期为（b）个月。
　　a. 3　　　　　　b. 4　　　　　　c. 5　　　　　　d. 6

12. 膨化铵油炸药由（c）和复合油相物品混制而成。
　　a. 碳酸铵　　　　b. 硝酸钾　　　　c. 膨化硝酸铵　　d. 木粉

13. 民用黑火药的一般配比是硝酸钾：硫磺：木炭 =（b）。

a. 65∶20∶15   b. 75∶10∶15   c. 70∶15∶15   d. 80∶10∶10

14. 目前，常用的工业雷管主要有（a）、导爆管雷管和电子雷管三大类。
    a. 电雷管　　　　b. 毫秒电雷管　　c. 半秒雷管　　　d. 秒雷管

15. 电雷管由管壳、（b）、起爆药、主装药与电点火装置组成。
    a. 电缆　　　　　b. 加强帽　　　　c. 塑料圈　　　　d. 排气孔

16. 电点火装置由脚线、（b）和引火头组成。
    a. 电线　　　　　b. 桥丝　　　　　c. 主线　　　　　d. 引线

17. 瞬发电雷管的电点火装置可分为（d）和引火头式两种。
    a. 组装式　　　　b. 分立式　　　　c. 转盘式　　　　d. 直插式

18. 秒延期电雷管是通电后延迟爆炸时间以秒、（b）、1/4 秒为计量单位的延发电雷管。
    a. 毫秒　　　　　b. 半秒　　　　　c. 0.25 秒　　　　d. 瞬发

19. 电阻指电雷管的全电阻，它包括（c）和脚线电阻。
    a. 雷管电阻　　　b. 接地电阻　　　c. 桥丝电阻　　　d. 引线电阻

20. 电雷管的安全电流是指通以恒定的直流电流（a）不使电雷管爆炸的最大电流。
    a. 5min　　　　　b. 7min　　　　　c. 9min　　　　　d. 11min

21. 《爆破安全规程》规定，用来导通电雷管的仪表工作电流不应超过（b）。
    a. 15mA　　　　　b. 30mA　　　　　c. 45mA　　　　　d. 60mA

22. 煤矿许用电雷管是允许在有（a）和煤尘爆炸危险的矿井中使用的特种电雷管。
    a. 瓦斯　　　　　b. 粉尘　　　　　c. 气体　　　　　d. 静电

23. 在煤矿许用电雷管中，雷管的外壳不准使用铝金属，这是因为（d）。
    a. 铝壳雷管起爆能量较低，有时不能使炸药爆炸
    b. 铝金属属于有色金属，使用了会增大雷管的制造成本
    c. 铝金属接触炸药后，容易与炸药发生化学反应，不利于炸药的化学稳定
    d. 铝壳雷管在起爆炸药过程中，形成炽热颗粒能引爆瓦斯和煤尘

24. 在煤矿许用电雷管中，雷管管壳可使用（b）和覆铜壳，不能使用铝壳。
    a. 铝壳　　　　　b. 钢壳　　　　　c. 有机玻璃　　　d. 塑料壳

25. 煤矿许用电雷管的检验，主要是（b）安全性检验。
    a. 化学　　　　　b. 瓦斯　　　　　c. 爆炸　　　　　d. 防水

26. 抗静电电雷管主要用于有（d）感应的场所。
    a. 雷电　　　　　b. 交流电　　　　c. 直流电　　　　d. 静电

27. 抗静电电雷管按延期时间分为抗静电（b）电雷管和抗静电毫秒延期电雷管。
    a. 半秒　　　　　b. 瞬发　　　　　c. 秒　　　　　　d. 毫秒

28. 磁电雷管是由电磁感应产生（b）而激发的电雷管。
    a. 磁场　　　　　b. 电能　　　　　c. 热量　　　　　d. 冲击

29. 导爆管雷管是专门与（a）配套使用的雷管。
    a. 导爆管　　　　b. 导爆索　　　　c. 脚线　　　　　d. 电线

30. 导爆管雷管禁止在有（b）、煤尘或有其他粉尘爆炸危险的场所使用。
    a. 酒精　　　　　b. 瓦斯　　　　　c. 高压　　　　　d. 高温

31. 用于制造导爆管雷管管壳的材料主要为（a）、覆铜钢、铝合金、铁等。

　　　a. 铜　　　　　　　　b. 银　　　　　　　　c. 锡　　　　　　　　d. 纸

32. 第一系列毫秒电雷管与毫秒导爆管雷管的第 2、3、4、5 段的延期时间分别是（a）ms。

　　　a. 25、50、75、110　　　　　　　　　　b. 25、50、75、100

　　　c. 25、50、80、110　　　　　　　　　　d. 25、50、70、100

33. 电子雷管采用一个微型（c）取代普通电雷管中的化学延期药及电点火元件。

　　　a. 电子元件　　　　b. 电路　　　　　　c. 电子芯片　　　　d. 网路

34. 起爆电子雷管需要专门的起爆设备并需要通过（b）识别，如密码正确则启动内置的延期程序，达到规定的延期时间后，才输出强的电流信号引爆雷管。

　　　a. 数字　　　　　　b. 密码　　　　　　c. 程序　　　　　　d. 地址

35. 电子雷管采用三重密码保护，即爆破员、（c）各自独立设置密码，三重密码对应起爆。

　　　a. 导通表与起爆器　　　　　　　　　　b. 导通表与雷管

　　　c. 起爆器与雷管　　　　　　　　　　　d. 保管员与雷管

36. 电子雷管起爆系统在（d）、可靠性、实用性等方面具有普通电雷管起爆系统无法比拟的技术优势和实用前景。

　　　a. 可操作性　　　　b. 廉价性　　　　　c. 方便性　　　　　d. 安全性

37. 导爆管是一根内壁涂有薄层（a）的空心塑料软管。

　　　a. 炸药粉末　　　　b. 涂料　　　　　　c. 颜料　　　　　　d. 油漆

38. 导爆管的管壁材料为高压聚乙烯（b）。

　　　a. 橡胶　　　　　　b. 塑料　　　　　　c. 胶皮　　　　　　d. 玻璃纤维

39. 导爆管内壁涂的炸药粉末的重量一般为（c）。

　　　a. 6mg/m　　　　　b. 10mg/m　　　　　c. 16mg/m　　　　　d. 20mg/m

40. 普通导爆管的爆速在 20℃±10℃ 范围内不小于（d）。

　　　a. 1400m/s　　　　b. 1500m/s　　　　　c. 1600m/s　　　　d. 1850m/s

41. 在 −40～+50℃ 条件下，一发 8 号雷管可以起爆绑扎在其周围的（c）根导爆管。

　　　a. 10　　　　　　　b. 15　　　　　　　c. 20　　　　　　　d. 25

42. 在采用雷管侧向起爆导爆管时，在雷管上包上胶布主要目的是（b）。

　　　a. 增加起爆能量　　　　　　　　　　　b. 防止破片伤害未完成传爆任务的导爆管

　　　c. 增加绑扎雷管的数量　　　　　　　　d. 方便固定导爆管

43. 导爆管起爆后也有一段爆轰增长期，这个距离通常为（c）。

　　　a. 50～60cm　　　　b. 40～50cm　　　　c. 30～40cm　　　　d. 20～30cm

44. 导爆管具有良好的耐静电性能，在电压（b）、电容330pF 的条件下作用 1 min 不起爆。

　　　a. 20kV　　　　　　b. 30kV　　　　　　c. 40kV　　　　　　d. 50kV

45. 导爆索是传递（a）的索状传爆器材，用以传爆或引爆炸药。

　　　a. 爆轰波　　　　　b. 能量　　　　　　c. 冲击波　　　　　d. 动力

46. 导爆索的爆速一般不小于（b）m/s。

　　　a. 5000　　　　　　b. 6000　　　　　　c. 7000　　　　　　d. 8000

47. 普通导爆索药芯的主要成分是太安或黑索今，每米药量在（c）以上。

　　　a. 9g　　　　　　　b. 10g　　　　　　　c. 11g　　　　　　　d. 12g

48. 煤矿许用导爆索的药芯或防潮剂中含有（b），其目的是为了防止引燃瓦斯。

　　　a. 铝镁粉　　　　b. 消焰剂　　　　c. 添加剂　　　　d. 氧化剂

49. 棉线导爆索适用于无瓦斯、矿尘（c）危险的爆破作业。

　　　a. 燃烧　　　　　b. 扩散　　　　　c. 爆炸　　　　　d. 集聚

50. 一般情况下，工业导爆索的有效期为（c）。

　　　a. 12 个月　　　b. 18 个月　　　c. 24 个月　　　d. 30 个月

51. 连接导爆索时，可用细绳将两段导爆索紧紧地捆扎起来，搭接长度应不少于（c）。

　　　a. 100mm　　　b. 120mm　　　c. 150mm　　　d. 180mm

52. 常用的起爆方法主要分为（a）和非电起爆法两类。

　　　a. 电起爆法　　　b. 导爆管　　　c. 导爆索　　　d. 冲击波

53. 同一电起爆网路中，应使用（c）的电雷管。

　　　a. 同厂、同批　　　　　　　　　b. 同批、同型号

　　　c. 同厂、同批、同型号　　　　　d. 同厂、同型号

54. 电爆网路的导通和电阻值检查，应使用（b）。

　　　a. 电表　　　　　b. 专用爆破电桥　c. 万用表　　　　d. 仪表

55. 专用爆破电桥的工作电流应小于（c）。

　　　a. 20mA　　　　b. 25mA　　　　c. 30mA　　　　d. 50mA

56. 《爆破安全规程》规定：一般爆破，交流电不小于（b），直流电不小于2A。

　　　a. 2.0A　　　　　b. 2.5A　　　　　c. 3.0A　　　　　d. 3.5A

57. 《爆破安全规程》规定：硐室爆破，交流电不小于（b），直流电不小于2.5A。

　　　a. 3.0A　　　　　b. 4.0A　　　　　c. 5.0A　　　　　d. 6.0A

58. （a）和并联是电起爆网路中最常用的两种连接方法。

　　　a. 串联　　　　　b. 倒联　　　　　c. 直联　　　　　d. 顺联

59. 在串联网路中，只要有一发电雷管（c）断路就会造成整个网路断路。

　　　a. 加强帽　　　　b. 外壳　　　　　c. 桥丝　　　　　d. 钨丝

60. 连接电起爆网路时，应该由爆破工程技术人员或爆破员从（d）向起爆站依次进行连接。

　　　a. 自由面　　　　b. 斜面　　　　　c. 地面　　　　　d. 工作面

61. 起爆电源应指定专人看守，（b）应由负责人掌握，不到起爆时不准发给起爆人员。

　　　a. 欧姆表　　　　b. 起爆器的转柄　c. 起爆线　　　　d. 大门钥匙

62. 使用延期电雷管时，起爆后如未爆炸或不能判断是否全部爆炸，应等待（c）后才能进入现场进行检查。

　　　a. 5min　　　　　b. 10min　　　　c. 15min　　　　d. 20min

63. 导爆管起爆网路的致命缺点是（c）。

　　　a. 可以测量线路通不通　　　　　b. 不需要计算起爆网路的电阻

　　　c. 没有检测网路完好性的有效手段　d. 难以选择起爆站

64. 导爆管起爆网路由（a）、传爆元件、起爆元件和联结元件组成。

　　　a. 激发元件　　　b. 导爆管　　　　c. 四通连接器

65. 在导爆管起爆网路中用雷管起爆导爆管时，常采用反向起爆方法，反向起爆法是指将导爆管端头指向雷管（c）。

　　　a. 头部　　　　　　b. 中部　　　　　　c. 底部　　　　　　d. 端部

66. 在导爆索起爆网路中，支线与主线的连接应采用三角形连接，其与传爆方向的夹角应小于（c）。

　　　a. 70°　　　　　　　b. 80°　　　　　　　c. 90°　　　　　　　d. 100°

67. 一般情况下，一个雷管能起爆绑扎在它四周的（b）导爆索。

　　　a. 5 根　　　　　　　b. 6 根　　　　　　　c. 7 根　　　　　　　d. 8 根

68. 对于电子雷管起爆网路，不同厂家生产的电子雷管严禁混用，不同厂家生产的电子雷管与（c）也严禁混用。

　　　a. 欧姆表　　　　　　b. 雷管　　　　　　c. 起爆器　　　　　　d. 报警器

69. 铱钵电子雷管起爆系统由（a）、铱钵表、数字密钥、电子雷管组成。

　　　a. 铱钵起爆器　　　b. 电表　　　　　　c. 钥匙　　　　　　　d. 导爆管雷管

70. 在电子雷管起爆系统中，铱钵表对电子雷管实行（a）。

　　　a. 在线注册　　　　b. 登记　　　　　　c. 管理　　　　　　　d. 在线管理

（五）第五章单项选择题

1. 一般而言，爆破结果的好坏可以从以下四个方面进行描述：爆破块度、爆堆形态、爆破效果和（d）效应。

　　　a. 爆破飞石　　　　b. 爆破振动　　　　c. 爆破噪声　　　　　d. 爆破危害

2. 炸药在岩土、钢筋混凝土等介质内部爆炸时，对周围介质的作用称为（b）。

　　　a. 爆裂作用　　　　b. 爆破作用　　　　c. 冲击作用　　　　　d. 破碎作用

3. 炸药在岩土等固体介质中爆炸后产生的（c）在固体介质内向四周传播过程中逐渐衰减为应力波，应力波进一步衰减为地震波，直至消失。

　　　a. 爆炸气体　　　　b. 爆炸产物　　　　c. 爆炸冲击波　　　　d. 爆炸碎片

4. 炸药在岩土等固体介质中爆炸后，在岩石中将形成以炸药为中心的由近及远的不同破坏区域，分别称为（a）及弹性振动区。

　　　a. 粉碎区、裂隙区　　　　　　　　　　b. 粉碎区、破坏区

　　　c. 粉碎区、振动区　　　　　　　　　　d. 高压区、裂隙区

5. 自由面越多，爆破破碎越容易，爆破效果也（d）。

　　　a. 越差　　　　　　　b. 越坏　　　　　　c. 越容易　　　　　　d. 越好

6. 当介质性质、炸药品种相同时，随着自由面的增多，炸药单耗将（a）。

　　　a. 明显降低　　　　b. 增加　　　　　　c. 变化不大　　　　　d. 上升

7. 通常把炮孔直径与装药直径的比值称为装药的不耦合系数，该系数（c）1。

　　　a. 小于　　　　　　　b. 等于　　　　　　c. 大于　　　　　　　d. 大于等于

8. 一般深孔爆破采用耦合装药，光面爆破、预裂爆破采用（a）。

　　　a. 不耦合装药　　　b. 耦合装药　　　　c. 混合装药　　　　　d. 均匀装药

9. 根据起爆药包在炮孔中安放的位置不同，有三种不同的起爆方式：（b）、反向起爆和多点起爆。

　　　a. 电起爆　　　　　b. 正向起爆　　　　c. 非电起爆　　　　　d. 平行起爆

10. 在有瓦斯、煤尘、矿尘爆炸危险的地方，只准选用（a）起爆器。

　　　a. 防爆型　　　　　b. 高能型　　　　　c. 普通型　　　　　　d. 岩石型

（六）第六章单项选择题

1. 通常将孔径大于（a）mm，孔深大于5m的炮孔称为深孔。

    a. 50　　　　　　b. 60　　　　　　c. 40　　　　　　d. 70

2. 拆除爆破，应等待（d），方准许人员进入现场检查。

    a. 10min 以后　　b. 建筑物倒塌以后

    c. 15min 以后　　d. 倒塌建（构）筑物和保留建筑物稳定之后

3. 深孔爆破的炮孔形式一般分为（d）孔、倾斜孔和水平孔三种。

    a. 纵向　　　　　b. 横向　　　　　c. 反向　　　　　d. 垂直

4. 深孔爆破时，炮孔布置形式一般有（a）、正方形和矩形三种。

    a. 三角形　　　　b. 波浪形　　　　c. 圆形　　　　　d. 椭圆形

5. 岩石的单位耗药量是指爆落（b）的岩石所需要消耗的炸药量。

    a. 1t　　　　　　b. $1m^3$　　　　　c. 一块　　　　　d. $1m^2$

6. 以下描述中哪个是描述半爆的？（b）

    a. 雷管和炸药没有引爆

    b. 雷管爆炸，但因起爆能量不够，没有引爆炸药

    c. 炸药爆轰完全

    d. 炸药包在地上爆出了一个大坑

7. 在炮孔内放置起爆药包时，雷管脚线要顺直，轻轻拉紧并贴在孔壁一侧，防止损坏（d），同时可减少炮棍捣坏脚线的概率。

    a. 炮孔　　　　　b. 雷管　　　　　c. 药包　　　　　d. 脚线

8. 深孔爆破时，填塞材料一般可以采用钻屑、（a）和粗沙。

    a. 黏土　　　　　b. 碎石片　　　　c. 建筑垃圾　　　d. 砂砾石

9. 浅孔爆破时，炮孔直径小于50mm、炮孔深度小于（c）。

    a. 3m　　　　　　b. 4m　　　　　　c. 5m　　　　　　d. 6m

10. 浅孔爆破时，孔内装入起爆药包后严禁用力捣压（d），防止早爆或将雷管脚线拉断造成拒爆。

    a. 炸药　　　　　b. 装药　　　　　c. 炮泥　　　　　d. 起爆药包

11. 以下描述中哪个是描述拒爆的？（a）

    a. 雷管和炸药都没有爆炸

    b. 雷管引爆了炸药

    c. 炸药在传爆过程中熄灭了，孔底留有残药

    d. 炸药在地下爆出了一个大坑

12. 禁止用手提雷管脚线或导爆管的方法传送药包，上下传送药包时应该（a）进行传递，严禁上下抛掷。

    a. 手对手　　　　b. 双手　　　　　c. 单手　　　　　d. 用专用工具

13. 光面爆破要求爆破后壁面平整，不平整度要控制在（d）范围内。

    a. 5～10cm　　　b. 10～15cm　　　c. 15～20cm　　　d. 10～20cm

14. 在井巷爆破中，掘进工作面的炮孔可分为（a）、辅助孔和周边孔。

    a. 掏槽孔　　　　b. 中心孔　　　　c. 拔心孔　　　　d. 核心孔

15. 掏槽孔中空孔的作用是（b）。
    a. 设计需要　　　　　　　　　　b. 给爆破提供自由面
    c. 可有可无　　　　　　　　　　d. 补充装药

16. 在隧道对头掘进爆破中，当两个工作面相距（c）时，只准从一个工作面向前掘进，并应在双方通向工作面的安全地点派出警戒。
    a. 10m　　　　　　b. 12m　　　　　　c. 15m　　　　　　d. 18m

17. 在两个平行巷道掘进中，当间距小于（d）时，如果一个工作面需要进行爆破，应通知相邻巷道的全体人员撤至安全地点。
    a. 10m　　　　　　b. 15m　　　　　　c. 25m　　　　　　d. 20m

18. 独头巷道掘进工作面爆破时，爆破后人员进入工作面之前，应进行充分（a），并用水喷洒爆堆。
    a. 通风　　　　　　b. 检查　　　　　　c. 测量　　　　　　d. 排水

19. 在有煤尘或瓦斯的环境中掘进巷道，装药起爆前和爆破后，必须检查爆破地点（b）范围内风流中的瓦斯浓度。
    a. 10m　　　　　　b. 20m　　　　　　c. 30m　　　　　　d. 40m

20. 在有煤尘或瓦斯的环境中掘进巷道爆破时，必须检查爆破地点附近风流中的瓦斯浓度，当瓦斯浓度达到或超过（b）时，禁止装药爆破。
    a. 0.5%　　　　　　b. 1.0%　　　　　　c. 1.5%　　　　　　d. 2.0%

21. 在有煤尘或瓦斯的环境中爆破时，必须使用（c）。
    a. 抗水炸药　　　　　　　　　　b. 乳化炸药
    c. 煤矿许用安全炸药　　　　　　d. 改性铵油炸药

22. 在有煤尘或瓦斯的环境中爆破使用毫秒雷管时，总延期时间不得超过（d），禁止使用秒或半秒延期雷管。
    a. 100ms　　　　　b. 110ms　　　　　c. 120ms　　　　　d. 130ms

23. 在有煤尘或瓦斯的环境中爆破时，一律不准使用（a）作为起爆电源。
    a. 动力电源　　　　b. 干电池　　　　c. 起爆器　　　　d. 蓄电池

24. 处理盲炮前应由爆破技术负责人定出（a），并在该区域边界设置警戒，处理盲炮时无关人员不许进入警戒区。
    a. 警戒范围　　　　b. 方法　　　　　c. 措施　　　　　d. 作业地点

25. 为防止（b）中毒，隧道爆破时洞内所有作业人员应全部撤出洞外。
    a. 碎石　　　　　　b. 炮烟　　　　　c. 灰尘　　　　　d. 塌方

26. 应派有经验的（b）处理盲炮。
    a. 保管员　　　　　b. 爆破员　　　　c. 安全员　　　　d. 作业班长

27. 在井巷爆破作业时，炮孔布置的顺序是先掏槽、再（a）、最后是辅助爆破孔。
    a. 周边　　　　　　b. 中心　　　　　c. 破碎　　　　　d. 辅助

28. 导爆索和导爆管起爆网路发生盲炮时，应首先检查导爆索和导爆管是否有（c），发现有破损或断裂的可修复后重新起爆。
    a. 存在　　　　　　b. 弯曲和脱开　　c. 破损或断裂　　d. 通顺

29. 盲炮处理后应由处理者填写登记卡片或提交报告，说明产生盲炮的（d）、处理的方法、效果和预防措施。

    a. 理由   b. 动机   c. 历史   d. 原因

30. 桩井爆破掘进深度 3m 以内时应按露天浅孔控制爆破的要求进行（d）。

    a. 装药   b. 钻孔   c. 填塞   d. 防护和警戒

31. 桩井爆破掘进超过 3m 后立即进行井口的覆盖防护，此时的安全警戒距离不宜小于（a）。

    a. 30m   b. 40m   c. 50m   d. 60m

32. 裸露药包爆破是直接将炸药包放在被爆体的表面并加简单（c）后进行的爆破。

    a. 填塞   b. 钻孔   c. 覆盖   d. 连线

33. 硐室爆破的药包分为集中药包和（c）药包两种形式。

    a. 分散   b. 综合   c. 条形   d. 固定

34. 在硐室爆破装药过程中允许使用不大于（c）的低压电进行照明，照明线必须绝缘良好，灯泡应安装保护罩，并与炸药保持一定的水平距离。

    a. 12V   b. 24V   c. 36V   d. 110V

35. 裸露药包爆破时要注意大块石的形状，尽量将药包放置在（d）部位。

    a. 平行   b. 突出   c. 凸形   d. 凹形

36. 高温爆破是指炮孔温度在（b）以上的爆破作业。

    a. 50℃   b. 60℃   c. 70℃   d. 80℃

37. 当炮孔温度在（d）以上时，严禁在未采取任何有效措施的情况下实施爆破。

    a. 50℃   b. 60℃   c. 70℃   d. 80℃

38. 聚能切割是利用特殊（c）聚集爆炸能量来提高爆破的局部效果。

    a. 炸药   b. 雷管   c. 装药结构   d. 形状

39. 在高温爆破中，爆破前 8~10min 应复测温度，如温度回升不高于（b）的视为合格，可以进行爆破作业。

    a. 50℃   b. 60℃   c. 70℃   d. 80℃

40. 用于拆除露天、地下和水下建（构）筑物的控制爆破称为（b）。

    a. 露天爆破   b. 拆除爆破   c. 深孔爆破   d. 结构爆破

41. 在拆除爆破作业敷设起爆网路时应由有经验的爆破员或爆破工程技术人员实施（d）作业制，一人操作，另一人检查监督。

    a. 同步   b. 联合   c. 合成   d. 双人

42. 遇有雷电时应立即停止网路敷设，（a）立即撤离危险区，并在安全边界上派出警戒人员，防止人员和牲畜误入爆区。

    a. 所有人员   b. 无关人员   c. 指挥人员   d. 技术人员

43. 在油气井燃烧爆破作业中，用电缆车下放弹体时，下放速度不得超过（c）。

    a. 1000m/h   b. 2000m/h   c. 3000m/h   d. 4000m/h

44. 处理电缆布弹盲炮将弹体提升到距井口（d）时，要关闭井场所有电源、移动电话、对讲机，剪断引爆线，再将弹体提出井口。

    a. 100m   b. 90m   c. 80m   d. 70m

45. 处理撞击引爆盲炮时，应平稳提升管柱。当弹体提升到距井口还有（b）管柱长度时，由现场技术人员指导拆卸弹体。

  a. 一根   b. 两根   c. 三根   d. 四根

46. 在油气井维护作业中,一般将油气井压裂方法分为三种:一是(c)压裂法;二是水力压裂法;三是高能气体压裂法。

  a. 人工   b. 燃烧   c. 爆炸   d. 机械

47. 利用(a)传递爆炸压力使结构物破碎的爆破技术称为水压爆破。

  a. 水介质   b. 固体   c. 气体   d. 土壤

48. 一般情况下,瓦斯与火源接触并不立即引爆,而是有一个延迟期,这种特性叫做(a)。

  a. 瓦斯引燃延迟期   b. 瓦斯浓度

  c. 瓦斯爆炸过渡期   d. 瓦斯过度

49. 煤矿爆破作业,(b)使用非煤矿许用炸药和起爆器材。

  a. 可以   b. 严禁

  c. 应该   d. 在没有其他爆破器材时可以

50. 煤矿爆破作业,严禁使用硬化到不能用手揉松和水分超过(c)的煤矿硝酸铵类炸药。

  a. 0.1%   b. 0.3%   c. 0.5%   d. 1.0%

51. 在有瓦斯或煤尘爆炸危险矿井爆破使用毫秒延期电雷管时,第一段不能用(d)电雷管代替。

  a. 毫秒延期   b. 秒延期   c. 半秒延期   d. 瞬发

52. 爆破员往井下运送爆破材料,运送途中不准把炸药、雷管转交(a)。

  a. 别人   b. 牵引车司机 c. 作业调度员 d. 采煤工

53. 爆破员往井下运送爆破材料,运送途中几个携带炸药、雷管的人员不应(b),前后要保持一定的距离。

  a. 停留   b. 并排同行 c. 休息   d. 手拿无关物件

54. 在煤矿井下用专用机车运送爆破材料,电雷管和炸药不得在同一(c)内运输。

  a. 木箱   b. 挎包   c. 列车   d. 小车

55. 用专用机车往井下运送爆破材料而炸药和电雷管必须在同一列车内运输时,装有炸药和雷管的车辆之间,以及它们同机车之间都必须用长度大于(b)的空车隔开。

  a. 2m   b. 3m   c. 4m   d. 5m

56. 用专用机车往井下运送爆破材料时,电雷管必须装在专用的、带盖的有(c)隔板的车厢内,车厢内部应铺有胶皮或麻袋等软质垫层。

  a. 普通   b. 塑料   c. 木质   d. 金属

57. 在井筒内用罐笼运送爆破材料时,运送硝化甘油类炸药或电雷管的罐笼升降速度不得超过(b)。

  a. 1m/s   b. 2m/s   c. 3m/s   d. 4m/s

58. 在井筒内用罐笼运送硝化甘油以外的其他炸药时,罐笼升降速度不得超过(c)。

  a. 2m/s   b. 3m/s   c. 4m/s   d. 5m/s

59. 当运送硝化甘油类炸药或电雷管时,罐笼内只准放(d)炸药箱,并加固不让滑动。

  a. 四层   b. 三层   c. 两层   d. 一层

60. 运送硝化甘油类炸药以外的其他炸药时,炸药箱堆放的高度不得超过罐笼高度的

（a）。

  a. 2/3　　　　　b. 1/2　　　　　c. 3/4　　　　　d. 1/3

61. 用钢丝绳牵引的车辆运送爆破材料时，炸药、电雷管必须分开运送，牵引速度不得超过（b）。

  a. 0.5m/s　　　　b. 1m/s　　　　c. 1.5m/s　　　　d. 2m/s

62. 凡爆破后剩余的炸药、雷管等，应在下班后填写退料单如数退回（c），不准私自销毁或挪作他用。

  a. 器材房　　　b. 工具间　　　　c. 民爆仓库　　　d. 材料房

63. 制作起爆体要在爆破地点附近，选择（d）完好、支架完整、避开电气设备和金属导体的安全地点进行。

  a. 底板　　　　b. 侧墙　　　　c. 隔板　　　　d. 顶板

64. 严禁坐在（a）上制作起爆体。

  a. 炸药箱　　　b. 地板　　　　c. 板凳　　　　d. 木箱

65. 采用水压爆破节省了（b）的工作量，还可节约炸药和雷管、提高工效。

  a. 装药　　　　b. 钻凿炮孔　　　c. 防护　　　　d. 警戒

66. 从成束的电雷管中抽出单个电雷管后，必须将其脚线扭结成（c）状态。

  a. 开路　　　　b. 小把　　　　c. 短路　　　　d. 麻花

67. 把电雷管装入药卷的方法之一是：用一根比电雷管直径稍大的（b），在药卷平头扎一个圆孔，把电雷管全部插入药卷中。

  a. 铁棍　　　　b. 尖竹棍或木棍　c. 金属棍　　　d. 螺丝刀

68. 装药前应检查和清理爆破工作面20m以内的巷道，如有煤或矸石堆、矿车或其他杂物阻塞巷道断面（d）以上时，都要清除出去。否则不能爆破。

  a. 一半　　　　b. 1/2　　　　c. 2/3　　　　d. 1/3

69. （a）在工作面残孔或瞎炮孔中直接装药爆破。

  a. 严禁　　　　b. 可以　　　　c. 应该　　　　d. 允许

70. 在有瓦斯或煤尘爆炸危险的煤（岩）层中爆破时，必须采用（b）爆破。

  a. 反向　　　　b. 正向　　　　c. 多向　　　　d. 两点

71. 爆炸焊接是利用炸药爆炸产生的（c）造成工件迅速碰撞而实现焊接的方法。

  a. 威力　　　　b. 压力　　　　c. 冲击力　　　d. 高温气体

72. 爆炸复合就是利用炸药为（d），在所选择的金属板或管材的表面包裹上不同性能的金属材料的工艺方法。

  a. 原料　　　　b. 载体　　　　c. 焊接剂　　　d. 能源

73. 煤矿井下爆破炮眼深度小于（c）时，不得装药、爆破。

  a. 0.4m　　　　b. 0.5m　　　　c. 0.6m　　　　d. 0.7m

74. 煤矿井下爆破炮眼深度为0.6~1m时，封泥长度不得小于炮眼深度的（b）。

  a. 1/3　　　　b. 1/2　　　　c. 1/4　　　　d. 1/5

75. 煤矿井下爆破炮眼深度超过1m时，封泥长度不得小于（c）。

  a. 0.3m　　　　b. 0.4m　　　　c. 0.5m　　　　d. 0.6m

76. 煤矿井下光面爆破时，周边光爆炮眼应用炮泥封实，且封泥长度不得小于（d）。

　　　　a. 0.6m　　　　　b. 0.5m　　　　　c. 0.4m　　　　　d. 0.3m

77. 煤矿井下爆破工作面有2个或2个以上自由面时,在煤层中最小抵抗线不得小于(b)。

　　　　a. 0.6m　　　　　b. 0.5m　　　　　c. 0.4m　　　　　d. 0.3m

78. 煤矿井下爆破作业时,爆破母线连接脚线、检查线路和导通工作只准(a)一人操作,无关人员都应撤离到安全地点。

　　　　a. 爆破员　　　　b. 安全员　　　　c. 班长　　　　　d. 组长

79. 多头掘进时,爆破母线要随用随挂。爆破母线必须挂在电缆、信号线下方,距离要大于(a)。

　　　　a. 0.3m　　　　　b. 0.4m　　　　　c. 0.5m　　　　　d. 0.6m

80. "一炮三检"制度是指(c)要分别认真检查爆破地点20m内的瓦斯浓度,瓦斯浓度超过1%时,不准爆破。

　　　　a. 钻孔前、爆破前、爆破后　　　　　b. 钻孔前、装药前、爆破前

　　　　c. 装药前、爆破前、爆破后　　　　　d. 钻孔前、装药前、爆破后

81. 连线时,爆破员应先把自己(d)上的药粉、泥等洗净,以免增加接头电阻。

　　　　a. 脸　　　　　　b. 脚　　　　　　c. 身　　　　　　d. 手

82. 在竖井井底工作面无瓦斯时,可使用其他电源起爆。此时,电压不得超过(d),且必须有防爆型电力起爆接线盒。

　　　　a. 127V　　　　　b. 220V　　　　　c. 300V　　　　　d. 380V

83. 煤矿爆破作业中,起爆器的把手、钥匙或电力爆破接线盒的钥匙必须由(a)妥善保管、随身携带,严禁转交他人或系在起爆器上。

　　　　a. 爆破员　　　　b. 安全员　　　　c. 保管员　　　　d. 作业班长

84. 在煤矿井下掘进爆破中,通电后装药不响时,如使用瞬发电雷管,爆破员至少等(d)才可沿线路检查,找出不响的原因。

　　　　a. 20min　　　　b. 15min　　　　c. 10min　　　　d. 5min

85. 在煤矿井下掘进爆破中,通电后装药不响时,如使用延期电雷管,爆破员至少等(c)才可沿线路检查,找出不响的原因。

　　　　a. 5min　　　　　b. 10min　　　　c. 15min　　　　d. 30min

86. 用爆破法处理卡在溜煤眼中的煤与矸石时,每次爆破只准使用一个煤矿许用电雷管,最大装药量不得超过(c)。

　　　　a. 350g　　　　　b. 400g　　　　　c. 450g　　　　　d. 500g

87. 作业期间安全警戒的范围是(d)与周围地区的分界线。

　　　　a. 爆破器材存放区　　　　　　　　　b. 作业人员生活区

　　　　c. 运输车辆停放区　　　　　　　　　d. 爆破作业区

88. 露天浅孔、深孔、特种爆破,如能确认没有盲炮,爆后应经(a)后方准许检查人员进入爆破作业地点。

　　　　a. 5min　　　　　b. 10min　　　　c. 15min　　　　d. 20min

89. 露天浅孔、深孔、特种爆破,如不能确认有无盲炮,应经(c)后才能进入爆区检查。

　　　　a. 5min　　　　　b. 10min　　　　c. 15min　　　　d. 20min

90. 地下工程爆破后,经通风除尘排烟确认井下空气合格、等待时间超过(b)后,方准

许检查人员进人爆破作业地点。

　　a. 10min　　　　b. 15min　　　　c. 20min　　　　d. 25min

（七）第七章单项选择题

1. 在各类工程爆破中炸药爆炸产生的能量有很大一部分消耗在药包周围介质的（d）以及爆破有害效应的转化中。

　　a. 振动　　　　b. 飞散　　　　c. 产生气体　　　　d. 过度粉碎

2. 在计算爆破振速 v 的经验公式（$v = K(Q^{1/3}/R)^\alpha$）中，R 代表（b）。

　　a. 地震波衰减指数　　　　　　　b. 从被保护的建（构）筑物到装药中心的距离

　　c. 一次起爆药量　　　　　　　　d. 与地震波传播地段岩土特性等有关的系数

3. 对于一般民用建筑物，当主振频率在 $10Hz < f \leqslant 50Hz$ 范围时，其爆破振动安全允许标准为（c）。

　　a. $1 \sim 1.5cm/s$　　b. $1.5 \sim 2cm/s$　　c. $2.0 \sim 2.5cm/s$　　d. $2.5 \sim 3cm/s$

4. 爆破个别飞散物往往是造成人员伤亡、建筑物和仪器设备等（c）的主要原因。

　　a. 飞散　　　　b. 移动　　　　c. 损坏　　　　d. 遗失

5. 在露天深孔台阶爆破中，爆破飞散物对人员的最小安全允许距离是（b）。

　　a. 300m　　　　　　　　　　　b. 按设计，但≥200m

　　c. 按设计，但≥150m　　　　　　d. 按设计，但≥100m

6. 爆破毒气之一的一氧化碳是（c）气体，能均匀地与空气混合、不易被人察觉。

　　a. 有色　　　　b. 有味　　　　c. 无色无味　　　　d. 有色无味

7. 早爆是指爆炸材料（或炸药包）比预期时间（a）发生爆炸。

　　a. 提前　　　　b. 按时　　　　c. 滞后　　　　d. 延期

8. 迟爆是指爆炸材料（或炸药包）比预定时间（b）发生爆炸。

　　a. 提前　　　　b. 滞后　　　　c. 按时　　　　d. 延期

9. 拒爆是指雷管或炸药未被（b）的现象，俗称盲炮、瞎炮、哑炮。

　　a. 传导　　　　b. 起爆　　　　c. 延期　　　　d. 感应

10. 炸药爆轰不完全或炸药发生爆燃则会产生较多的（c）。

　　a. 氧气　　　　b. 氢气　　　　c. 有害气体　　　　d. 水分

（八）第八章单项选择题

1. 地面库就是在（b）建设专门用于储存民用爆炸物品的库房。

　　a. 地下　　　　b. 地面　　　　c. 井下

2. 民用爆炸物品储存库的技防设施主要包括（a）等防范系统。

　　a. 入侵报警、视频监控　　　　　b. 入侵报警、库房

　　c. 视频监控、值班室

3. 报警、视频监控等设备应有备用不间断电源，对控制台设备视频部分供电不小于（b）。

　　a. 0.5h　　　　b. 1h　　　　c. 2h

4. 报警、视频监控等设备应有备用不间断电源，对报警部分供电不小于（c）。

　　a. 2h　　　　b. 4h　　　　c. 8h

5. 值班守护人员的年龄应当（a）。

　　a. 年满18周岁、不超过55周岁　　b. 年满18周岁、不超过60周岁

　　　c. 年满 18 周岁、不超过 65 周岁

6. 值班守护人员应当具有（b）以上文化程度。

　　　a. 小学五年级　　　b. 初中　　　　　　c. 高中

7. 民用爆炸物品库实行（c）值守制度。

　　　a. 8h　　　　　　　b. 12h　　　　　　　c. 24h

8. 每班值班守护人员不能少于（c）。

　　　a. 1 人　　　　　　b. 2 人　　　　　　　c. 3 人

9. 保管员应详实记录民用爆炸物品（a），并如实录入民用爆炸物品管理信息系统。

　　　a. 流向信息　　　b. 名称　　　　　　　c. 生产单位

10. 在民爆库房治安防范措施中，库房属于（b）措施。

　　　a. 技术防范　　　b. 实体防范　　　　　c. 群众防范

11. 民爆库房的内层门应该采用加装（c）的通风栅栏门。

　　　a. 纱网　　　　　b. 尼龙网　　　　　　c. 金属网

12. 报警值班室应当具有一定的防破坏能力，安装结构坚固的防盗门和（a）。

　　　a. 防盗窗　　　　b. 铝合金窗　　　　　c. 木质窗

13. 报警值班室应当安装值班报警电话并保持（c）畅通。

　　　a. 8h　　　　　　b. 16h　　　　　　　　c. 24h

14. 民用爆炸物品储存库应配备（b）以上大型犬，且夜间处于巡游状态。

　　　a. 1 条　　　　　　b. 2 条　　　　　　　c. 3 条

15. 根据《小型民用爆炸物品储存库安全规范》（GA838）的有关规定，民爆库房单库储存炸药的数量不能大于（c）。

　　　a. 2t　　　　　　　b. 3t　　　　　　　　c. 5t

16. 根据《小型民用爆炸物品储存库安全规范》（GA838）的有关规定，民爆库房单库储存雷管的数量不能大于（b）。

　　　a. 10000 发　　　b. 20000 发　　　　　c. 30000 发

17. 根据《小型民用爆炸物品储存库安全规范》（GA838）的有关规定，民爆库房单库储存导爆索的数量不能大于（c）。

　　　a. 20000m　　　b. 30000m　　　　　　c. 50000m

18. 根据《小型民用爆炸物品储存库安全规范》（GA838）的有关规定，导爆管的储存量不能大于（b）。

　　　a. 50000m　　　b. 100000m　　　　　　c. 200000m

19. 专门用于储存爆破器材的仓库，要按照《民用爆炸物品储存库治安防范要求》（GA837）的规定建立人防、物防、（c）、犬防等治安防范措施。

　　　a. 机防　　　　　b. 设防　　　　　　　c. 技防

20. 对于正在使用的爆破器材储存库，应当进行安全（b），评价认为符合要求的方可继续使用。

　　　a. 预评价　　　　b. 现状评价　　　　　c. 验收评价

21. 一般情况下，矿山的井下爆破器材库是建在（a）用于储存民用爆炸物品的硐室。

　　　a. 地下　　　　　b. 地面　　　　　　　c. 地上

22. 井下库对炸药的储存量不应超过（a）的生产用量。

    a. 3 昼夜   b. 5 昼夜   c. 7 昼夜

23. 井下库对起爆器材的储存量不应超过（c）的生产用量。

    a. 15 昼夜   b. 5 昼夜   c. 10 昼夜

24. 井下库储存爆破器材的各硐室、壁槽的间距应大于（b）安全距离。

    a. 起爆   b. 殉爆   c. 传爆

25. 井下爆破器材库单个硐室储存的炸药不应超过（a）。

    a. 2t   b. 3t   c. 5t

26. 井下爆破器材库单个壁槽储存的炸药不应超过（b）。

    a. 0.2t   b. 0.4t   c. 1.0t

27. 井下爆破器材发放硐室存放的炸药不应超过（c）。

    a. 2t   b. 1t   c. 0.4t

28. 井下爆破器材发放硐室存放的雷管不应超过（a）。

    a. 1000 发   b. 2000 发   c. 5000 发

29. 井下库区的照明电压应不超过（c）。

    a. 12V   b. 36V   c. 127V

30. 井下爆破器材库的电气照明应采用（c）或矿用密闭型电气设备。

    a. 传爆型   b. 绝缘型   c. 防爆型

31. 洞库是由山体表面向山体内（a）掘进的用于储存民用爆炸物品的硐室。

    a. 水平   b. 垂直   c. 倾斜

32. 覆土库是利用山丘等自然条件，在建筑物（b）及侧向覆盖土层用于储存民用爆炸物品的建筑物。

    a. 底部   b. 顶部   c. 夹层

33. 可移动库是能够借助交通运输工具或自身装置实现移动搬运，可（c）的民用爆炸物品储存库。

    a. 正常使用   b. 单次使用   c. 重复使用

34. 可移动库对炸药的最大储存量为（b）。

    a. 5t   b. 10t   c. 20t

35. 爆破器材储存库的（a），应当取得公安机关颁发的《爆破作业人员许可证》。

    a. 保管员   b. 值班人员   c. 管理人员

36. 进入库区进行爆破器材装卸、保管等作业的人员，禁止穿着（b）等易产生静电的服装。

    a. 棉布   b. 化纤   c. 防静电

37. 炸药及导爆索发放间暂存药量不超过（b）。

    a. 30kg   b. 50kg   c. 100kg

38. 雷管发放间内暂存雷管不超过（a）。

    a. 1000 发   b. 2000 发   c. 3000 发

39. 工业雷管、黑火药在储存库内的堆放高度不应超过（b）。

    a. 1.5m   b. 1.6m   c. 1.8m

40. 工业炸药、索类爆破器材在储存库内的堆放高度不应超过（b）。

　　a. 1.6m　　　　　　b. 1.8m　　　　　　c. 2.0m

41. 储存库内爆破器材堆垛之间应留有（c）以上的检查通道。

　　a. 0.4m　　　　　　b. 0.5m　　　　　　c. 0.6m

42. 储存库内爆破器材堆垛与堆垛之间应留有宽度不小于（b）的装运通道。

　　a. 1m　　　　　　　b. 1.2m　　　　　　c. 1.5m

43. 储存库内爆破器材包装箱下应垫有高度大于（a）的垫木。

　　a. 0.1m　　　　　　b. 0.2m　　　　　　c. 0.3m

44. 储存库内各种雷管箱应放置在木质货架上，货架高度超过（c）时，架上的各种雷管箱不应叠放。

　　a. 1.2m　　　　　　b. 2.0m　　　　　　c. 1.6m

45. 　在库房保管作业中，拆箱作业应当在（b）进行。

　　a. 值班室　　　　　　b. 发放间　　　　　　c. 雷管库

46. 民爆库房内每个堆垛都应有标记品种、规格和（b）的标识牌。

　　a. 名称　　　　　　　b. 数量　　　　　　c. 大小

47. 对应当（b）的爆破器材要单独堆垛或者单库存放，及时报告，等待销毁。

　　a. 生产　　　　　　　b. 销毁　　　　　　c. 销售

48. 对于小型库房，炸药库内堆垛包装箱与墙壁的距离应不小于（b）。

　　a. 0.1m　　　　　　b. 0.2m　　　　　　c. 0.3m

49. 治安防范系统出现故障时，应在（c）内恢复功能。

　　a. 24h　　　　　　　b. 36h　　　　　　c. 48h

50. 非因爆破作业的必要，不得在爆破器材专用储存仓库以外的地方（a）存放爆破器材。

　　a. 临时　　　　　　　b. 永久　　　　　　c. 长期

51. 临时存放的爆破器材数量，通常不超过（a）爆破作业用量。

　　a. 当班　　　　　　　b. 当天　　　　　　c. 当次

52. 临时存放点的设置，应当同时满足方便作业、方便（a）、周边安全的三个要求。

　　a. 隔离　　　　　　　b. 使用　　　　　　c. 运送

53. 临时存放爆破器材的地点，周边要有必要的安全警戒区域，周边（b）范围内严禁烟火。

　　a. 25m　　　　　　　b. 50m　　　　　　c. 100m

54. 设立临时存放爆破器材的地点，应当事先报告当地（c）。

　　a. 环保部门　　　　　　b. 安监部门　　　　　　c. 公安机关

55. 在临时存放爆破器材的房屋四周，宜设简易围墙或铁刺网，其高度不小于（b）。

　　a. 1.5m　　　　　　b. 2.0m　　　　　　c. 2.5m

56. 临时存放爆破器材时，炸药与雷管应分开堆垛，两者间距不小于（b）。

　　a. 15m　　　　　　　b. 25m　　　　　　c. 35m

57. 加工起爆管和检测电雷管电阻应在离临时存放爆破器材的车辆（c）以外的地方进行。

　　a. 30m　　　　　　　b. 40m　　　　　　c. 50m

58. 临时存放爆破器材的船只，距码头、建筑物、其他船只和爆破作业地点不应少于

(c)。

    a. 150m   b. 200m   c. 250m

59. 临时存放爆破器材的船只，爆破器材的存放量不应超过（a）。

    a. 2t   b. 5t   c. 10t

60. 临时存放爆破器材的船只，船上应悬挂危险标志，夜间挂（b）。

    a. 绿灯   b. 红灯   c. 黄灯

61. 临时存放爆破器材的船只，在存放爆破器材的船舱里，应使用移动式蓄电池提灯或（c）照明。

    a. 蜡烛   b. 打火机   c. 安全手电筒

62. 临时存放爆破器材的船只靠岸时，岸上（a）以内不准无关人员进入。

    a. 50m   b. 100m   c. 200m

63. 在海上临时存放爆破器材时，不应使用（b）船存放爆破器材。

    a. 机动   b. 非机动   c. 半机动

64. 一般情况下，领取爆破器材限于（c）的爆破作业需要。

    a. 当天   b. 当次   c. 当班

65. 领取爆破器材应当在爆破作业现场（a）签字确认之后进行。

    a. 技术负责人   b. 作业班长   c. 安全员

66. 保管员不得向未经确认为（b）爆破作业人员身份的人员发放爆破器材。

    a. 当天   b. 当班   c. 当次

67. 在爆破作业现场，应当由爆破员与安全员（c）清点剩余的爆破器材，共同签字确认使用和剩余爆破器材的记录。

    a. 先后   b. 独立   c. 共同

68. 装药完成后，应当将剩余的爆破器材撤离爆破作业面至（a），由保管员检查清点后保管。

    a. 临时存放点   b. 附近工棚   c. 保护建筑物

69. 爆破作业结束后，及时将剩余的爆破器材转移至（b）保管。

    a. 临时存放点   b. 储存库   c. 工棚

70. 保管员应将采集的领取、发放民爆物品的电子信息按照规定时间和渠道上报给（c）。

    a. 安监机关   b. 环保机关   c. 公安机关

71. 回收清退时，务必检查确认未将（a）的爆破器材混放混存。

    a. 性质抵触   b. 数量较多   c. 生产单位

72. 爆破作业单位经由道路运输民用爆炸物品的，应当向（b）县级人民政府公安机关提出申请领取《民用爆炸物品运输许可证》（含电子证件），方可运输。

    a. 起运地   b. 运达地   c. 所在地

73. 在运输到达目的地后（c）日内，应当将爆炸物品运输证交还发证的公安机关，并上报运输证电子信息。

    a. 1   b. 2   c. 3

74. 在本单位作业区域内或本单位专用通道等非公共道路上为本单位运输爆破器材时，（a）向公安机关申请运输许可证件。

　　a. 不需要　　　　　b. 需要　　　　　c. 应该

75. 装卸爆破器材时，应当在现场（b）措施和作业人员到位，现场保管或入出库准备工作完成后进行。

　　a. 安全　　　　　b. 警戒　　　　　c. 装卸

76. 装卸爆破器材的地点应远离人口稠密区，白天应悬挂红旗和（c）。

　　a. 告示牌　　　　　b. 安民告示　　　c. 警标

77. 装卸爆破器材的地点应远离人口稠密区，夜晚应有足够的（a）并悬挂红灯。

　　a. 照明　　　　　b. 人员　　　　　c. 工具

78. 装卸爆破器材时，运输车辆距离储存库的门不应小于（b）。

　　a. 2m　　　　　b. 2.5m　　　　　c. 3m

79. 用起重机装卸爆破器材时，一次起吊质量不应超过设备能力的（c）。

　　a. 30%　　　　　b. 40%　　　　　c. 50%

80. 爆破器材在爆破作业现场的运送，是指爆破作业场地内设置的储存库或临时存放点与（a）之间转移爆破器材。

　　a. 爆破作业面　　b. 专用储存仓库　c. 临时堆放点

81. 在竖井、斜井运输爆破器材时，运送前要通知卷扬司机和（b）。

　　a. 安全员　　　　　b. 信号工　　　c. 作业班长

82. 在竖井运输爆破器材，除爆破人员和信号工外，其他人员（c）与爆破器材同罐乘坐。

　　a. 可以　　　　　b. 经批准可以　　c. 不应

83. 用矿用机车运输（a）时，应采取可靠的绝缘措施。

　　a. 电雷管　　　　b. 导爆管雷管　　c. 炸药

84. 在斜坡道上用汽车运输爆破器材时，行驶速度不超过（b）。

　　a. 5km/h　　　　b. 10km/h　　　c. 15km/h

85. 用人工搬运爆破器材时，一人一次运送的雷管数量不能超过（c）。

　　a. 100 发　　　　b. 500 发　　　c. 1000 发

86. 用人工搬运爆破器材时，一人一次拆箱（袋）运搬炸药的数量不能超过（a）。

　　a. 20kg　　　　b. 24kg　　　　c. 10kg

87. 用人工搬运爆破器材时，一人一次背运原包装炸药不能超过（b）。

　　a. 3 箱（袋）　　b. 1 箱（袋）　　c. 2 箱（袋）

88. 用人工搬运爆破器材时，一人一次挑运原包装炸药不能超过（b）。

　　a. 1 箱（袋）　　b. 2 箱（袋）　　c. 3 箱（袋）

89. 用手推车运输民用爆炸物品时，载重量不应超过（c）。

　　a. 100kg　　　　b. 200kg　　　　c. 300kg

90. 检验爆破器材应在自然温度条件下进行，低温不低于零下30℃，高温不高于（a）。

　　a. 50℃　　　　b. 40℃　　　　c. 30℃

91. 检验爆破器材严禁在（b）天气操作。

　　a. 微风　　　　　b. 雷雨　　　　c. 阴天

92. 检验爆破器材的地点应距库房（c）外，场地应坚硬平坦，空气流通。

　　a. 30m　　　　　b. 40m　　　　c. 50m

93. 对（a）的民用爆炸物品，应检查包装有无破损，封缄是否完整，雷管壳身的雷管编号是否清晰。

    a. 新入库   b. 出库   c. 库存

94. 对炸药外观检查的样本量是从每一批产品中随机抽取（a）药卷。

    a. 1 支   b. 2 支   c. 3 支

95. 对导爆索外观检查的样本量是从每 10000m 中任取 50m（1 卷）；检查数量是（c）。

    a. 30m   b. 40m   c. 50m

96. 对导爆管外观检查的样本量是从每 10000m 中任取 50m；检查数量是（a）。

    a. 50m   b. 40m   c. 30m

97. 对雷管外观检查的样本量是从每 1~5 万发中任取（b）。

    a. 30 发   b. 40 发   c. 50 发

98. （a）和黑火药可置于容器中用溶解法销毁。

    a. 硝铵类炸药   b. 乳化炸药   c. TNT

99. 用溶解法销毁黑火药时，（b）丢入河塘江湖及下水道中。

    a. 可以   b. 不应直接   c. 在安全的情况下，可以

100. 爆炸法适用于销毁具有爆炸能力的废旧民爆器材和（c）。

    a. 枪械   b. 刀具   c. 弹药

101. 用爆炸法销毁废旧爆破器材时，每堆或每坑销毁炸药的数量不应超过（b）。

    a. 10kg   b. 20kg   c. 30kg

102. 爆炸销毁场地应距 10 万人口以下城市的边缘保持在（c）以上。

    a. 2km   b. 5km   c. 10km

103. 爆炸销毁场地应距国家铁路干线和独立的居民点保持在（a）以上。

    a. 2km   b. 3km   c. 5km

104. 采用爆炸法销毁炸药时，待销毁的炸药尽量堆放成集团状，长度不应超过宽度和高度的（b）。

    a. 2 倍   b. 4 倍   c. 6 倍

105. 采用爆炸法销毁雷管时，应控制销毁雷管的数量，在野外小坑内销毁雷管时，每坑销毁数量不宜超过（c）。

    a. 1000 发   b. 2000 发   c. 4000 发

106. 采用爆炸法在小坑中销毁雷管时，起爆体要放在雷管堆的顶部，炸药量应该控制在（a）左右。

    a. 1kg   b. 2kg   c. 3kg

107. 采用爆炸法销毁导爆索、射孔弹应在爆破坑内进行，每个爆破坑的销毁数量不宜超过（b）。

    a. 5kg   b. 10kg   c. 20kg

108. 采用爆炸法销毁导爆索时，一次销毁导爆索的长度不宜超过（c），而且要与其他爆炸物品分开销毁。

    a. 500m   b. 800m   c. 1000m

109. 销毁礼花弹、高空礼花弹时，其销毁安全距离不应少于（b）。

　　　　a. 300m　　　　　b. 500m　　　　　c. 800m

110. 焚烧法销毁的主要风险是燃烧中的爆炸危险品可能由燃烧转为（c）。
　　　　a. 熄灭　　　　　b. 爆燃　　　　　c. 爆轰

111. 实施焚烧法销毁爆炸物品作业时，最小警戒范围的安全距离应不小于（a）。
　　　　a. 200m　　　　　b. 300m　　　　　c. 500m

112. 焚烧法销毁火炸药时，要将待销毁的火炸药铺成厚度不大于（b）的药条。
　　　　a. 5cm　　　　　b. 10cm　　　　　c. 20cm

113. 焚烧法销毁火炸药时，要将待销毁的火炸药铺成宽度不大于（c）的药条。
　　　　a. 10cm　　　　　b. 20cm　　　　　c. 30cm

114. 焚烧法销毁火炸药时，药条要顺风铺直，总药量不超过（a）。
　　　　a. 10kg　　　　　b. 15kg　　　　　c. 20kg

115. 焚烧法销毁火炸药时，如铺设多条药条时，各药条之间的距离不小于（b）。
　　　　a. 2m　　　　　b. 5m　　　　　c. 10m

116. 焚烧法烧毁火炸药作业时，应在药条的下风方向端头铺设引燃物，（c）点火。
　　　　a. 顺风向　　　　　b. 横风向　　　　　c. 逆风向

117. 用焚烧法烧毁导爆索时，一次烧毁导爆索的数量不得超过（b）。
　　　　a. 300m　　　　　b. 500m　　　　　c. 1000m

118. 不能拆卸的高空礼花弹，只能用（a）销毁。
　　　　a. 爆炸法　　　　　b. 焚烧法　　　　　c. 溶解法

119. 水溶解法销毁通常需要含有水溶解池的场地和烧毁（b）的场地。
　　　　a. 包装物　　　　　b. 残渣　　　　　c. 炸药

120. 水溶解池场地和残渣烧毁场地都要选择在野外，（c）、交通方便、不污染水源的地方。
　　　　a. 生活方便　　　　　b. 燃料充足　　　　　c. 水源丰富

二、多项选择题

（一）第一章多项选择题

1. 爆破作业人员分为爆破工程技术人员、（abc）。
　　　　a. 爆破员　　　　　b. 安全员　　　　　c. 保管员

2. 以下哪些条件是爆破员、安全员、保管员应具备的？（ac）
　　　　a. 18 周岁以上，60 周岁以下
　　　　b. 高中以上文化程度
　　　　c. 无妨碍爆破作业的疾病和生理缺陷

3. 以下哪些是爆破员的岗位职责？（ab）
　　　　a. 保管所领取的民用爆炸物品
　　　　b. 按照爆破作业设计施工方案，进行装药、联网、起爆等爆破作业
　　　　c. 监督民用爆炸物品领取、发放、清退情况

4. 以下哪些是安全员的岗位职责？（ab）
　　　　a. 监督民用爆炸物品领取、发放、清退情况
　　　　b. 制止无爆破作业资格的人员从事爆破作业

　　c. 保管所领取的民用爆炸物品

5. 以下哪些是保管员的岗位职责？（ac）

　　a. 验收、保管、发放、回收民用爆炸物品

　　b. 制止无爆破作业资格的人员从事爆破作业

　　c. 发现、报告变质或过期的民用爆炸物品

6. 爆破员需要考核以下哪些内容？（abc）

　　a. 爆炸与炸药基本理论

　　b. 装药、填塞、网路敷设、起爆等爆破工艺及安全技术要求

　　c. 处理盲炮或其他安全隐患的操作程序

7. 安全员需要考核以下哪些内容？（ab）

　　a. 爆破作业现场安全管理要求

　　b. 民用爆炸物品领取、发放、清退安全管理规定

　　c. 手持机操作技术

8. 保管员需要考核以下哪些内容？（bc）

　　a. 爆破作业现场安全管理要求　　　　b. 民用爆炸物品流向登记规定

　　c. 验收、保管、发放、回收民用爆炸物品的安全管理规定

（二）第二章多项选择题

1. 民用爆炸物品是指用于非军事目的、列入民用爆炸物品品名表的各类（bc）及其制品和雷管、导火索等点火、起爆器材。

　　a. 危险物品　　　　b. 火药　　　　　　c. 炸药

2. 下列哪些措施是政府主管部门在民用爆炸物品安全管理中经常使用的？（abcd）

　　a. 行政许可　　　　b. 罚款　　　　　　c. 追究刑事责任　　d. 监督检查

3. 下列哪些属于原国防科工委、公安部公布的《民用爆炸物品品名表》中的民爆物品？（abc）

　　a. 工业炸药　　　　b. 工业雷管　　　　c. 工业索类火工品

4. 下列哪些单位属于民用爆炸物品从业单位？（ab）

　　a. 生产炸药的单位　　b. 爆破作业单位　　c. 销售化肥的单位

5. 从事民用爆炸物品（a、b）、质量监督检测等需要使用民用爆炸物品的单位，也同样适用《民用爆炸物品安全管理条例》。

　　a. 教学　　　　　　b. 科研　　　　　　c. 统计

6. 严禁转让、（ab）、抵押、赠送、私藏或者非法持有民用爆炸物品。

　　a. 出借　　　　　　b. 转借　　　　　　c. 合法使用

7. 营业性爆破作业单位的从业范围包括（ac）。

　　a. 设计施工　　　　b. 安全评价　　　　c. 安全监理

8. 下列哪些行为属于爆破作业人员违反爆破作业安全管理规定的行为？（abcd）

　　a. 丢失、被盗民爆物品不报告　　　　b. 不按照设计说明书要求装药

　　c. 同时搬运炸药与雷管　　　　　　　d. 打残孔

9. 下列哪些人员属于爆破作业人员？（ab）

　　a. 爆破员　　　　　b. 保管员　　　　　c. 库房值班员

10. 下列哪些行为属于违反民用爆炸物品道路运输安全管理的行为？（abc）

　　a. 没有携带《民用爆炸物品运输许可证》

　　b. 将炸药与雷管混装

　　c. 在装有民用爆炸物品的车厢中载人

　　d. 途中停车时安排了专人看护车辆

11. 爆破从业人员从事爆破作业活动中，下列哪些行为是禁止的？（ab）

　　a. 伪造爆破作业单位、人员许可证

　　b. 租借爆破作业单位、人员许可证

　　c. 出示爆破作业单位、人员许可证

12. 爆破从业单位从事爆破作业活动中，下列哪些行为是禁止的？（ab）

　　a. 聘用无爆破作业资格的人员从事爆破作业

　　b. 将承接的爆破作业项目转包

　　c. 为合法的生产活动实施爆破作业

13. 爆破从业人员从事爆破作业活动中，下列哪些行为是禁止的？（abc）

　　a. 爆破从业人员同时受聘于两个以上爆破作业单位

　　b. 违反国家有关标准和规范实施爆破作业

　　c. 扣押爆破从业人员许可证

14. 爆破作业场所有下列哪些情形时，不应进行爆破作业？（ab）

　　a. 岩体有冒顶或边坡滑落危险的

　　b. 炮孔温度异常的

　　c. 更换了一台新起爆器

15. 爆破作业场所有下列哪些情形时，不应进行爆破作业？（bc）

　　a. 照明设施工作正常的

　　b. 作业通道不安全或堵塞的

　　c. 危险区边界未设警戒的

16. 下列哪些条件是爆破作业人员必须具备的？（ab）

　　a. 无刑事犯罪记录　　b. 经培训考核合格　　　c. 受过表扬

（三）第三章多项选择题

1. 炸药爆炸产生的有毒有害气体大部分是（ab）。

　　a. 一氧化碳　　　　　b. 氮的氧化物　　　c. 氯气　　　　　　　d. 二氧化碳

2. 乳化炸药由以下组分构成：（ac）。

　　a. 硝酸盐水溶液　　　b. 梯恩梯　　　　　c. 油包水型乳化剂　　d. 木粉

3. 多孔粒状铵油炸药由（ac）组成。

　　a. 多孔粒状硝酸铵　　b. 梯恩梯　　　　　c. 柴油　　　　　　　d. 木粉

4. （ab）可直接用于有水的深孔爆破和浅孔爆破作业。

　　a. 乳化炸药　　　　　b. 水胶炸药　　　　c. 铵油炸药　　　　　d. 粉状炸药

5. 下列哪些感度属于炸药的感度？（abcd）

　　a. 热感度　　　　　　b. 机械感度　　　　c. 冲击波感度　　　　d. 静电火花感度

6. 下列哪些不是民用爆炸物品？（cd）

　　　a. 工业炸药　　　　　b. 工业雷管　　　　c. 起爆器　　　　d. 欧姆表

7. 下列哪些是炸药？（bd）

　　　a. 导爆索　　　　　　b. 乳化炸药　　　　c. 毫秒雷管　　　　d. 梯恩梯

8. 以下哪些是炸药化学变化的形式？（bcd）

　　　a. 融合　　　　　　　b. 燃烧　　　　　　c. 爆轰　　　　　　d. 热分解

9. 炸药在爆炸过程中，内能是转变为哪些能量形式并对外界做功的？（abc）

　　　a. 机械能　　　　　　b. 热能　　　　　　c. 光能　　　　　　d. 太阳能

10. 下列哪些爆炸属于物理爆炸？（abc）

　　　a. 轮胎爆炸　　　　　b. 蒸汽锅炉爆炸　　c. 高压气瓶爆炸　　d. 瓦斯爆炸

11. 下列哪些爆炸属于化学爆炸？（abd）

　　　a. 细煤粉爆炸　　　　b. 甲烷爆炸　　　　c. 高压气瓶爆炸　　d. 瓦斯爆炸

12. 以下哪些属于炸药的安定性？（abc）

　　　a. 化学安定性　　　　b. 物理安定性　　　c. 热安定性　　　　d. 水溶解性

13. 下列哪些反应引起的爆炸属于核爆炸？（ac）

　　　a. 核裂变反应　　　　b. 化学反应　　　　c. 核聚变反应　　　d. 共振反应

14. 以下哪些是炸药爆炸过程的基本特征？（abc）

　　　a. 爆炸反应是放热的　　　　　　　　b. 爆炸变化是高速的

　　　c. 产物多数是气态的　　　　　　　　d. 产生核辐射

15. 以下哪些是炸药的安定性？（abc）

　　　a. 化学安定性　　　　b. 热安定性　　　　c. 物理安定性　　　d. 爆炸安定性

16. 一般地说，以下哪些是炸药特有的相容性？（abc）

　　　a. 组分相容性　　　　b. 物理相容性　　　c. 化学相容性　　　d. 爆炸相容性

（四）第四章多项选择题

1. 电雷管由以下哪些部分组成？（abcd）

　　　a. 管壳　　　　　　　b. 加强帽　　　　　c. 装药部分　　　　d. 电引火头

2. 以下哪些可以引爆导爆管起爆网路？（abc）

　　　a. 专用起爆器　　　　b. 导爆索　　　　　c. 雷管　　　　　　d. 打火机

3. 深孔爆破可选用的起爆方法有哪些？（abc）

　　　a. 导爆管起爆法　　　b. 电力起爆法　　　c. 导爆索起爆法

4. 下列哪些属于非电起爆方法？（ac）

　　　a. 导爆索起爆法　　　b. 电力起爆法　　　c. 导爆管起爆法

5. 深孔和硐室爆破可选用哪些起爆方法？（abc）

　　　a. 电力起爆　　　　　b. 导爆索起爆　　　c. 导爆管起爆

6. 导爆管雷管由以下哪些部分组成？（abc）

　　　a. 管壳　　　　　　　b. 加强帽　　　　　c. 装药部分　　　　d. 电引火头

7. 导爆索起爆网路具有哪些优点？（acd）

　　　a. 操作简单　　　　　b. 能用仪表检查　　c. 可靠性高　　　　d. 安全性好

8. 电子雷管由以下哪些部分组成？（abc）

　　　a. 管壳　　　　　　　b. 装药部分　　　　c. 电子电路　　　　d. 排气孔

9. 电力起爆网路的导通和电阻值检查应使用哪些测量仪表？（ab）

    a. 电雷管测试仪　　　b. 爆破电桥　　　　c. 万用表　　　　d. 普通欧姆表

10. 下列哪些是组成电子雷管起爆网路系统的要件？（bc）

    a. 欧姆表　　　　　　b. 铱钵表　　　　　c. 数字密钥　　　d. 导爆管雷管

11. 导爆管长度太短时，往往需要连接，下列哪些器材可以用于连接导爆管？（ac）

    a. 四通　　　　　　　b. 简单对接　　　　c. 专用套管　　　d. 用胶布缠紧

12. 下列哪些是工业电雷管的主要性能参数？（abc）

    a. 电阻　　　　　　　b. 最大安全电流　　c. 最小发火电流　d. 重量

13. 导爆管雷管按照延期时间分为瞬发雷管、（abc）四种。

    a. 毫秒延期雷管　　　b. 半秒延期雷管　　c. 秒延期雷管　　d. 分钟延期雷管

14. 下面哪些是电力起爆法中常用的起爆电路？（abc）

    a. 串联电路　　　　　b. 并联电路　　　　c. 串并联电路　　d. 簇联电路

15. 下面哪些是导爆索起爆法中常用的起爆网路？（abc）

    a. 串联　　　　　　　b. 并联　　　　　　c. 簇联　　　　　d. 混联

16. 下面哪些是导爆管起爆法中常用的起爆网路连接形式？（abc）

    a. 并联　　　　　　　b. 串联　　　　　　c. 簇联　　　　　d. 三联

17. 下列哪些条件是测量电爆网路的专用电表必须满足的？（bd）

    a. 便于携带　　　　　b. 外壳对地绝缘良好，不会将外来电引入爆破网路

    c. 美观大方　　　　　d. 输出电流小于 30mA

18. 下列炸药哪些属于单质炸药？（abc）

    a. TNT　　　　　　　b. 黑索今　　　　　c. 太安　　　　　d. 硝酸铵

19. 以下哪些炸药是常见的铵油类炸药？（abd）

    a. 粉状铵油炸药　　　　　　　　　　b. 多孔粒状铵油炸药

    c. 乳化炸药　　　　　　　　　　　　d. 改性铵油炸药

20. 以下哪些炸药是含水炸药？（bcd）

    a. 梯恩梯　　　　　　b. 乳化炸药　　　　c. 水胶炸药　　　d. 浆状炸药

21. 下列哪些雷管是专用电雷管？（abcd）

    a. 煤矿许用电雷管　　　　　　　　　b. 抗静电电雷管

    c. 勘探电雷管　　　　　　　　　　　d. 油井电雷管

22. 下列雷管中哪些是当前我国允许在煤矿中使用的？（ad）

    a. 煤矿许用瞬发电雷管　　　　　　　b. 煤矿许用半秒电雷管

    c. 煤矿许用秒延期电雷管　　　　　　d. 煤矿许用毫秒延期电雷管

23. 导爆管雷管按照延期时间划分为（abcd）四种。

    a. 瞬发　　　　　　　b. 毫秒延期　　　　c. 半秒延期　　　d. 秒延期

24. 下列哪些能起爆导爆管？（abc）

    a. 雷管　　　　　　　b. 导爆索　　　　　c. 电火花　　　　d. 高压气体

25. 导爆索常见的包覆材料有哪些？（ab）

    a. 棉线　　　　　　　b. 塑料　　　　　　c. 陶瓷　　　　　d. 银合金

26. 下列描述中哪些是电起爆网路的缺点？（bd）

a. 起爆前可以准确检测电雷管和起爆网路的电阻值及完好性

b. 受外界电能（雷电、静电、射频电、杂散电流等）的影响，有可能发生早爆事故

c. 能较准确地控制起爆时间、延期时间和起爆顺序

d. 电爆网路敷设施工较复杂，工序繁多，对起爆电源容量要求较高

27. 下列哪些电源可以用于起爆电雷管？（abcd）

    a. 起爆器   b. 蓄电池   c. 干电池   d. 照明电源

28. 以下哪些是电起爆网路预防雷电的措施？（abd）

    a. 将全部电爆网路埋入土中，深度不小于25cm

    b. 用一根裸线（可用有刺铁丝）与电爆网路的导电线并排敷设

    c. 用树枝将起爆线路覆盖起来

    d. 起爆站干线的末端分开放置，并进行绝缘

29. 下面哪些是导爆管起爆网路的优点？（abc）

    a. 不受外界电能的影响   b. 起爆网路起爆的药包数量不受限制

    c. 网路不需要进行复杂的计算   d. 可以测量线路通不通

30. 下列哪些元件是组成导爆管起爆网路的必需元件？（abc）

    a. 激发元件   b. 传爆元件   c. 起爆元件   d. 加热元件

31. 下列哪些是导爆索起爆网路的主要缺点？（abcd）

    a. 不能用仪表检查网路质量   b. 实现多段毫秒起爆比较困难

    c. 成本较高   d. 露天爆破时产生的声响和空气冲击波较大

32. 以下哪些是电子雷管起爆法的优点？（abd）

    a. 延时精度高   b. 几乎不受外界电能的影响

    c. 成本低   d. 可以在起爆前检测网路的完好性

（五）第五章多项选择题

1. 影响爆破效果的因素有哪些？（abcd）

    a. 岩石性质   b. 装药结构   c. 爆破参数   d. 爆破工艺

2. 导爆管除了可用激发器引爆外，还可以用下列哪些器材来引爆？（ac）

    a. 雷管   b. 火柴   c. 导爆索   d. 打火机

3. 下面哪些是爆破作用的破坏模式？（abcd）

    a. 反射拉伸波引起的"片落"   b. 炮孔周围岩石的压碎作用

    c. 径向裂隙扩展作用   d. 爆炸气体使径向裂隙进一步扩展

4. 当炸药置于无限大的均匀岩石介质中爆炸时，将会在岩石中形成以炸药为中心的、由近及远的不同破坏区域，分别称为（bc）。

    a. 装药区   b. 粉碎区   c. 裂隙区   d. 振动区

5. 下列哪些是《爆破安全规程》对用于测量电雷管电阻和电爆网路的专用电表要求满足的条件？（acd）

    a. 输出电流必须小于30mA

    b. 输出电压必须小于5V

    c. 外壳对地绝缘良好，不会将外来电引入爆破网路

    d. 防潮性能好，不会因内部受潮漏电而引爆电雷管

6. 在下列哪些介质存在的地方实施爆破时，必须选用防爆型起爆器？（ab）

　　a. 瓦斯　　　　　　b. 煤尘　　　　　　c. 空气　　　　　　d. 水

7. 岩石（土）种类很多，按照它的形成原因可以分为岩浆岩、（a）和（c）三大类型。

　　a. 沉积岩　　　　　b. 花岗岩　　　　　c. 变质岩　　　　　d. 玄武岩

8. 下列哪些属于岩石的主要物理力学特性？（acd）

　　a. 密度　　　　　　b. 燃点　　　　　　c. 硬度　　　　　　d. 风化程度

（六）第六章多项选择题

1. 下面哪些是毫秒爆破经常采用的起爆顺序？（ab）

　　a. 孔间顺序起爆　　b. 排间顺序起爆　　c. 同时起爆

2. 下列哪些是常用的露天爆破方法？（ac）

　　a. 深孔爆破　　　　b. 井巷爆破　　　　c. 浅孔爆破

3. 下列哪些操作是敷设电起爆网路处理接头时必须做到的？（bcd）

　　a. 截去一定长度　　　　　　　　b. 将连接部位清理干净

　　c. 连接牢固　　　　　　　　　　d. 用胶布缠紧

4. 在浅孔爆破中，通常是用下列哪些材料混合在一起制作炮泥？（abc）

　　a. 砂　　　　　　　b. 黏土　　　　　　c. 水　　　　　　　d. 石灰

5. 当炮孔的底盘抵抗线过大时，可采取哪些措施来避免产生根底？（abc）

　　a. 加密炮孔　　　　　　　　　　b. 预拉底

　　c. 底部装威力大的炸药　　　　　d. 用裸露药包辅助爆破

6. 在硐室爆破作业中，可采用下列哪些器材来照明？（cd）

　　a. 蜡烛　　　　　　b. 油灯　　　　　　c. 36V 低压电　　　d. 矿灯

7. 爆破作业期间安全警戒的任务是什么？（abd）

　　a. 禁止无关人员进入

　　b. 防止爆破器材丢失

　　c. 协助爆破员传递工具

　　d. 制止人员在作业区内吸烟、打闹、违章作业等

8. 在隧道中爆破，起爆人员在避炮时应考虑预防哪些危害？（abcd）

　　a. 飞石　　　　　　b. 爆破冲击波　　　c. 洞顶掉落石块　　d. 炮烟中毒

9. 拆除爆破验孔时，在各区域应标注下列哪些参数？（abc）

　　a. 炮孔的数量　　　b. 炮孔深度　　　　c. 使用雷管段别　　d. 钻机型号

10. 下列哪些部位适合作为安排警戒点的位置？（abd）

　　a. 爆破危险区外　　b. 交通道口　　　　c. 各种角落　　　　d. 视野开阔的地方

11. 下列哪些参数是深孔爆破方法的特征？（ab）

　　a. 钻孔直径大于 50mm　　　　　b. 炮孔深度大于 5m

　　c. 设备是进口的　　　　　　　　d. 一次爆破量大

12. 隧道开挖爆破作业中经常使用下面哪些炮孔？（abc）

　　a. 掏槽孔　　　　　b. 周边孔　　　　　c. 辅助孔　　　　　d. 超前探孔

13. 下面哪些工作是爆破时安全警戒人员的任务？（abc）

　　a. 清场　　　　　　b. 在指定位置站岗　　c. 管制交通　　　d. 整理剩余爆破器材

14. 下列哪些是防止堵孔的措施？（abc）

　　a. 将孔口岩石碎块清理干净，防止掉落孔内

　　b. 每个炮孔钻完后立即将孔口用木塞或塑料塞堵好，防止雨水或其他杂物进入炮孔

　　c. 一个爆区钻孔完成后应尽快实施爆破

　　d. 炮孔钻好后要进行登记、编号

15. 炮孔中有水时，应采取下列哪些措施将孔内的水排出？（abcd）

　　a. 采用高压风管将孔内的水吹出

　　b. 当水量不大时可直接装入乳化炸药或用海绵等物将水蘸吸出来

　　c. 利用炸药的装入将炮孔内的水排挤出来

　　d. 用潜水泵将炮孔内的水抽出

16. 采用电力起爆法时，在加工起爆药包、装药、填塞、敷设网路等爆破作业现场，下列哪些器材是禁止使用的？（abc）

　　a. 手机　　　　　　　b. 对讲机　　　　　　c. 无线电通讯设备　　　　　d. 欧姆表

17. 对于有水炮孔，下列哪些措施是装药时应该采纳的？（abc）

　　a. 做好药包的防水处理　　　　　　b. 采用抗水炸药

　　c. 设法排出炮孔中的积水　　　　　d. 不采取任何措施

18. 在井巷掘进爆破中，下列哪些掏槽方法是常用的？（abc）

　　a. 锥形掏槽　　　　　b. 直孔掏槽　　　　　c. 混合掏槽

19. 以下哪些是水下爆破的特点？（abd）

　　a. 钻孔时需要下套管

　　b. 需要按开挖断面和船位有序地进行钻孔爆破

　　c. 钻爆施工难度较陆域小，爆破后的碎石容易清渣

　　d. 爆破器材要有良好的防水密封性能

20. 以下哪些描述了油气井爆破的特点？（acd）

　　a. 在特定的井身中进行

　　b. 外界环境不复杂

　　c. 爆破器材要有良好的耐温、耐压性能

　　d. 爆破器材要有良好的密封、绝缘性能

21. 在潮湿或有水炮孔中，应使用下列哪些炸药？（bc）

　　a. 铵油炸药　　　　　b. 抗水炸药　　　　　c. 乳化炸药　　　　　d. 改性铵油炸药

22. 在多头掘进时，爆破母线要随用随挂。以下说法哪些是对的？（abd）

　　a. 爆破母线必须挂在电缆、信号线下方，距离大于 0.3m 的地方

　　b. 爆破母线不能与金属物体接触

　　c. 爆破母线可以从电气设备上通过

　　d. 爆破母线不能挂在淋水下

23. 在煤矿井下掘进爆破中，下列确定警戒距离的原则哪些是对的？（abc）

　　a. 回采工作面一般不得小于 30m

　　b. 煤巷掘进工作面直线爆破不得小于 75m

　　c. 对有直角弯的工作面不得小于 50m

d. 煤巷掘进工作面直线爆破不得小于100m

24. 以下哪些是对爆破安全警戒人员的要求？（abcd）

　　a. 忠于职守、认真负责

　　b. 佩戴标志、携带红、绿旗、对讲机、口哨等警戒用品

　　c. 能坚守岗位，在指定的警戒点值勤

　　d. 严格执行安全警戒信号的规定

25. 在每次爆破中，起爆前后一共有三次信号，以下哪些是爆破警戒信号？（abd）

　　a. 预警信号　　　　　b. 解除信号　　　　　c. 联络信号　　　　　d. 起爆信号

26. 以下哪些是对起爆操作人员的基本要求？（abc）

　　a. 掌握常用的起爆仪器的使用与操作

　　b. 熟悉常用起爆方法的操作要领和步骤

　　c. 绝对听从指挥员口令，准确地按指令、信号实施操作

　　d. 必须持有安全员作业证

27. 以下哪些是爆后检查的内容？（abcd）

　　a. 确认有无盲炮

　　b. 露天爆破爆堆是否稳定，有无危坡、危石、危墙、危房及未炸倒建（构）筑物

　　c. 地下爆破有无瓦斯及地下水突出、有无冒顶、危岩，支撑是否破坏，有害气体是否排除

　　d. 在爆破警戒区内公用设施及重点保护建（构）筑物安全情况

28. 爆后检查发现下列哪些现象可以说明存在盲炮？（abc）

　　a. 在爆破地段范围内残留炮孔，地表无松动或应有的抛掷现象

　　b. 在抛掷爆破中，大部分或局部无抛掷现象

　　c. 两药包之间有显著的隔离，土石方崩塌范围较其他地段或原计算有显著差异

　　d. 炮孔装药全部起爆，爆下的岩石堆积规整，便于挖装

29. 下列措施中哪些是处理浅孔盲炮时需要遵守的？（bcd）

　　a. 在距离炮孔10倍炮孔直径处钻平行孔装药爆破

　　b. 经检查确认起爆网路完好时，可重新起爆

　　c. 可钻平行孔装药爆破，平行孔距盲炮孔不应小于0.3m

　　d. 可用木、竹或其他不产生火花的材料制成的工具，轻轻地将炮孔内填塞物掏出，用药包诱爆

30. 下列措施中哪些是处理深孔爆破盲炮时需要遵守的？（ab）

　　a. 爆破网路未受破坏，且最小抵抗线无变化者，可重新连接起爆；最小抵抗线有变化者，应验算安全距离，并加大警戒范围后，再连接起爆

　　b. 可在距盲炮孔口不少于10倍炮孔直径处另打平行孔装药起爆

　　c. 可钻平行孔装药爆破，平行孔距盲炮孔不应小于0.3m

　　d. 可在安全地点外用远距离操纵的风水喷管吹出盲炮填塞物及炸药

31. 爆炸加工与常规的机械加工相比，下列哪些体现了爆炸加工的特点？（abd）

　　a. 模具设备简单

　　b. 能加工常规方法不易加工的材料

  c. 可以获得较高的表面光洁度和尺寸精度

  d. 可充分利用综合工艺

32. 以下哪些是高温爆破采用的降温方法？（abd）

  a. 采挖阻断法　　　b. 压覆窒息法　　　c. 高压吹风法　　　d. 注水灭火法

（七）第七章多项选择题

1. 爆后安全检查的主要内容有哪些？（abd）

  a. 是否有盲炮　　　b. 有无危石

  c. 地质条件变化　　d. 有无出现漏水、塌方等情况

2. 盲炮在当班不能处理或未处理完毕，应将哪些事项在现场交代清楚，由下一班继续处理？（abcd）

  a. 盲炮数目　　　b. 炮孔方向　　　c. 装药数量　　　d. 起爆药包位置

3. 以下哪种爆破器材可以与乳化炸药同库存放？（ac）

  a. 铵油炸药　　　b. 黑火药　　　c. 导爆索

4. 爆破器材仓库的消防设施有哪些？（ac）

  a. 高位消防水池　　　b. 监控设施　　　c. 灭火器材　　　d. 避雷针

5. 炸药爆炸产生的毒气叫爆破毒气，爆破毒气主要有哪些成分？（ac）

  a. 一氧化碳　　　b. 空气　　　c. 硫化氢　　　d. 水蒸气

6. 为防止发生因雷电引起的早爆事故，应采取哪些安全措施？（bcd）

  a. 增加填塞长度

  b. 采用非电起爆系统

  c. 采用电起爆系统时，在爆区要设置避雷或预报系统

  d. 装药、连线过程中遇有雷电来临征兆或预报时，应迅速撤离危险区内的一切人员

7. 下列哪些属于爆破产生的有害效应？（abcd）

  a. 爆破振动　　　b. 爆破冲击波　　　c. 爆破飞散物　　　d. 爆破毒气

8. 爆破产生的有害效应除了爆破振动、爆破冲击波、爆破毒气以外还有哪些？（bcd）

  a. 爆破效果　　　b. 爆破噪声　　　c. 爆破飞散物　　　d. 爆破烟尘

9. 在爆破有害效应中，哪些容易造成人员伤亡和财产损失？（abcd）

  a. 爆破飞散物　　　b. 爆破振动　　　c. 爆破冲击波　　　d. 爆破毒气

10. 以下哪些措施有助于防止导爆管起爆网路出现拒爆？（abc）

  a. 导爆管网路中不得有死结，炮孔内不得有接头

  b. 用雷管起爆导爆管时，应采用反向连接

  c. 用雷管起爆导爆管时，雷管与导爆管端头的距离应不小于150mm

  d. 使用合格的导爆索

11. 爆破振动与自然地震相比，下列哪些是爆破振动的明显特征？（abc）

  a. 爆破振动持续时间很短　　　　　　b. 爆破振动频率较高

  c. 爆破振动主振频率受爆破类型影响大　　d. 爆破振动振幅高

12. 在以下各种措施中，哪些可以控制和减弱爆破振动有害效应？（ab）

  a. 采用微差爆破　　　　　　　　b. 采用预裂爆破或开挖减振沟槽

  c. 采用硐室爆破　　　　　　　　d. 采用拆除爆破

13. 在拆除爆破中，下列哪些材料适合用于爆破区域的防护？（abd）

    a. 草帘　　　　　　　b. 砂土袋　　　　　c. 块石　　　　　　　d. 篷布

14. 以下哪些是造成迟爆的主要原因？（abd）

    a. 起爆材料起爆威力不够　　　　　　b. 炸药部分钝感

    c. 炮孔最小抵抗线太大　　　　　　　d. 起爆材料质量不好

15. 在露天爆破中，下列哪些措施有助于有效控制和降低爆炸冲击波？（abc）

    a. 选择微差起爆方式　　　　　　　　b. 保证合理的填塞长度

    c. 保证填塞质量　　　　　　　　　　d. 适当增加起爆药量

16. 在建筑物拆除爆破和城镇浅孔爆破中，下列哪些措施有助于有效控制和降低爆炸冲击波？（abc）

    a. 不允许采用裸露爆破　　　　　　　b. 不允许采用孔外导爆索网路

    c. 做好爆破部位的覆盖防护　　　　　d. 使用合格的起爆器

17. 在爆破工程施工中，防止因迟爆发生安全事故的有效措施是（ac）。

    a. 不使用已过期的爆炸材料

    b. 正确选用起爆器

    c. 发现起爆后炮未响时，不要急于当盲炮处理，应留有足够的等待时间

    d. 由安全员负责起爆操作

18. 下列哪些因素与爆破飞散物的飞散距离密切相关？（abc）

    a. 最小抵抗线　　　b. 填塞质量　　　c. 装药过量　　　d. 起爆位置

19. 下列哪些措施有助于预防与控制爆破飞散物？（bcd）

    a. 使用合格的起爆器

    b. 避免使药包处于岩石软弱夹层或基础的交界面

    c. 保证填塞质量

    d. 精心设计、精心施工

20. 在控制爆破施工中，下列哪些措施有助于预防与控制爆破飞散物？（cd）

    a. 对爆破区域不进行覆盖防护

    b. 炮孔不填塞

    c. 在被保护对象与飞散物抛出主要方向之间设立立面屏障

    d. 精确计算炮孔装药量

21. 以下哪些措施有助于控制和减少爆破毒气？（abc）

    a. 使用合格炸药，禁止使用过期、变质的炸药

    b. 保证足够的起爆能量，使炸药迅速达到稳定爆轰和完全反应

    c. 地下爆破前后加强通风，应采取措施向死角盲区引入风流

    d. 采用毫秒延期爆破

22. 以下哪些措施有助于预防瓦斯爆炸？（abd）

    a. 通风良好，防止瓦斯积累

    b. 封闭采空区，以防氧气进入和瓦斯溢出

    c. 按规定的警戒距离进行安全警戒

    d. 使用煤矿许用起爆器材起爆

23. 以下哪些措施有助于防止电力起爆网路出现拒爆？（abd）
    a. 保证流经每个雷管的电流满足准爆电流的要求
    b. 电爆网路应与大地绝缘，防止漏电
    c. 保证足够的警戒距离
    d. 雷雨天不应采用电爆网路
24. 以下措施中哪些有助于防止因静电感应引起的早爆？（acd）
    a. 对于现场易产生静电的机械、设备等应与大地相接通以疏导静电
    b. 按设计要求进行填塞，保证填塞质量和长度
    c. 施工人员不穿易产生静电的工作服
    d. 采用抗静电雷管

（八）第八章多项选择题

1. 往井筒掘进工作面运送爆破器材时，哪些人员可以留在井筒内？（bd）
    a. 安全员　　　　　b. 信号工　　　　　c. 领导　　　　　d. 爆破员
2. 装运爆破器材的车（船），应具有（acd）、防雨、防潮、防静电等安全性能。
    a. 防热　　　　　　b. 防超载　　　　　c. 防盗　　　　　d. 防火
3. 装运爆破器材的车（船），不准在下列哪些地点停留？（abd）
    a. 人员聚集的地点　b. 交叉路口　　c. 停车场　　d. 桥上、桥下及火源附近
4. 爆破器材生产单位场内运输爆炸物品车辆的押运工作可以由（ac）负责。
    a. 安全员　　　　　b. 爆破员　　　　　c. 押运员　　　　d. 保管员
5. 库房内可以采用以下哪类移动式照明？（ab）
    a. 防爆手电筒　　　b. 手提式防爆灯　　c. 电网供电的移动手提灯
6. 以下什么时间和天气禁止用爆炸法销毁爆破器材？（abc）
    a. 夜间　　　　　　b. 雨天　　　　　　c. 雾天　　　　　d. 多云
7. 爆破作业单位现场运输爆炸物品车辆的押运工作可以由（ab）负责。
    a. 安全员　　　　　b. 爆破员　　　　　c. 会计　　　　　d. 司机
8. 民爆物品储存库的治安防范措施有哪些？（abcd）
    a. 人防　　　　　　b. 物防　　　　　　c. 技防　　　　　d. 犬防
9. 用焚烧法可以销毁下列哪些爆炸物品？（abc）
    a. 鳞片状梯恩梯　　b. 烟火剂　　　　　c. 发射药
10. 下列哪些是储存库建设安全要求的主要内容？（abc）
    a. 库区选址　　　　b. 防雷措施　　　　c. 消防设施　　　d. 保管员数量
11. 炸药类可以与下列哪些爆炸物品同库存放？（bcd）
    a. 雷管　　　　　　b. 射孔弹类　　　　c. 导爆索　　　　d. 导爆管
12. 下列哪些地点不能临时存放爆破器材？（abc）
    a. 爆破作业面（装药地点）　　　　b. 工棚内
    c. 被保护目标内　　　　　　　　　d. 专用库房内
13. 下列哪些规定是临时存放爆破器材作业应当遵守的？（abc）
    a. 临时存放处悬挂醒目标志，确需夜间存放的，晚上挂有红灯
    b. 炸药与雷管分别堆垛存放，两者相距不少于25m

c. 做好防雨、防水、防晒措施，根据必要使用垫木，覆盖帆布或搭简易的帐篷

14. 下列哪些符合安全要求的设施可以临时存放爆破器材？（ab）

    a. 房屋　　　　　　　　b. 车辆　　　　　　　c. 工棚

15. 下列哪些条件是采用焚烧法销毁爆炸危险品时对场地的要求？（ac）

    a. 地势平坦　　　　　　b. 附近有水源　　　　c. 便于销毁后清理场地

16. 爆破器材的发放和回收应在单独的发放间（或发放硐室）里进行，不应在下列哪些场所内发放？（abc）

    a. 库房　　　　　　　　b. 硐室　　　　　　　c. 壁槽

17. 严禁在下列哪些部位进行拆箱、装配或拆解等处置爆破器材的活动？（ac）

    a. 库房内　　　　　　　b. 发放间　　　　　　c. 临时存放的堆垛旁边

18. 下列哪些民爆器材允许以最小包装单元发放？（bc）

    a. 黑火药　　　　　　　b. 炸药及制品　　　　c. 导爆索

19. 在领取、发放爆破器材时，交接双方都应当对下列哪些项目进行检查？（abc）

    a. 包装外观　　　　　　b. 警示标识　　　　　c. 登记标识

20. 具有下列哪些问题的爆破器材不得用于爆破作业？（ab）

    a. 损坏的　　　　　　　b. 过期的　　　　　　c. 标识清楚的

21. 在公共道路上运输爆破器材时，下列哪些人员应当具备公路运输管理部门颁发的危险货物运输资质？（bc）

    a. 安全员　　　　　　　b. 驾驶员　　　　　　c. 押运员

22. 在焚烧法销毁爆炸危险品中，下列哪些是制作点火药包应该特别注意的问题？（abc）

    a. 要对制成的电点火药包进行试验，确认其可靠性

    b. 点火药包上的电点火装置要与药包中的火药紧密接触

    c. 严禁在点火药包内混入雷管

23. 运输爆破器材时，遇到下列哪些情况，应当立即报告当地公安机关和本单位？（abc）

    a. 发现爆破器材丢失、短少的　　　　　　b. 因故滞留的

    c. 必须过夜泊车的

24. 遇下列哪些天气，禁止进行爆破器材装卸作业？（ab）

    a. 雷雨　　　　　　　　b. 暴风　　　　　　　c. 多云

25. 装卸爆破器材作业时，下列哪些工作应当禁止？（bc）

    a. 警戒　　　　　　　　b. 加油　　　　　　　c. 维修车辆

26. 在装载爆破器材作业前，应彻底清除货厢（ac）的药尘。

    a. 内壁　　　　　　　　b. 外部　　　　　　　c. 地板

27. 下列哪些爆炸物品适合用水溶解法销毁？（abc）

    a. 黑火药　　　　　　　　　　　　b. 硝酸铵类混合炸药

    c. 不含铝、镁组分的硝酸盐类烟火剂

28. 下列哪些条件是装载爆破器材所禁止的？（abc）

    a. 超高　　　　　　　　b. 超宽　　　　　　　c. 超载

29. 在竖井、斜井运输爆破器材时，不应在下列哪些时间段运送？（ab）

    a. 上下班时间　　　b. 人员集中的时间　　c. 其他时间

30. 拆箱后的零散爆破器材应分别放在作业保管箱或专用背包内，下列哪些行为是不应有的？（bc）

　　a. 轻拿轻放　　　　b. 放在衣袋里　　c. 一人同时搬运雷管和炸药

31. 下列哪些内容是爆破器材检验的目的？（abc）

　　a. 确保爆破器材在整个流转过程中的安全

　　b. 确保爆破作业顺利实现工程设计的效果

　　c. 确认购买爆破器材交易成功

32. 检验爆破器材的作业人员应该掌握和熟悉下列哪些内容？（abc）

　　a. 熟悉产品的结构、工作原理、使用方法

　　b. 掌握规定的质量检查项目、检查方法

　　c. 掌握产品合格标准、检查时的安全要点

33. 在检验爆破器材拆除外包装时，下列哪些是应该避免的？（ab）

　　a. 损坏包装箱　　　　b. 使爆破器材受到震动和冲击　　　　c. 认真做好记录

34. 在检验雷管作业时，要杜绝雷管从（abc）跌落。

　　a. 工作台上　　　　b. 操作员手中　　c. 雷管箱中

35. 由爆破作业单位销毁的爆炸物品主要来自下列哪些方面？（ab）

　　a. 本单位确定不再使用的爆破器材

　　b. 执法机关或其他拥有单位委托销毁的爆炸物品

　　c. 销售单位的爆破器材

36. 目前销毁爆炸物品的常用方法主要有哪些？（ac）

　　a. 焚烧法　　　　b. 化学分解法　　c. 爆炸法

37. 下列哪些爆炸物品适合用爆炸法进行销毁？（abc）

　　a. 各种火工品，如雷管等　　　　b. 各种废旧炸药　　　　c. 礼花弹

38. 销毁爆炸物品应根据待销毁的爆炸物品的哪些特性进行分类？（ab）

　　a. 外壳厚度　　　　b. 爆炸威力大小　　c. 外壳颜色

39. 下列哪些是爆炸法销毁爆破器材时需要重点防范的破坏作用？（abc）

　　a. 空气冲击波破坏作用　　　　　　b. 个别破片、飞散物的破坏作用

　　c. 地震波破坏作用

40. 爆炸法销毁爆破器材时，下列哪些是起爆体与被销毁物的摆放原则？（ab）

　　a. 起爆体在上，被销毁物在下　　　　b. 大的在上，小的或零散的在下

　　c. 外表好的在上，外表破损的在下

三、判断对错题

（认为对的打"√"，错的打"×"）

（一）第一章判断对错题

1. 人类对爆破的研究与应用起源于我国黑火药的发明和发展。　　　　　　　　（√）

2. 爆破员、安全员、保管员的年龄应在 18 周岁以上，55 周岁以下。　　　　（×）

3. 爆破员、安全员、保管员的文化程度应在高中以上。　　　　　　　　　　（×）

4. 爆破员、安全员、保管员不能有妨碍爆破作业的疾病和生理缺陷。　　　　（√）

5. 爆破员岗位职责要求，爆破作业结束后，应将剩余的民用爆炸物品带回自己保管。
（×）
6. 安全员应监督爆破员按照操作规程作业，纠正违章作业。（√）
7. 爆破员应该掌握处理钻机或其他安全隐患的操作程序。（×）
8. 安全员应了解爆破安全技术的现状及发展方向。（√）
9. 保管员应熟练掌握民用爆炸物品流向登记的有关规定。（√）
10. 保管员应熟练掌握民用爆炸物品储存安全要求。（√）

（二）第二章判断对错题

1. 民用爆炸物品从业单位必须按照《爆破安全规程》的规定取得相应资质后才能从事相关作业。（×）
2. 未经许可，任何单位或者个人不得生产、销售、购买、运输民用爆炸物品，可以从事爆破作业。（×）
3. 工业雷管编码在 10 年内具有唯一性。（√）
4. 爆破作业单位申请购买民用爆炸物品时，必须提供《爆破作业单位许可证》等申请资料。（√）
5. 运输民爆物品的车辆应按照规定悬挂或者安装符合国家标准的易燃易爆危险物品警示标志。（√）
6. 运输民爆物品的车辆应按照规定的路线行驶，途中经停应当有专人看守，并远离建筑设施和人口稠密的地方，经本公司领导同意，可以在许可以外的地点经停。（×）
7. 装卸民用爆炸物品时，应在装卸现场设置视频监控设施，禁止无关人员进入。（×）
8. 爆破作业人员应当经过专业技术培训后，参加所在地设区的市公安机关组织的考核，经考核合格的，核发《爆破作业人员许可证》。（√）
9. 雷电、暴雨雪来临时，应停止爆破作业，所有人员应立即撤到安全地点。（√）
10. 实施爆破作业，应当在安全距离以外设置警示标志并安排警戒人员，防止无关人员进入。（√）
11. 爆破作业结束后应当及时检查、排除未引爆的民用爆炸物品。（√）
12. 根据《中华人民共和国刑法》的规定，非法制造、买卖、运输、邮寄、储存爆炸物的，处三年以上十年以下有期徒刑；情节严重的，处十年以上有期徒刑、无期徒刑或者死刑。（√）
13. 根据《中华人民共和国刑法》的规定，违反爆炸性物品的管理规定，在生产、储存、运输、使用中发生重大事故，造成严重后果的，处三年以下有期徒刑、拘役或者管制。（√）
14. 根据《中华人民共和国刑法》的规定，违反爆炸性物品的管理规定，在生产、储存、运输、使用中发生重大事故，造成后果特别严重的，处三年以上七年以下有期徒刑。（√）
15. 根据《中华人民共和国刑法》的规定，违反国家规定，制造、买卖、储存、运输、邮寄、携带、使用、提供、处置爆炸性危险物质，尚不构成犯罪的，处十日以上十五日以下拘留；情节较轻的，处五日以上十日以下拘留。（√）
16. 根据《中华人民共和国治安管理处罚法》的规定，民用爆炸物品等危险物质被盗、被

抢或者丢失，故意隐瞒不报的，处五日以上十日以下拘留。　　　　　　（√）

17. 爆破作业人员违反国家有关标准和规范的规定实施爆破作业的，由公安机关责令限期改正，情节严重的，吊销《爆破作业人员许可证》。　　　　　　　　　　　（√）

18. 根据《民用爆炸物品安全管理条例》的规定，爆破作业单位未经许可实施爆破作业的，由公安机关对单位处 5 万元以上 20 万元以下的罚款。　　　　　　　　（√）

19. 根据《中华人民共和国治安管理处罚法》的规定，民用爆炸物品等危险物质被盗、被抢或者丢失，未按规定报告的，对责任人处五日以下拘留。　　　　　　　　（√）

20. 爆破作业单位聘用无资格人员从事爆破作业或爆破器材管理的，可由公安机关对单位处 10 万元以上 50 万元以下的罚款。　　　　　　　　　　　　　　　（√）

21. 雷管打码编号使得每个雷管具有"一发一号"，且 10 年内全国唯一的特征。　　（√）

22. 对申请购买民用爆炸物品的，公安机关在审批签发纸质两证的同时，开出购买发票。
　　　　　　　　　　　　　　　　　　　　　　　　　　　　　　　　（×）

23. 未取得公安机关行政许可证的民用爆炸物品从业单位和人员，不得将信息录入民用爆炸物品管理信息系统，但可以从事民用爆炸物品的销售、购买和使用。　　（×）

24. 已发放 IC 卡的单位和个人不再从事涉爆业务的要及时予以注销。　　　　　（√）

25. 民用爆炸物品最小计数单位和基本包装单元上应同时有警示标识和登记标识。　（×）

26. 工业雷管最小计数单位不做警示标识。　　　　　　　　　　　　　　　　（√）

27. 工业炸药及炸药制品的警示语是防火、防潮、轻拿、轻放，不得与雷管共存放。（√）

28. 手持机系统由手持机、IC 卡和条码组成。　　　　　　　　　　　　　　　（√）

29. 人员卡包括库管员卡和安全员卡两种。　　　　　　　　　　　　　　　　（×）

30. 条码包括箱条码和盒条码。　　　　　　　　　　　　　　　　　　　　　（√）

（三）第三章判断对错题

1. 爆炸是一种非常迅速的物理变化过程。　　　　　　　　　　　　　　　　（×）

2. 炸药在爆炸过程中化学能转变为机械能、光能和热能等并对外界做功。　　（√）

3. 从广义上讲，爆炸可分为物质爆炸、化学爆炸和核爆炸。　　　　　　　　（×）

4. 物理爆炸的特征是爆炸时物质的形态和化学成分都发生变化。　　　　　　（×）

5. 化学爆炸的特点是在爆炸变化过程中生成新的物质。　　　　　　　　　　（√）

6. 炸药化学变化的三种形式包括炸药的氧化、燃烧和爆轰。　　　　　　　　（×）

7. 炸药在热作用下产生的分解称为炸药的热分解。　　　　　　　　　　　　（√）

8. 炸药的燃烧是依靠自身所含的气体进行反应的。　　　　　　　　　　　　（×）

9. 根据燃烧过程中燃烧速度的变化，炸药的燃烧可分为稳定燃烧和不稳定燃烧。（√）

10. 爆速是爆轰波在炸药中传播的速度。　　　　　　　　　　　　　　　　　（√）

11. 爆热是炸药爆炸做功的能量指标。　　　　　　　　　　　　　　　　　　（√）

12. 爆压是炸药爆炸时生成的高温高压气体的压力。　　　　　　　　　　　　（√）

13. 殉爆是主爆药发生爆炸时引起相隔一定距离的受爆药爆炸的现象。　　　　（√）

14. 主爆药与受爆药之间能发生殉爆的最大距离称为爆炸距离。　　　　　　　（×）

15. 炸药的纯度表示炸药在外界作用下发生爆炸的难易程度。　　　　　　　　（×）

16. 热感度指在热的作用下炸药发生爆炸的难易程度。　　　　　　　　　　　（√）

17. 撞击感度指在机械撞击作用下炸药发生爆炸的难易程度。　　　　　　　　（√）

18. 冲击波感度是指在超声波的冲击作用下炸药发生爆炸的难易程度。　　　　（×）

19. 静电火花感度是指在静电放电作用下炸药发生爆炸的难易程度。　　　　（√）

20. 炸药的相容性主要有组分相容性、接触相容性、物理相容性和化学相容性四种。
　　　　　　　　　　　　　　　　　　　　　　　　　　　　　　　　　　（√）

（四）第四章判断对错题

1. 按炸药的组成，可将炸药分成单质炸药和混合炸药两大类。　　　　　　（√）

2. 混合炸药的组分一般含有以下三种：添加剂、可燃物和附加物。　　　　（×）

3. 按照炸药在实际应用中的作用可将炸药分为：起爆药、猛炸药、火药及烟火剂四大类。
　　　　　　　　　　　　　　　　　　　　　　　　　　　　　　　　　　（√）

4. 铵油炸药有粉状铵油炸药和起爆药两大类。　　　　　　　　　　　　　（×）

5. 目前，常用的工业雷管主要有电雷管、导爆管雷管和电子雷管三大类。　（√）

6. 电雷管由管壳、脚线、起爆药、主装药与电点火装置组成。　　　　　　（×）

7. 电点火装置由脚线、桥丝和引火头组成。　　　　　　　　　　　　　　（√）

8. 电阻指电雷管的全电阻，它包括桥丝电阻和脚线电阻。　　　　　　　　（√）

9. 电雷管的安全电流是指通以恒定的直流电流 5min 不使电雷管爆炸的最大电流。（√）

10. 《爆破安全规程》规定，用来导通电雷管的仪表工作电流不应超过 30mA。（√）

11. 煤矿许用电雷管是允许在有瓦斯和煤尘爆炸危险的矿井中使用的特种电雷管。（√）

12. 在煤矿许用电雷管中，雷管管壳可使用钢壳和覆铜壳，不能使用铝壳。（√）

13. 抗静电电雷管主要用于有雷电感应的场所。　　　　　　　　　　　　　（×）

14. 磁电雷管是由电磁感应产生电能而激发的电雷管。　　　　　　　　　　（√）

15. 导爆管雷管是专门与导爆管配套使用的雷管。　　　　　　　　　　　　（√）

16. 导爆管雷管可以在有瓦斯、煤尘或有其他粉尘爆炸危险的场所使用。　（×）

17. 电子雷管采用一个微型电子芯片取代普通电雷管中的化学延期药及电点火元件。（√）

18. 电子雷管采用三重密码保护，即爆破员、起爆器与雷管各自独立设置密码，三重密码
　　对应起爆。　　　　　　　　　　　　　　　　　　　　　　　　　　（√）

19. 电子雷管起爆系统在安全性、可靠性、实用性等方面具有普通电雷管起爆系统无法比
　　拟的技术优势和实用前景。　　　　　　　　　　　　　　　　　　　（√）

20. 导爆管是一根内壁涂有薄层油漆的空心塑料软管。　　　　　　　　　（×）

21. 导爆管的管壁材料为高压聚乙烯塑料。　　　　　　　　　　　　　　（√）

22. 在采用雷管侧向起爆导爆管时，在雷管上包上胶布主要目的是方便固定导爆管。（×）

23. 导爆索是传递信号的索状传爆器材，用以传爆或引爆炸药。　　　　　（×）

24. 煤矿许用导爆索的药芯或防潮剂中含有消焰剂，为防止引燃瓦斯。　　（√）

25. 棉线导爆索适用于无瓦斯、矿尘爆炸危险的爆破作业。　　　　　　　（√）

26. 连接导爆索时，可用细绳将两段导爆索紧紧地捆扎起来，搭接长度应不少于 150mm。
　　　　　　　　　　　　　　　　　　　　　　　　　　　　　　　　　　（√）

27. 常用的起爆方法主要分为电起爆法和非电起爆法两类。　　　　　　　（√）

28. 根据《爆破安全规程》的规定，同一电起爆网路中，应使用同厂、同型号的"两同"
　　电雷管。　　　　　　　　　　　　　　　　　　　　　　　　　　　（×）

29. 电爆网路的导通和电阻值检查，应使用普通万用表。　　　　　　　　（×）

30.《爆破安全规程》规定：一般爆破，交流电不小于2.5A，直流电不小于2A。 （√）

31. 顺联和并联是电起爆网路中最常用的两种接线方法。 （×）

32. 在串联网路中，只要有一发电雷管桥丝断路就会造成整个网路断路。 （√）

33. 连接电起爆网路时，应该由爆破作业人员从自由面向起爆站依次进行连接。 （×）

34. 在爆破作业中，起爆器的转柄应由负责人掌握，不到起爆时不准交给起爆人员。 （√）

35. 使用延期电雷管时，起爆后如未爆炸或不能判断是否全部爆炸，应等待15min后才能进入现场进行检查。 （√）

36. 导爆管起爆网路的致命缺点是没有检测网路完好性的有效手段。 （√）

37. 导爆管起爆网路由激发元件、传爆元件和联结元件组成。 （×）

38. 在导爆管起爆网路中用雷管起爆导爆管时，常采用反向起爆方法。 （√）

39. 对于电子雷管起爆网路，不同厂家的电子雷管严禁混用，不同厂家的电子雷管与起爆器也严禁混用。 （√）

40. 电子雷管起爆网路系统由钥匙、铱钵表、数字密钥、电子雷管组成。 （×）

（五）第五章判断对错题

1. 一般而言，爆破结果的好坏可以从以下四个方面进行描述：爆破块度、爆堆形态、爆破效果和爆破危害效应。 （√）

2. 炸药在岩土、钢筋混凝土等介质内部爆炸时，对周围介质的作用称为爆破作用。 （√）

3. 炸药在岩土等固体介质中爆炸后产生的爆炸冲击波在固体介质内向四周传播过程中逐渐衰减为应力波，应力波进一步衰减为地震波，直至消失。 （√）

4. 炸药在岩土等固体介质中爆炸后，在岩石中将形成以炸药为中心的由近及远的不同破坏区域，分别称为粉碎区、裂隙区及弹性振动区。 （√）

5. 自由面越多，爆破破碎越困难，爆破效果也越差。 （×）

6. 当介质性质、炸药品种相同时，随着自由面的增多，炸药单耗将增加。 （×）

7. 炮孔直径与装药直径的比值称为装药的不耦合系数，该系数大于1。 （√）

8. 一般深孔爆破采用耦合装药，光面爆破、预裂爆破也都采用耦合装药。 （×）

9. 根据起爆药包在炮孔中安置的位置不同，有三种不同的起爆方式：正向起爆、反向起爆和多点起爆。 （√）

10. 在有瓦斯、煤尘、矿尘爆炸危险的地方，只准选用防爆型起爆器。 （√）

（六）第六章判断对错题

1. 通常将孔径大于60mm，孔深大于5m的炮孔称为深孔。 （×）

2. 拆除爆破后应等待倒塌建筑物和保留建筑物稳定之后，方准许检查人员进入现场检查。 （√）

3. 深孔爆破的炮孔形式一般分为垂直孔、倾斜孔和水平孔三种。 （√）

4. 深孔爆破时，炮孔布置形式一般有波浪形、正方形和矩形三种。 （×）

5. 岩石的单位耗药量是指爆落一平方米的岩石所需要消耗的炸药量。 （×）

6. 雷管爆炸，但因起爆能量不够，没有引爆炸药，这个现象属于半爆。 （√）

7. 在炮孔内放置起爆药包时，雷管脚线要顺直，轻轻拉紧并贴在孔壁一侧，防止损坏脚线，同时可减少炮棍捣坏脚线的概率。 （√）

8. 深孔爆破时，填塞材料一般可以采用钻屑、黏土和粗沙。 （√）

9. 浅孔爆破时，炮孔直径小于 50mm、炮孔深度小于 6m。　　　　　　　　　　　　（×）

10. 浅孔爆破时，孔内装入起爆药包后严禁用力捣压炮泥，防止早爆或将雷管脚线拉断造成拒爆。　　　　　　　　　　　　（√）

11. 雷管和炸药没有被引爆属于拒爆。　　　　　　　　　　　　（√）

12. 禁止用手提雷管脚线或导爆管的方法传送药包，上下传送药包时应该用手对手进行传递，严禁上下抛掷。　　　　　　　　　　　　（√）

13. 光面爆破要求爆破后壁面平整，不平整度控制在 20～30cm 范围内。　　　　　　　　　　　　（×）

14. 在井巷爆破中，掘进工作面的炮孔可分为中心孔、辅助孔和周边孔。　　　　　　　　　　　　（×）

15. 掏槽孔中空孔的作用是给爆破提供自由面。　　　　　　　　　　　　（√）

16. 在隧道对头掘进爆破中，当两个工作面相距 10m 时，只准从一个工作面向前掘进，并应在双方通向工作面的安全地点派出警戒。　　　　　　　　　　　　（×）

17. 在两个平行巷道掘进中，当间距小于 20m 时，如果一个工作面需要进行爆破，应通知相邻巷道的全体人员撤至安全地点。　　　　　　　　　　　　（√）

18. 独头巷道掘进工作面爆破时，爆破后人员进入工作面之前，应进行充分排水，并用水喷洒爆堆。　　　　　　　　　　　　（×）

19. 在有煤尘或瓦斯的环境中掘进巷道，装药起爆前和爆破后，必须检查爆破地点 10m 范围内风流中的瓦斯浓度。　　　　　　　　　　　　（×）

20. 在有煤尘或瓦斯的环境中掘进巷道爆破时，必须检查爆破地点附近风流中的瓦斯浓度，当瓦斯浓度达到或超过 10% 时，禁止装药爆破。　　　　　　　　　　　　（×）

21. 在有煤尘或瓦斯的环境中爆破时，必须使用煤矿许用安全炸药。　　　　　　　　　　　　（√）

22. 在有煤尘或瓦斯的环境中爆破使用毫秒雷管时，总延期时间不得超过 130ms，禁止使用秒或半秒延期雷管。　　　　　　　　　　　　（√）

23. 在有煤尘或瓦斯的环境中爆破时，一律不准使用动力电源作为起爆电源。　　　　　　　　　　　　（√）

24. 处理盲炮前应由爆破技术负责人定出警戒范围，并在该区域边界设置警戒，处理盲炮时无关人员不许进入警戒区。　　　　　　　　　　　　（√）

25. 为防止炮烟中毒，隧道爆破时，应将洞内所有人员撤到洞外。　　　　　　　　　　　　（√）

26. 处理盲炮时，应派有经验的安全员进行处理。　　　　　　　　　　　　（×）

27. 在井巷爆破作业时，炮孔布置的顺序是先周边、再掏槽、最后是辅助爆破孔。　　　　　　　　　　　　（×）

28. 导爆索和导爆管起爆网路发生盲炮时，应首先检查导爆索和导爆管是否有破损或断裂，发现有破损或断裂的可修复后重新起爆。　　　　　　　　　　　　（√）

29. 盲炮处理后应由处理者填写登记卡片或提交报告，说明产生盲炮的动机、处理的方法、效果和预防措施。　　　　　　　　　　　　（×）

30. 桩井爆破掘进 3m 以内时应按露天浅孔控制爆破的要求进行防护和警戒。　　　　　　　　　　　　（√）

31. 桩井爆破掘进超过 3m 后立即进行井口的覆盖防护，此时的安全警戒距离不宜小于 10m。　　　　　　　　　　　　（×）

32. 裸露药包爆破是直接将炸药包放在被爆体的表面并加简单覆盖后进行的爆破。　　　　　　　　　　　　（√）

33. 硐室爆破的药包分为集中药包和条形药包两种形式。　　　　　　　　　　　　（√）

34. 在硐室爆破装药过程中允许使用不大于 110V 的低压电进行照明，照明线必须绝缘良好，灯泡应安装保护罩，并与炸药保持一定的水平距离。　　　　　　　　　　　　（×）

35. 裸露药包爆破时要注意大块石的形状，尽量将药包放置在凸形部位。　　　（×）

36. 高温爆破是指炮孔温度在80℃以上的爆破作业。　　　　　　　　　　（×）

37. 当炮孔温度在60℃以上时，严禁在未采取任何有效措施的情况下实施爆破。　（×）

38. 聚能切割是利用特殊雷管聚集爆炸能量来提高爆破的局部效果。　　　　（×）

39. 在高温岩石爆破中，爆破前8～10min应复测温度，如温度回升不高于60℃的视为合格，可以进行爆破作业。　　　　　　　　　　　　　　　　（√）

40. 用于拆除露天、地下和水下建（构）筑物的控制爆破称为深孔爆破。　　（×）

41. 在拆除爆破作业敷设起爆网路时应由有经验的爆破员或爆破工程技术人员实施双人作业制，一人操作，另一人检查监督。　　　　　　　　　　　　（√）

42. 遇有雷电时应立即停止网路敷设，技术人员立即撤离危险区，并在安全边界上派出警戒人员，防止人员和牲畜误入爆区。　　　　　　　　　　　　（×）

43. 在油气井燃烧爆破作业中，用电缆车下放弹体时，下放速度不得超过3000m/h。（√）

44. 处理电缆布弹盲炮将弹体提升到距井口70m时，要关闭井场所有电源、移动电话、对讲机，剪断引爆线，再将弹体提出井口。　　　　　　　　　（√）

45. 处理撞击引爆盲炮时，应平稳提升管柱。当弹体提升到距井口还有四根管柱长度时，由现场技术人员指导拆卸弹体。　　　　　　　　　　　（×）

46. 在油气井维护作业中，一般将油气井压裂方法分为三种：一是机械压裂法；二是水力压裂法；三是高能气体压裂法。　　　　　　　　　　（×）

47. 利用气体传递的爆炸压力使结构物破碎的爆破技术称为水压爆破。　　　（×）

48. 一般情况下，瓦斯与火源接触并不立即引爆，而是有一个延迟期，这种特性叫做瓦斯爆炸过渡期。　　　　　　　　　　　　　　　　　　（×）

49. 煤矿爆破作业，在没有其他爆破器材时可以使用非煤矿许用炸药和起爆器材。（×）

50. 煤矿爆破作业，严禁使用硬化到不能用手揉松和水分超过1.0%的煤矿硝酸铵类炸药。　　　　　　　　　　　　　　　　　　　　　　　（×）

51. 在有瓦斯或煤尘爆炸危险矿井爆破使用毫秒延期电雷管时，第一段不能用秒延期电雷管代替。　　　　　　　　　　　　　　　　　　　　（√）

52. 爆破员往井下运送爆破材料，运送途中不准把炸药、雷管转交别人。　　（√）

53. 爆破员往井下运送爆破材料，运送途中几个携带炸药、雷管的人员不应并排同行，前后要保持一定的距离。　　　　　　　　　　　　　　　（√）

54. 爆破员乘坐专用机车往井下运送爆破材料，一般情况下，电雷管和炸药不得在同一列车内运输。　　　　　　　　　　　　　　　　　　　（√）

55. 用专用机车往井下运送爆破材料而炸药和电雷管必须在同一列车内运输时，装有炸药和雷管的车辆之间，以及它们同机车之间都必须用长度大于5m的空车隔开。　（×）

56. 用专用机车往井下运送爆破材料时，电雷管必须装在专用的、带盖的有金属隔板的车厢内，车厢内部应铺有胶皮或麻袋等软质垫层。　　　　　　　（×）

57. 在井筒内用罐笼运送爆破材料时，运送硝化甘油类炸药或电雷管的罐笼升降速度不得超过2m/s。　　　　　　　　　　　　　　　　　　　（√）

58. 在井筒内用罐笼运送硝化甘油以外的其他炸药时，罐笼升降速度不得超过4m/s。　　　　　　　　　　　　　　　　　　　　　　　　　　（√）

59. 当运送硝化甘油类炸药或电雷管时，罐笼内只准放两层炸药箱，并加固不让滑动。

（×）

60. 运送硝化甘油类炸药以外的其他炸药时，炸药箱堆放的高度不得超过罐笼高度的 3/4。

（×）

61. 用钢丝绳牵引的车辆运送爆破材料时，炸药、电雷管必须分开运送，牵引速度不得超过 2m/s。

（×）

62. 凡爆破后剩余的炸药、雷管等，应在下班后填写退料单如数退回民爆仓库，不准私自销毁或挪作他用。

（√）

63. 制作起爆体要在爆破地点附近，选择顶板完好、支架完整、避开电气设备和金属导体的安全地点进行。

（√）

64. 严禁坐在炸药箱上制作起爆体。

（√）

65. 采用水压爆破避免了钻凿大量炮孔，还可节约炸药和雷管、提高工效。

（√）

66. 从成束的电雷管中抽出单个电雷管后，必须将其脚线扭结成麻花状。

（×）

67. 把电雷管装入药卷的方法之一是：用一根比电雷管直径稍大的金属棍，在药卷平头扎一个圆孔，把电雷管全部插入药卷中。

（×）

68. 装药前应检查和清理爆破工作面 20m 以内的巷道，如有煤或矸石堆、矿车或其他杂物阻塞巷道断面二分之一以上时，都要清除出去。否则不能爆破。

（×）

69. 可以在工作面残孔或瞎炮孔中直接装药爆破。

（×）

70. 在有瓦斯或煤尘爆炸危险的煤（岩）层中爆破时，必须采用正向爆破。

（√）

71. 爆炸焊接是利用炸药爆炸产生的冲击力造成工件迅速碰撞而实现焊接的方法。

（√）

72. 爆炸复合就是用炸药为能源，在所选择的金属板或管材的表面包裹上不同性能的金属材料的工艺方法。

（√）

73. 煤矿井下爆破炮眼深度小于 0.7m 时，不得装药、爆破。

（×）

74. 煤矿井下爆破炮眼深度为 0.6 ~ 1m 时，封泥长度不得大于炮眼深度的 1/2。

（×）

75. 煤矿井下爆破炮眼深度超过 1m 时，封泥长度不得小于 0.5m。

（√）

76. 煤矿井下光面爆破时，周边光爆炮眼应用炮泥封实，且封泥长度不得小于 0.3m。

（√）

77. 煤矿井下爆破工作面有 2 个或 2 个以上自由面时，在煤层中最小抵抗线不得小于 0.5m。

（√）

78. 煤矿井下爆破作业时，爆破母线连接脚线、检查线路和导通工作只准组长一人操作，无关人员都应撤离到安全地点。

（×）

79. 多头掘进时，爆破母线要随用随挂。爆破母线必须挂在电缆、信号线下方，距离大于 0.2m 的地方。

（×）

80. "一炮三检"制度是指装药前、爆破前、爆破后要分别认真检查爆破地点 20m 内的瓦斯浓度，瓦斯浓度超过 1% 时，不准爆破。

（√）

81. 煤矿井下爆破可以使用非防爆型起爆器。

（×）

82. 在竖井井底工作面无瓦斯时，可使用其他电源起爆。此时，电压不得超过 127V，且必须有防爆型电力起爆接线盒。

（×）

83. 煤矿爆破作业中，起爆器的把手、钥匙或电力爆破接线盒的钥匙必须由保管员妥善保

管、随身携带，严禁转交他人或系在起爆器上。（×）

84. 在煤矿井下掘进爆破中，通电后装药不响时，如使用瞬发电雷管，爆破员至少等 15min 才可沿线路检查，找出不响的原因。（×）

85. 在煤矿井下掘进爆破中，通电后装药不响时，如使用延期电雷管，爆破员至少等 15min 才可沿线路检查，找出不响的原因。（√）

86. 用爆破法处理卡在溜煤眼中的煤与矸石时，每次爆破只准使用一个煤矿许用电雷管，最大装药量不得超过 1000g。（×）

87. 作业期间安全警戒的范围是爆破作业区与周围地区的分界线。（√）

88. 露天浅孔、深孔、特种爆破，如能确认没有盲炮，爆后应经 5min 后方准许检查人员进入爆破作业地点。（√）

89. 露天浅孔、深孔、特种爆破，如不能确认有无盲炮，应经 10min 后才能进入爆区检查。（×）

90. 地下工程爆破后，经通风除尘排烟确认井下空气合格、等待时间超过 15min 后，方准许检查人员进入爆破作业地点。（√）

（七）第七章判断对错题

1. 在各类工程爆破中炸药爆炸产生的能量有很大一部分消耗在药包周围介质的过度粉碎以及爆破有害效应的转化中。（√）

2. 在计算爆破振速 v 的经验公式（$v = K(Q^{1/3}/R)^{\alpha}$）中，$R$ 代表从需要保护的建（构）筑物到装药中心的距离。（√）

3. 对于一般民用建筑物，当主振频率 f 在 $10\text{Hz} < f \leq 50\text{Hz}$ 范围时，其爆破振动安全允许标准为 $2.0 \sim 2.5\text{cm/s}$。（√）

4. 爆破个别飞散物往往是造成人员伤亡、建筑物和仪器设备等损坏的主要原因。（√）

5. 在露天深孔台阶爆破中，爆破飞散物对人员的最小安全允许距离是按设计，但不小于 100m。（×）

6. 爆破毒气之一的一氧化碳是有色无味气体，能均匀地与空气混合、不易被人察觉。（×）

7. 早爆是指炸药包比预期时间提前发生爆炸。（√）

8. 迟爆是指炸药包比预定时间滞后爆炸。（√）

9. 拒爆是指雷管或炸药未被起爆的现象，俗称盲炮、瞎炮、哑炮。（√）

10. 炸药爆轰不完全或炸药发生爆燃则会产生较多的氧气。（×）

（八）第八章判断对错题

1. 地面库就是在地面建设专门用于储存民用爆炸物品的库房。（√）

2. 民用爆炸物品储存库的技防设施主要包括视频监控等防范系统，入侵报警不包括在内。（×）

3. 值班守护人员的年龄应当年满 18 周岁、不超过 60 周岁。（×）

4. 值班守护人员应当具有高中以上文化程度。（×）

5. 民用爆炸物品库实行 24h 值守制度。（√）

6. 每班值班守护人员不能少于 2 人。（×）

7. 保管员应详实记录民用爆炸物品流向信息，并如实录入民用爆炸物品管理信息系统。
　　　　　　　　　　　　　　　　　　　　　　　　　　　　　　　　　　（√）

8. 在民用爆炸物品储存库的治安防范措施中，储存库房属于技术防范措施。　　（×）

9. 民爆库房的内层门应该采用加装金属网的通风栅栏门。　　　　　　　　　　（√）

10. 报警值班室应当具有一定的防破坏能力，应安装结构坚固的防盗门和防盗窗。（√）

11. 报警值班室应当安装值班报警电话并保持白天畅通。　　　　　　　　　　　（×）

12. 民用爆炸物品储存库应配备 1 条以上大型犬，且夜间处于巡游状态。　　　（×）

13. 专门用于储存爆破器材的仓库，要按照《民用爆炸物品储存库治安防范要求》
（GA837）的规定建立人防、物防、技防、犬防等治安防范措施。　　　　（√）

14. 对于已经使用的爆破器材储存库，应当进行安全现状评价，评价认为符合要求的方可
继续使用。　　　　　　　　　　　　　　　　　　　　　　　　　　　　（√）

15. 井下库对炸药的储存量不应超过 3 昼夜的生产用量。　　　　　　　　　　　（√）

16. 井下爆破器材库单个硐室储存的炸药不应超过 2t。　　　　　　　　　　　　（√）

17. 井下爆破器材发放硐室存放的雷管不应超过 1000 发。　　　　　　　　　　（√）

18. 井下爆破器材库的电气设备应采用隔爆型或矿用密闭型。　　　　　　　　　（√）

19. 洞库是由山体表面向山体内水平掘进的用于储存民用爆炸物品的硐室。　　　（√）

20. 爆破器材储存库的值班人员，应当取得公安机关颁发的《爆破作业人员许可证》。
　　　　　　　　　　　　　　　　　　　　　　　　　　　　　　　　　　（×）

21. 进入库区进行爆破器材装卸、保管等作业的人员，禁止穿着棉布等易产生静电的服装。
　　　　　　　　　　　　　　　　　　　　　　　　　　　　　　　　　　（×）

22. 雷管发放间内暂存雷管不超过 1000 发。　　　　　　　　　　　　　　　　　（√）

23. 工业雷管、黑火药在储存库内的堆放高度不应超过 1.8m。　　　　　　　　　（×）

24. 储存库内爆破器材堆垛之间应留有 0.5m 以上的检查通道。　　　　　　　　（×）

25. 储存库内爆破器材包装箱下应垫有高度大于 0.1m 的垫木。　　　　　　　　（√）

26. 在库房保管作业中，拆箱作业应当在发放间进行。　　　　　　　　　　　　（√）

27. 民爆库房内每个堆垛都应有标记品种、规格、数量的标识牌。　　　　　　　（√）

28. 对于应当销毁的爆破器材在库内应单独堆垛或者单库存放。　　　　　　　　（√）

29. 对于小型库房，炸药库内的堆垛包装物与墙壁的距离不小于 0.2m。　　　　（√）

30. 非因爆破作业的必要，不得在爆破器材专用储存仓库以外的地方临时存放爆破器材。
　　　　　　　　　　　　　　　　　　　　　　　　　　　　　　　　　　（√）

31. 临时存放的爆破器材数量，对大型爆破工程作业，应不超过当次爆破作业用量。（√）

32. 临时存放点的设置，应当同时满足方便作业、方便隔离、周边安全的三个要求。（√）

33. 设立临时存放爆破器材的地点，应当事先报告当地安监部门。　　　　　　　（×）

34. 在临时存放爆破器材的房屋四周，宜设简易围墙或铁刺网，其高度不小于 1.5m。
　　　　　　　　　　　　　　　　　　　　　　　　　　　　　　　　　　（×）

35. 临时存放爆破器材的船只，距码头、建筑物、其他船只和爆破作业地点不应少于
250m。　　　　　　　　　　　　　　　　　　　　　　　　　　　　　　（√）

36. 临时存放爆破器材的船上应悬挂危险标志，夜间挂红灯。　　　　　　　　　（√）

37. 在临时存放爆破器材的船舱里，应使用移动式蓄电池提灯或安全手电筒照明。（√）

38. 临时存放爆破器材的船只靠岸时，岸上 50m 以内不准无关人员进入。　　　（√）

39. 在海上临时存放爆破器材时，不应使用机动船存放爆破器材。　　　　　　（×）

40. 一般情况下，领取爆破器材限于当天的爆破作业需要。　　　　　　　　　（×）

41. 领取爆破器材应当在爆破作业现场安全员签字确认之后进行。　　　　　　（×）

42. 保管员不得向未经确认为当班爆破作业人员身份的人员发放爆破器材。　　（√）

43. 在爆破作业现场，应当由爆破员与安全员共同清点剩余的爆破器材，共同签字确认使用和剩余爆破器材的记录。　　　　　　　　　　　　　　　　　　　　　　　（√）

44. 装药完成后，应当将剩余的爆破器材撤离爆破作业面至临时存放点，由保管员检查清点后保管。　　　　　　　　　　　　　　　　　　　　　　　　　　　　　　　（√）

45. 爆破作业结束后，及时将剩余的爆破器材转移至储存库保管。　　　　　　（√）

46. 保管员应将采集的领取、发放电子信息按照规定时间和渠道上报给公安机关。　（√）

47. 回收清退时，务必检查确认未将性质抵触的爆破器材混放混存。　　　　　（√）

48. 在运输到达目的地后 5 日内，应当将爆炸物品运输证交还发证的公安机关，并上报运输证电子信息。　　　　　　　　　　　　　　　　　　　　　　　　　　　　　　（×）

49. 在本单位作业区域内或本单位专用通道等非公共道路上为本单位运输爆破器材时，也需要向公安机关申请办理许可证件。　　　　　　　　　　　　　　　　　　　　　（×）

50. 装卸爆破器材时，应当在现场装卸措施和作业人员到位，现场保管或入出库准备工作完成后进行。　　　　　　　　　　　　　　　　　　　　　　　　　　　　　　　（×）

51. 装卸爆破器材的地点应远离人口稠密区，白天应悬挂红旗和广告牌。　　　（×）

52. 装卸爆破器材的地点应远离人口稠密区，夜晚应有足够的人员并悬挂红灯。　（×）

53. 装卸爆破器材时，运输车辆距离储存库的门不应小于 3.0m。　　　　　　　（×）

54. 在爆破作业现场的运送爆破器材是指在储存库或临时存放点与爆破作业面之间转移爆破器材。　　　　　　　　　　　　　　　　　　　　　　　　　　　　　　　（√）

55. 在竖井、斜井运输爆破器材时，运送前要通知卷扬司机和信号工。　　　　（√）

56. 在竖井运输爆破器材，除爆破人员和信号工外，其他人员不应与爆破器材同罐乘坐。　　　　　　　　　　　　　　　　　　　　　　　　　　　　　　　　　　　（√）

57. 用矿用机车运输非电雷管时，应采取可靠的绝缘措施。　　　　　　　　　（×）

58. 在斜坡道上用汽车运输爆破器材时，行驶速度不超过 15km/h。　　　　　　（×）

59. 用人工搬运爆破器材时，一人一次运送的雷管数量不能超过 500 发。　　　（×）

60. 用人工搬运爆破器材时，一人一次拆箱（袋）运搬炸药的数量不能超过 15kg。　（×）

61. 用人工搬运爆破器材时，一人一次背运原包装炸药不能超过 1 箱（袋）。　（√）

62. 用人工搬运爆破器材时，一人一次挑运原包装炸药不能超过 2 箱（袋）。　（√）

63. 用手推车运输民用爆炸物品时，载重量不应超过 300kg。　　　　　　　　（√）

64. 检验爆破器材严禁在小雨天气操作。　　　　　　　　　　　　　　　　　（×）

65. 检验爆破器材的地点应距库房 30m 外，场地应坚硬平坦，空气流通。　　　（×）

66. 对出库的民用爆炸物品，应检查包装有无破损，封缄是否完整，雷管壳身的雷管编号是否清晰。　　　　　　　　　　　　　　　　　　　　　　　　　　　　　　　（×）

67. 对炸药外观检查的样本量是从每一批产品中随机抽取 3 支药卷。　　　　　（×）

68. 对雷管外观检查的样本量是从每 1 万 ~ 5 万发中任取 40 发。　　　　　　（√）

69. 硝铵类炸药和黑火药可置于容器中用溶解法销毁。 (√)

70. 用溶解法销毁黑火药时，不应直接丢入河塘江湖及下水道中。 (√)

71. 爆炸法适用于销毁具有爆炸能力的废旧民爆器材和弹药。 (√)

72. 用爆炸法销毁废旧爆破器材时，每堆或每坑销毁炸药的数量不应超过30kg。 (×)

73. 爆炸销毁场地应距10万人口以下城市的边缘保持在5km以上。 (×)

74. 爆炸销毁场地应距国家铁路干线和独立的居民点保持在1km以上。 (×)

75. 待销毁的炸药尽量堆放成集团状，长度不应超过宽度和高度的10倍。 (×)

76. 在野外小坑内销毁雷管时，每坑销毁数量不宜超过5000发。 (×)

77. 在小坑中销毁雷管时，起爆体要放在雷管堆的顶部，炸药量应该控制在10kg左右。

(×)

78. 应在爆破坑内销毁导爆索、射孔弹，每个爆破坑的销毁数量不宜超过100kg。 (×)

79. 用爆炸法销毁导爆索时，一次销毁导爆索的长度不宜超过1000m，而且要与其他爆炸物品分开销毁。 (√)

80. 销毁礼花弹、高空礼花弹时，其销毁安全距离不应少于500m。 (√)

81. 焚烧法销毁的主要风险是燃烧中的爆炸危险品可能由燃烧转为爆炸。 (√)

82. 焚烧法销毁爆破器材时，最小警戒范围的安全距离应不小于200m。 (√)

83. 销毁火炸药时，要将待销毁的火炸药铺成厚度不大于20cm药条。 (×)

84. 销毁火炸药时，要将待销毁的火炸药铺成宽度不大于30cm的药条。 (√)

85. 销毁火炸药时，药条要顺风铺直，总药量不超过100kg。 (×)

86. 烧毁火炸药作业时，应在药条的下风方向端头铺设引燃物，逆风向点火。 (√)

87. 用焚烧法烧毁导爆索时，一次烧毁导爆索的数量不得超过1000m。 (×)

88. 不能拆卸的高空礼花弹，只能用焚烧法销毁。 (×)

89. 水溶解法销毁通常需要含有水溶解池的场地和烧毁残渣的场地。 (√)

90. 销毁火炸药时，如铺设多条药条时，各药条之间的距离不小于5m。 (√)

四、问答题

1. 连接电起爆网路时的安全注意事项有哪些？
   （参考答案：教材第四章第三节，一、（五）小节中有关内容）

2. 试述导爆管网路连接与维护注意事项。
   （参考答案：教材第四章第三节，二、（五）小节中有关内容）

3. 试述主装药为散状铵油炸药的装药操作程序。
   （参考答案：教材第六章第一节，一、（四）小节中有关内容）

4. 拆除爆破装药操作有哪些要求？
   （参考答案：教材第六章第五节，三、（二）小节中有关内容）

5. 拆除爆破填塞时需要注意哪些事项？
   （参考答案：教材第六章第五节，四、小节中有关内容）

6. 请说说拆除爆破安全防护的操作要点与注意事项。
   （参考答案：教材第六章第五节，六、（三）小节中有关内容）

7. 爆后检查有哪些内容，如何检查？

（参考答案：教材第六章第十节，二、小节中有关内容）

8. 岩土爆破中出现爆破飞散物过远的原因有哪些？

（自己总结）

9. 试述浅孔爆破的盲炮处理方法。

（参考答案：教材第七章第二节，四、（二）小节中有关内容）

10. 试述深孔爆破的盲炮处理方法。

（参考答案：教材第七章第二节，四、（二）小节中有关内容）

11. 炸药爆炸产生哪些有害气体？怎样防止有害气体的危害作用？

（参考答案：教材第七章第一节，四、小节中有关内容）

12. 每次爆破前后需要发出几次警戒信号，请说出各次信号发出的条件和听到信号后爆破与警戒人员的动作响应？

（参考答案：教材第六章第九节，一、（二）小节中有关内容）

13. 试述导爆管起爆网路的防水方法。

（自己总结）

14. 试述孔内有一些水、主装药为散状铵油炸药的装药操作程序。

（参考答案：教材第六章第一节，一、（四）小节中有关内容）

15. 试分析装药过程中发生堵孔的原因和处理方法。

（参考答案：教材第六章第一节，一、（四）小节中有关内容）

16. 试述浅孔石方爆破填塞材料的选择与操作方法。

（参考答案：教材第六章第一节，二、（二）小节中有关内容）

17. 试述深孔爆破炮孔填塞的一般方法与注意事项。

（参考答案：教材第六章第一节，一、（五）小节中有关内容）

18. 隧道掘进爆破钻孔施工中需要注意的问题？

（参考答案：教材第六章第二节，三、（二）小节中有关内容）

19. 试述隧道掘进爆破装药施工中需要注意的问题。

（参考答案：教材第六章第二节，三、（二）小节中有关内容）

20. 隧道爆破中找顶的任务是什么，一般用什么方法？需要注意什么问题？

（参考答案：教材第六章第二节，三、（二）小节中有关内容）

21. 试述高温孔爆破装药操作程序与注意事项。

（参考答案：教材第六章第四节，六、（二）小节中有关内容）

22. 在煤矿井下爆破时，在装药前应该做好哪些检查工作？

（参考答案：教材第六章第八节，二、（二）3. 小节中有关内容）

23. 煤矿井下爆破对联线有哪些要求？

（参考答案：教材第六章第八节，二、（二）6.（2）小节中有关内容）

24. 试述井下巷道贯通爆破需要注意的安全问题。

（参考答案：教材第六章第八节，三、（三）小节中有关内容）

25. 一般可以采取哪些措施和方法来控制和减弱爆破振动有害效应？

（参考答案：教材第七章第一节，一、（四）小节中有关内容）

26. 防止电力起爆网路出现拒爆有哪些措施？

（参考答案：教材第七章第二节，四、（一）2.（3）小节中有关内容）

27. 试述防止导爆管起爆网路出现拒爆的措施。

（参考答案：教材第七章第二节，四、（一）2.（5）小节中有关内容）

28. 人工搬运民爆物品应遵守哪些规定？

（参考答案：教材第八章第四节，三、（4）小节中有关内容）

29. 爆破作业中常见的违法违规行为有哪几种？

（参考答案：教材第二章第二节，四、小节中有关内容）

30. 混合起爆网路连接时需要注意哪些问题？

（参考答案：教材第四章第三节，四、（三）小节中有关内容）

31. 对井下爆破器材库照明的要求有哪些？

（参考答案：教材第八章第一节，二、（四）2. 小节中有关内容）

32. 民爆物品库房的实体防范有哪些要求？

（参考答案：教材第八章第一节，四、（二）3. 小节中有关内容）

33. 在小型库房里，对堆垛及其限高、间隔、通道、墙距、垫高有什么要求？

（参考答案：教材第八章第一节，三、（四）（3）小节中有关内容）

34. 临时存放民用爆炸物品作业的安全要求有哪些？

（参考答案：教材第八章第二节，四、小节中有关内容）

35. 装卸民爆物品对环境有哪些要求？

（参考答案：教材第八章第四节，二、（二）小节中有关内容）

36. 作为保管员，请你谈谈在库房管理中应做好哪些工作？

（自己总结）

37. 简述同一库房内爆破器材允许共存的基本原则。

（参考答案：教材第八章第一节，三、小节中有关内容）

38. 为加强对民爆器材储存库的安全管理，对储存库的门、窗有什么要求，门钥匙应怎样保管和使用？

（参考答案：教材第八章第一节，四、（二）3. 小节中有关内容）

39. 简述爆破器材库房内的安全管理要求。

（参考答案：教材第八章第一节，三、（四）小节中有关内容）

40. 导爆管雷管外观检查哪些内容？

（参考答案：教材第八章第五节，四、小节中有关内容）

41. 销毁爆破器材有哪几种方法？哪些爆破器材禁止用焚烧法销毁？

（参考答案：教材第八章第六节，一、（二）和四、小节中有关内容）

42. 炸药的外观检查应符合什么要求？

（参考答案：教材第八章第五节，四、（一）小节中有关内容）

43. 电雷管外观检查应检查哪些内容？

（参考答案：教材第八章第五节，四、（四）小节中有关内容）

44. 炸药化学变化的三种变化形式，这三种变化形式是如何相互转化的？

（参考答案：教材第三章第一节，三、小节中有关内容）

45. 什么叫殉爆？掌握殉爆的概念对于做好库房保管工作有什么指导意义？

（参考答案：教材第三章第二节，二、（三）小节中有关内容）

46. 什么是炸药储存安定性？掌握储存安定性，对于做好库房保管工作有什么指导意义？

（参考答案：教材第三章第三节，二、（一）小节中有关内容）

47. 什么是炸药储存相容性？掌握储存相容性，对于做好库房保管工作有什么指导意义？

（参考答案：教材第三章第三节，二、（二）小节中有关内容）

48. 保管员在日常作业和检查工作中发现有哪些情况应当立即报告。

（参考答案：教材第八章第一节，三、（五）小节中有关内容）

49. 试述民爆物品储存库对人防、犬防的要求。

（参考答案：教材第八章第一节，四、（二）小节中有关内容）

50. 用房屋临时存放爆破器材时，对房屋的安全要求有哪些？

（参考答案：教材第八章第二节，五、（一）小节中有关内容）

附录四 中国爆破网简介

中国爆破网（www.cbsw.cn）是中国工程爆破行业的门户网站，致力于打造联通各级公安机关治安部门、国家民爆器材生产流通监管部门、国家安全生产监督管理部门、危爆行业协会和危爆物品（爆炸物品、危险化学品、烟花爆竹等）从业单位的综合信息管理服务平台，是目前国内爆破行业最权威的行业资讯、信息交流、数据共享、企业服务的专业网站。

为解决中国爆破行业信息资源联通与共享，为生产、流通、使用、科研、教育和行业管理提供信息化服务，中国爆破网以大数据分析与洞察、云计算、移动与互联网、社交商务等新一代技术为核心，迈入快速发展的轨道，是政府管理部门加强危爆物品流向流量实时监控、促进安全生产和规范化管理的有力工具，在应急救援、社会治安、反恐防爆等领域也发挥着积极和重要的作用。

1 组成

中国爆破网由国家、省（市）多级节点、行业网站集群、数据库集群、行业应用系统和企业（含个人）用户组成。中国爆破网为用户建立相应的网络应用平台，为每位会员分配一定的工作权限和职能，会员利用电子密钥登录各级业务管理应用平台，享有相应的计算机应用服务。

中国爆破网用户主要有四类：政府有关职能部门、行业协会、企事业单位和从业人员等。中国爆破网根据用户的需求，按照不同的权限构建多层网络结构，包括网站及其管理信息系统、各类管理服务对象、相应的数据库系统和终端管理服务系统及设备，构成行业计算机管理信息网络系统。

2 涉爆业务应用系统

2.1 民爆器材信息管理系统

民爆器材信息管理系统是为国家民爆器材行业主管部门、省级民爆器材行业主管部门及生产、销售民爆器材的企业加强民爆器材生产、销售安全管理和统计分析而研发的专业应用系统。

（一）民爆器材统计信息管理系统

该系统采用国家、省、企业三级体系结构管理模式，及时向民爆器材行业主管部门提供可靠的数据信息，使主管部门及时掌握民爆器材行业生产经营动态，为主管部门宏观调控和制定行业政策提供统计数据和相关信息。民爆器材生产、销售企业通过系统定期上报产量、销量、库存量等数据；民爆器材行业主管部门通过系统进行网上业务办理、数据信息查询、汇总和统计分析。

（二）民爆器材生产销售备案系统

该系统可供国家和省级民爆器材行业主管部门实时掌握生产、销售企业生产、销售、库存民爆器材及流向、流量和使用情况，为行业主管部门制定行业政策提供数据和相关信息。民爆器材生产、销售企业通过系统，将本企业生产、销售民爆器材品种、规格和数量等信息在三日内向上级主管部门进行备案；主管部门通过系统检查企业备案情况，及时发现问题并予以纠正。

2.2　远程爆破测振信息管理系统

（一）系统介绍

该系统是为了方便爆破从业单位监测爆破振动、实现测振信息联通、资源共享而开发的应用系统。利用该系统，各爆破从业单位只需自备传感器、测振仪等基本仪器设备，在进行爆破作业时，监测记录爆破工程现场的爆破振动数据，并将记录的振动数据上传到远程测振中心，由远程测振中心的专业人员对数据进行分析处理，处理后给用户提交爆破振动分析结果（测振报告）。爆破从业单位通过远程测振系统，可以随时了解自己提交的数据处理进展情况，可以与远程测振中心的专家进行远程交流，并可以通过测振系统平台直接下载打印爆破测振报告。

利用该系统，从业单位只需要配备 1 ~ 2 名掌握了安放传感器和操作测振仪的技术人员，传感器、测振仪的标定和校准工作、测试数据处理、频谱分析等工作由测振中心协助完成。把爆破从业单位从处理复杂技术工作中解放出来。

此外，该系统与爆破数字档案馆无缝连接，可以为爆破从业单位长期保存爆破测振数据，为爆破行业有关研究人员开展爆破理论与技术研究、数据挖掘等提供参考。

（二）适用范围

远程测振信息管理系统适用于与爆破测振工作有关的单位，主要包括爆破作业单位、爆破振动监测单位、爆破工程监理单位、爆破工程建设单位以及爆破振动研究单位的有关人员。

中国爆破网建设了中国工程爆破云计算中心和远程测振中心。该中心已通过中国工程爆破协会组织的专家验收。

中国爆破网建设了中国工程爆破标定中心。标定中心建立了爆破行业标准标定与校准振动台，与远程测振信息管理系统和爆破数字档案馆配合可以为爆破作业单位的传感器、测试仪进行当地标定与校准和远程标定与校准，并将有关数据存入爆破数字档案馆，供爆破作业单位设计、施工及研究人员共享。该标定中心已通过中国工程爆破协会组织的专家验收。

2.3　危爆场所监控信息管理系统

（一）危爆场所信息监控器

CBD-1 型危爆场所信息监控器（又叫动态数据采集仪或者黑匣子）是危爆管理专网物联的核心终端设备，是基于互联网或 3G 技术的新一代应用产品。具备数据信息采集、存储、处理、传输、自动交换和进行温湿度、烟雾监控、安全巡检、示警、报警、自动拍照等功能。可以通过专网或互联网接入安全管理系统平台和后台数据库。

（二）库房管理系统

库房管理系统是危爆场所监控信息管理系统的重要组成部分，可以实时监控库房开关门、温湿度、气体浓度、烟雾、出入库人员和物品等信息，并具有巡检、报警、示警、音视频、自动拍照、条码扫描等功能，形成危爆物品流向流量信息实时监控的"物联网"。

库房管理系统对于落实危爆物品仓库保管员"双人双锁、双人管理"安全管理责任、落实基层民警安全巡查监管责任具有突出的作用。该模块预先将仓库保管员基本信息（照片、指纹等）录入，当保管员需要进入库房时，必须两个人同时到场，且必须持经过系统确认的密钥才能打开库房。系统在确认密钥的同时，还要比对保管员的照片信息。同样，基层民警巡查库房安全管理状况时，也要使用密钥并经系统确认，系统在确认密钥的同时也要比对民警的照片信息，可以督促民警检查时一定要亲自到场。

其他管理部门可以通过政府专网或互联网登录危爆场所信息管理系统，监控和查看本辖区内各危爆物品库房的实时信息。

2.4　爆破作业项目安全监管信息系统

爆破作业项目安全监管信息系统是全国民用爆炸物品信息管理系统的补充。本系统分为公安与企业两个平台，公安平台又分部、省厅、市局、区县分局、派出所五级，运行在公安网上，企业平台运行在互联网上。系统建立了公安部门与爆破设计施工单位、评估单位、监理单位、爆破工地、作业人员、爆炸物品之间的相互联系，可以实时、动态、全程监控涉爆单位、涉爆人员、许可证件管理及民爆物品的流向流量；为爆破从业单位提供了网上证照备案、爆炸物品配送、使用登记、流向流量监控、查询统计、安全检查、企业信息管理、人员信息管理、重大危险源监控、爆破作业现场视频监控管理、民用爆炸物品库房管理、民用爆炸物品运输车辆道路监控管理、涉爆生产事故、案件信息管理、民用爆炸物品应急救援预案管理、信息发布等科学、快捷、便利的工具。

该系统与全国民用爆炸物品信息管理系统配套使用，更加方便省、市、县级公安机关治安部门对爆破作业、民爆物品的安全管理、方便爆破作业单位申办与爆破作业有关的各种事项，如爆破作业项目的延期、爆破作业人员转换工地、增加爆炸物品使用量、爆破作业现场视频监控、爆炸物品配送运输安全监管等等。

参 考 文 献

[1] 汪旭光. 工程爆破设计与施工[M]. 北京:冶金工业出版社,2011.

[2] 于亚伦. 工程爆破理论与技术[M]. 北京:冶金工业出版社,2004.

[3] 吴腾芳. 现代爆破器材与应用技术[D]. 南京:解放军理工大学工程兵工程学院,2001.

[4] 顾毅成. 爆破安全技术知识问答[M]. 北京:冶金工业出版社,2006.

[5] 张志毅,等. 交通土建爆破工程师手册[M]. 北京:人民交通出版社,2002.

[6] 刘殿书. 中国爆破新技术Ⅱ[M]. 北京:冶金工业出版社,2008.

[7] 齐世福. 军事爆破工程[M]. 北京:解放军出版社,2011.

[8] 袁志明. 爆破工[M]. 徐州:中国矿业大学出版社,2011.

[9] 张继春. 工程控制爆破[M]. 成都:西南交通大学出版社,2001.

[10] 戚文革,等. 矿山爆破技术[M]. 北京:冶金工业出版社,2010.

[11] 陈亚军. 矿山爆破与安全技术[M]. 北京:气象出版社,2011.

[12] 国务院法制办公室政法司,等. 民用爆炸物品安全管理条例释义[M]. 第二版. 北京:中国市场出版社,2006.

[13] 民用爆炸物品安全管理条例问答编写组. 民用爆炸物品安全管理条例问答[M]. 北京:中国法制出版社,2006.

[14] 中国工程爆破协会. 考核试题库[M]. 北京:冶金工业出版社,2004.

[15] 国家安全生产管理总局宣传教育中心. 爆破作业[M]. 北京:团结出版社,2010.

[16] 湖南省公安厅治安管理总队. 爆炸物品安全管理与爆破安全技术[G]. 2010.

[17] 中华人民共和国安全生产法. 2002 年 11 月 1 日起施行.

[18] 中华人民共和国道路交通安全法. 2004 年 5 月 1 日起施行.

[19] 中华人民共和国治安管理处罚法. 2006 年 3 月 1 日起施行.

[20] 中华人民共和国刑法. 2009 年 2 月 28 日修订.

[21] 企业事业单位内部治安保卫条例. 2004 年 12 月 1 日起施行.

[22] 最高人民法院关于审理非法制造、买卖、运输枪支、弹药、爆炸物等刑事案件具体应用法律若干问题的解释. 2001.

[23] 爆破安全规程(2012 修订版).

[24] 工业雷管编码通则(GA441—2003).

[25] 民用爆炸物品储存库治安防范要求(GA837—2009).

[26] 小型民用爆炸物品储存库安全规范(GA838—2009).

[27] 爆破作业单位资质条件和管理要求(GA990—2012).

[28] 爆破作业项目管理要求(GA991—2012).